潍坊人居环境志

（2003—2011）

潍坊市地方史志办公室　编

方志出版社
Publishing House of Local Records

图书在版编目(CIP)数据

潍坊人居环境志.2003~2011/潍坊市地方史志办公室编.—北京：方志出版社，2014.5
ISBN 978-7-5144-1283-3

Ⅰ.①潍… Ⅱ.①潍… Ⅲ.①居住环境—概况—潍坊市—2003~2011 Ⅳ.①X21

中国版本图书馆CIP数据核字（2014）第090918号

潍坊人居环境志（2003—2011）

编　者：潍坊市地方史志办公室
责任编辑：李志瑜
出 版 人：冀祥德
出 版 者：方志出版社
地址 北京市朝阳区潘家园东里9号（国家方志馆四层）
邮编 100021
网址 http://www.fzph.org
发　行：方志出版社发行中心
电话 （010）67110500
经　销：各地新华书店
印　刷：济南黄氏印务有限公司
开　本：889×1194　1/16
印　张：29.5
字　数：619千字
版　次：2014年5月第1版　2014年5月第1次印刷
印　数：0001~3000册
ISBN 978-7-5144-1283-3/K·1045　定价：298.00元

潍坊市地方史志编纂委员会

名誉主任：杜昌文

主　　任：刘曙光

副 主 任：初宝杰　邹庆忠　刘炳国　刘德成　刘明珂　王桂英
王继怀　万伟锋　李静波

委　　员：赵崇发　刘衍信　阎宗子　张兰友　来永生　王保民
肖培灵　亓传敬　张国华　张宝胜　田民利　吴海源
李静波　李广东　张兆平　孙俐君　黄　进　宫　智
马中平　傅廷伟

《潍坊人居环境志》编纂委员会

主　　任：夏芳晨

顾　　问：黄潍连　刘　伟

成　　员：（以姓氏笔画为序）

丁利民　于为凯　于慰杰　马中平　王令军　王玉春
王成喜　田民利　白卫明　刘树亮　刘效伟　孙守勤
孙克森　孙俐君　朱乐凯　齐延升　吴海源　张兆平
张志勇　张国华　张金玉　李广东　李静波　来永生
肖培灵　郑金来　赵刚毅　耿　文　黄　进　傅廷伟

《潍坊人居环境志》编纂委员会办公室

主　　任：于为凯

副 主 任：张志勇　傅廷伟

成　　员：（以姓氏笔画为序）

于　利　于乐飞　于伟平　马洪亮　王　辉　王文海
王　丙　王好田　刘成宏　刘振杰　刘素友　孙建洪
汤春健　张永田　张慕昌　李　军　李长祥　周星明
苗庆安　姜林骄　赵文果　钮效正　徐学俊　秦景岗
秦增良　郭玉章　郭兆环　葛继卿　韩光福　薛　林

《潍坊人居环境志》编纂人员

主　　编：傅廷伟

副 主 编：赵文果　周星明　吕俊峰　葛诗忠　李长山

执行主编：焦　凌　范晓东

编　　辑：李　伟　刘伟勋　陈　克　颜培胜　王春艳　张建军
季书庭　王敬贤　李国锋

序

2011年12月14日，潍坊市荣获“中国人居环境奖”。这是综合反映一个城市在改善人居环境方面总体成就的国家级最高奖项。为真实、全面、准确地记述市委、市政府带领全市人民在强化城市规划建设管理、改善人居环境方面取得的辉煌成就，展示全市人民争创“中国人居环境奖”的整个过程，系统总结成功经验，弘扬和传承争创“中国人居环境奖”的精神，我们编纂了《潍坊人居环境志》。

用地方志这一传统文化形式，及时记述和总结一个系统、一个领域的发展历程，这是社会主义新方志的重要特色。本志以潍坊市创建“人居环境奖”为核心，上迄2003年创建活动启动，下迄2011年12月创建成功，让我们看到了过去十年间潍坊在城市发展、建设、管理方面所发生的巨大变化，感受到了各级、各部门和全市广大人民群众在市委、市政府正确领导下，集思广益、群策群力、奋发进取、开拓创新，围绕坚持科学发展、推动新的跨越、建设现代化经济文化强市的奋斗目标，在经济建设、政治建设、文化建设、社会建设和生态文明建设方面做出的深入细致、卓有成效的工作。回顾总结这段历程，对于展示和提升区域文化软实力，培育和弘扬社会主义核心价值体系和核心价值观，提升城市文化品位，都具有重要意义。

社会主义新方志必须坚持历史唯物主义和辩证唯物主义的立场、观点、方法，高举中国特色社会主义伟大旗帜；必须尊重历史，坚持群众观点。人民群众是历史的创造者。改革开放三十年来全市发生的翻天覆地变化，无一不是市委、市政府凝聚人民群众的智慧和创造精神，在人民群众支持和参与下实现的。而从本志反映的近十年来潍坊创建“中国人居环境奖”的历程看，人居奖的创建成功，是在省委、省政府坚强领导下，市委、市政府带领全市人民奋力拼搏所取得的共同成果，因此，创建人居奖的主体是人民群众，《潍坊人居环境志》的主角也是人民群众。该书把授予“潍坊市人居环境奖创建及城市建设先进单位”称号的107个单位，以及在创建过程中获得各种荣誉的350多位先进个人载入史册，可以说他们是众多建设者、管理者和志愿者的优秀代表；而志书中记载的“十佳城市建筑”、“十佳市政工程”、“十佳人居社区”，更是成千上万劳动者集体智慧、集体劳动的结晶。当前，市委、市政府提出要进一步提升城市规划、建设水平，更好地引领中心城市科学发展，着力改善城市人居环境，积极创建“联合国人居环境奖”。面对新的任务、新的目标、新的蓝图，这是在新形势下提出的新目标。我们应该通过总结回顾“中国人居环境奖”的创建历程，从城市发展壮大和跨越式发展中汲取营养，激发全市人民热爱潍坊、建设潍坊、发展潍坊、提振潍坊的豪情壮志，推动潍坊的城市规划、建设、管理，工作再上新台阶，实现新飞越。

地方志是各级党政领导、广大人民群众熟悉地情、了解地方发展历史的重要载体，也是中华民族优秀文化的瑰宝。习近平总书记最近指出，要高度重视修史修志，让文物说话，把历史智慧告诉人们，激发我们的民族自豪感和自信心，坚定全体人民振兴中华、实现中国梦的信心与决心。《潍坊人居环境志》的出版发行，为我们提供了一个熟悉潍坊、了解潍坊的新窗口。我们应注意充分运用这类系统性的地情文献，与实现“三个自信”结合起来，与弘扬优秀传统文化、弘扬社会主义核心价值观结合起来，用“究兴衰之由，陈利弊之要，补救时政之阙失，研求民生之荣枯”的历史智慧，推进治理体系和治理能力现代化，在充分借鉴历史经验的基础上，更好地开启未来。

《潍坊人居环境志》编纂委员会

2014年3月

凡　　例

一、本志以《地方志工作条例》和《山东省地方史志工作条例》为依据，坚持存真求实的原则，全面、真实地记载潍坊市争创“中国人居环境奖”的过程。

二、记事时间上限自 2003 年“中国人居环境奖”创建活动启动，下限讫 2011 年 12 月创建成功。部分内容适当上溯或下延。

三、采用述、记、志、图、表、录等体裁，以志为主，图、表、照片穿插于相关的文字之间，图文并茂。

四、按照事以类从，以类系事的原则，分为篇、章、节、目 4 个层次，志首设概述、大事记，志后设附录。篇目设置力求分类合理、层次分明、归属得当。

五、采用规范语体文，使用的文字、数字、标点等均按国家图书颁布的统一规范书写。

六、为记述方便，一般使用规范简称。如中共潍坊市委、潍坊市人民政府，简称为市委、市政府。潍坊市××局简称为市××局。

七、本志资料来源于档案、文献及有关部门提供的基础文稿，资料来源不另注明出处。

目　录

第三篇　居住环境

第四篇　生态环境

第五篇 社会环境

第六篇 公共安全环境

第七篇　经济发展

第八篇　创建功绩

附　　录

概　述

一

潍坊市位于山东半岛中部，地跨北纬35°41°~37°26′，东经118°10′~120°01′，东邻青岛、烟台市，西接淄博、东营市，南连临沂、日照市，北濒渤海莱州湾。属北温带季风型半湿润气候区，年平均降水量652.8毫米，四季分明，光照充足，年平均气温12.3°C。现辖4区（奎文、潍城、坊子、寒亭），6市（青州、诸城、寿光、高密、安丘、昌邑），2县（临朐、昌乐），设有高新技术开发区、滨海经济开发区和综合保税区3个国家级开发区。总面积1.61万平方公里，人口921万人。潍坊地理区位优越、交通便利、资源丰富、历史悠久，是全国优质农产品生产加工和出口基地、山东半岛制造业基地，又是历史文化名城、世界风筝都。

潍坊市委、市政府坚持以邓小平理论、"三个代表"重要思想和科学发展观为指导，大力实施城市化战略，牢固树立"环境就是生产力，改善环境就是提高生产力"的理念，以生态市建设和中国人居环境奖创建为抓手，始终树立"以人为本、环境优先、和谐发展"的理念，加快中心城市发展，着力搭建现代化大城市发展框架，坚持高起点规划、高标准建设、高性能管理，以大投入促进大建设，以大建设带动大发展，实施城市道路、园林绿化、河道治理、亮化工程、市政设施完善及城市功能性建设等重点工程项目建设任务，城市综合承载力和环境竞争力进一步增强，城市功能进一步完善，居民生活品质、幸福指数明显提高，城市形象全面提升。2003年以来，中心城市先后创建为"国家优秀旅游城市""国家环保模范城市""国家节水型城市""国家卫生城市""国家园林城市"，2011年12月荣获"中国人居环境奖"。

二

为改善城市生态环境，建设最佳人居环境城市，市委、市政府坚持生态立市、经济强市、环境促市，确立了建设生态市的目标。各级、各有关部门把生态市建设放到战略位置，切实加强城市环境基础设施建设，开展城市环境综合整治，全面实施碧水蓝天计划，推进生态环境建设，努力把潍坊建设成为水更清、地更绿、天更蓝、景更美的生态宜居城市，共筑美好的绿色家园。

（一）坚持科学规划，构筑绿色生态城市体系。在城市规划中坚持以人为本，因地制宜，努力打造"绿色、生态、宜居"的城市发展体系。2004年，制定出台《生态市建设规划纲要》，确定生态市建设目标。2005年，市委、市政府启动生态市建设"十大重点工程、百个建设项目"，投资164亿元，建设绿色潍坊，打造生态宜居家园。2006年，编制完成《潍坊市城市总体规划（2006—2020）》，确立城市空间建构"一心、一环、一廊、一轴"的结构模式。对中心城区各类用地分片划区进行控制性和修建性详规的编制完善，编制完成城市绿地、水系环境、旅游发展、综合交通、环境卫生、给排水、消防、燃气等专业性规划，为建设资源节约型、环境友好型城市和生态园林城市，科学指导城市生态环境建设、控制市域空间发展、有效改善中心城市面貌、营造舒适优美的人居环境提供了前瞻性保证。

（二）实施“三河”（白浪河、虞河、张面河）治理，打造宜商宜居城市。潍坊市区境内有白浪河、虞河、张面河穿城而过。自20世纪七八十年代起，“三河”污染逐渐加重，河道内污水横流，沿岸杂草丛生、垃圾遍地，其共同的特点是“臭、丑、乱、旧”。让河流重泛清波，成为广大市民心中的梦想。市委、市政府本着对历史、对未来、对人民高度负责的精神，对“三河”进行大规模综合整治。张面河改造工程始于2004年，是“三河”综合整治的序曲。数千建设者夜以继日、风雨无阻，仅用35天，就把污水横流、垃圾遍地的臭水河，变成碧水清流、自然环保的生态之河。中央和省、市领导都给予高度评价，并荣获“中国人居环境范例奖”。虞河改造工程始于2005年，2006年3月竣工。整个工程以河道为主轴，两岸亲水空间为辅轴，桥头拦河坝为节点，进行景观环境塑造，构筑带状绿廊空间。一湖、三瀑、九溪、十二景区、三十六景观，三楼、五阁、七榭、二十四亭、两塔双百景点，展示出潍坊独特的人文、历史景观。白浪河改造工程始于2007年，是潍坊城建史上投资规模最大、建设区域最广的工程，分为基础工程、景观建设、商业开发3个阶段。利用世界银行贷款，陆续完成防洪、清淤、截污、架桥、修路等基础建设；2008年，大规模景观建设全线展开，2009年6月主要景观形成，其中10平方公里的白浪绿洲湿地公园成为江北最大城市生态湿地，为国家4AAAA级旅游景区。国内著名城市运营专家、清华大学客座教授李忠考察“三河”治理后，把这种“以生态为导向的城市发展模式”简称为“EOD模式”。“三河”的综合整治开发，改变了潍坊的城市气质，重塑市民的生活方式，引领了全市旅游经济、会议经济、休闲经济、文化产业等高端服务业的跨越式发展，成为潍坊的一张靓丽名片。

（三）坚持以绿为主，打造绿色生态家园。全市牢固树立生态理念，提出“绿色是潍坊的城市本色”，把“绿色”定位为城市发展战略目标，以“生态、自然、节约”为绿化理念，以大投入促进大绿化，努力实现以绿治脏、以绿治乱、以绿治丑、以绿治污，精心营造绿色生态家园。累计绿化投资80亿元，先后建成人民公园、植物园、安顺广场、长松城市公园、北海路、宝通街等一大批园林精品；人民广场、安顺广场、世界风筝都纪念广场等面积超过5万平方米大型绿地广场7处；富华游乐园、金宝乐园等休闲娱乐公园3个；街头游园136处；城市片林363公顷，城市道路绿化覆盖面积达到1003万平方米，道路绿化普及率、达标率分别达到99%和84.3%。实施“绿色潍坊·绿色家园”建设活动，建立栽植认养纪念树基地40多处，建设纪念林667多公顷，植树200多万株，义务植树400多万人次，尽责率达到90%以上。开展花园式单位创建活动，拥有市级花园式单位（小区）726个，省级花园式单位（小区）115个。扎实推进社会性绿化活动，2006年开始，连续5年开展无偿供苗、送绿进社区等活动，累计为100余单位（小区）、5万余市民无偿供苗15万株，提供服务咨询、技术指导6000余次，社会性绿化蔚然成风，掀起高潮，得到住房和城乡建设部有关领导的高度评价，

《中国建设报》等国家级媒体多次进行专题报道。2007~2009年，连续3年组织实施“增绿增色”“黄土不露天”春冬季绿化工程，新增园林绿地1000公顷，新增公共绿地400公顷，栽乔木100万株，实现了绿量翻番的绿化目标。截至2011年，市区绿化覆盖面积达到5533公顷，绿地面积达到5306公顷，公园绿地面积达到2021公顷，市区建成区绿化覆盖率、绿地率和人均公共绿地面积分别达到40.1%、38.4%和17.3平方米，城市林荫路推广率达到70%以上，均超过国家园林城市标准，基本达到“春有花、夏有荫、秋有色、冬有绿”的绿化效果。实施环城防护林带和“四河”（白浪河、虞河、张面河、浞河）、“三路”（济青高速、潍莱高速、胶济铁路）防护林带建设工程，建成环城防护林带130公里、“四河”和“三路”绿化总长度达200公里，为市区建立起绿色生态屏障。2010年10月，潍坊市以山东省第一名的成绩被命名为“国家园林城市”。

（四）加强基础设施建设，提升城市服务功能。全市着力提升中心城市辐射带动能力，加大城建投入力度，规划建设了文化艺术中心、金融中心、健康中心、奥体公园体育场、潍坊学院体育馆、白浪绿洲湿地公园、浞河综合整治工程等一批重大项目。累计完成市政基础设施投资272亿元，新改扩建主次干道1200余公里，对胜利街、福寿街、长松路等25条城市主干道分期分批完成了扩建改造，实施“零缺陷”整治工程，城区道路完好率达98%以上。加快环卫设施建设，建设市生活垃圾处理场和医疗废物处置中心，垃圾转运站、公厕设施日益完善，市区生活垃圾无害化处理率达到94.7%，全市二级以上医院医疗废物集中处置率达到100%，万人拥有公厕4.2座。中心城区106条道路保洁全部实现市场化招标，道路保洁率达到100%，机械化清扫率达到43.3%。全面推进城乡环卫一体化工作，中心城区各区城乡环卫一体化实现全覆盖。建成污水处理厂7座，全部达到满负荷运行，出水水质均达到一级B标准，污水处理能力达到36万吨/日，污水处理率达到92%。城区日供水能力达到30万立方米，供水管网670公里，累计完成户表改造9万户，用水普及率达99%以上，城市供水水质综合合格率100%。城区天然气用户达到15.33万户，发展管道燃气用户23.24万户。大力推进供热设施建设、节能改造和分户计量工作，建成市政供热管网511公里，总供热能力达到1585立方米/小时，集中供热面积2676万平方米，集中供热率达到69.9%。市区公交线路总长达969.9公里，拥有公交车辆1176台，日均客运量达33万人，市区万人拥有公交车辆10.5标台。城市道路照明装置率达到98%以上，城市道路亮灯率达到99%以上。启动以完善小区功能配套、整治背街小巷、绿化净化亮化等为重点的旧居住区改造提升工程，对1995年前建成使用的7.25平方公里的旧居住区进行全面整治，共改造旧居住区51个、背街小巷227条，7万余户、23万居民直接受益。

（五）坚持节能降耗，实现可持续发展。全市着眼优化人居环境，立足本地优势，大力发展新能源，光电子、新能源、新材料、生物医药、节能环保等新兴产业初具规模。倡导坚持节约用水，公众节水意识普遍提高，“十一五”期间城区累计节水量达5000

多万立方米，年工业用水重复利用量达到3亿多立方米，万元CDP取水量和万元工业培加值取水量下降到16立方米和20立方米，年中水利用量达到1800万立方米，创建33家省级节水型企业（单位），成功创建为“国家节水型城市”。大力发展绿色照明，推进“十城万盏”半导体照明应用工程，中心城区半导体光源达到7.84万盏，占路灯、景观灯总数的92.95%，综合节电率达到40%，城区亮灯率达到99%以上。加大城区大气污染综合治理力度，实施《潍坊市蓝天工程计划》，淘汰取暖小锅炉近千台，积极?推广集中供热和清洁燃料，强制淘汰排气污染重、超期服役的机动车辆，取缔沿街露天烧烤，建成6917平方公里的环境噪声达标区。围绕新建建筑节能、既有建筑节能和可再生能源应用三大方面，全面推行应用建筑节能新技术、新产品，发展低碳建筑、绿色建筑，成为“国家可再生能源建筑应用示范城市”，努力打造资源节约型、环境友好型城市，促进社会经济可持续发展。

（六）立足保障和改善民生，促进和谐社会建设。建立起了以廉租房、货币补贴为主导的住房保障体系，累计发放廉租房货币补贴2607户、1128万元，发放经济适用房货币补贴474户、2187万元。物业管理面积达到5800万平方米，覆盖率达80.5%。突出抓好民生工作，市政府承诺每年为群众办好10件实事，民生支出占财政总支出的比重达到50%。累计实现城镇新增就业56.7万人，转移农村劳动力59.9万人，城镇登记失业率控制在3.17%。城乡社会保障体系进一步完善。社会保险净增155.9万人，城镇居民基本医疗保险和新型农村社会养老保险试点工作进展顺利，新农合保障水平逐年提高。实施教育惠民工程，全面实现城乡免费义务教育，建立贫困学生资助救助体系和校园安全长效机制。高中阶段教育基本普及，素质教育处于全国领先水平。职业教育快速发展，职业院校技能竞赛水平居全省前列。高等教育不断拓展提升，普通高校发展到15所、在校生达到14.9万人。强化卫生公益性质，国家基本药物制度顺利实施，公立医院改革国家联系试点工作全面启动，城乡基层卫生服务体系更加健全，医疗保障能力进一步增强。全民健身公共服务体系不断完善，农村体育设施覆盖率达到79%。人口自然增长率控制在3‰以内，被评为全国人口和计划生育综合改革示范市。社会治安综合治理深入推进，食品药品监管工作不断加强，安全生产控制指标全面完成，全面促进社会和谐发展。

三

城市人居环境的有效改善，极大增强了城市发展能力，推动了社会、经济的持续、健康、稳定发展，全市经济社会的发展推上更高的平台，为未来发展打下更加坚实的基础。至2011年年底，全市生产总值（GDP）完成3541.85亿元，人均生产总值达38820元。实现第一产业增加值359.28亿元、第二产业增加值1961.4亿元、第三产业增加值1221.17亿元。地方财政收入完成253.9亿元，地方财政总支出358.3亿元。金融机构本外币各项存、贷款余额分别达到3748.9亿元、3001.5亿元。城镇居民人均可支配收入达到22508.2元，人均消费支出15170元；农民人均纯收入10408.9元，人均消费支出6328元。全市固定资产投资累计完成12428.14亿元。社会消费品零售总额达到1349.8亿元。社区内生活、卫生、文化、教育等各类设施齐全，治安情况良好，广大市民安居乐业，生活质量明显提高。在中国社科院发布的《2009—2010年度全球城市竞争力报告》中，潍坊成为综合竞争力排名上升最快的10个城市之一。

城市生态环境的改善，极大地提升了城市品质，树立起良好的城市形象，城市辐射力和带动力大大增强。城市交通路网和市政设施的完善，为经济腾飞和市民生活提供了良好的外部环境，减少了汽车废气对城市环境的污染。河流综合整治、水污染治理和城市绿化系统、公用基础设施的不断完善，进一步提高了生态环境质量。优美的城市环境，提高了城市的文化品位，丰富了旅游资源，促进了旅游业的发展，吸引国内外大批游客到潍坊观光旅游，吸引了越来越多的高素质人才定居就业。潍坊正成为一个令本地人为之自豪，令外地人为之向往的地方。

四

中国人居环境奖的成功创建，源自于历届市委、市政府对城市建设的正确定位，离不开高起点、高标准、高效能的城市规划建设管理水平，得益于全市人民的积极努力与参入。成功来之不易，经验弥足珍贵。

（一）人居环境建设必须始终坚持“以人为本”这一基本原则，以满足人的需要为出发点和落脚点，从提高人的生活素质出发，真正体现人民群众的意愿和要求，每一项整治工程和整治措施，都把大多数群众拥护不拥护、满意不满意作为决策和最终检验成效的唯一标准。

（二）人居环境建设资金投入是保障和基础，仅凭政府投资远远不够，必须树立经营城市的理念，采取多种形式，市场引导，政策扶持，多渠道筹措建设资金，并通过市场运营，缩短资金回收、回报周期，形成良性循环。

（三）人居环境建设既要注重城市新区开发建设，更要切实保护老城旧区改造；既要不断完善基础设施，又要注重加强环境污染治理；既要立足当前，又要着眼长远，做到一步到位，不留缺憾，使城市的规划建设经得起检验，使城市的历史文脉得到延续，塑造城市特色和现代化城市的新形象。

（四）人居环境建设是一项系统工程，需要长期不懈的努力。必须注重发挥人的作用，提高人的整体素质，提高城市的整体文明水平，把创建活动与群众参与融为一体，长期不懈地开展下去，建立健全法律规章并认真加以贯彻实施，通过道德约束和法律规范，逐步消除不文明行为，保证人居环境建设的成果不断巩固、不断提高。

大事记

2003年

2月12日 中共潍坊市委书记张传林在中国共产党潍坊市第九次代表大会上作《团结一致、开拓进取、为把潍坊建设成为现代化强市而奋斗》的报告。报告提出："创新城市发展机制，加快城市化进程"，强调："必须牢固树立抓城建也是抓经济和经营城市'两种'观念，坚持高起点规划、高标准建设、高效能管理'三高'原则，努力实现一年小变样、年年都有新变化，五年大变样、届届都有大发展的'两变'目标。"会议标志着潍坊城市建设进入一个全新的发展阶段。

2月25日 市委副书记、市长张新起主持召开第37次市政府常务工作会议，研究确定2003年度市区城市建设重点工程项目，并决定加强对城市建设重点项目的组织领导工作，成立市城市建设重点项目领导小组及办公室，全面负责城市规划、建设、管理等重点项目的组织领导、协调调度和督导检查。会议还对理顺城市规划、建设、管理体制，加强完善政府采购机制，组建国有资产经营公司等问题进行了研究。

3月12日 市政府召开城市建设重点工程政府采购工作专题会议，副市长黄潍连、刘伟出席。会议要求改变原有政府性投资工程的招投标形式，确定今后所有城市建设重点项目全部实行政府采购。

同日 市政府召开白浪河、虞河下游综合整治动员会，标志着白浪河、虞河下游综合整治工作正式开始。

3月13日 市委书记张传林对绿化工作做出批示，要求"发扬见缝插绿精神，绿化美化潍坊大地"，提出：种树如积德，管树如行善，爱树如敬"神"，毁树如杀人。

3月15日 市委召开市级领导班子成员会议，专题研究市区城市建设10项重点工程，着力提高城市品位，增强城市综合竞争力，带动全市经济社会持续快速健康发展。

3月18~19日 副省长赵克志率领省政府调研组到潍坊考察调研，对小清河污染防治、环境监督管理、城市规划建设管理等提出要求。

3月20日 市区城市建设重点项目动员大会召开，市委副书记、市长张新起讲话。会议要求：以创建全国环保模范城、省级园林城市为目标，树立"两种"观念，坚持"三高"原则，实现"两变"目标，努力把潍坊建设成为令本地人为之骄傲自豪，令外地人为之向往的地方。

同日 市政府印发《关于2003年市区城市重点工程建设的通知》，确定实施综合整治高速公路13、14、15号出入口，整治北海路，续建人民广场，整治白浪河，建设新一中，新建宝通街、樱前街和东明路，建设垃圾处理厂，实施城区绿化工程共10大项城市建设重点项目，决定在城区栽植2万棵雪松。

3月31日 市区城市管理执法监察机构挂牌新闻发布会在潍坊大酒店举行。

同日 市城管执法监察总队投诉受理中心与市市政管理局"96111"为民服务热线合并。

4月1日 市委、市政府召开市区综合整治动员大会暨潍坊市城市管理行政执法局揭牌仪式。会议由副市长黄潍连主持，市委副书记、常务副市长张江汀讲话。

4月16日 张传林、张新起、王治华、张江汀、黄潍连等市领导在4月8日第14期《城管动态》《市区拆除违章电话报刊亭首战告捷》一文上作出批示，对近期全市城管综合执法工作取得的成绩给予了充分肯定。

4月26日 市城建重点办综合各部门意见，以呈阅件的形式向市委、市政府提出对北海路进行改造的报告。

4月30日 根据省委、省政府建设半岛城市群的战略要求，适应加快推进城市化进程的新形势，市政府决定成立中心城市发展战略研究调研组，与北京大学一道开展中心城市发展战略研究。

5月1日 人民广场北区正式开放。该工程于4月15日完工。当年完成绿化投资3000余万元，建设了林荫广场、秀水园、飞鸽草坡，铺装喷泉广场，设置了景观奇石、园灯等，日游客量达到3万人次。

5月3日 在第三十期城管动态《市区内建筑施工违法行为严重》一文上，市长张新起批示："类似此类的城市管理基础工作当前较为薄弱和混乱，必须开始从严管制。先制住乱，才可能再提高水平。本届政府要在这方面使潍坊上一个大台阶，望同志们再接再厉，按现代化城市的要求去加强城管基础工作。"

5月12日 在《山东省人民政府办公厅关于抓紧做好城市环境综合整治有关工作的通知》上，市委副书记、市长张新起批示："这确实是搞好城市环境整治的最佳机遇，一定要大做文章，一扫历史陈规陋习和现在的脏差问题；难得有众口一致的舆论环境，一定要有大的突破！1.把城市上的问题一扫而光；2.建立长效机制，要责任明确，理顺管理机制；3.建议排出几个方面、几大战役，大拆大清，齐头并进，争取潍坊有一新面貌。"

同日 宝通街（新华路至东外环）、樱前街（文化路至潍县中路）、东明路（胜利东街至宝通街）等新建道路工程开工。

5月21日 在第四十一期城管动态《近期市、区城管执法监察业务工作要点确定》一文上，市委副书记、市长张新起批示："这些目标定得好，切中要害，就是要下决心管出一个新潍坊。靠法规管好城市，靠水发展城市，要学习张家港，在城市管理上来一个突破，让全市人民满意，创造良好的投资环境。市政府坚决支持你们。"

5月24日 市政府召开城区道路建设动员大会，副市长黄潍连作动员讲话。

5月28日 北海路、四平路道路工程开工。北海路（玄武街至健康街）全长4570米，计划9月25日竣工；四平路（胜利街至东风街）全长625米，计划8月25日竣工。

5月30日 梨园街（北海路至三官庙小学）续建工程竣工通车。该工程于2002年9月开工，总投资125万元，全长507米。

6月11日 市委副书记、市长张新起视察城市建设与管理工作，强调加快重点工程建设步伐，加大城市环境综合整治力度，9月底完成城市环境综合整治。

6月13日 市委书记张传林做出"路边店决不能满城建"的批示。《中国建设报》《潍坊日报》《潍坊晚报》等媒体进行刊载。

6月21日 市政府印发市中心区"两街"（胜利街：自人民广场至安顺路；东风

街：自北海路至长松路）、“一路”（北海路：自健康东街至高速公路14号出入口）综合整治方案，“两街一路”综合整治工作全面展开。

6月24日 市委书记张传林在市委工作会议上要求：要按照树立“两种”观念、坚持“三高”原则、实现“两变”目标的要求，突出抓好城市建设，努力改善硬环境。强调要认真解决“路边店满城建”的问题，除规划的商业街、步行街外，要用建市场、建超市的办法，满足群众生活需要，决不允许再在交通干道、次干道乱建路边店，已建设的也要逐步拆除，腾出空间搞绿化。要搞好城市绿化、美化、亮化、净化，使潍坊天更蓝、水更清、地更绿、景更美，把潍坊建成令本地人为之骄傲和自豪，令外地人为之羡慕和向往的地方，增强对外商外资的吸引力。

6月30日 市政府发布了《关于对市中心区“两街一路”进行综合整治的公告》，标志着“两街一路”综合整治全面启动。

7月1日 市政府在市级机关综合办公大楼第一会议室召开创建国家环保模范城市暨城市环境综合整治动员大会。会议由副市长黄潍连主持，市委副书记、市长张新起在会上讲话，市人大、市政协、市纪委、潍坊军分区的领导出席会议。

7月20日 市委副书记、市长张新起彻夜研究调度当年城市建设重点工程项目。

7月24日 城区亮化集中控制系统工程建设启动，计划于当年国庆节前完成。

7月26日 潍坊市城市建设综合开发协会正式成立。协会会员来自全市房地产开发、拆迁管理部门及房地产开发、房屋拆迁企业和评估机构，拥有单位会员200余家。该协会作用是：维护行业利益、反映行业愿望、加强行业自律、便于政府与企业联系沟通。

8月14~20日 市区13号高速立交桥、长松路西苑立交桥、14号高速立交桥、胜利桥及四平路“四桥一路”亮化工程相继开工建设。

8月22日 山东省“创建环保模范城市”初审组对潍坊市的“创模”工作进行预验收，将潍坊市列入山东省创模预选城市，推荐上报国家环保总局。

8月26日 市政府在渤海宾馆召开城市环境综合整治工作会议。市委副书记、市长张新起，副市长黄潍连出席会议并讲话。

9月3日 全市绿化工作会议召开。

9月5日 城区第二批亮化工作全面启动。

9月8日 “两街两路一河岸”（东风街，长松路至北海路段；胜利街，安顺路至北海路段；北海路，健康街至北宫街段；东风街与胜利街之间的和平路和白浪河东岸）户外广告综合整治工作全面展开。

9月15日 市委副书记、市长张新起在市城管执法局呈报的《关于全省城市环境综合整治现场调度会议精神及贯彻意见的汇报》上批示：“贯彻省会精神，关键是要推进工作。1.‘两街一路’的整治工作要全面到位。东风街的拆网点工程以及‘两街’南北向联系路拆丑工程要在九月份动手。2.再扩大范围拆一批违法建设和残垣断壁等丑旧建筑。要超常规干这件事，努力跟上全省形势，为明年大干做铺垫。3.明年此项工程要再扩大，早规划安排，春节后动手，风筝会完成。”黄潍连副市长也在该呈阅件上作出批示，要求有关部门的负责同志，认真研究，组织制订出三年规划和年度计划。

9月18日 市生活垃圾处理厂填埋场一单元正式接纳市区生活垃圾，进行无害化综合处理，日处理生活垃圾500吨。当年，全市城市生活垃圾处理工程完成投资1亿元，投资700万元配套建设了17个一类水冲式公厕和14座垃圾转运站。

9月19日 市委副书记、市长张新起在白浪河广场召开现场会，指挥部署开展打击非法制贩假证和乱贴乱画小广告活动，市领导王治华、王元榜、黄潍连参加现场会。

9月20日 市医疗废物处置中心开始处理医疗固体废物，标志着潍坊市有了专门处置医疗固体废物的设施，医疗废物进入无害化处理的新时期。

9月21日 市政府办公室以潍政办发〔2003〕147号文件转发市公安局、市城市管理行政执法局《关于严厉打击制贩假证及乱贴乱画小广告违法行为工作的意见》，标志着这一活动正式启动。

同日 市政府办公室转发市公安局、市城市管理行政执法局《关于严厉打击制贩假证及乱贴乱画小广告违法行为工作的意见》，标志着这一活动已正式启动。

9月23日 市委书记张传林就满城乱画乱贴野广告问题作出《乱画乱贴者戒》的批示，要求各级各部门各单位和全体市民，特别是公安、城管等部门，立即行动起来，协同作战，迅速出击，穷追猛打，将乱画乱贴者一网打尽，还美丽市容于市民。

9月30日 北海路整治工程竣工通车。

同日 济青高速公路13号出入口综合整治工程竣工。该工程于5月28日开工，整治内容包括高速公路13号口改造绿化、建设安顺广场和整治长松路。

同日 济青高速公路14号出入口综合整治工程竣工。该工程整治内容包括通亭街改造和北海路环岛绿化完善，于3月19日开工，9月30日竣工。

同日 城区部分亮化工程竣工。工程包括高速公路13号立交桥、高速公路14号立交桥、西苑桥、胜利桥、通信桥、北海路环岛、四平路七项亮化工程。

同日 四平路（胜利街至东风街）改造工程竣工。该工程5月21日开工，全长629米，道路红线宽30米。

是月 市政府召开常务会议，研究确定市城建公用事业集团所属自来水、煤气、热力、公交等企业的改革改制方案，市直10家市政公用企事业单位改革全面铺开。市煤气公司、热力公司、污水处理厂3家企业通过运用市场机制，引进产业资本，年底前分别成立潍坊港华燃气公司、潍坊热力有限责任公司、潍坊市联合润通污水处理厂，市政府分别授予潍坊港华燃气有限公司和潍坊市联合润通污水处理厂特许经营权。

10月1日 夜景照明集中控制中心建成使用。中心市区25条主要道路照明设施和楼宇亮化设施纳入集中控制，实施遥测、遥控、遥讯、遥视，属省内首家。

10月15~17日 省建设厅副厅长万利国带领省综合整治办公室第二检查组，对潍坊市综合整治工作进行全面检查。副市长黄潍连出席汇报会和考评反馈会。

10月16日 人民街（和平路至青年路）

工程竣工。工程于5月1日开工，全长410米，道路红线宽12米。

10月26日 市长张新起召开主持市城市建设重点项目领导小组会议，研究2004年重点工程建设计划。

10月28日 市政府召开潍坊火车站开发建设动员大会。市领导张新起、赵凤池、黄潍连、赵俭，潍坊军分区领导刘兴忠出席会议。市规划与国土资源局介绍了潍坊火车站广场规划情况，市委副书记、市长张新起，副市长黄潍连分别讲话。会议的召开标志着火车站广场开发建设工作全面启动。

同日 市政府召开潍坊火车站开发建设动员大会，标志着火车站广场开发建设工作全面启动。市委副书记、市长张新起，副市长黄潍连分别讲话。

11月1日 副市长刘伟召开会议研究确定了宝通街等道路建设项目拆迁补偿政策。

同日 东风街（北海路至西环路）工程开工建设。

同日 北海路（健康街至胶济铁路桥）工程开工建设。

11月3日 根据《城市房屋拆迁管理条例》，参照原《潍坊市城市房屋拆迁管理办法》，修订出台新的《潍坊市城市房屋拆迁管理办法（潍政发〔2003〕81号）》，于2003年11月3日起正式发布实施。

11月4日 副市长黄潍连召开现场办公会，专题研究四平路中段日常交通、市容管理问题。会议确定把四平路中段建设管理的标准确定为中央商务区精品街和城市环境综合整治的示范街，要求精心建设，严加管理。

11月6~7日 由联合国人类住区规划署和山东省建设厅联合举办的潍坊——福冈垃圾处理技术项目研讨会在潍坊召开。

11月12日 市委书记张传林主持召开市委常委扩大会议，专题研究2004年城市建设重点项目计划，提出要坚持大思路，采取大举措，实行大投入，努力实现一年大变样，把潍坊建设成为令本地人为之骄傲和自豪，令外地人为之向往的地方。

11月13日 潍坊市召开全市争创中国优秀旅游城市工作调度会，市委副书记、市长张新起、副市长辛丕宏出席会议，对全市“创优”工作进行再动员、再部署、再落实，要求各级各部门进一步做好各项工作，迎接国家级的检查验收。

11月17日 潍坊市人民医院门诊病房楼工程被建设部评为“鲁班奖”工程，这是潍坊市获得的首个单体工程“鲁班奖”。

11月18日 东风街中段（青凌桥至长松路）、北海路南段（铁路桥至潍莱高速路）建设工程动员大会召开，标志着两条道路改造工程正式开工。副市长黄潍连作动员讲话。

11月24日 市政府发布《关于调整市区城市管理体制的意见》，对调整市区城市管理体制的指导思想、基本原则、市区职责划分、调整范围、保障措施等提出要求，对理顺市、区城管执法体制作出规定，按照城市管理“重心下移、以块为主”的原则，重申市、区城管执法监察机构的职责权限。

11月25日 新华路（健康街至宝通街）工程建成通车，该工程于3月28日开工，全长1807米，道路红线宽40米，断面形式为一块板。

12月9日 市政府办公室转发市市政管

理局、城管执法局、规划与国土资源局、交通局、工商局等五部门联合制定的《关于加强市区机动车清洗场站管理的意见》，同时公布了《机动车清洗场站设置标准》，标志着全市洗车场站管理已进入规范化、法制化轨道。

12 月 10 日 国家“中国优秀旅游城市”评审工作委员会正式批准潍坊市为“中国优秀旅游城市”。

12 月 18 日 经全国双拥工作领导小组第 16 次全体会议研究决定，潍坊市被正式命名为“全国双拥模范城”。

同日 潍坊市政府与海南航空集团合作签字仪式在海南新国宾馆举行，标志着潍坊市航空事业进入新的发展阶段。

12 月 24 日 市委副书记、市长张新起主持召开第 11 次市政府常务会议。会议研究《关于加快中心市区“城中村”改造的意见》。

12 月 25 日 市委书记张传林在全市经济工作会议上强调：“加快城市化进程，要牢固树立抓城建就是抓经济和经营城市‘两种观念’，坚持高起点规划、高标准建设、高效能管理‘三高原则’，以更大的气魄、更大的投入、更大的力度、更快的步伐，努力实现城市建设一年大变样。”

12 月 27 日 市委副书记、市长张新起在市规划局听取关于虞河、张面河、白浪河综合整治工作的汇报，并做出部署安排。为此，市政府成立了潍坊市市区“三河”综合整治工作领导小组，印发《潍坊市市区三河综合整治实施意见》，对“三河”综合整治工作进行全面部署。

12 月 29 日 潍坊至北港公路开工奠基仪式举行。

12 月 31 日 市区全年完成城市建设总投资 5.8 亿元，竣工道路总长度 120 公里，总面积 170 万平方米，铺设排水管道 60 公里，新建公共绿地 70 公顷，新、改扩建北海路、人民路等部分城市道路及通亭街、北海路环岛等绿化工程，完成的工程建设总量是往年的 5 倍以上。

2004 年

1 月 1 日 市委书记张传林对环保工作作出批示：“要坚决砸掉污染严重的烟囱，坚决关掉污染严重的企业，坚决杜绝乱排污水的现象，还人民群众一片蓝天、一片净土、一片清水。”按照“三个坚决、三个一”的要求，开展“整治违法排污企业，保障群众健康环保专项行动”和“清查放射源，让百姓放心专项行动”。

同日 潍坊港华燃气有限公司正式挂牌运营。该公司由潍坊市煤气总公司和香港中华煤气有限公司合资成立，注册资本为 1.4 亿元人民币，投资比例为 1:1，合资期限为 50 年。

1 月 15 日 市政府以潍政发〔2004〕9 号发布《潍坊市人民政府关于加快中心市区“城中村”改造的意见》。

1 月 18 日 市政府与深圳市联合润通投资有限公司签署《潍坊市污水处理厂 TOT 合作项目合同书》。6 月 1 日，深圳润通公司按照 TOT 合同正式接管市污水处理厂，特许经营期限为 20 年。市污水处理厂始建于 2000 年 10 月，主要负责中心市区工业废水和生活污水的处理，设计规模为日处理污水 10 万吨，概算总投资 2.16 亿元，服务面积约 60 平方公里。新体制运行后，公司日处理污水量由原来的4万~5万吨提高到11万吨，中心市区污水处理率达到75%以上。

2月1日 市长张新起在潍坊市第十四届人民代表大会第二次会议上强调：“加快城市建设，提高城市综合竞争力。以更大的气魄、更大的投入、更大的力度、更快的步伐，努力实现城市建设和管理一年大变样。”

2月4日 市委书记张传林听取城建重点项目汇报，研究部署安顺路、潍高路、通亭街、北宫街、人民广场及路灯等工程建设问题。

2月6日 省建设厅杨焕彩厅长在第15期《城管动态〈继续发挥主力军作用再打城市环境综合整治攻坚战〉》上作出批示：“潍坊市委、市政府对城市环境综合整治高度重视，先后作出一系列的部署安排，有关部门为此做了大量工作，取得很大的成绩。希再接再厉，用心做事，继续打好攻坚战，使今年的整治工作取得新的进展，给市民营造一个良好的人居环境，使天更蓝、水更清、地更绿。”

2月14日 市城管执法局与市政管理局联合制定出台《关于对违法乱倒垃圾的举报奖励规定》，公开投诉举报电话。

同日 市委书记张传林检查市容环卫工作，强调要高标准、严要求，全面提高城市管理质量和水平。

2月18日 市政府召开会议专题研究部署城市综合整治工作。

2月27日 市委、市政府在潍洲剧场召开创建国家卫生城市工作会议。市长张新起讲话。

3月1日 中心市区园林环卫管理体制进行调整，将原由市园林、环卫部门负责的绿化养护、清扫保洁、公厕管理和粪便抽吸等具体管理职能，包括相应的资产、人员、经费按行政区划切块下放到区，实行属地管理。

3月1日、4月25日 副市长黄潍连先后在《城管动态》第30期《成都市开展“城管样板街区”创建活动》和第54期《苏州市开展创建市容环境管理示范路活动》上作出批示，要求市城管执法局认真学习借鉴成都、苏州两市的做法，尽快制定标准规范，在市区推行城管执法示范路段试点工作。

3月10日 创建省级园林城市暨市区城市绿化动员大会在市级机关综合办公大楼召开。四区区长和高新、经济开发区管委会主任，分管区长、主任及市直各部门主要负责人参加会议。会议由副市长黄潍连主持，副市长张江汀讲话。

3月12日 市委组织市五大班子领导到济青高速公路两侧清池段参加植树活动。

3月16日 市委副书记、市长张新起在市政府1102会议室研究城建工作。

4月5日 省建设厅昝龙亮副厅长在第57期《城管动态》《认真履行职责强化队伍建设市区城管执法机构成立一年来取得较大成绩》上作出批示：“潍坊市城市管理行政执法局把城市环境综合整治作为中心任务，紧紧抓住居民关心的乱搭乱建、乱贴乱画、乱停乱摆以及脏、乱、差等热点难点求突破，强化宣传，为推动城管执法营造了浓厚的氛围；建章立制，坚持文明执法塑形象；建立长效管理机制，都取得了很好的成绩，为全省城市管理提供了很多经验。请将他们的做法编辑向全省介绍推广。”

同日 市委副书记、市长张新起在市规划与国土资源局召开市规划委员会会议。

4月7日 市委书记张传林现场检查城建工作。

4月12日 东风街（北海路—长松路）改造工程竣工。东风街改造工程，东起北海路，西至西环路，全长1.1万米，全线道路形式为一块板，双向十车道，共完成投资1.74亿元。东段工程，自北海路至长松路，长8700米，绿线宽63米，中间设隔离护栏，两侧各为3米绿化带、3.7米花岗岩人行道、8.3米绿化带，2003年11月1日开工，2004年4月12日竣工，张面河、虞河桥梁加宽改造工程，改造后两桥连为一体，长83米，宽40米，由原青陵桥更名为凤凰桥；西段工程，自长松路至西环路，长2100米，绿线宽度80米，2004年2月份开工，当年基本完成了主路工程。

4月13~14日 潍坊市部分全国、省、市政协委员对全市城市建设情况进行视察。

4月15日 北海路（健康街—胶济铁路桥）改造工程竣工。该工程全长3111米，道路横断面为四块板，绿线宽102米，红线宽64米，两侧绿化带宽19米。工程2003年11月1日开工。

4月19日 由国务院法制办政府法制协调司司长青锋题写书名，市城管执法局刘洪源、于为凯主编的《城市管理相对集中行政处罚权知识通览》一书，由中国法制出版社正式出版。

同日 海航集团潍坊南苑机场有限责任公司揭牌仪式在潍坊富华大酒店举行。

4月23日 安顺路（北宫街至13号高速路口）改造工程开工建设。

4月25~27日 著名城市规划专家、北京大学博士生导师周一星教授带领《潍坊市中心城市发展战略研究》课题组10位专家到潍坊进行中期成果汇报交流。

4月26~27日 由国家环保总局、中国环境监测总站和山东省环保局、山东省环境监测中心站有关人员及特约专家组成的国家环境保护模范城市技术核查组，对潍坊市创建国家环境保护模范城市工作进行技术核查，并通过核查。

5月10日 北宫街（北海绿地广场至长松路）改造工程开工建设。

5月24日 《潍坊生态市建设规划纲要》专家论证会在富华大酒店国际会展中心举行。省环保局局长张凯、中国工程院院士李圭白、金涌等专家出席论证会。市长张新起、副市长黄潍连陪同。

5月25日 城区绿色家园建设动员大会在富华会展中心展览厅召开。市委副书记、市长张新起作动员讲话，会议确定绿色家园建设的总体任务目标和工作措施。

5月27日 国家爱卫办副主任徐惠民、卫生部副司长张闽元及省卫生厅领导到潍坊考察调研市区及寿光市创建国家卫生城市工作。市委副书记、市长张新起，市长助理李晓明陪同参加有关活动。

5月31日 全市第二次加快发展现场会议在富华国际会展中心召开。

6月1日 市自来水总公司正式启动“一户一表”改造工程。年内共实施中心城区“一户一表”改造5514户。

6月2日 市委副书记、市长张新起在市政府办公室九十九期《每日动态》上就城管执法人员在执法中遭遇暴力抗法、多人被打致伤一事作出批示："请公安局严厉查处，情况报我。一定要把欺行霸市的势力、暴力抗法的罪犯打下去！对重点群体势力要严加控制，胆敢违规，一治到底。"

6月5日 潍坊市开展第一个"全民环境卫生日"。

6月10日 市委副书记、市长张新起主持召开第16次市政府常务会议。会议研究确定《潍坊市市政公用事业特许经营管理办法》、城区综合水价调整、富华国际展览中心建设资金筹集等工作。

6月15日 举行防空警报试鸣、0301工程启用和世界风筝都纪念广场地下人防工程奠基仪式。

同日 人民公园改造工程开工。

6月17日 制定出台《潍坊市住宅共用部位共用设施设备维修基金管理暂行办法》，建立了新建商品房维修资金制度。

6月20日 市市政服务监督管理中心暨12319市政服务热线正式开通运行。主要职责是：受理城区用户和居民对城市供水、排水、燃气、供热、公交、环卫、园林、路灯、市政养护等市政公用行业的服务需求、业务咨询、举报投诉以及对市政服务进行规范、监督和考核等工作。

6月28日 全省城市市政公用事业改革座谈会在潍坊召开。副省长赵克志出席会议并讲话。市领导张传林、张新起、胡岗、黄潍连参加会议。潍坊市政府在会上作题为《运用市场机制，引入产业资本，全面推进市政公用事业改革》的典型发言，重点介绍了潍坊市市政公用事业改革改制的先进经验和做法。

6月29日 副省长赵克志到潍坊检查城市规划建设管理工作。

7月1~2日 根据国务院法制办领导的批示精神，法制协调司司长助理杨速辉、处长程晓敏在省、市政府法制机构负责同志的陪同下，对潍坊市开展相对集中行政处罚权工作中取得的经验和遇到的问题，尤其是在城管执法中对罚没物品的处理情况进行调研。

7月6日 白浪河水库暨城区防汛工作会议召开。

同日 全市城市建设加快发展工作会议召开。会议由副市长黄潍连主持，市领导张传林、张新起讲话。

7月18日 国家环保总局副局长汪纪戎由省环保局局长张凯陪同到潍坊检查创建国家环保模范城市工作。副市长黄潍连陪同活动。

7月26~27日 全省人防办主任会议在潍坊召开。副市长黄潍连参加会议。

7月29日 安顺路（北宫街—13号高速路口）改造工程完工，全线通车。工程2004年4月23日开工，全长4200米，绿线宽度120米，红线宽度59米，道路形式为三块板。

8月7日 市领导张传林、张新起带领有关部门、四区、开发区的负责人检查城市建设工作。王元榜、鞠献宝、黄潍连等同志一并参加检查。

8月9日 市委副书记、市长张新起主持召开第17次市政府常务会议。会议研究《潍坊市城市市容和环境卫生管理办法》《潍坊市市区“门前三包”责任制管理办法》《潍坊市停车场管理办法》《潍坊市城市绿化管理办法》《潍坊市城镇廉租住房和救济房管理暂行办法》；听取《关于加强市区城管执法工作意见》和《关于集中清理违法建设工程实施意见》的汇报，研究关于1991年以前私房被拆迁现住直管公房户解决房屋产权问题的实施意见及其他工作。

8月10日 市人大常委会召开城市规划建设管理工作汇报会议。副市长黄潍连参加会议并作汇报。

8月20日 潍坊富华国际展览中心竣工并交付使用。该工程总建筑面积36160平方米，工程造价1.2亿元。主体二层，局部一层，地上总高度22米，结构形式为钢筋混凝土框排架、钢框排架及空间网架屋顶结构体系，抗震设防烈度7度，耐火等级2级。

8月21日 全市中心市区天然气置换工程开始实施。潍坊港华燃气有限公司自2004年年初开始筹备，建设了中—中压调压站一座，敷设高压管线7792米，为南起宝通街、北至卧龙街、东起坊央路、西至新华路的1.5万燃气用户进行天然气置换。该工程于2006年年底完工。

8月23日 市政府与国家开发银行合作协议签字仪式在齐鲁饭店举行。省开发银行行长于泽水及市领导张新起、刘伟、麻建生参加仪式。

8月25日 《潍坊市城市市容和环境卫生管理办法（市政府第79号令）》《潍坊市市区门前三包责任制管理办法（潍政发〔2004〕51号）》《潍坊市城市停车场管理办法（潍政发〔2004〕52号）》《潍坊市城市绿化管理办法（潍政发〔2004〕53号）》4个规范性文件正式发布施行。

同日 张面河综合整治工程全面竣工。该工程荣获2005年度“中国人居环境范例奖”。

8月27日 潍坊机场环境改造工程完工。工程自7月21日开工，总施工面积为13.09万平方米，总投资560余万元，工程主要包括候机楼前中心广场改造、周围绿化改造及机场路面翻新3个部分。

8月31日 北宫街（北海绿地广场—长松路）改造工程全线贯通。

同日 安顺绿地广场工程全部竣工。工程自2004年2月1日开工建设，占地23万平方米，绿地面积约18万平方米。

9月3日 省委书记、省人大常委会主任张高丽在出席第十届鲁台经贸洽谈会之后，视察潍坊市城市建设和工业园区建设情况。

同日 市政府制定出台《关于加强市区城管执法工作的意见》，对明确市、区两级城管执法机关的职责分工、充实加强城管执法力量、落实财政经费保障和有关管理职能调整等4个问题作出规定。

9月6日 市委副书记、市长张新起主持召开第18次市政府常务会议。会议研究关于提高城市土地利用率鼓励建设高层建筑的意见。

9月11日 市委副书记、市长张新起主持召开市区城市建设管理工作现场办公会议。

9月13日 市市政公用事业管理处成立，隶属市市政管理局，市政府授权行使市政公用事业方面的行业管理职能和市场监管职能。

同日 市政府制定下发《关于采取有力

措施坚决制止违法建设的紧急通知》(潍政发〔2004〕59号),对制止违法建设提出明确意见。

9月15日 市委副书记、市长张新起现场检查城建重点工程。

9月25日 省建设厅厅长杨焕彩、副厅长张俊乾等一行9人到潍坊调研。2005年在潍坊召开全市城市规划、建设管理会议筹备事宜,副市长黄潍连陪同活动。

9月30日 市委、市政府在渤海宾馆会议厅召开全市生态市建设动员大会,对生态市建设进行全面部署,与各县市区签订生态市建设目标责任书。会议由市委副书记、市长张新起主持,市委书记张传林讲话,副市长黄潍连参加会议。

10月8日 市政府制定出台《关于集中清理违法建设工程的实施意见》(潍政发〔2004〕64号),对集中清理违法建设工程工作的指导思想、清理范围和问题、工作步骤、市区及相关部门任务分工、组织领导等作出规定。

10月14~15日 全省相对集中行政处罚权工作现场会在潍坊召开,副省长谢玉堂出席会议并讲话。会议主题是:总结去年青岛会议以来全省推进相对集中行政处罚权工作的情况,学习潍坊市在县级城市管理领域开展城市管理相对集中行政处罚权工作的做法,并对下一阶段的工作进行部署。

10月20~22日 省建设厅党组副书记、副厅长万利国带领省城市环境综合整治第一考评组,对潍坊市城市环境综合整治工作开展情况进行检查考评。

10月24日 《潍坊中心城市发展战略研究》成果评审会在鸢飞大酒店召开。由来自中国科学院、国务院发展研究中心、南京大学、华东师范大学、中国城市规划设计研究院等单位的13位专家组成的评审委员会,评审通过了《潍坊中心城市发展战略研究》报告。报告确立"一个中心、六个片区"的潍坊城市总体规划思路。一个中心,即已基本建成的中心城区;六个片区,即东部高新技术开发区、北部经济技术开发区、西部潍城新区、东南部凤凰山产业园区、东北部寒亭经济开发区、西南部文化旅游区。市领导张传林、张新起、迟昭厚、毕可仁、胡岗、黄潍连参加会议。

10月25日 《潍坊中心城市发展战略研究》成果报告会召开。

10月26日 副市长黄潍连主持召开会议,研究部署迎接全省六城市观摩会、重点工程建设等工作。

10月28日 潍坊市庆祝第十届山东省环卫工人节大会在潍州剧场召开。副市长黄潍连参加会议并讲话。

11月8日 全市新城管执法人员岗前培训动员大会召开。

11月17日 市委副书记、市长张新起召开会议专题研究城市建设重点项目工作。

11月19日 潍坊市小城镇建设研究会成立。

11月22~23日 马来西亚驻华大使拿督阿布·玛吉德先生一行30人到潍坊参加马来西亚捷硕集团中国潍坊项目筹建处开业典礼暨潍坊港口项目签约仪式。市领导张新起、黄潍连陪同参加有关活动。

11月22日 全市规划与国土资源管理体制改革会议召开,专题部署全市规划与国土资源管理体制改革事宜。

11 月 23 日 全市第三次加快发展现场会议在富华国际会议中心召开。

11 月 23~25 日 省爱卫会对潍坊市创建国家卫生城市工作进行调研考察。副市长黄潍连、市长助理李晓明陪同活动。

11 月 28 日 市委副书记、市长张新起，专题研究月河路、潍州路、北海路及四平路等道路工程规划设计方案及建设问题，工程计划定于 2005 年鲁台经贸洽谈会前竣工。

12 月 5 日 市委副书记、市长张新起到市区三河综合整治工作办公室进行现场调研。

12 月 8 日 潍坊火车站暨广场奠基仪式在火车站建设工地举行。济南铁路局局长左慎湘、青岛铁路分局局长陈功出席仪式。奠基仪式由副市长黄潍连主持，市委副书记、市长张新起讲话。市领导张传林、迟昭厚、毕可仁、胡岗参加仪式。

12 月 10 日 市委书记张传林在市经济发展软环境建设工作领导小组办公室《关于群众投诉城管执法部门有关问题的情况》呈阅件上作出批示："请转有关单位负责同志阅。近年来，我市不断加大城管执法力度，城管执法取得了十分明显的成效。尽管执法难度仍然很大，还需进一步加大执法力度，但更应该严格依法办事，做到文明执法。对在执法过程中违法违纪者必须严肃处理，以维护执法队伍的形象。望对此件所反映的问题逐一调查处理。"

2005 年

1 月 1 日 健康街（济青高速 15 号口至北海路）工程开工建设。

1 月 7 日 潍坊市物业管理办公室成立。

1 月 16 日 市委副书记、市长张新起主持召开会议，调度重点项目建设情况，研究安排生态省建设工作会议有关工作。

1 月 22 日 市政府决定市国土资源局、规划局分设。

1 月 25 日 市委副书记、市长张新起主持会议，就全面贯彻全市经济工作会议精神、加快城市建设步伐进行部署，并着重就加强生态市建设、迎接全省生态省建设现场会在潍坊召开进行专题研究。

2 月 19 日 市委副书记、市长张新起在市第十四届人民代表大会第三次会议上提出"以生态市建设为总抓手，实现城市建设管理的新突破"。坚持生态保护、经济发展与城市建设相统一，突出抓好"百项重点生态工程"，打造中心城市生态圈，争创国家卫生城市和国家环保模范城市。全民动手建设绿色家园，开展全市性植树造林活动，确保完成植树造林 2 万公顷。以"四河一渠"和干道绿化为重点建设绿色生态长廊。

2 月 22 日 省建设厅厅长杨焕彩在副市长黄潍连陪同下到市城管执法局看望一线城管执法队员，并视察城管执法"96111"投诉受理中心。

2 月 25 日 全市生态市建设工作会议在富华国际会展中心召开，主要任务是全面启动生态建设十大重点工程百个建设项目，对生态市建设工作进行再动员、再发动，进一步提升全市的城市形象。市委书记张传林、市长张新起分别讲话。

同日 市委召开常委（扩大）会议，研究确定全市2005年城市建设重点项目。

2月28日 省建设厅副厅长昝龙亮就潍坊市开展城管执法进社区工作做出批示："积极推动城管进社区是城市管理的迫切需要，是建立城市管理长效机制实现城市管理高效能的重要措施。希望潍坊市积极推进，勇于探索，建立城、区、街、居的管理网络。请城建处及时调度、指导、总结、推广，切实提高城市管理水平。"

3月12日 市委组织市五大班子领导到浮烟山森林公园植树。

3月15~10月22日 全市两次对城区玄武街、通亭街等17条新增道路、328万平方米的保洁作业面向全国公开招标。

3月17日 市委副书记、市长张新起带领市直有关部门主要负责人检查城市建设项目。副市长黄潍连参加检查。

3月24日 市委副书记、市长张新起召集四区区长和高新、经济开发区负责人及有关部门主要负责人研究城区城市环境综合整治工作。

3月28日 白浪河水厂开工建设。总投资1.2亿元、占地8公顷、建设规模10万立方/日、担负城区第二水源重任。截至2005年年底，完成投资6972万元，计划于2006年6月建成投产。

3月30日 市委副书记、市长张新起主持召开全市创城领导小组成员会议。副市长王冰芬、黄潍连参加会议。

4月8日 健康街（北海路至青年路）工程主路通车。

4月15日 樱前街（潍县南路—新华路）绿化工程完工。该工程于3月16日开工，长3.7公里。

同日 东明路（宝通街—胜利街）绿化工程完工。该工程于3月16日开工，长2.9公里。

同日 东风西街（长松路—西环路）绿化工程完工。该工程于3月初开工，长2.1公里。

同日 和平路（胜利街—北宫街）改造工程主路通车。该工程于1月8日开工，长1.7公里。

同日 青年路（胶济铁路—民生街）改造工程主路通车。该工程于2004年12月7日开工，长1.2公里。

同日 潍州路（胜利街—东风街）改造工程主路通车。该工程于1月5日开工，长650米。

同日 济青高速公路14号口绿化工程全部结束。该工程于3月26日开工，绿化面积3.8万平方米。。

5月11日 全市建设"文明潍坊"创建文明城市动员大会在潍洲剧场召开。会议由市长张新起主持，市委书记张传林讲话。副市长黄潍连、刘伟参加会议。

5月15日 市委副书记、市长张新起召开会议，专题研究渤海宾馆地段开发建设有关事宜。

5月20日 健康街（济青高速15号口—青年路）改造工程全线通车。

5月27日 全市创建文明城市工作调度会召开。副市长黄潍连主持会议，市委常委、宣传部部长刘明珂讲话。

6月1日 按照潍政发〔2005〕14号文件《关于进一步改革和理顺中心城区园林环卫管理体制的意见》精神，将市环卫局负责的建筑渣土管理、生活垃圾收集运输和管理职能，连同相应的人财物按行政区划切块下放到区。

同日 市人民公园改造工程完成并对外开放。工程投资6600万元，2004年9月开工，按照“寸草寸石寸水寸土皆精品，精心精细精确精密显精神”的施工要求，塑造了园内溪流和白浪河沿岸2条景观带，建成了叠瀑、枫林广场、天趣园等12个景区，2007年获得“中国人居环境范例奖”。

7月1日 全市建设工作会议召开。会议总结2003年以来实施城市化战略建设工作情况，对全市城市建设先进单位进行表彰。副市长黄潍连主持，市委副书记、市长张新起讲话。

同日 市政府出台《关于进一步加快建筑业改革发展的意见》，对建筑业发展提供政策支持。

7月8日 迎接国家卫生城市省级考核动员会议召开。市领导张新起、赵兴涛、迟昭厚、毕可仁、王冰芬、黄潍连、刘伟参加会议。

7月9日 潍坊市城市总体规划修编专家顾问研讨会在东方大酒店召开。副市长黄潍连、市长助理李晓明参加会议。

7月11日 省建设厅厅长杨焕彩、省委政研室副主任孙建生到潍坊就城乡统筹、村镇建设、城市环境综合整治和城市防汛进行调研。

8月5~8日 创建国家卫生城市工作省级考核验收组一行5人到潍坊考核验收。市领导张传林、张新起、郑金兰、胡岗、王冰芬陪同有关活动。

8月7~8日 全省城乡环境综合整治工作会议在富华国际会议中心举行。会议研究部署全省今后三年城乡环境综合整治工作任务。市委副书记、市长张新起介绍潍坊市城乡环境综合整治工作的经验做法。省建设厅厅长杨焕彩出席会议。市领导张传林、张新起、张江汀、胡岗、黄潍连陪同有关活动。

8月8~18日 中国·潍坊生态城市规划建设国际博览会暨城市开发交易会开幕式在富华国际会议中心举行。会议由副市长黄潍连主持，市长张新起讲话。市领导张传林、王治华、胡岗、张建国、王庆德参加会议。博览会由市政府与中国城市协会、山东省建设厅共同举办，由市规划局具体承办。

8月15日 机场路（宝通街—飞机场）改造工程主路通车。该工程于5月1日开工，长3.9公里，总造价3793万元，规划宽度50米，主要建设内容为道路7.4万平方米，绿化10万平方米，人行道2万平方米，亮化，排水，电力土建等。

8月16~17日 市委、市政府举办潍县集中营解放60周年纪念活动。中国人民对外友好协会副会长王运泽、省政府副秘书长王桂森、省外办主任张伟龄等一行出席纪念活动。市领导张传林、张新起、赵兴涛、迟昭厚、毕可仁、胡岗、蒋文彩参加有关活动。

8月18日 省人大常委会副主任邵桂芳视察潍坊市城市建设。

8月23日 北宫街白浪河桥拓宽改造工程竣工通车。拓宽改造后，全桥长120.22米，宽45.44米，其中车行道总宽37米与主路面车行道同宽。

8月25日 新华路南段（宝通街—健康

街）绿化工程完工。该工程于7月15日开工，长2公里，总造价263万元，道路绿化8100平方米，人行道铺装5740平方米。

9月2日 迎接国家环保模范城市考核验收动员会议召开。副市长黄潍连参加会议并讲话。

9月4~6日 以国家环保总局污控司司长樊元生为组长、山东省环保局副局长张晓东为副组长的国家环保模范城市考核验收组一行12人到潍坊考核验收创建国家环保模范城市工作。验收组一致同意通过潍坊市创建国家环保模范城市工作的考核验收。市领导张传林、张新起、迟昭厚、毕可仁、胡岗、黄潍连陪同有关活动。

9月14日 《对潍坊市市区乱贴乱画小广告行为的调查分析及应对措施》调研报告获“2004年度全省建设系统优秀调研成果二等奖”。

9月18日 市委副书记、市长张新起带领市直有关部门及奎文、潍城、高新区、经济区主要负责人在城区检查今年开工建设的城建工程。副市长黄潍连、刘伟参加。

9月30日 新华路、向阳路、月河路人行道铺装工程完成。

10月8日 世界风筝都纪念广场地下人防工程完成主体建设，顺利封顶。风筝广场东临四平路，西毗白浪河，南邻民生街，北至胜利街。分地下和地上两部分，地下为两层人防工事兼作商业店铺，总面积6.5万平方米；地上为市民活动广场，总面积9万平方米。

10月13~14日 省级园林城市验收组到潍坊检查验收。副市长黄潍连陪同活动。

10月20日 副省长赵克志到潍坊考察调研北部沿海开发和城建项目工作。

10月27日 潍坊市被国家国防动员委员会授予“全国人防工作先进城市”荣誉称号。

11月14日 市委副书记、市长张新起召开宝通街、西环路建设工作调度会。

同日 市委副书记、市长张新起召开火车站广场建设工作调度会。

11月19日 潍坊豪德光彩贸易广场举行开业庆典。省政协副主席齐乃贵出席庆典。市领导张新起、黄潍连、张敦柏陪同活动。

11月20日 市委副书记、市长张新起现场检查虞河改造工程。副市长黄潍连参加。

11月21日 潍坊市被国家环保总局授予“国家环境保护模范城市”称号，成为全国第50个国家环境保护模范城市。

11月22~23日 全国爱卫会委派中国疾病预防控制中心研究员潘顺昌等专家到潍坊对创建国家卫生城市工作进行检查指导。副市长黄潍连陪同活动。

11月30日 北海路北段（环岛北区—北外环）绿化工程完工。该工程于10月4日开工，长3.5公里，总造价2243万元，道路绿化18.2万平方米。

12月8日 荣乌高速公路潍坊连接线（北海路）通车典礼举行。省交通厅、公路局领导出席典礼。市领导张新起、郑金兰、迟昭厚、毕可仁、黄潍连陪同参加活动。

12月14日 文化艺术中心项目建设指挥部成立，指挥部由市建设局、财政局、文化局、总工会等部门人员组成。

12月22日 全省城市节水工作座谈会在潍坊召开。会议交流各地城市节水工作经验，重点推介潍坊市在城市节水制度建设、用水计划管理、节水器具推广以及中水回用等方面的先进经验，并参观潍坊医学院等节水现场。

12月23日 全市城市建设动员大会召开。市委副书记、市长张新起和副市长黄潍连参加会议。

12月26日 潍坊市被命名为“山东省园林城市”。

12月27日 北海路（玄武街至东风街）综合改造工程被中国市政工程协会评为“全国市政金杯示范工程”。

同日 市政府出台《潍坊市城镇廉租住房和救济住房管理办法》，全市住房保障体系开始建立。

12月28日 市委书记张传林在全市经济工作会议上指出：“要优化发展环境，进一步增强吸引力。硬环境建设，要加大城市建设管理力度，抓住重点，打造亮点，进一步增强城市吸引力、竞争力。软环境建设，重点落实好市委、市政府关于加强经济发展软环境建设的一系列政策规定，继续实施一站式服务、有奖举报、‘双评’等有效措施，督促机关工作人员改进作风，提高效率，为投资者提供优质高效服务。”

2006年

1月5日 市委副书记、市长张新起现场检查2006年新建城建重点工程项目，并召开会议,专题研究部署重点项目建设工作。市领导黄潍连、刘伟、李晓明参加活动。

1月9日 全省人防工作会议在东方大酒店召开。副省长赵克志，省军区司令员谈文虎出席会议。市领导张新起、副市长黄潍连参加会议。

1月19日 全市建设工作会议召开，会议提出2006年城市建设重点项目包括“一河、一山、七中心”九大新项目，并完成“一河、两路、两广场”五大续建工程。

1月25日 市委副书记、市长张新起检查风筝广场建设进展情况，随后在工程建设指挥部召集会议，就工程建设中亟须解决的问题进行协调部署。

2月15日 市委副书记、市长张新起召开城建重点项目调度会议。副市长黄潍连参加会议。

2月17日 潍坊（森达美）港总体规划审查会在富华国际会议中心举行。市领导张新起、黄潍连出席会议。

2月21日 市政府召开创建国家园林城市动员大会，市长张新起作动员讲话，下发《潍坊市人民政府关于开展创建国家园林城市活动的决定》，标志着国家园林城市创建工作全面启动。

3月7日 潍坊市张面河综合整治项目被建设部评为“中国人居环境范例奖”。

3月12日 市委、市政府在坊子区胶济铁路防护林段组织植树活动。市级五大班子领导参加活动。

3月16日 市委副书记、市长张新起检查中心城区重点工程建设和春季绿化进展情况，并现场解决工作中的困难和问题。副市长黄潍连参加。

同日 市委副书记、市长张新起在1102会议室研究土地储备工作。

3月21日 “绿色家园、绿色潍坊”社会绿化活动新闻发布会在东方大酒店举行。副市长黄潍连出席。

3月31日 国家环境保护模范城市授牌暨创建国家环保模范城市总结表彰大会召开。国家环保总局副局长张力军为潍坊市授牌，并向市领导颁发领导奖和组织奖。市领导张传林、张新起、王治华、黄潍连参加会议。

4月1日 归真园开园纳客，并举办中国古典园林研讨会。

4月10日 月河路、青年路、鸢飞路3个公铁立交道口主路全部通车。三项工程于2005年11月底开工。

4月13日 西环路（潍蒋路—民主街）道路工程全线建成通车。该工程全长13.7公里，概算总投资1.6亿元。

4月15日 宝通街（潍安路—宝塔路）道路工程全线建成通车。该工程东起潍安路，西至宝塔路，全长19.4公里，概算总投资2.9亿元。

同日 和平路（胜利街—东新街）综合改造工程主路通车。该工程于2006年2月23日开工，北起胜利街，南至东新街，全长1486米，总投资1707万元。

4月16日 市级领导班子成员统一乘车检查城市建设工作。市政府张新起、鞠献宝、黄潍连、宋赤锋参加活动。

4月19日 世界风筝都纪念广场落成典礼举行。国家体育总局社体中心副主任公冶民，副省长孙守璞，省人防办主任张兆启，市委书记、市人大常委会主任张传林，市委副书记、市长张新起，潍坊军分区司令员卞长伟等领导出席典礼仪式。市委副书记、市长张新起致辞。

4月20~21日 世界和国家地质公园可持续发展论坛在潍坊举行。国土资源部副部长负小苏出席论坛，12家世界地质公园、50家国家地质公园和90多家电视台代表应邀出席。

4月20日 虞河综合整治工程竣工并向市民开放。该工程南起胶济铁路，北至济青高速以北，全长12.7公里。2005年年初开工建设，从北至南依次建成踏雪寻梅、玉清烟晓、北宫早春、虞河古道、九州方圆、康桥水岸、乐道彩虹、汇泉金湾、江山多娇、玉桥漱玉、虞水帆影、九龙问源12个主题景区。

4月23日 建设部副部长傅雯娟在省建设厅厅长杨焕彩陪同下，到潍坊调研城市建设和市政公用设施建设工作。

是月 潍坊市土地利用总体规划修编工作正式启动。

5月13日 副省长才利民到潍坊考察建设工作，参观考察世界风筝都纪念广场等城建重点工程。

5月23日 潍坊市天同·双羊新城项目通过国家康居示范工程评审。

6月27日 市委副书记、市长张新起带领市直有关部门、潍城等六区主要负责人检查创建国家卫生城工作，并召开全市创城工作调度会议。

7月3日 潍坊市创建国家卫生城市培训班在市级机关综合办公大楼第一会议室举行。市领导张新起、王冰芬、黄潍连参加会议。

7月19日 潍坊森达美港举行万吨级码头建设准备工程开工仪式。省交通厅副厅长迟焕然参加仪式。市领导张新起、张江汀陪同相关活动。

7月22日 青年路（民生街—东新街）改造工程被授予2006年度“山东省市政金杯示范工程”称号。

7月31日 鸢飞路综合整治工程全线竣工通车。

8月15日 市委书记张传林到潍坊市北部沿海地区调研，强调要坚持以科学发展观为指导，把节约资源保护环境摆上更加突出的位置，进一步统一思想认识，加快基础设施建设，加大招商引资力度，优化发展环境，努力实现沿海经济开发的新突破。

8月18~21日 中国古典园林国际研讨会在潍坊召开。市委副书记、市长张新起出席相关活动。

8月21日 建设部通报2006年“中国人居环境奖（水环境治理优秀范例城市）”获奖名单，潍坊市成为全国首批35个获奖城市之一。

8月28日 日供水能力12万立方米的白浪河水厂正式运营，潍坊市市区新增供水能力12万立方米/日。

9月12日 全市创建国家卫生城工作调度会召开。市领导张新起、王冰芬参加会议。

9月20日 市委书记张新起在市政府办公室《每日动态》第156期上做出批示：“执法制度必须创新，执法与行政责任监督要结合，既查处违法问题，又查究有关行政责任，双管齐下。”

9月25日 潍坊市中医院门诊综合楼工程竣工。该工程2005年5月15日开工，总建筑面积4.16万平方米，现浇混凝土框架结构，地下1层，地上15层，获得2007年度中国建筑工程“鲁班奖”。

10月19日 建设部部长汪光焘在副省长才利民、省建设厅厅长杨焕彩陪同下，到潍坊调研旧城区、旧居住区和“城中村”改造工作。副市长黄滩连陪同有关活动。

10月20日 白浪河水厂竣工剪彩仪式举行。副市长黄滩连出席。

10月31日 潍坊客运总站奠基仪式在火车站广场举行。副市长黄滩连参加奠基仪式。

同日 市委副书记、代市长许立全带领市直有关部门主要负责人检查城市建设，检查结束后在市政府会议室召开工作会议。副市长黄滩连、刘伟参加检查。

同日 市委副书记、代市长许立全检查2006年城市建设重点工程施工现场，并听取市规划局关于2007年城市建设重点项目计划安排意见的汇报，并对重点工程建设提出指导性意见。

11月2日 潍坊市环境保护工作委员会成立。

11月3日 全市环境保护大会召开。市委副书记、代市长许立全，副市长黄滩连参加会议。

11月5日 潍坊机场北京·潍坊·深圳货运正式开航。“潍坊航空物流中心”正式成立。

11月11~12日 建设部原副部长、中国城镇供排水协会会长李振东带领国家级节水型城市考核验收组对潍坊市创建国家级节水型城市进行考核验收。副市长黄滩连陪同有关活动。

11月16~17日 《潍坊市总体规划(2006~2020年)》行政审查会在鸢飞大酒店召开。省建设厅邀请建设部等有关专家，会同省发改委、国土资源局等部门，对潍坊市2006~2020年城市总体规划进行行政审查。

11月19日 白浪·金沙城市广场暨潍坊市娱乐中心奠基仪式举行。副市长黄潍连出席仪式并讲话。

11月22日 青年路改造工程被授予2006年度“山东省市政金杯示范工程”称号。

11月24日 全国医疗垃圾焚烧处理技术与设备经验交流会在潍坊召开，全面推广潍坊市在医疗垃圾焚烧处理方面的做法和经验。

12月26日 潍坊—北京波音737航线首航仪式在潍坊机场举行，潍坊机场结束没有大机型飞机通北京的历史。副市长黄潍连参加仪式。

同日 潍坊邮航速递物流中心正式投入运行，潍坊邮政航空邮件和物流货物将实现与全国236个大中城市次日递，巩固了潍坊市作为全国第四大航空邮件转运中心和全省物流中心的重要地位。

12月30日 2006年山东人居环境（范例）奖揭晓，全省共有13个项目获奖，潍坊人民公园改造项目榜上有名。

是月 日处理5万吨的高新区污水处理厂全面竣工。共完成供水“一户一表”改造1.4万户，日均处理污水10.8万吨。

2007年

1月8日 省建设厅厅长杨焕彩到潍坊对旧城改造、经济适用房和廉租房建设、建筑节能与城市节水工作、清理拖欠农民工工资和工程款长效机制建设等工作进行调研。

1月16日 全省建设暨城市节水工作会议在潍坊召开。副省长才利民出席会议并讲话。市领导许立全、黄潍连参加会议。

1月18日 “城市应急联动与社会综合服务系统”开通运行仪式举行。中国卫通集团常务副总裁郭浩、中国卫通集团公司无线部总经理王英栋、省公司总经理郝军参加开通运行仪式。市领导许立全、辛丕宏、黄潍连陪同有关活动。

2月15日 潍坊火车站新站房正式启用。市委书记张新起、济南铁路局局长陈功为新站房启用剪彩。市委副书记、代市长许立全，济南铁路局党委书记柴铁民分别讲话。

3月8日 市委、市政府下发潍发〔2007〕7号文件，全面启动旧居住区改造工程。

3月12日 潍坊市被建设部、国家发展和改革委员会授予“国家节水型城市”称号。以全省第一名的成绩获得“国家节水型城市”，为争创中国人居环境奖赢得必备“门票”。

3月16~18日 建设部城建司副司长陈蓁蓁一行5人到潍坊考察创建国家园林城市和申报中国人居环境范例奖等事宜。副市长黄潍连陪同有关活动。

3月22日 市委副书记、市长许立全先后到奎文、潍城、寒亭、坊子四区检查城市建设重点项目进展情况时强调，各级各部门要牢固树立大局意识、责任意识，细化分工，科学操作，密切配合，加快各项工程的进度。

3月23~24日 山东省交通厅组织有关单位和专家在济南召开《潍坊港中港区万吨级码头工程可行性研究报告》《潍坊港中港区航道及防波挡沙堤工程可行性研究报告》审查会，潍坊港万吨级码头工程通过立项审查。

3月27日 市委副书记、市长许立全在东方大酒店召开文化艺术中心建筑设计方案评审会。副市长黄潍连参加会议。

4月1日 白浪河景观规划专家审查会在鸢飞大酒店召开。副市长黄潍连参加会议并讲话。

4月7日 市委副书记、市长许立全对城市管理和执法工作进行检查。副市长黄潍连参加。

4月8日 市五大班子成员到九龙山植物园参加植树活动。

同日 市委书记张新起带领市市政、林业、建设、规划、财政、城管执法等部门负责人，对潍坊城区绿化工作进行观摩调度，并就造林绿化工作提出了明确要求和部署。市领导许立全、刘德成、黄潍连参加。

5月8日 市区城镇廉租房住房补贴发放启动仪式在市房产管理局举行。副市长黄潍连出席并讲话。

5月17日 市委、市政府决定，将9月16~22日定为潍坊市城市公共交通周；9月22日为“无车日”。倡导全体市民放弃公车、私车，选择公交车、出租车或步行出行。

是月 白浪河综合整治工程开工建设，清淤、防渗、箱涵、驳岸、桥涵等基础工程建设全面展开。该工程南起白浪河水库，北至北环路，全长22公里，概算投资15亿元，其中利用世行贷款4000万美元。

6月14~16日 全省规划建设管理工作座谈会在潍坊召开，省建设厅副厅长万利国出席会议。副市长黄潍连陪同有关活动。

6月18日 潍坊港森达美港区万吨级码头工程开工仪式在潍坊港森达美港区3×3000吨级泊位货场举行。市委常委、副市长徐振溪出席仪式。

6月30日 机场南路道路工程建成通车。该工程南起潍胶路，北至飞机场西大门，全长1761米，道路红线50米。

是月 高新区污水处理厂全面投产运营。该工程位于高新技术开发区东部，占地面积11.6公顷，由联合润通水务股份有限公司以BOT方式建设，总投资7980万元，设计规模10万立方米/日。一期工程建设规模为5万立方米/日，采用A/O污水除磷脱氮处理工艺。

7月9~12日 省建设厅在潍坊举办首批国家标准《建筑节能工程施工质量验收规范》宣传贯彻培训会议，建设部标准定额司副司长杨榕出席会议并介绍规范的制定情况和贯彻要求。

7月19日 市委副书记、市长许立全在检查城市建设工作时强调，各级各部门要从全局和战略的高度充分认识做好城市建设重点工程的意义，进一步增强责任感和使命感，加强领导，强化责任，狠抓落实，全力推进重点工程建设。

7月30日 市文化艺术中心第二组团建筑设计方案汇报会议在东方大酒店召开。市领导许立全、王冰芬、黄潍连、刘伟参加会议。

8月4日 潍坊火车站广场开工建设。广场南依火车站站房，东临和平路，西傍向阳路，北接中亚商贸城。广场分地下地上两部分，地下为购物商城和停车场，地上为站前景观广场，广场兼具人防、集散、商业、宣传四大功能，成为潍坊市新的地标建设。

8月10日 市委副书记、市长许立全专门听取城市建设重点项目进展情况汇报时强调，各级各部门要强化责任意识，敢于负责，真抓实干，全力推进潍坊市体育中心的规划建设进度，加快“绿色家园”建设步伐，确保潍坊中心城区到明年春天实现绿量翻一番。

8月13日 清平路道路工程完工。该工程南起东风街，北至北宫街，全长1170米，道路红线28米，总投资1279万元。

8月30日 中国优秀旅游城市复核工作动员会议召开。市委常委、副市长徐振溪参加会议并讲话。

8月31日 《潍坊市人民政府关于加强物业管理工作的意见》出台，为全市物业管理工作的开展奠定政策基础。

9月3日 副市长黄潍连在城市建设重点项目领导小组例会上，就当前城建重点项目工程推进工作进行全面协调调度，并要求体育中心建设工程必须在2009年第十一届全国运动会正式投入使用。

9月13日 市委书记张新起在潍城区召开中心城区规划建设现场办公会。

9月15日 人民公园被评为全国2006年度“优秀园林工程奖”金奖。

9月16日 市委书记张新起主持召开中心城区重点工程项目建设工作调度会。

同日 市委副书记、市长许立全检查城市环境卫生工作。

9月28日 市人大常委会党组书记、第一副主任李守玉带领部分委员和全国、省、市人大代表，对潍坊市中心城区旧小区和背街小巷综合整治、城区公交事业发展情况进行调研。

10月1日 文化艺术中心工程开工建设。中心位于人民广场南部，东靠东方路，南临健康东街，西临北海路，占地面积26.68万平方米，总建筑面积31.43万平方米，其中，地上建筑16.86万平方米，地下建筑14.57万平方米，概算投资30亿元。

10月7日 市委副书记、市长许立全主持召开会议，专题研究绿化实施方案及白浪河综合整治开发、体育中心、文化艺术中心、火车站广场等重点工程建设有关工作。

10月9日 白浪河整治基础设施工程全面开工。

10月10~12日 潍坊市组团参加山东省第二届园林绿化博览会，设计制作了“美丽画卷·魅力潍坊”植物雕塑参展作品，选送盆景、赏石、书画、摄影等270余件作品，共获得“最佳组织奖”“园林城市成就展最佳展示奖”“植物雕塑设计金奖”及各类单项奖等37项。

10月12~14日 省建设厅副书记、副厅长万利国带领全省城乡环境综合整治综合考评组一行7人对潍坊市2005~2007年全省城乡环境综合整治工作进行考核验收。副市长黄潍连陪同有关活动。

10月15日 市植物园一期工程（新华路以东）开工建设。该工程以市九龙山树木园为基础进行改扩建，占地面积46公顷，其中新华路以东20.6公顷，虞河25.4公顷。包括观赏树木展示区、水生植物展示区、湿地展示区、岩石园、盆景园——科普馆五大景区，规划植物91科168属385种。

10月25日 副市长黄潍连出席城市建设重点项目领导小组例会，对体育中心选址方案、白浪河工程、安顺片区概念性规划设计及2008年城建重点项目计划等进行专门研究。

10 月 29 日 市人民防空办公室加挂“潍坊市民防局”牌子。市人大常委会副主任吴元宝、潍坊军分区司令员卞长伟出席挂牌仪式。

11 月 8 日 火车站广场建成并投入使用。广场南依火车站站房，东临和平路，西傍向阳路，北接中亚商贸城。该工程于 8 月 4 日开工建设，广场分地下地上两部分，地下为购物商城和停车场，面积 2.69 万平方米；地上为站前景观广场，面积 3.17 万平方米。

11 月 12~14 日 中国优秀旅游城市复核检查组一行对潍坊市创建优秀旅游城市工作进行复核检查验收。市委常委、副市长徐振溪陪同活动。

11 月 19 日 全省建设系统行风建设工作会议在潍坊召开，省建设厅厅长杨焕彩参加会议。副市长黄潍连陪同活动。

11 月 20 日 张面河桃源修竹绿化工程荣获“山东省园林绿化优质工程银奖”。

11 月 25 日 市级领导集中听取 2007 年城市建设重点项目情况汇报，研究确定了 2008 年城市建设重点项目计划。

同日 市委组织市级领导班子成员对城市建设情况进行检查。市领导许立全、胡岗、徐振溪、鞠献宝、王冰芬、辛丕宏、黄潍连、刘伟参加活动。

12 月 28 日 市城市管理行政执法局督察大队举行成立仪式。

2008 年

1 月 3 日 潍坊—深圳货运航线开通仪式在潍坊机场举行。

1 月 3~4 日 潍坊监狱迁建工作领导小组会议召开，省司法厅（省监狱管理局）厅长（党委书记）陈明甫，省司法厅副厅长、省监狱管理局局长程辉出席会议。市领导许立全、黄潍连陪同活动。

1 月 20 日 潍坊市人民公园改造项目荣获“中国人居环境范例奖”。

2 月 3 日 阳光大厦（市府第二办公区）封顶仪式举行。副市长刘伟出席仪式。

2 月 13 日 市委副书记、市长许立全在 1102 会议室研究城建重点项目。徐振溪、刘伟参加会议。

同日 市委副书记、市长许立全调度城建重点项目进展情况，对工程建设再动员、再部署、再鼓劲。

2 月 14 日 市委副书记、市长许立全调研全市交通、公路重点项目建设情况。徐振溪、宋赤锋、陈仁杰陪同调研。

同日 市委副书记、市长许立全在全市交通重点项目现场调度会上强调，各级各部门要以科学发展观为指导，高度重视、大力发展交通事业，努力构建现代化大交通，为全市经济社会又好又快发展提供宝贵的交通支持。

同日 潍坊学院体育馆项目建设调度会在金茂国际大酒店举行。

2 月 15 日 市委书记张新起就加快中心城区发展进行专题调研。

2 月 19 日 2008 年全市城市绿化动员大会召开。市委常委、副市长徐振溪参加会议并讲话。

同日 潍河张面河虞河白浪河水系联网补充城区水源工程协调动员会议召开。市委常委、副市长徐振溪，副市长陈白峰参加会议。

3 月 11 日 全市路域环境综合治理暨城乡工作会议召开。市委常委、副市长徐振溪参加会议并讲话。

3 月 12 日 市委、市政府组织在白浪河上游湿地举行植树造林活动，市委、市人大、市政府、市政协领导班子成员，法院院长、检察院检察长参加。

同日 全市推进城乡绿化促进生态和谐动员大会召开。会议传达了市委书记张新起就城乡绿化与和谐创建结合推进工作作出的批示。

3 月 16 日 市委书记张新起在检查城区绿化工作时强调，要抓住当前植树造林的有利时机，抓紧抓好社会绿化，大力推进小区、庭院绿化，加快建设绿色家园。

3 月 17 日 市委书记张新起到潍坊学院体育馆、市民健身中心体育场工程建设现场进行调研。强调各级各部门要进一步增强责任感和使命感，优化规划设计，全力推进体育场馆建设进程，为第十一届全运会顺利召开提供保障。

3 月 21 日 潍坊市人防办在峡山生态发展区举行千亩“人防生态林”工程启动仪式。

3 月 22 日 市委副书记、市长许立全在检查城市建设重点工程项目及绿化工作时强调，各级各部门要抢抓有利时机，不断调整运作机制，加大工作力度，确保各项重点工程项目高标准、高质量地按时完成。市委常委、副市长徐振溪陪同检查并参加会议。

3 月 30 日 潍坊市市民健康中心主体工程——潍坊市人民医院新院区奠基开工庆典举行。

4 月 1 日 福寿街（北海路至长松路）改造工程开工建设，全长 8.5 公里。

4 月 6 日 潍坊奥体公园体育场开工建设。

4 月 7 日 中心城区主要街道沿街建筑物立面清洗粉刷包装工作全面展开。

4 月 10 日 全国爱卫会正式命名潍坊市为“国家卫生城市”。潍坊市成为全国第 95 个、全省第 17 个“国家卫生城市”。

4 月 10 日~5 月 31 日 潍坊港华燃气有限公司对城区 1.2 万煤气用户进行天然气置换，市区虞河路以东、健康街以北区域的 6 万余户燃气用户全部用上天然气。

4 月 15 日 胜利街整体改造工程竣工。工程东起潍县中路，西至四平路，全长 6 公里，自 2 月 5 日开工。

4 月 16 日 市委、市政府召开白浪河综合整治开发工程观摩会议。

4 月 18 日 城市春季绿化基本结束。按照“高、密、厚，大、多、彩”的绿化要求，市区开展大规模春季绿化。该项工程共有北海路、安顺路、虞河、张面河、人民公园等 14 个项目 34 个标段，历时 56 天，累计动用人工 17 万人次，植树 41 万株，植灌木 370 万株，铺地被 60 万平方米。

4 月 26~27 日 全省城市规划工作会议在潍召开，省建设厅厅长杨焕彩参加会议。市委常委、副市长徐振溪参加会议。

4 月 28 日 全省国土资源管理培训班在潍坊举行，省国土资源厅副厅长张庆坤参加培训班。市委常委、副市长徐振溪出席开班典礼。

4 月 30 日 以打击损坏绿化树木违法行为、打击损坏城市绿地违法行为、保护城市绿化成果为主要内容的市区“两打保绿”专项行动动员大会召开。

5月5日 市委副书记、市长许立全检查城建重点项目进度。许立全在检查城市建设重点项目进展情况时强调，要细化任务，明确责任，全力推进工程进度。市委常委、副市长徐振溪，市长助理李世光参加检查。

5月7日 城区范围内道路及建设工程"四查治污"专项整治活动启动。

5月15日 市委、市政府出台《关于统筹城乡发展加快村镇建设的意见》，新一轮小城镇建设工作正式启动。

5月23日 由潍坊市建设局组建的建设系统首批援建队伍一行18人抵达四川省绵阳市北川县桂溪乡，援建工作正式开始。

5月23日 潍坊市支援四川绵阳灾区的第一批198套彩钢活动板房从潍坊火车西站发出，运往灾区。

5月24日 潍坊市建设局举行第二批援建四川绵阳活动板房建设队伍欢送仪式。市委常委、常务副市长胡岗代表市委、市政府出席欢送仪式。

同日 潍坊市援建队在灾区率先开工建设板房，属全省援建地市中第一支展开施工的队伍，按照市委、市政府关于"潍坊的援建队伍第一个到达现场，第一个开始施工"的要求。5月27日，潍坊市援建的第一套活动板房建成，成为全省援建地市中率先建成的第一套板房。

5月27日 全市城管执法系统在全市范围内展开"宁静08行动"。自2008年5月27日~6月27日，对高考、中考期间建筑施工和社会生活噪声污染开展专项整治工作。

5月31日 潍坊市援建北川县桂溪乡小区第一批受灾群众搬迁入住仪式举行。省政府副秘书长张传亭，市委常委、副市长徐振溪出席仪式。

6月10日 市委副书记、市长许立全在调研白浪河综合整治工程进展工作，强调要精心组织，科学施工，全力推进白浪河综合整治工程建设进度，确保建成惠及子孙后代、综合效益明显的精品工程。市委常委、副市长徐振溪参加检查。

6月15日 潍坊市民防协会成立大会举行。

6月24日 市委、市政府举行潍坊市创建国家卫生城市命名表彰大会。卫生部人事司副司长张闽元宣读《全国爱卫会关于命名山东省潍坊市为国家卫生城市的决定》，并向市长许立全颁发国家卫生城市奖牌；副市长王桂英宣读市委、市政府《关于表彰创建国家卫生城市先进集体和个人的通报》。

6月28日 中央政治局常委、国家副主席习近平，中央政治局委员、中组部部长李源潮莅临潍坊市对口援建的北川县桂溪乡永利板房小区进行视察。市建设局局长崔学选汇报潍坊市援建工作情况。

6月30日 市委书记张新起在考察中心城区重点工程建设项目时强调，要科学规划，创新机制，加快进度，确保质量，全力推进重点工程建设。市领导许立全、徐振溪、刘伟参加检查。

7月14~15日 住房和城乡建设部城市建设司副司长陈蓁蓁，由省建设厅厅长杨焕彩陪同到潍坊参加郭味蕖美术馆开馆仪式。市领导黄潍连、李世光陪同活动。

8月7日 潍坊火车站站前广场地下人防工程竣工。

8月12日 由省建设厅、德国巴伐利亚州最高建设管理局主办，潍坊市建设局承办的中德建筑节能技术论坛暨德国建筑节能设计与建设博览会在富华国际会议中心举行。省建设厅厅长杨焕彩、副厅长宋守军、巴伐利亚州最高建设管理局局长约瑟夫·鲍克斯拉德等参加会议。会议就两国建筑节能工作进行交流。

8月19日 潍坊市胜利西街地下过街通道和人防工程开工建设。

8月20日 福寿街工程主路全线通车。该工程东起潍县中路、西至西环路，全长13.1公里。

9月1日 福寿街（北海路至长松路）改造工程竣工通车。

9月17日 市委副书记、市长许立全检查城区公路建设情况，副市长刘伟陪同检查。许立全在检查公路重点工程建设情况时强调，要进一步增强责任感和使命感，科学筹划、整体推进，全力加快工程建设进度。

9月19日 市公交规划专家评审会在金茂大酒店举行。副市长刘伟参加会议。

10月18日 中等城市房地产高峰论坛暨2008山东潍坊房产交易博览会在潍坊举行。副市长刘伟出席开幕式并致辞。

10月19日 全省房地产业管理工作会议在潍坊召开。省建设厅厅长杨焕彩出席会议并讲话，副厅长吴英主持会议。

同日 山东省房地产业协会第四届第四次常务理事（扩大）会议在潍坊召开。省建设厅副厅长、山东省房地产业协会会长吴英出席会议并讲话。

10月20日 中等城市房地产与城市建设高峰论坛在潍坊举行，省建设厅厅长杨焕彩出席论坛。住房和城乡建设部政策研究中心主任陈淮，北京科技大学教授赵晓分别做专题演讲。副市长刘伟参加论坛。

11月7日 全市开展首个“冬季植树日”活动。市领导张新起、崔建平、李守玉等参加活动。

11月20日 住潍坊的全国、省政协委员现场视察了福寿街改造、奥体中心、文化艺术中心等重点工程，并对当前工程建设和进展情况给予了充分肯定。

11月23日 东环路跨济青高速钢混大桥合龙仪式在现场举行。副市长刘伟出席仪式并致辞。

12月1日 全市国土资源与环境保护工作会议在富华国际会议中心多功能厅召开。会议由副市长刘伟主持，市委副书记、市长许立全讲话。

12月9日 全市房地产业工作会议在富华国际会议中心召开。市委副书记、市长许立全讲话，副市长刘伟主持会议。

12月25日 市委副书记、市长许立全专程检查城市建设工作。强调高度重视做好城市建设和管理工作的重要意义，大力提升城市建设和管理水平，努力打造一流的城市环境竞争力。

12月26日 市委副书记、市长许立全带领有关部门负责人检查市重点工程建设情况。副市长刘伟陪同检查。

同日 安顺新区与体育会展中心设计方案评审会在鸢飞大酒店举行。副市长刘伟参加会议。

2009 年

1 月 16 日 潍坊城市三维空间投资有限公司注册成立。该公司是依托人防国有资产成立的国有独资公司，统一管理全市的地下空间的规划权、开发权、拍卖权、使用权和管理权。

1 月 20 日 市政府召开第 17 次常务会议，传达全省消防工作会议精神和创建全省平安畅通县区工作现场会精神，听取关于实施强镇扩权进一步加快中心镇发展指导意见起草情况的汇报和《政府工作报告（送审稿）》起草情况的汇报。

同日 潍坊市荣获“全国创建文明城市工作先进城市”称号。

1 月 24 日 市级领导班子联席会议在市级机关综合办公大楼召开，会议听取 2008 年市区城建重点工程完成情况、2009 年城市建设重点项目计划和城建重点工程投融资情况的汇报，重点对 2009 年的城市建设工作进行研究部署。市领导许立全、胡岗、辛丕宏、刘伟、初宝杰、陈白峰、王桂英、鞠献宝、黄潍连参加会议。

2 月 20 日 市文化艺术中心被评为“山东省第十批建筑节能示范工程”。

2 月 25 日 省国土资源厅与潍坊市政府在潍坊举行《关于创新机制全面推进土地整理和村庄改造工作合作协议》签字仪式。市委书记张新起出席签约仪式，市委副书记、市长许立全，省国土资源厅厅长徐景颜分别致辞并共同签署协议。

3 月 2~4 日 市委书记张新起先后到高新区、潍城区、奎文区对城市建设管理进行调研和现场办公。强调要坚持以人为本，科学发展，大力提升城市建设和管理水平，发展壮大城市经济，带动全市经济社会又好又快发展。副市长刘伟参加调研。

3 月 10 日 潍坊—北京、潍坊—上海航线加密航班更换机型首航仪式在潍坊机场举行。副市长刘伟出席仪式并致辞。

3 月 12 日 全省城市建筑垃圾综合利用现场经验交流会在潍坊召开。省节能办主任郑晓光，建设厅副厅长万利国，市委常委、副市长辛丕宏出席并讲话。

3 月 14 日 市区城市建设管理专题工作会议召开，市委书记张新起讲话，对抓好当前市区城市建设管理工作提出具体要求。

3 月 15 日 市区城管执法工作会议召开，提出“全局总动员、大干五十天，全面完成城区环境综合整治工作”的任务目标，确定“门头牌匾整治、拆旧改丑工程、违法建设拆除、沿街建筑粉刷、迎全运环境整治”5 条主线全面展开、同步推进的工作思路，确保高标准、高质量地按期完成各项工作任务。

3 月 18 日 市委书记张新起先后到奎文区、潍城区、高新区对城市夜景亮化工程建设进行现场调研。

3 月 24 日 副市长刘伟在市城管执法局报送的《关于开展“城市管理提升年”活动的实施意见》上作出批示，对“城市管理提升年”活动给予充分肯定。

同日 市政府办公室以潍政办字〔2009〕49 号发布《潍坊市人民政府办公室关于印发潍坊市中心城区“拆旧改丑”实施方案的通知》。

4月3日 中心城区“门店牌匾”专项整治调度会议召开，会议听取奎文、潍城、高新区执法分局工作情况汇报，并对下步工作进行安排部署。

4月9日 潍坊学院体育馆完成验收，并正式投入使用。该馆于2008年2月17日开工建设，概算投资3.2亿元，建筑面积为37400平方米，其中主场馆27400平方米，可容纳近5000人同时入座观看比赛和文艺表演。

4月10日 全市城镇化工作会议在富华会议中心召开。会议总结全市城镇化发展的成果和经验，研究加快城镇化发展的任务和措施。省建设厅厅长杨焕彩，市委书记张新起分别讲话，市委常委、常务副市长胡岗主持会议，副市长刘伟、陈白峰参加会议。

4月17日 玄武街（北海路至安顺路）改造工程开工建设，全长10.3公里。

4月18日 市委副书记、市长许立全就城市建设重点项目进行专题检查调度。强调要切实加强组织领导，抓紧完善体育场馆配套设施，确保风筝盛会圆满举办。

同日 市委副书记、市长许立全到市疾病预防控制中心进行专题调研。强调各级各部门要高度重视，加强领导，全力以赴做好春夏季传染病防治工作。

4月27日 市委书记张新起到奎文、潍城、高新区检查城市建设工作，强调要进一步强化工作措施，注重抓好细节，努力提升城市品质，全面展示潍坊城市形象。

4月28日 潍坊市入选全国“十城万盏”半导体照明应用试点城市。

4月30日 虞河污水处理厂开工建设。至2009年年底，虞河污水处理厂完成工程量的86%，完成投资1.4亿元；完成潍坊市污水处理厂和高新区污水处理厂升级改造工程，主要指标达到一级B排放标准；潍坊市生活垃圾处理场污水站BOT改造提升项目完成并进入调试阶段。

5月19日 中心城区露天烧烤集中整治专项行动动员部署会议召开。

5月31日 潍坊奥体公园主体育场通过验收，正式交付使用。该工程总用地面积41.83万平方米，体育场为6层钢筋混凝土框架结构，看台部分共分为3层，有座位4.5万个，是2009年第十一届全运会女子足球项目有关场次的比赛场地。

6月3日 住建部副部长郭允冲专程到潍坊看望患病住院的援川干部崔学选。还参观考察了风筝广场、虞河景观带和城市夜景亮化工程，对潍坊市近年来经济社会发展和城市建设取得的成绩给予高度评价。副省长郭兆信，省建设厅厅长杨焕彩，市委副书记、市长许立全，副市长刘伟等陪同有关活动。

6月10日 潍坊市奥体公园体育场正式启用。市领导许立全、刘伟、王桂英出席启用仪式。

6月22日 市委副书记、市长许立全在《关于省迎全运城乡环境综合整治督导观摩组对我市督导观摩情况的汇报》上作出批示，对城乡环境综合整治督导工作提出要求。

6月24日 宝通街通车仪式举行，副市长刘伟出席仪式。

7月1日 援川干部崔学选先进事迹报告会在富华国际会议中心举行。山东省北川工作指挥部办公室副主任王汉成、潍坊援川前线指挥部办公室主任姜新刚等报告团成员分别从不同侧面介绍了崔学选的先进事迹。

7月8日 潍城区城管执法分局成立潍坊市首支女子城管执法队，专门负责东风西街、清平路、长松路的日常市容秩序管理控制。

7月13日 市长助理、党组成员，山东省对口支援北川灾后恢复重建工作领导小组办公室党委委员、指挥部新县城建设组组长崔学选因病去世。

7月14日 山东省委书记、省人大常委会主任姜异康专程到潍坊，转达胡锦涛总书记对援川干部崔学选不幸逝世的哀悼和对其家属的慰问，并代表省委、省政府亲切看望其家属。

7月15日 崔学选遗体告别仪式在潍坊市殡仪馆举行。中共中央总书记、国家主席胡锦涛，中共中央政治局常委、国家副主席习近平，中共中央政治局委员、中央书记处书记、中央组织部部长李源潮送了花圈，对崔学选的不幸逝世表示沉痛哀悼。

7月16日 中心城区“拔串治乱”夜间市容景观专项整治行动调度会召开，重点查看LED烧烤“串”字招牌、沿街门店私设、滥设的低档次亮化招牌整治清理情况，并对人民广场、风筝广场等重点场所的流动摊贩、乱摆乱卖治理情况进行现场检查。

7月17日 市委副书记、市长许立全就白浪河环境综合治理二期工程进行专题调研。强调要综合考虑、统筹安排，科学调度、合理用水，加快工作规划建设进度，尽快造福潍坊人民。副市长刘伟、陈白峰参加检查。

7月23日 公厕管理公益性岗位启动仪式在奎文区举行。副市长刘伟出席启动仪式。

8月8日 市委副书记、市长许立全主持召开专题会议，调度鲁台经贸中心建设相关工作。

8月19日 国土资源部批准第五批44处国家地质公园，诸城恐龙国家地质公园和山东青州国家地质公园通过批准。

8月28日 市政府以潍政发〔2009〕34号印发《潍坊市城市建设重点工程管理办法》。

8月31日 全国“十城万盏”半导体照明应用工程试点工作启动仪式在潍坊举行。全国政协副主席、科技部部长万钢，副省长李兆前，省政协副主席王志民等出席会议，省科技厅厅长翟鲁宁主持启动仪式。

9月4日 市委副书记、市长许立全检查部分城市建设重点工程。强调各级各部门要精心设计、精心施工、精心管理，以高度的责任感努力打造中心城区新亮点。

9月16日 全省既有居住建筑供热计量及节能改造现场观摩交流会议在潍坊召开，与会代表观摩学习昌邑市北苑小区、青州市海岱苑小区2个节能改造项目。省住房城乡建设厅副巡视员宋培杰出席会议并讲话。

9月28日 十笏园文化街区项目开工奠基仪式举行。市人大常委会副主任王永兴、副市长刘伟、市政协副主席杜国忠出席仪式。该项目占地8.8公顷（132亩），总建筑面积26万平方米，由“三街、一路、六大区域”组成。“三街”：十笏街、胡家牌坊街和关帝庙街，“一路”：十笏路，六大区域：风雅文化区、历史文化游览区、民俗文化区、传统民居区、餐饮文化区和主题酒店区。

10月13~14日 国家园林城市实地考查组一行7人到潍坊对创建国家园林城市进行实地考察。市委副书记、市长许立全出席创建工作情况汇报会和专家组反馈座谈会。副市长刘伟、市长助理李世光陪同有关活动。

10月19日 省住房和城乡建设厅厅长杨焕彩一行5人到潍坊考察全省城镇化工作会议参观路线。市领导许立全、刘伟、李世光陪同有关活动。

10月28日 市委书记张新起带队，对全省城镇化工作会议参观沿线现场整治情况进行现场检查，并就下步工作作出部署安排。

10月30~31日 市委副书记、市长许立全专题调度全市国省道路域环境治理工作，先后到诸城、安丘、坊子、奎文、潍城等县市区的路域环境治理现场检查调度。

11月1~2日 全省城镇化工作会议与会人员参观考察城镇化工作现场。省委常委、常务副省长王仁元，副省长郭兆信率领参观考察诸城潍河公园、奥体公园体育场等，对潍坊市城镇化工作取得的成就给予高度评价。市领导张新起、许立全、刘德成、刘伟等陪同考察。

11月4~6日 中国优秀旅游城市复核组来潍，对创建中国优秀旅游城市工作进行复核检查。潍坊市通过复核检查。

11月7日 市人民医院新院区主体工程举行封顶仪式。市委常委、常务副市长胡岗出席仪式。

11月11~12日 全省城市防汛工作总结会议在潍召开，省住房和城乡建设厅巡视员昝龙亮出席会议，市领导黄潍连陪同活动。

11月12日 向阳路（健康街—火车站）地下人防工程开工建设。

11月14日 《潍坊市土地利用总体规划（2006—2020年）》获国土资源部审查批准，属第一序列率先获批的山东省3个城市土地利用总体规划之一。

11月15日 玄武街（北海路—安顺路）综合改造工程竣工。该工程于4月17日开工，东起北海路西至安顺路，全长10.03公里，是贯穿城区东、西的主要景观大道，也是承接中心城区所有雨污水管线的中转站。断面形式为四块板：中间为5米绿化带，由中间向两侧依次为12米机动车道、3米绿化带、6米非机动车道、1.5米人行道绿化带。道路采用SBS改性沥青，人行道采用镜面樱花红花岗岩路缘石，相交道路路口均设置渠化岛，道路两侧设置港湾式公交车停靠站。

11月28日 植物园、长松城市公园和安顺广场正式向社会开放。

12月10日 市委副书记、市长许立全召开城建、交通工作座谈会。强调要振奋精神、增强信心，科学规划、统筹推进，努力建设文化特色突出的宜居宜业城市。

12月11日 潍坊市三河（张面河、虞河、白浪河）综合治理工程、世界风筝都纪念广场工程被省建设厅、省建管局、省建筑业协会评为新中国成立60周年山东省“精品建设工程”。

12月16日 潍坊市阳光大厦被中国建筑业协会评为“全国新技术应用示范工程金奖”。

12月18日 胜利西街地下过街通道和人防工程开通使用。该工程自和平路至向阳路，是全市首条集防空洞、商业街和过街通道于一体的多功能人防工程。

12月31日 潍坊市道路交通智能管理系统暨市公安局网络警务平台开通仪式举行。市委副书记、市长许立全出席仪式并讲话，市领导刘伟、黄潍连出席。

同日 疾病预防控制中心竣工并投入使用。该工程位于樱前街与惠贤路交叉口西南角，2007年12月开工建设，建筑面积为2.2万平方米，框架结构，共11层。

2010年

1月7日 福寿街（北海路—长松路）工程被中国市政工程协会评为“全国市政金杯示范工程”。该工程东起北海路，西至长松路，全长8.5公里，道路工程总投资8368万元，2008年4月1日开工建设，同年9月1日竣工通车。

1月10日 市委副书记、市长许立全带领市直有关部门负责人检查重点工程项目。副市长刘伟、初宝杰参加检查活动。

1月13日 副市长刘伟主持召开会议听取市级机关老区(办公区和宿舍区）开发建设进展情况汇报，并对下步工作作出部署安排。

1月20日 副市长刘伟在鲁能足校会议室主持召开会议，专题部署安排坊茨小镇保护改造开发工作。

1月22日 根据潍坊市委、市政府批准的《潍坊市人民政府机构改革实施意见（潍发〔2010〕3号)》，撤销原潍坊市建设局、潍坊市房产管理局，组建潍坊市住房和城乡建设局，为潍坊市政府工作部门。

2月4日 住房和城乡建设部下发通报，正式命名潍坊市“国家园林城市”称号。

2月20日 副市长刘伟、夏芳晨主持召开会议，部署安排市公交总公司由市政局管理移交市交通局管理事宜。

2月21日 胡岗、副市长刘伟召集有关部门负责人研究机场搬迁工作。

同日 市委副书记、市长许立全研究2010年城建重点工程计划，副市长刘伟、夏芳晨参加会议。

2月22日 市委副书记、市长许立全在富华大酒店主持召开会议，专题研究改善市区空气质量问题。

同日 副市长刘伟主持召开会议，研究部署坊茨小镇改造开发工作。

2月23日 市委副书记、市长许立全在富华大酒店会议室研究机场搬迁事宜，胡岗、刘伟参加会议。

3月3日 市级领导班子联席会议召开，研究全年全市城建重点项目计划。四大建设工程包括：“一站（火车站二期)、一河（白浪河整治)、一区（安顺新区建设)、一镇(坊茨小镇)”；5项建设改造提升任务：旧城改造、村镇建设、道路工程、管理提升与规划编制。

3月5日 市委书记张新起召开会议，专题研究鲁台经贸中心建设事宜。刘伟、初宝杰同志参加会议。

同日 副市长王桂英、夏方晨在市政府主持召开会议，专题研究奥体公园体育场的管理运营问题及潍坊市奥体公园发展有限责任公司组建问题。

3月10日 全市公路综合整治工作会议召开。副市长刘伟出席会议并讲话。

3月17日 市委书记张新起，市委副书记、市长许立全就加快推进城建重点工程进行调研。张新起强调，各级各有关部门要进一步增强责任感和紧迫感，按照市级领导班子联席会议研究确定的2010年城市建设重点项目计划，加强组织调度，科学安排施工，加快工程建设，确保完成建设任务，努力推进城市建设又好又快发展。副市长刘伟、夏芳晨参加调研。

3月23日 鲁台会展中心设计方案评审会议在东方大酒店召开。副市长夏芳晨出席会议。

4月1日 潍坊市区实行商品房现房网上签约。

4月7日 市委副书记、市长许立全带队检查环保工作。副市长夏芳晨参加检查。

4月8日 民生东街（新华路—文化路）工程竣工通车。该段路全长680米，主路宽15米，总投资1090万元。

4月15日 全市环境保护工作会议召开。市委副书记、市长许立全强调确保达到省政府提出的“年底前省控59条重点污染河流全部恢复鱼类生长”的要求，着力解决好人民群众反映强烈的空气污染问题。副市长夏芳晨参加会议。

同日 樱前街（文化路—鸢飞路）工程竣工通车。该段路全长1145米，主路宽24米，总投资1760万元。是潍坊中心城区第一条建设过程中实现强电入地的道路工程。

4月16日 市委书记张新起主持召开约谈会，研究部署全市2009年度土地卫片执法检查工作。

同日 高新配水厂项目正式开工。

4月20日 第二十七届潍坊国际风筝会在奥体公园体育场开幕。

4月29日 全市重点流域区域污染治理工作调度会议召开。副市长刘伟、陈白峰参加会议。

5月3日 市委副书记、市长许立全主持召开会议，专题研究土地执法和环境保护工作及具体措施。强调要明确任务目标，强化工作措施，加强统筹协调，确保以扎实有效的工作如期实现各项治理任务目标。副市长刘伟参加会议。

5月4日 市委副书记、市长许立全专题调研企业环保工作，强调要认真贯彻落实市委、市政府的决策部署，坚持科学发展理念，加快技术提升改造，切实履行环境保护的社会责任，坚定不移地走环境保护与经济协调发展道路。

5月3日、5日、6日、25日 市委副书记、市长许立全先后4次对国土资源管理工作进行专题调研，要求自觉转变国土资源利用观念，严格土地执法，严格节约集约，创新工作思路，建立良好的国土资源利用秩序。

5月8日 住房和城乡建设部在济南举行第七届中国（济南）国际园林花卉博览会闭幕暨颁奖仪式，由潍坊市承建的“潍坊园”独揽综合、设计、施工、植物配置4项大奖，在全国近60个参展城市中名列前茅。潍坊市园林管理处被住房和城乡建设部授予“第七届中国（济南）国际园林花卉博览会先进集体”称号。

5月11~12日 副省长郭兆信到潍坊出席全省城乡社区建设工作会议。市委常委、副市长胡岗，副市长刘伟陪同活动。

5月24~25日 全省城市园林绿化工作会议在诸城市召开，省住房和城乡建设厅厅长杨焕彩、巡视员昝龙亮出席会议。副市长刘伟陪同活动。

5月29日 国家可再生能源建筑应用示范项目验收评审团对坊子区天同·双羊新城进行实地考察，经专家检测验收，该项目正式成为第三批“国家可再生能源建筑应用示范项目”。

6月8日 鲁台会展中心工程开工建设。该中心是齐鲁台湾城的重要组成部分，总建筑面积12万平方米，概算投资11.6亿元，被列入“2010年山东省重点服务业项目”。

6月22日 省住房城乡建设厅厅长杨焕彩、副巡视员宋培杰一行到潍坊调研低碳示范社区建设，实地察看凤凰太阳城、天同·双羊新城及滨海开发区建设情况。潍坊市政府顾问、党组成员黄潍连陪同考察。

是月 市市政局、财政局联合下发《关于进一步提升中心城区环卫保洁水平的意见》，对城区道路保洁进行管理再细化和标准再提升，中心城区主次干道全部执行Ⅰ级保洁标准，背街小巷全部执行Ⅱ级标准，全面推行以机吸为主、人工捡拾为辅的保洁作业模式。

7月9日 住房和城乡建设部批准潍坊白浪绿洲湿地公园为“国家城市湿地公园”。

7月15日 省交通运输厅和市政府联合召开《潍坊国家公路运输枢纽总体规划》专家预审查会议。省交通运输厅副厅长高洪涛主持会议，市领导刘伟、李世光等出席有关活动。

7月20日 全市文明城市迎测动员大会在富华国际会议中心召开。市领导许立全、刘伟、王桂英出席会议。

7月28日 全省公路综合整治工作现场会在潍召开。与会人员到青州市、昌乐县、诸城市观摩公路综合整治现场，对全市公路综合整治工作给予一致好评。省委常委、副省长王军民出席会议。市领导许立全、刘伟参加会议。

8月2日 市委副书记、市长许立全检查全市部分污水处理厂的建设和运营管理情况。强调要重视污水处理厂的建设和运营管理，切实加快建设进度，为全市减排治污和环境保护奠定坚实基础。

8月25日 市委副书记、市长许立全检查国道309西段公路综合整治工作情况，强调要高标准、高效率、高质量地做好公路综合整治工作，切实提升综合整治工作水平，为全市经济社会发展提供更加优良的公路交通保障。副市长刘伟陪同检查。

8月30日 市委副书记、市长许立全检查鲁台会筹备工作，强调要注重细节、精益求精，通力协作、狠抓落实，高标准、高效率、高质量地做好各项筹备工作。

9月2日 白浪绿洲湿地公园荣膺国家AAAA级旅游景区揭牌仪式举行。省旅游局副局长赖征宇、副市长初宝杰出席揭牌仪式。

9月16日 市委副书记、市长许立全专题调研城建工作，强调要切实转变城市发展理念，始终坚持高端、高质发展，倾力打造城市建设精品，大力提升潍坊的城市竞争力、吸引力和影响力。

9月18~19日 2010中国（潍坊）住宅产业暨房地产科学发展高峰论坛在潍坊举行。论坛主题是“建设百年建筑打造绿都潍坊”，由中国房地产业协会、山东省住房和城乡建设厅、潍坊市人民政府联合举办。市领导许立全、刘伟出席开幕式。

10月18日 鸢飞路（玄武街—济青高速公路桥）道路改造工程正式开工。该段路全长734米。

10月23日 中国残疾人福利基金会常务副理事长吕力一行8人到潍坊就中国特奥运动综合训练基地（潍坊）项目进行商谈和高层推动。市领导张新起、崔建平、刘伟、夏芳晨陪同活动。

10月24日 潍坊市首批太阳能光热建筑应用产品顺利实现登记备案。

10月29日 副市长刘伟现场检查潍胶路、新青年路工程及市公路局公共服务中心及联运大厦拆迁改造现场，并就下一步的工作进行安排部署。

11月8日 市政府下发《关于推进城区城乡环卫一体化工作的实施意见》，要求按照政府组织、街镇为主、专业化运作的思路，落实属地管理责任制、加快城乡环卫基础设施建设、强化监督考核，促进建立健全"村收集、镇（街）运输、区监管、市处理"的生活垃圾集中处置体系，扎实推进全市城乡环卫一体化工作。

11月15日 北宫东街（新华路—生建机械厂）工程竣工。该工程全长300米，规划宽度80米，其中主路宽37米，人行道宽10.6米，绿化带宽32.4米，工程于2010年9月15日开工，历时53天完工。

11月17~18日 全省可再生能源建筑应用现场会在潍坊召开。省住房和城乡建设厅厅长杨焕彩等出席会议。

11月18日 潍坊海关报关中心大楼被中国建筑装饰协会评为"全国建筑工程装饰奖"。该工程位于潍坊市区玉清东街北侧、北海路东侧，建筑面积3.2万平方米，建筑高度97.5米，地上20层，地下2层，外立面采用隐框玻璃幕墙、背栓式石材幕墙、不锈钢挂件式石材幕墙、点式幕墙装饰。2007年11月开工，2008年9月竣工。

11月29日 市委副书记、市长许立全主持召开会议，专题研究城区污水处理和虞河治理工作，并就进一步统筹做好城区污水处理设施规划建设和虞河治理工作进行部署安排。副市长刘伟、陈白峰参加会议。

11月30日 福寿街虞河桥拓宽改造工程竣工通车。和平路（健康街—火车站）、向阳路（健康街—火车站）地下人防工程竣工。

12月8日 市政府下发《关于调整市区住房保障政策有关问题的通知》，把家庭收入标准调整到市区城镇居民人均可支配收入的85%（14700元）。

12月9~10日 省公路路域环境综合整治检查组到潍坊检查公路路域环境综合整治情况。

12月14日 阳光大厦工程被评为"全国建筑业新技术应用示范工程"。

同日 市委副书记、市长许立全在机关大楼1102会议室研究白浪河下游治理工作，市领导王献玲、刘伟参加会议。

12月15日 潍坊奥体公园体育场被中国施工企业协会评为"国家优质工程奖"。该工程位于市区北宫西街与安顺路交叉口东北角，建筑面积7.85万平方米，主体为框架结构5层，顶部为管拱钢结构，拱高70米、跨度310米，拱下悬挂铝镁锰合金板，长约410米，最大高度36米，整个工程呈椭圆形。2008年4月6日开工，2009年5月31日竣工。

12月20日 市国土局被表彰为“全国国土资源管理系统先进集体”。

12月24~25日 济空作战处主任赵红远、空军设计院机场设计室主任王旭一行4人对新机场选址情况进行勘察调研。市领导胡岗、刘伟陪同。

12月25日 潍坊金融财政研究院成立暨揭牌仪式举行。省人大常委会原副主任黄可华、省财政厅副厅长庞敦之、副市长夏芳晨出席仪式。

12月29日 潍坊城市发展研究院揭牌仪式在潍坊学院举行。副市长刘伟，市政府顾问、学院党委书记辛丕宏为研究院揭牌。

2011年

1月5日 万达商业地产公司副总裁张诚一行2人到潍坊汇报“潍坊大连万达广场”规划设计工作。市委副书记、市长许立全，副市长刘伟接待来宾。

1月11日 副市长刘伟主持召开会议，专题研究城市建设中涉及民生问题的公厕新建和改造、垃圾处理站新建和改造、城区汽车尾气治理、城乡环卫一体化处理、休闲座椅设置、沿街绿化护栏更新等13项问题。

1月12日 世界风筝都纪念广场荣膺“齐鲁文化特色新地标”称号。

1月13日 市级领导班子联席会议在市级机关综合办公大楼召开,主要议题是研究2011年市区城建重点项目计划。市委书记张新起,市委副书记、市长许立全出席会议并讲话。市领导赵兴涛、崔建平、李守玉等出席。会后，与会领导参加了虞河上游综合整治工程开工仪式。

1月17日 省委书记姜异康对青州市南张楼土地整理项目进行调研。

同日 市政府与山东高速集团战略合作签约仪式举行。山东高速集团董事长孙亮，市委副书记、市长许立全，副市长刘伟出席仪式。

1月17~18日 中国残疾人福利基金会常务副理事长吕力一行8人到潍坊就中国(潍坊)特奥运动综合训练基地和健康生态城项目进行调研。

1月17日 玄武街改造（北海路至安顺路）工程被中国市政工程协会评为“全国市政金杯示范工程”。

1月25日 潍坊奥体公园体育场工程，获“国家优质工程银质奖”。该工程总占地面积28.69万平方米，绿化用地面积8.9万平方米，总建筑面积7.85万平方米，是第十一届全国运动会女足比赛场地。

2月9日 副市长刘伟主持召开中心城区建设党工委会议，专题研究部署城市建设和管理方面涉及民生的有关工作。

2月15日 住房和城乡建设部住宅产业化促进中心会同山东省住房和城乡建设厅组成专家组，就潍坊国建高创科技有限公司申请“国家住宅产业化基地”进行实地考察，并召开论证会。专家组一致认为，该公司符合《国家住宅产业化基地试行办法》中的相关标准和要求，建议列入国家住宅产业化基地实施项目。该公司将成为潍坊首个、全省第4个国家住宅产业化基地。

2月18日 北海路（胶济铁路至荣乌高速）拓宽改造工程开工建设。

2 月 21 日 潍坊市世界风筝都纪念广场、虞河环境综合治理、泰华新天地、寿光商务小区 4 个项目荣获“山东省城市设计精品工程”称号。

2 月 28 日 市委副书记、市长许立全主持召开会议，专题研究潍日高速、国省道、国省道路域整治、农村公路养护、港口、地方地铁、民航发展等重点工程建设有关工作。

3 月 10 日 市委常委、副市长王献玲，副市长刘伟在市政府召开会议，安排部署春季城区绿化工作。

3 月 17 日 市委副书记、市长许立全检查北海路北段改造工程、虞河下游和白浪河下游改造工程、虞河上游综合整治工程等城建重点项目进展情况，副市长刘伟陪同检查。

3 月 20 日 市政府出台潍坊市廉租住房、经济适用住房和公共租赁住房 3 个管理办法，把城市低收入家庭、外来务工人员及新就业人员全部纳入保障范围，保障方式转变为货币补贴与实物保障相结合。4 月 17 日，经第 41 次市政府常务会议讨论通过。

3 月 23 日 市委副书记、市长许立全召开会议，听取全市综合交通规划和站前广场规划汇报。副市长刘伟参加会议。

同日 市委副书记、市长许立全召开会议，听取军埠口片区规划和三河商业运营情况汇报。副市长刘伟参加会议。

3 月 28 日 全市创建全国文明城市、中国人居环境奖动员大会在富华国际会议中心召开。市领导许立全、胡岗、王献玲、刘伟、陈白峰、王树华、花兆贤、李世光、赵志远参加会议。

3 月 29 日 全市低碳示范社区现场会召开。市政府副秘书长、督查室主任于为凯主持会议，副市长刘伟出席并讲话。

4 月 6 日 市委副书记、市长许立全检查调度“一路两河”工程进展情况，强调要切实提高认识、高度重视，抢抓时机、加快进度，确保如期高效完成各项建设任务。副市长刘伟陪同检查。

4 月 7 日 白浪河中段治理工程正式开工。

4 月 15 日 2011 年度中国市政工程协会秘书长工作会议在潍坊召开，省住房和城乡建设厅巡视员昝龙亮参加会议，副市长刘伟陪同活动。

同日 中国（潍坊）交通物流发展高峰论坛在富华会议中心多功能厅举行。副市长刘伟出席。

同日 潍坊城市升级高峰论坛暨 CBD 核心项目发布会在富华会议中心举行。副市长刘伟出席活动。

同日 清溪街（鸢飞路—宝通街）、鸢飞路（济青高速—玄武街）、文化路（北宫街—玉清街）通车。

4 月 16 日 文化艺术中心项目荣获 2011 年度山东省优质工程“泰山杯”。

4 月 22 日 副市长刘伟在奎文区政府五楼会议室主持召开会议，专题研究潍州路改造、四平路（健康街—茂子庄区间路）、“三王一马”片区内有关土地及规划等 13 项奎文区重点工程项目建设。

5 月 6 日 全市和谐城乡建设行动调度会议在市级机关综合办公大楼召开。

5 月 10 日 全市“5·12 防灾减灾日”宣传周暨风筝广场应急避难场所启用仪式在市风筝广场举行，省地震局局长晁洪太到潍坊出席。副市长刘伟陪同活动。

5月16日 市委副书记、市长许立全在机关大楼1102会议室研究城建工作。副市长刘伟，秘书长宋赤锋参加会议。

5月20日 潍坊市被济南军区国防动员委员会授予“济南军区人民防空先进城市”称号。

5月26日 全市城乡环卫一体化工作现场会议在昌邑召开。副市长刘伟出席会议。

5月31日 玉清街（向阳路—月河路）道路工程竣工通车。

6月1日 文明城市和中国人居环境奖“两城同创”工作调度会议在机关大楼二楼第一会议室召开。

6月11日 市委副书记、市长许立全主持召开会议，研究潍州路拓宽改造项目规划方案和建设、白浪河“北辰绿洲”板块建设、“潍州首府”项目规划方案等有关问题。副市长刘伟参加会议。

6月13日 市文化艺术中心三组团科技馆、图书馆地源热泵项目顺利通过住房城乡建设部专家组验收。

6月15日 市委副书记、市长许立全主持召开会议，研究当前《潍坊港总体规划》修编方案、城乡环卫一体化、中国人居环境奖创建、虞河上游整治、污水处理厂污泥干化处理、V1广场违法建设查处等工作。副市长刘伟参加会议。

6月16~17日 国家发改委、住房城乡建设部和省发改委、经信委、住房城乡建设厅组成联合专家组一行5人对潍坊市争创“国家节水型城市”进行复查。副市长刘伟陪同活动。

7月25日 副市长刘伟出席潍坊国家公路运输枢纽总体规划审查会。

8月2日 全省住房公积金信息化建设培训会议召开。副市长刘伟参加会议。

8月8日 副市长刘伟到潍城区调研,专题研究城隍庙片区改造开发工作。

8月17日 全市重点流域区域污染治理工作调度会议在东方大酒店召开。副市长刘伟出席会议。

8月29日 市委副书记、市长许立全召开会议，研究虞河上游景观规划设计工作。副市长刘伟参加会议。

9月6日 副市长刘伟到潍城区检查人居环境奖创建工作。

9月15日 经财政部、住房城乡建设部批准，潍坊市成功申报为“国家可再生能源建筑应用示范市”，并获得中央财政补助资金8000万元。

9月22日 市委、市政府在富华国际会议中心召开迎接中国人居环境奖现场考察再动员大会，对中国人居环境奖创建工作进行再动员、再部署。市委副书记、市长许立全出席会议并讲话，市领导赵兴涛、李守玉、刘德成、李世光等出席会议，副市长刘伟主持会议。

9月23~24日 省交通厅副厅长任明英，省公路局局长李洪修、党委书记相立昌到潍坊参加全省公路系统创建文明行业暨推进四化管理工作会议。副市长刘伟陪同活动。

9月27日 高新区创新大厦工程被评为第五届“全国建设工程优秀项目管理成果”。

9月30日 虞舜公园（虞河上游整治）胶济铁路至凤翔街段工程开工建设，全长5.5

公里。

10月10~12日 住建部城市建设司副司长李如生带队的中国人居环境奖考查组一行10人到潍坊考查。市领导许立全、胡岗、刘伟陪同活动。

10月10~13日 省人大常委会委员、内务司法委员会主任委员陈明甫到潍坊视察指导保障性安居工程建设，实地察看了廉租住房、公共租赁住房和棚户区改造等25个项目，对潍坊市货币补贴与实物建设相结合的保障方式和注重保障房建设区位选择、建设品质都给予充分肯定。市委书记张新起，市委副书记、市长许立全，市人大常委会副主任王永兴，副市长刘伟陪同视察。

10月17日 市委副书记、市长许立全检查全市重点交通工程建设工作。

10月26日 住房城乡建设部城建司副司长陈蓁蓁到潍坊视察指导城市建设工作。

11月1日 市委副书记、市长许立全在机关大楼1102会议室听取了地下空间规划汇报。副市长刘伟参加会议。

11月3日 潍坊市市民文化艺术中心二组团，由潍坊市接建的北川县人民医院获2010~2011年度中国建设工程质量最高奖—“鲁班奖”。

11月7~8日 全省数字化城市管理工作现场会议在潍坊召开，省住房和城乡建设厅巡视员昝龙亮出席会议。

11月8~10日 省交通厅巡视员迟焕然及有关专家一行14人到潍坊，对《潍坊港总体规划》进行审查。

11月14日 阳光大厦、潍坊医学院附属医院门诊医技综合楼、中国山东临朐龙韵文化艺术城被评为“2011年度国家优质工程银质奖”。

11月18日 全省可再生能源建筑应用示范工作现场交流会在潍坊召开，省住房和城乡建设厅副巡视员李兴军出席会议。

11月20日 《潍坊市人民防空工程规划》通过专家评审。

11月22日 北海路（胶济铁路至荣乌高速）拓宽改造工程竣工。

11月29日 市委副书记、市长许立全召集会议研究潍日高速、疏港铁路和轻轨项目建设。市领导胡岗、刘伟参加会议。

同日 市政府召开潍坊市城区建筑垃圾运输集中治理行动新闻发布会。

12月6日 潍坊市人防工程规划评审会在鸢飞大酒店召开。副市长刘伟出席会议。

同日 副市长夏芳晨主持召开会议，部署安排潍坊机场安全审计整改工作。

12月7日 省国土资源厅发文（鲁国土资发〔2011〕1548号）批准在潍建立“山东测绘地理信息产业基地”。

12月14日 住房城乡建设部下发《关于2011年中国人居环境奖获奖名单的通报（建城〔2011〕203号）》，授予潍坊市2011年“中国人居环境奖”。

第一篇 城市品牌

第一章　国家园林城市

第一节　概述

1998年，潍坊市提出创建园林城市的工作目标。2003年，市委、市政府重视城市绿化工作，将其作为提升城市形象、改善城市环境、提高城市综合实力、促进城市可持续发展的重要战略举措，按照“园在城中，城在绿中”的总体思路，结合“鸢、古、绿、河、山”的城市特色定位，坚持以大投入促进大绿化，高起点规划、高标准建设、高效能管理、先后实施“三拆一绿”（拆除烟囱、拆除水塔、拆掉围墙，腾出空地用于建设绿地和街头游园），“三河”（白浪河、虞河、张面河）综合整治，“黄土不露天”、增绿增色等系列绿化建设工程，建成人民公园、张面河景区、虞河景区、白浪河湿地公园、植物园、长松城市公园、安顺广场、北海路、潍高路、宝通街、浞河景区、济青高速13号口、14号口等一大批园林精品。新、改、扩建公园12个，游园街绿地136处，广场绿地11个，公园绿地布局合理，分布均衡，服务半径达到500米要求。市区建成区绿化覆盖率、绿地率、人均公园绿地面积分别由2003年的33.5%、29%、7.52平方米增长到2011年的40.3%、39.2%和17.35平方米。2005年，创建成为“省级园林城市”，2009年，潍坊市以分布均衡、结构合理、功能完善、景观优美，人居生态环境清新舒适、安全宜人等优势成功创建成为“国家园林城市”。2011年，在住房城乡建设部组织的中国人居环境奖居民满意度问卷调查中，城市绿化满意率达92.6%，获得最高分。历经13年的努力，全市形成“城在林中、路在树中、楼在绿中、人在景中”的美景，城市绿化已成为最具特色的城市品牌。

第二节　创建历程

2004年，制定出台《生态市建设规划纲要》，确定生态市建设目标，启动生态市建设“十大重点工程、百个建设项目”，投资164

城市绿地

金宝乐园

亿元，建设绿色潍坊，打造生态宜居家园。8月，完成张面河综合整治工程，臭水沟变成景观带，大大改善城市人居环境。该工程荣获2005年度“中国人居环境范例奖”。10月，山东省创城考核组对潍坊市创建省级园林城市工作进行检查验收。2005年12月26日，潍坊市被省政府正式命名为“山东省园林城市”。2006年2月21日，市政府召开创建国家园林城市动员大会，市长张新起作动员讲话，下发《潍坊市人民政府关于开展创建国家园林城市活动的决定》，全面启动国家园林城市创建工作。2007年4月，编制完成《生物（植物）多样性保护规划》，完成市域范围的生物物种资源普查，建立起较为完整的生物多样性保护规划体系。2007年年底开始，组织对白浪河进行综合整治。白浪绿洲湿地公园被住房和城乡建设部评为“国家城市湿地公园”，并获得“中国人居环境范例奖”。2007年冬至2009年春天，组织实施增绿增色绿化工程，实现城市绿量、花量翻番的目标。2009年，编制完成《潍坊市城市绿地系统防灾避险规划》，进一步促进城市绿地系统规划的全面落实。4月，市园林局完善《潍坊市创建国家园林城市工作情况汇报》《潍坊市创建国家园林城市专题片〈绿满鸢都〉》等创城申报资料，5月，潍坊市向住房和城乡建设部正式申报创建国家园林城市。10月12~14日，国家园林城市实地考评组对潍坊市创建国家园林城市工作进行现场考核验收。2010年2月，住房和城乡建设部下发《关于命名2009年国家园林城市、县城和城镇的通报》，潍坊市被命名为“国家园林城市”。

植物园

第二章　国家卫生城市

2003年10月，市委、市政府作出创建国家卫生城市的决定。按照《国家卫生城市标准》，全市广泛开展创建工作，取得初步成效，对改善城市环境，人居环境，提升城市形象，促进经济社会发挥了重要作用。

第一节　创建历程

2003年，市委、市政府提出创建国家卫生城市的目标要求，10月15日，召开创建国家卫生城市动员大会，印发《潍坊市创建国家卫生城市工作方案》《潍坊市创建国家卫生城市除“四害”工作实施方案》《潍坊市创建国家卫生城市除“四害”技术方案》等文件，以除“四害”达标为突破口，全面启动创城工作。

2004年，成立市“创城”领导小组，召开“创城”再动员大会。市政府同有关单位签订目标责任书，相继出台一系列加快国家卫生城市创建的文件，全面推动各项创建工作。突出抓好除“四害”工作，5月，建成“全国灭鼠先进城市”。8月，出台《潍坊市爱国卫生管理办法》《潍坊市市容和环境卫生管理办法》《潍坊市市区“门前三包”责任制管理办法》，城市卫生管理有章可循，更加规范。9月，建成“全国灭蝇灭蟑先进城市”。

2005年8月，山东省爱卫会对潍坊市创城工作进行检查考核，确认基本达到《国家卫生城市标准》，同意上报全国爱卫会对潍坊市的创城工作进行考核。11月，邀请全国爱卫会专家到潍坊进行现场指导，专家对潍坊市“创城”工作给予充分肯定。

2006年，全市“创城”工作进入全面整治阶段。市“创城”办针对“创城”工作中存在的普遍问题，相继制订《市区农贸市场综合整治标准》《城中村综合整治评分标准》《旧居民小区综合整治评分标准》《“五小”单位卫生标准》等行业标准，在全市进行大规模的专项整治活动。同时，采取以问题整改为主线的工作方式，边发现、边整改、边督导。7月，全国爱卫办到潍坊进行“创城”调研指导，并组织专家进行专业培训。10月，基本通过全国爱卫办的第一次暗访检查。

2007年，“创城”工作进入攻坚阶段。市“创城”办在坚持以问题整改促创城进程的同时，全面开展市区旧居民区改造、道路改造、排水改造和绿化亮化等重点工程，开工市区13个旧小区、45条背街小巷改造工程，全面启动市区“三拆一绿”（拆除水塔、小锅炉、烟囱及部分沿街围墙，对拆除后的空地进行绿化）工作，重点抓好露天烧烤整治、摊点群早夜市规范管理等11项创城重点、难点问题，提高市区创城水平和档次。6月，“创城”工作基本通过全国爱卫会暗访检查，顺利进入技术评估阶段。8月，市政府办公室印发《潍坊市创建国家卫生城市技术评估工作方案》，市创城办印发《潍坊市创建国家卫生城市行业标准》《潍坊市创建国家卫生城市资料建档指引》《国家卫生城市标准分解记分表》，开始“创城”工作档案整理及高标准“创城”整治活动。12月，“创城”工作顺利通过全国爱卫办技术评估。

2008年，“创城”工作进入全面迎查准备阶段。市政府办公室印发《潍坊市创建国家卫生城市考核鉴定工作方案》，对市区创城全面迎查工作进行部署。3月，全国爱卫办对潍坊市创城工作进行全面考核鉴定。4月10日，全国爱卫会正式命名潍坊市为国家卫生城市，成为全国第95个，全省第17个“国家卫生城市”。为巩固和提高创城成果，市委办公室、市政府办公室印发《关于巩固和扩大国家卫生城市创建工作成果的意见》。6月24日，市委、市政府召开创城命名表彰大会，卫生部人事司副司长张闽元向市长许立全颁发国家卫生城市奖牌，并对“创城”工作中做出突出贡献的单位和个人进行表彰。

2009年，全市加强卫生城市长效管理机制建设，不断巩固和扩大国家卫生城市创建成果，顺利通过全国除“四害”先进城市复审。

2010~2011年，结合创建全国文明城市和人居环境奖城市，积极开展城区环境卫生整治提升工作，进一步巩固国家卫生城市创建成果。

2012年，潍坊市顺利通过国家卫生城市首次复审，被重新确认为“国家卫生城市”。

第二节　省、市级卫生城市创建

从2002年起，全市各地开展创建卫生先进单位、卫生乡镇、卫生村、卫生户和卫生居民区活动。通过市爱卫会验收，当年共创建10个爱国卫生示范乡镇、10个爱国卫生示范村庄、10个爱国卫生示范居民小区。

2006年，市爱卫会对各县市区申报的国家、省级、市级单位进行初验或验收。推荐上报省爱卫会国家卫生先进单位1个，省级卫生先进单位18个，省级卫生乡镇4个，省级卫生村9个，省卫生户11个。

2007年，创建13个市级爱国卫生示范乡镇（街道），29个市级爱国卫生示范村庄（社区），14个市级爱国卫生示范居民小区。

2008年，命名13个市级爱国卫生示范乡镇（街道），30个市级爱国卫生示范村庄（社区），14个市级爱国卫生示范居民小区。

2009年，新创建8个市级爱国卫生示范乡镇（街道），27个市级爱国卫生示范村庄（社区），15个市级爱国卫生示范居民小区。

2010年，市爱卫办评选出“十佳卫生镇”“十佳卫生街道”“十佳卫生村”和“十佳卫生社区”各10个。

第三章　国家节水型城市

第一节　概述

2004年，全市提出创建节水型城市工作目标，确立“节水优先、意识先行、技术支持、政策保障”的原则和“政府主导、部门推动、企业单位和百姓积极参与”的工作思路，建立、健全工作机制，完善工作措施，全面开展节水型城市创建工作。2004~2011年，全市人均节约用水量80升，城市累计节水3亿多立方米，相当于城市3年的取水量；创建36家省级节水型企业（单位）和一批市级节水型企业（单位），省级节水型企业（单位）覆盖率达到30.5%，形成了节水型企业（单位）创建的梯次模式；万元国内生产总值取水量和万元工业增加值取水量分别下降到16.6立方米和19.1立方米，工业用水重复利用率提高到2011年的91%，年工业用水重复利用量达到4亿多立方米，年城市再生水利用量达到2400多万立方米，利用率提高到30.5%，计划用水率达到100%，有效控制了城市用水量。

城市节水工作实现节水意识、节水基础、节水设施、计划用水、节水的五到位管理。2006年5月，潍坊市获得“省级节水型城市”称号，2007年3月，获得“国家节水型城市”称号。

第二节　创建历程

1996年12月，建设部、国家经贸委、国家计委发布《关于印发〈节水型城市目标导则〉的通知（建城字第593号）》，全市城市节水工作全面展开。

2003年5月，潍坊学院投资200多万元建设中水处理厂；2005年，潍柴动力工业园区日处理回用1000立方米中水设施建成。随着一批节水设施的建成，全市节水能力有质的提升。

2005年年初，市政府工作报告将创建省级节水型城市列入其中；4月，市政府办公室下发《关于印发潍坊市创建节水型城市实施方案的通知（潍政办发〔2005〕55号）》，并成立创建节水型城市工作领导小组；5月，市政府召开创建省级节水型城市暨全国城市节水宣传周动员大会；11月，市政府第30次常务会议通过新修订的《潍坊市城市节约用水管理办法》。

2006年5月，在2006国际（山东）城镇水大会上，潍坊市在8个考评城市中以第一名的成绩，被省建设厅、省经贸委正式命名为“山东省节水型城市”；5月16日，山东省城市节水成就展暨潍坊市2006年全国城市节水宣传周活动启动仪式在潍举行；6月，建设部、国家发改委下发关于印发《节水型城市申报与考核办法》和《节水型城市考核标准》的通知；8月，市政府办公室下发《关于印发潍坊市创建国家节水型城市实施方案的通知(潍政办发〔2006〕83号)》，成立创建国家节水型城市工作领导小组；11月11~12日，由建设部和国家发改委共同组织节水型城市考核组，对潍坊市进行现场考核。

2007年3月，建设部、国家发改委《关于表彰第三批“节水型城市”的通报（建城〔2007〕71号)》正式命名潍坊市为“国家节水型城市”；山东省政府城市节水工作会议在潍坊召开，城市节水经验在全省推广；4月，山东省高校节水工作经验交流会在潍召开。

2011年4月，市政府办公室下发《关于印发迎接国家节水型城市复查工作实施方案的通知（潍政办字〔2011〕66号)》，成立国家节水型城市复查工作领导小组；6月16~17日，由住建部和发改委组成的国家节水型城市复查组，对潍坊国家节水型城市工作进行现场复查；7月，市政府第42次常务会议通过《潍坊市城市中水设施建设管理办法》。

2012年4月，住房和城乡建设部和国家发改委公布新修订的《国家节水型城市申报与考核办法》和《国家节水型城市考核标准(建城字〔2012〕57号)》，2012年5月10日，住房和城乡建设部、发改委印发《关于2011年度国家节水型城市复查情况的通报（建城字〔2012〕75号)》，公布潍坊市等19个城市通过复查。

第四章　国家环保模范城市

第一节　概述

全市国家环境保护模范城市创建工作始于1998年。全市建立持续改进长效机制，促进产业结构转型升级，增强环境保护优化经济增长的效力和作用，加强城市环境基础设施建设，优化城市空间布局，发展循环经济，开展城乡环境综合整治，依法强化环境监督管理，解决影响生态环境安全和人民群众身体健康的热点、难点环境问题，环境污染得到有效控制，生态环境质量持续好转。2005年9月，被授予“国家环境保护模范城市”。

体制机制建设　市政府制定印发《潍坊市国家环境保护模范城市复查工作方案》，成立由市长任组长、各县市区及市直有关部门主要负责人为成员的“创模工作领导小组”，抽调专人组建工作机构，并将创模的具体任务指标细化分解到各县市区及有关部门。市政府定期召开协调调度会，听取工作汇报，研究落实整改措施。市政府督查室与创模办联合办公，定期就创模工作情况进行专项督查和通报。为确保创建工作的顺利实施，市委、市政府还出台《关于对全市重点流域区域污染治理实行目标问责的通知》《环境保护工作考核奖励实施细则》等一系列相关配套文件，并把生态环保目标任务完成情况纳入年度科学发展综合考核体系，通过签订县（市、区）长责任书，严格考核问责。对逾期完不成治理任务的，坚决实行“一票否决”并追究相关责任。同时，不断加强宣传发动，努力营造全社会支持、关心、参与创模工作的良好氛围。围绕创模中心任务，在中国环境报、齐鲁卫视、潍坊电视台、潍坊广播电台等媒体开设专题专栏，广泛宣传和报道环境保护工作。结合“六五”世界环境日宣传，在全省创新性地开展全市十大环保人物评选、环保知识万人竞答、少儿环保绘画展、环保进社区、进课堂、进基层等宣传活动。12369环保举报热线、环保政务信息公开、重大事项公众听证等工作也取得良好效果。

生态市建设　市委、市政府明确提出建设“生态潍坊”工作目标，实施中心城市带动和新型城镇化战略，按照国家环保模范城市持续改进的规定和要求，不断改善生态环境质量，打造生态文明建设新特色，向生态市建设目标迈进。2006年，创建为“中国人居环境奖水环境治理优秀范例城市”、2007年，创建为“国家节水型城市”，全市的水环境治理与水资源可持续利用迈上新台阶；2008年，创建成为“国家卫生城市”后，城市垃圾、污水处理等基础设施建设水平大幅提升，环境整洁靓丽成为城市新面容；2009年，通过“中国优秀旅游城市”复核，实现传统文化与生态旅游的融合发展；在3年绿化大提升的基础上，2010年成功创建“国家园林城市”，绿色成为潍坊的城市本色；2011年，获得“全国可再生能源建筑应用示范城市”“中国人居环境奖”两项殊荣，蓝天碧水、生态宜居已成为城市建设发展的新亮点、新品牌。

第二节　污染治理

全市坚持把环境质量持续改善作为创模的首要任务，组织实施流域治污、大气治理和环境综合整治“三大战役”，使城市变得“水清天蓝、街绿城美”。

重点流域水污染治理　全市重视水环境治理和保护工作，确定“治、用、保”流域

虞河

清水河畔

家规定标准，全市域跨界断面出境水质达到省控目标要求，困扰潍坊市多年的水污染问题得到根本解决。

“用”，即以循环经济理念为指导，因地制宜地建设中水截、蓄、导、用设施，合理规划中水回用工程，最大限度地减少废水排放量。制定出台《潍坊市中心城市排水专项规划》，开展雨污分流、截污管网配套和中水回用设施建设等。全市已建成中水回用设施15座，潍坊学院中水回用工程等3个项目被省住建厅评为“城市再生水利用示范项目”。城区河道景观和电厂冷却用水全部采用中水，年节约新鲜用水约2200万立方米，城区生活污水再生利用率达到29.2%。实施库河串联、水系联网工程，先后完成引黄入峡、潍北平原水库、白浪河水系联网、滨海南一横等区域调水工程，实现市域范围内水资源的统一调度、合理使用。

“保”，即综合利用人工湿地、河道生态修复等保护措施，充分发挥自然净化能力，不断提升水质改善水平。自2004年起，先后投资近200亿元，对白浪河、虞河、张面河、浞河、弥河、潍河、胶莱河等17条河流，460多公里河段进行河道整治和生态修复综合治理工程。通过采取搬迁沿岸污染企业、截污管道下地、绿化沿河环境、栽种水生植物、修建沿岸步行木栈道等措施，把昔日的污水沟改造成沿河生态景观风景带，形成近20多平方公里的城市生态水系。白浪绿洲景区成为江北最大的湿地公园，被住建部命名为国家城

治污体系，推进重点流域污染综合整治工作。

“治”，即污染治理，包括环境基础设施建设、点源末端治理、结构调整等在内的全过程污染防治。2010年，全市实施“六河”治污攻坚战，7条省控重点河流全部达到恢复鱼类生长目标，2011年，按照“抓巩固、防反弹、再提高”的原则，扩大流域治污覆盖面，把23条河流全部纳入治理范围，确保年内全部达到省控目标。通过近3年的治污攻坚，先后完成151个重点废水污染源治理再提高工程，依法关闭取缔污染企业或生产线104家（条），对269家企业实行停产、限产或限期治理。投资36.9亿元，新建污水处理厂43座，完成12家污水处理厂升级改造。截至2012年，全市共有污水处理厂55家，处理规模181.5万吨/天，城市生活污水集中处理率达到97%以上。其中，园区污水处理厂和镇街污水处理厂建设取得较快进展，寿光、诸城基本实现镇街污水处理全覆盖。全市23条河流水质已经全部实现恢复鱼类生长目标，5处集中式饮用水源地常年稳定达到国

市湿地公园和AAAA级旅游景点。全市建成湿地生态公园14处、国家水利风景区12处，重要水源地、库区和涵养区的生态功能得到有效保护和恢复，生态水网城市初具规模。

2011年，潍坊市被亚太地区城市湿地文化与旅游产业论坛评为“中国最具魅力湿地城市”。

空气污染治理　2012年，市政府将加大空气污染治理力度列入政府重点工作，同时把市区中小锅炉整治列为为民办理的“十件实事”之一。出台《关于建立大气污染联防联控机制改善区域空气质量的实施意见》，通过部门联防联控，全面加大对重点行业、企业的治理监管，突出抓好工艺废气异味治理、燃煤锅炉整治、扬尘污染防治和机动车尾气控制等4个方面的治理工作。全市48个燃煤热电企业全部安装了脱硫除尘设施，3家钢铁企业的4台烧结机实施脱硫技术改造，圆满完成水泥立窑、实心砖生产线淘汰任务；中心城区108家饮食服务单位安装油烟净化器，集中供热管网覆盖范围内的10吨以下燃煤锅炉全部关停或改用清洁燃料，取缔淘汰小锅炉、茶水炉等小型民用燃煤设施近千台，城市清洁能源使用率达到62.4%。制定出台《潍坊市机动车排气污染防治暂行办法》，投资3400多万元建成市机动车排气污染防治信息管理平台和12家机动车环保检验机构，共17个监测点、54条检测线，年检测能力达60万辆。严格环保标志管理，加快老旧机动车报废更新，对全市10357辆黄标车、老旧车辆进行以旧换新和报废处理。为进一步推进空气环境质量持续改善，市政府在十五届人大四次会议上，向全市人民承诺继续加大空气治理力度，力争年内实现空气质量根本好转，并将其作为为民办理的十件实事之一写进政府工作报告。市政府制订出台《潍坊市重点片区空气质量改善实施方案》，在全市规划确立16个治污片区、1167个污染源点和53项重点废气治理工程，投入治理资金23.28亿元。投入资金22.1亿元，实际完成1302个污染源点综合整治，建成48个重点废气治理工程，16个重点空气片区全部实现无异味、无黑烟、无扬尘和污染源达标排放、城区空气质量达到规定标准。

城市环境综合整治　2006~2011年，全市中心城区累计投入市政建设资金约272亿元，切实有效地解决一批公共环境、城市交通、市政设施等重大民生问题，城市功能和市容市貌有很大改变。

垃圾无害化处理。完成市生活垃圾处理厂改扩建工程，增加垃圾渗滤液膜处理系统，经处理后达到《生活垃圾填埋场污染控制标准》一级标准。2012年，新增防渗膜覆盖和沼气管道，有效防止恶臭、减少渗滤液产生量，实现雨污分流和沼气回收。推进城乡环

垃圾回收箱

人民公园

卫一体化，建设了市医疗废物处置中心、垃圾转运站、节水卫生公厕等设施，生活垃圾无害化处理率达到100%。2011年，潍坊市被省确定为国家餐厨废弃物资源化利用和无害化处理试点城市。

噪声整治。通过采取道路改造、车辆分流、设置禁鸣路段、责令企业采用低噪音设备、加强建筑工地噪声管理、企业退城进园等措施，对噪声扰民问题进行集中整治，中心城区的环境噪声和交通干线噪声得到有效控制，区域环境噪声值稳定达标。

市容环境整治。组织开展“两街一路”（东风街、胜利街，北海路）“拆旧改丑”“三拆一绿”“四查治污”（严查施工车辆带泥上路、严查运输车辆洒漏、严查违规施工噪声扰民、严查扬尘污染。城区道路及建设工程施工现场环境污染治理）等专项行动，集中治理乱贴乱画、占道经营、违法建设、户外广告、垃圾乱堆乱放等“脏乱差”现象，市容环境秩序不断得到改善。道路保洁上档提级，全面推行“机吸、洒水、人工拣拾”联合作业模式，城区主干道机械化保洁作业率达到100%。

城市美化亮化。市中心城区共完成改造旧居住区71个、背街小巷243条，对25条有缺陷道路实施整治改造。启动“十城万盏”半导体照明应用工程，城区50余条道路（路段、区域）实现LED光源置换。中心城区半导体光源路灯达到5.9万盏，综合节电率达到40%。

数字化城市管理平台建设。把供水、供热、供气、市政设施、市容秩序、园林绿化、城市防汛、公共交通、夜景照明等城市公用事业和市政管理工作全部纳入数字化在线全程监管，提高了城市管理的快速反应能力，发现问题限时督办，群众满意率达99%以上。

第三节　经济社会转型

全市充分发挥环境保护参与宏观调控的重要作用，走“在发展中保护、在保护中发展”的环保新路，把环境保护作为产业结构调整和城市转型发展的重要切入点。

节能减排措施　科学制订工作方案，严格目标责任制考核，集中力量抓好重点项目实施，确保各项推进措施全面落实到位。“十一五”期间，圆满完成落后产能淘汰任务，涉及小水泥、小钢铁、小造纸等16个行业共91家企业。实施重点节能项目560个，规模以上单位工业增加值能耗下降23.05%。先后投入资金35.1亿元，建成293个重点减排工程，实现削减COD19.2%、$SO_2$11.85%，分别完成省政府下达约束性任务的106.66%和138.75%，获省“以奖代补”奖励资金1700万元。市政府被授予“山东省减排突出贡献单位”，并记集体一等功。积极推行清洁生产和资源综合利用，实现经济发展和环境保护的“双赢”，达到节能、降耗、减污、增效的目的。全市92家企业开展自愿清洁生产审核并通过评估验收，对270家“双超双有”重点企业实施强制性清洁生产审核，其中145家企业通过省级评估验收。发展循环经济，推广开发和使用清洁能源。中海油海化集团“一水五用”循环经济模式被确定为全国首批循环经济示范试点。寿光市加大投入，发展光伏能源蔬菜大棚，实现农业生产资源节约的新途径，成为全市新能源应用领域的一大亮点。

建设项目环保准入　认真贯彻落实环境影响评价和“三同时”（建设项目中防治污染的设施，应当与主体工程同时设计、同时施工、同时投产使用）制度，按照“有保有压、分类指导”原则，制定出台《关于严格建设项目环境管理的通知》，对建设项目环评实行红线（禁止类）、黄线（控制类）控制审批。推进区域环评和规划环评，严格控制新上燃煤电厂、农药、医药中间体、钢铁、焦化、化纤、水泥等项目，坚决杜绝“两高一资”（控制高耗能、高污染和资源性产品出

弥河风光

口）或低水平重复建设，依法从严查处各类违规建设项目。先后拒批污染严重、不符合国家产业政策以及选址不当的建设项目200多个。对高新技术或生态环保项目开辟绿色通道，光电子、新能源、新材料、生物医药、节能环保等新兴产业得到快速发展，并已初具规模。截止到2011年，全市累计完成技改投入达3160亿，高新技术产业产值占规模以上工业总产值的比重已达到32.92%。被评为“全国科技进步先进市”和“全国知识产权示范市”。

环境应急防控体系 2008年，市政府把环境保护纳入《潍坊市公共突发事件应急预案》，全面加强对生态环境污染突发事故的预防、应急和处置，维护人民群众身体健康与财产安全。

环保队伍与能力建设。建立环境保护与社会发展综合决策机制，将环境保护任务完成情况纳入党政领导干部政绩考核体系。各县市区（开发区）全部设立了独立建制环保机构，同时，在全市探索组建56个乡镇或街道基层环保所，基本构建起环保监管网络体系。

打击各类环境违法行为。通过采取加密监测、明察暗访、执法约谈、调度通报、挂牌督办、媒体曝光、“顶格处罚”以及“手、眼、嘴、腿”四位一体快速联动等举措，开展“整治违法排污企业保障群众健康”等各类环保执法专项行动。2010年，开展“环境执法百日行动”，市县两级环保部门对重点河流断面、空气污染片和重点污染源监测监管密度实现翻番。涉及环保工作的市人大、政协提案议案和群众信访的立案率、查处率均达到100%，工矿企业的环保守法意识有极大提高。2011年，全市共完成排污费征缴1.6亿元，列全省首位。

环境自动监控和安全防控体系建设。全市共投入约2.7亿元，建设具有全国一流水平的市级环境自动监控和应急指挥管理平台，建成8个地表水和27个空气自动监测站（点），207家市控以上重点污染源全部安装在线自动监控设备，并实现省、市、县和企业“四级联网”24小时动态监控。加强饮用水源地保护，在峡山水库上游的潍河、渠河、浯河等出入库断面设立自动在线监测站点，严格控制入库水质，确保饮水安全。

污染事故应急处置。全面加强核与辐射、重金属、危险化学品和危险废物等有毒有害物质的预警监测与风险评估，建立动态监管档案，实行分类分级重点监控。严格危险废物申报登记、转移联单和经营许可证等制度，不定期组织开展专项检查，对危险废物的产生、收集、运输、利用、存放、处置等各个环节实行全过程管理，确保危险废物依法安全处置。市医疗废物处置中心与医疗机构签订集中处置协议，全市医疗废物集中处置率达到100%。加强核与辐射环评和安全许可制度，坚决杜绝非法使用或转让辐射装置，全市367家辐射工作单位全部办理许可证，171枚废旧放射源及放射性废物得以安全送贮和处置。组织开展涉铅等重金属污染防治专项整治行动，对全市27条河流和21个入海河口底泥重金属污染状况进行全面调查与监测分析，关停8家涉铅等重金属企业，对存在问题的6家企业予以停产整顿。加强环境安全隐患排查，制定《潍坊市环境污染事故应急处置预案》，定期开展演练，切实把各类环境安全隐患消灭在萌芽状态。

第五章　中国优秀旅游城市

第一节　概述

潍坊市民俗文化丰富瑰丽，民间工艺、民族风俗以及非物质文化遗产等异彩纷呈，自古人文荟萃，“三皇五帝”中的舜、齐国政治家晏婴、东汉经学大师郑玄、北魏农学家贾思勰都出自潍坊，孔融、范仲淹、欧阳修、苏东坡、郑板桥等曾在潍坊执政理事。旅游资源丰富，袖珍园林十笏园、稀世珍宝山旺化石、世界最大规模的恐龙化石群、隋唐驼山石佛造像、“五镇山之首”沂山等名胜古迹以及潍坊风筝、木版年画、高密“四宝”等驰名中外。

全市旅游基础设施完善，产业规模不断发展壮大，现有星级饭店79家，其中5星级饭店4家；旅行社132家；A级旅游景区79家，其中AAAA级旅游景区19家；工农业旅游示范点56家。旅游节庆活动丰富多彩，一年一届的潍坊国际风筝会、寿光国际蔬菜博览会、鲁台经贸洽谈会、中国（昌乐）国际宝石节、青州花博会、昌邑绿博会等大型节会活动，为旅游业又好又快发展搭建对外交流、招商引资、合作共赢的平台。

2012年，全市共接待境内外游客4256万人次，同比增长17.2%；实现旅游总收入384.6亿元，同比增长22%。

第二节　旅游基础设施

全市加大对旅游业的直接财政投入，新增旅游专项资金100万元；3年内每年安排500万元、共计1500万元资金，用于风筝博物馆的规划设计和改造提升；投入80万元用于城区道路旅游标识牌设置，投入20万元在城市交通枢纽和城市广场设置潍坊旅游地图广告牌；财政拨款用于到潍坊旅游包机奖励，加大对旅游商品研发经费的支持力度。

2012年，提出“把我市建成国内有影响力的区域性旅游集散中心”，全市进一步加大旅游工作力度，加快旅游产业发展速度。9月10日，市政府召开全市旅游产业发展座谈会，听取国内专家对潍坊旅游业发展的意见建议，进一步准确把握形势，理清发展思路，科学规划定位，推动全市旅游业尽快取得大突破、实现大发展。10月25日，全市旅游发展大会在富华国际会议中心召开，印发市委、市政府《关于加快发展旅游业打造区域性旅游集散中心的意见（潍发〔2012〕19号）》和市委办公室、市政府办公室《潍坊市区域性旅游集散中心建设方案》，确定打造城市旅游品牌，推动全市旅游产业做大做强。

重点项目建设　凝聚力量、集约资源，重点推进、抓好“一山、一谷、一镇、一湾、一州”，加快推进临朐沂山、诸城恐龙谷、坊子坊茨小镇、滨海莱州湾欢乐海、青州等龙头旅游项目的开发建设，塑造潍坊旅游的“高峰”产品。

市场主体培育 通过引进、重组、联合等方式，做大做强市场主体，重点引进国内外著名旅游企业和投资机构，着力打造一批有优势品牌和较强竞争力的旅游企业集团，注重提高旅行社的装备实力和运营水平，提升旅游服务质量和水平。

创意策划和宣传推介 聘请一流团队搞好旅游产品的策划创意和规划设计，增强旅游产品的新颖性和创造性；突出抓好品牌建设，推出潍坊旅游的主题口号和形象标识，提高影响力和知名度；精心策划和组织好风筝会、鲁台会等节会活动，增强对游客的吸引力；加大宣传促销力度，强化旅游品牌宣传，使国内外更多的游客了解潍坊、向往潍坊；积极开拓客源市场，吸引更多的外地游客到潍坊观光旅游。

配套提升旅游服务设施 把游客集散中心建设放在城市基础设施建设的重要位置，加快组织推进，提升服务功能，建成国内一流的集散中心；加强主干交通网络与景区之间的连接，建立与景区转乘顺畅的交通体系；科学规划酒店的数量、结构和布局，做大做强现有餐饮品牌企业，加快星级酒店特别是四星、五星级酒店建设，提高接待能力和服务档次；大力开展“智慧旅游信息化示范企业”创建工作，着力打造“智慧旅游”城市；加强旅游市场监管，切实维护广大游客合法权益。

第三节 旅游产业

全市积极推进重点旅游项目建设、国内

沂山

诸城恐龙地质公园

外市场开拓及旅游产业素质提升，各项主要经济指标及增幅高速增长。2004 年 1 月，被授予“中国优秀旅游城市”。

产业发展

“十一五”期间，全市旅游业经历由小到大、由弱到强的变迁。2003 年 12 月成功创建为“中国优秀旅游城市”，围绕“吃、住、行、游、购、娱”六大要素，积极改善城市旅游环境，增强城市旅游功能，加快配套服务设施，完善产业体系，全力推进“旅游发展产业化”，旅游业逐渐发展成为全市国民经济的重要产业。

旅游要素建设 加大培育帮扶力度，积极推动旅游景区上档升级。2010 年，全市 A 级旅游景区总数达 54 家，星级饭店总数达 66 家，总数居全省首位，旅行社达到 120 家，工农业旅游示范点发展到 39 个，其中国家级 8 个，省级 31 个。积极开展“绿色饭店”创建活动，取得明显成效，“绿色服务”成为全市饭店业的新亮点。出台《潍坊市星级饭店黄牌红牌警示制度》，提升星级饭店整体服务水平。加强旅行社管理，全面推广旅行社责任保险统保项目。高标准配套完善景区景点和饭店的公厕、停车场、道路、购物场所等基础设施。成立市旅游信息咨询服务中心，指导青州云门山、寿光蔬菜高科技示范园等景区建设游客接待中心。2010 年，投资 120 万元在城区设置 62 套旅游交通标识牌、6 套旅游地图宣传牌，旅游公共服务体系日益完善。

培育旅游企业集团 抓资金扶持，帮助重点景区积极申请省农村信用联社项目贷款，2006 年，金宝乐园三期、青州王府游乐园、仰天山森林公园、昌乐仙月湖风景区、寿光高科技农业示范园等 5 个大项目一次性通过省农村信用联社认定。以全市重点旅游景区为依托，加快培育旅游企业集团。整合资源，规划组建青州云门旅游发展公司、山东青云国际旅游度假区股份有限公司、霍氏（寿光）国际划艇俱乐部发展有限公司、潍坊九龙涧旅游开发有限公司、山东金宝集团有限公司、诸城中国龙城旅游投资有限公司、寒亭杨家埠民俗艺术发展有限公司等十大旅游企业集团，总资产达 59.8 亿元，可带动重点旅游项目投资160 亿元，为全市旅游业发展发挥骨干带动作用。2010 年“风筝会”期间，与香港德勤公司共同举办重点旅游企业集团上市培训暨战略招商对接洽谈会，加快旅游企业上市融资、转型升级步伐。

昌乐古火山口

“五级联创”工作 坚持重点突破，分类指导。突出抓好优秀旅游城市复核迎查工作，2007 年 11 月，以优异成绩通过复核验收。寿光、诸城、青州创建成为“中国优秀旅游城市”，临朐、昌乐创建成为省级旅游强县。青州黄楼镇、临朐冶源镇、奎文南屯村、寒亭杨家埠村、寿光三元朱村成为全省首批旅游强乡镇、旅游特色村。截至 2011 年，全市省级旅游强乡镇增加到 23 个，省级旅游特色村增加到 12 个。

乡村旅游品牌 充分发挥乡村旅游资源丰富、民风民俗独特等优势，以省旅游局把潍坊作为乡村旅游专业合作社试点为契机，不断加快乡村旅游发展。出台《潍坊市乡村旅游发展指导意见》，推出一批乡村旅游产品。以民俗旅游为龙头，规划培育一批乡村民俗游、乡村休闲娱乐游、乡村田园风光游、节会文化观光游、生态农业观光游等具有一定规模、各具特色的乡村旅游产品，如以寒

临朐石门坊

亭杨家埠民俗村、高密中国民艺民俗村和青州井塘村为代表的民俗风情游项目；以奎文区南屯村、安丘青云山和寿光林海生态博览园为代表的乡村休闲娱乐游项目；以诸城市万亩桃园、万亩茶园、万亩板栗园和昌乐高崖水库风景区为代表的乡村田园风光游项目；以寿光国际蔬菜博览会、青州花博会和昌邑绿博会为代表的农业节会文化观光游项目；以寿光三元朱村、昌乐尧沟镇和昌邑流青园为代表的生态农业观光游项目；以诸城市龙骨涧恐龙遗址主题公园、山东山旺国家地质公园和昌乐县古火山群旅游区为代表的远古探访游项目。重点扶持秀水田园乡村俱乐部、沂山乡村农家乐、杨家埠民俗村、坊安田园、潍县萝卜基地开心农庄等乡村旅游产品，培育推出 10 个各具特色的乡村旅游“标杆村”。2008 年 11 月，国家旅游局乡村旅游调研组到潍坊专题调研乡村旅游发展情况，给予高度评价，被确定为发展乡村旅游的联系点。被省旅游局确定为推行旅游合作社的试点，给予重点扶持。

旅游合作组织　积极协调工商、民政等部门，在全省率先创办乡村旅游合作社，对寿光三元朱村、青州清风寨、临朐神农寨旅游合作社进行重点培育，用市场化手段将分散经营的农户组织起来联合搞旅游开发。组织相关县市区旅游局、重点镇街负责人赴台湾进行乡村旅游专项培训。指导基层搞好旅游强乡镇、特色村创建，以创建带动品质提升，省级旅游强乡镇增加到 15 个、旅游特色村增加到 8 个，农业旅游示范点增加到 21 家。联合市农工办、邮政局大力开展“旅游下乡”活动，乡村旅游在旅游总收入中的比重不断上升，成为旅游业发展的中坚力量。

2010年，聘请北京达沃斯公司开始编制全市乡村旅游发展专项规划，对乡村文化旅游资源进行全面梳理、有效整合，培育一批有代表性的乡村旅游产品。

拓展市场

2006~2011年，全市旅游系统把市场营销作为旅游业发展的重要助推器，瞄准主要市场，兼顾一般市场，发掘潜力市场，对潍坊“逍遥游”品牌、“放飞梦想·逍遥潍坊”形象口号、以“八大逍遥游”旅游产品为主体的精品旅游线路进行全面推介、宣传、促销。全市基本形成以济南、青岛、淄博、威海、烟台等周边地市为内环，以上海、大连、深圳、成都、西安、北京、天津、沈阳为中环，以韩国、日本、中国港澳台、东南亚、欧美、俄罗斯为外环的旅游大市场格局。

沂山百丈崖瀑布

城市整体旅游品牌 推动旅游业内涵式大发展，打造城市整体旅游品牌。抓住省旅游局在潍坊进行逍遥游试点的契机，全市在深入挖掘地域文化内涵、突出风筝文化的基础上，对旅游资源、旅游产品进行科学整合、提炼和策划，推出“放飞梦想·逍遥潍坊”整体品牌。利用各种渠道、各类媒体进行全方位、立体化的宣传推介，不断提升逍遥游品牌的知名度、美誉度。“逍遥潍坊”旅游品牌形象深入人心，影响力显著增强，成为山东省继“黄金海岸”“山水圣人”之后的第三大旅游板块。

旅游宣传品 2007年年初，设计策划并制作旅游折页、精品景点易拉宝、旅游指南、旅游DVD、导游词汇编、旅游多媒体演示系统等旅游宣传品，为宣传促销工作做充分准备，在各种大型节会和对外宣传促销活动中发挥很好的宣传推介作用。在对原有宣传材料不断进行完善的基础上，聘请专业机构重新策划制作“中、英、日、韩”等多语种的旅游折页、旅游指南、旅游DVD、旅游多媒体演示系统、掌中宝以及《潍坊市旅游交通图》《潍坊旅游大型画册》等宣传品，旅游宣传品体系日益完善。

“逍遥游”游品牌 从2007年开始，着力打造逍遥远古游、逍遥田园游、逍遥山水游、逍遥放飞游、逍遥北海游、逍遥名人游、逍遥城市游和逍遥自驾游等八大系列逍遥游高端旅游产品，积极构建以逍遥游为龙头、精品线路为主体、特色景点为支撑的大旅游发展格局。青州龙兴寺宗教旅游区、寿光林海生态旅游休闲度假区、诸城龙骨涧恐龙遗址主题公园、安丘山河湖湿地旅游休闲区、杨家埠民俗休闲旅游区、滨海老河口乐逍遥旅游发展区、山东山旺国家地质公园、昌乐远古火山口群“寻宝之旅”旅游区、寿光农业生态观光旅游区、诸城超然台名人文化旅游区、城市旅游功能完善配套服务项目等重点旅游建设项目已全部启动，进展顺利。

宣传促销　2006年，先后组织旅游企业赴长江三角洲、珠江三角洲、京津地区等主要客源城市开拓旅游市场，开展苏、浙、沪旅游专列宣传活动，其中在（烟台）亚欧会议旅游合作发展论坛暨展览会、2006中国（济宁）现代生态农业特色产品及乡村旅游国际博览会、中国青岛·亚太国际旅游博览会等大型展销活动上的宣传均获得较好效果。2007年，参加省旅游局举办的“新丝绸之路—2007黄河经济协作区旅游经济合作峰会暨千家旅行社会盟”活动，为巩固现有客源市场、拓展潜在客源市场打下了良好基础。

以展会为载体，实施“南下、北上、西进”宣传促销活动，组织参加国内旅交会、国际旅交会、北方旅交会、宁夏国际文化艺术旅游博览会、天津旅游产业节和青岛（亚太）国际旅游博览会等各类旅游交易会，宣传推介潍坊旅游。组织赴东南亚、日本、韩国等国家和中国港、澳、台地区，积极开展境外客源市场的招徕和宣传推介工作。

接轨青岛　“2007青岛·潍坊周”活动中，先后举办“青岛人游潍坊，潍坊人游青岛”“青岛知青潍坊行”“文化旅游博览会”等活动，青岛和潍坊、安丘两地对开旅游直通车，有力地推动了两市旅游互动。市旅游局承办的“文化旅游博览会”旅游板块通过影像、图片、实物、模型沙盘、景观模型、现场表演等多种形式，从多个方面集中展示潍坊城市旅游功能、旅游资源、精品线路、逍遥游产品、民间艺术、民俗表演、旅游商品等，丰富多彩、生动活泼，成为整个博览会人气最旺的板块。在潍坊旅游文化推介暨对口洽谈会上，与青岛市旅游管理机构、旅游企业共达成各类旅游合作协议189个，仅此一项每年新增旅游客源110多万人次，增加旅游收入3.75亿元。

杨家埠

媒体宣传　不断加强与高端媒体合作，旅游宣传产生大效应。2006年5月，中央电视台《走遍中国》栏目摄制潍坊旅游文化专题片，“寿光蔬菜”“寻宝之旅”“恐龙之谜”“解密天书”“状元考卷”“杨家埠年画”“风筝传奇”等7个专题系统介绍潍坊的人文历史和自然风光，在国内外产生较大影响和轰动效应。加强国外媒体宣传，邀请俄罗斯、美国、英国、法国、德国、日本、韩国和中国港澳台等境外新闻记者采风团、旅游考察团队到潍坊，通过记者采风、平面媒体、影视传播等形式宣传潍坊旅游，效果显著。

积极参加省旅游局组织的“联合推介，捆绑营销”活动，配合中央电视台、山东卫视、浙江电视台分别拍摄完成《潍坊民俗》《潍坊美食》《走进潍坊·逍遥放飞游》和《综艺满天星·美丽潍坊行》逍遥游专题宣传片等潍坊旅游专题节目，在主流媒体反复播放。在澳亚卫视投放潍坊旅游宣传广告，覆盖东南亚、中国港澳台地区。加强与人民网、新浪网等网络媒体和《中国旅游报》《大众日报》《齐鲁晚报》《北京晨报》等平面媒体的合作，改版旅游网站，在《潍坊日报》开设旅游专版，创办《潍坊旅游》双月刊，与潍坊广播电台合作设立专栏推介“逍遥游”产品。整合优势旅游资源，协调4个县市区进行捆绑营销，投资60万元在《韩国旅游报》集中推介潍坊旅游，拓展境外市场。抓住第十一届全运会主会场设在济南的有利时机，在山东卫视投放3个月的旅游宣传片，并在济南机场设立旅游大型宣传广告牌。大力开展“观世博、游山东”宣传促销活动，在杭州湾跨海大桥设置了旅游大型广告牌，在上海春秋等70余家门市设置逍遥游宣传架和旅游产品宣传册，吸引更多世博游客来潍游览。组织省内媒体互动活动，在省内各城市的电视、电台、报纸对潍坊旅游进行广泛宣传报道。组织旅游知识大奖赛和旅游有奖征文活动，激发了社会各界参与旅游的积极性。

富华游乐园

以重要节会为媒介助推旅游宣传。2007年，首次将旅游大活动纳入风筝会和鲁台会“主版块”，从此连续多年借助风筝会、鲁台会、莱博会等重要节会举办一系列活动，收到很好的效果。2009年，在风筝会期间举办中国优秀旅游城市市长高峰论坛，围绕“金融危机下旅游业的发展与合作”主题进行研讨交流，在国内外产生了重要影响；通过举办第四届潍坊旅游节暨潍坊旅游买家大会，邀请350名国内外旅行商参加踏线考察，签订互送客源协议426个，全市每年新增旅游客源345万人次，新增旅游收入19.3亿元。鲁台会期间，举办旅游成果展，以“三年突破大发展，十年一流铸辉煌”为主题，全面展现2006年以来全市旅游业的发展成果。2010年，以这两次盛会为平台举办的旅游节暨旅游买家大会、“逍遥放飞游”体验之旅、2010世界旅游小姐百名佳丽花车大巡游、第16届鲁台经贸洽谈会歌舞晚会暨2010世界旅游小姐大赛山东赛区颁奖盛典等系列活动，提升了“逍遥潍坊”旅游品牌形象。

改革创新

全市旅游系统把创新作为推动旅游业发

展的原动力，大胆尝试，突出特色，为旅游业发展增添活力和动力。

体制机制创新　全市以推进旅游资源一体化管理为切入点，引导县市区打破条块和区划分割，加大旅游资源整合力度，推进“所有权、管理权、经营权”分离，加快景区一体化发展进程。指导青州市成立云驼风景区管委会、仰天山森林公园管委会、文化产业园管委会，将隶属不同镇、街的村庄划归各景区管委会，实现真正意义上的统筹管理，增强发展活力。

旅游“一卡通”　2008年，针对旅游淡旺季反差大、旅游景点营销缺乏统一性的特点，采取捆绑式联合营销方式，整合30个景区的旅游资源，在全省率先推出旅游“一卡通”年票。在全市设立销售网点200多个，进行多渠道、多层次销售，全市所有卡载景区接待人次和旅游收入都有明显增长，由“一卡通”带动的增长均达到15%以上，挖掘了旅游市场潜力，促进了相关产业的发展。2009年年初，在旅游“一卡通”的基础上，推出“惠民一卡通”，使该卡在旅游功能的基础上，增加了公交卡、银行卡、电话卡等功能，有效地解决了多卡不通用的难题，对拉动旅游消费和相关服务业发展起到积极的推动作用，被市委、市政府评为创新奖。

旅游“大篷车”　积极创新营销方式，利用市场化手段配置“逍遥潍坊”流动宣传“大篷车”，开展内环市场宣传促销，计划用一年半时间跑遍全省17城市的所有县市区，稳固、拓展周边市场。截至2010年，已完成青岛、日照、东营、滨州的促销工作，收到

风筝博物馆

较好的宣传效果。

"冒险鸭子游" 创新城市旅游模式，依托城区的张面河、虞河、白浪河、浞河，整合城市周边特别是中心城区及南部旅游资源，在全省率先引进"冒险鸭子游"项目，实现水陆两栖观光，形成城市观光的亮丽风景线。截至2010年，线路设计、选点、配套设施等前期准备工作已基本完成。

开通旅游包机 2010年7月13日，潍坊—沈阳旅游包机航线正式开通，提升了潍坊旅游的知名度。该包机精心设计旅游线路，以点对点形式，由空客A321执飞，可载客178人，由沈阳飞潍坊，再从潍坊返回沈阳，每周二、六两个架次，游客在潍坊一晚两天行程，主要以民俗旅游产品为主，每架次游客落地不少于150人。一架次可带动300人次以上游客到潍坊旅游、消费，不计综合效益，每架次旅游包机可带动当地直接收入15万元以上，对景区点、餐饮、住宿、交通、购物、娱乐等进行全方位的带动，拉动消费，促进服务业发展。

整合社会资源 在全省率先成立自驾游委员会，建立自驾游网站，推动自驾游大发展。探索构建"水陆空"立体化宣传促销新模式，2010年，被市委、市政府评为创新奖。启动职业化导游团队建设和多媒体旅游营销体验网系统建设，提升了全市的接待和旅游信息化水平。

第四节 创建历程

1999年，市委、市政府第二十九次市长办公会决定创建第二批"中国优秀旅游城市"。成立由市长任组长，副市长任副组长，有关部门主要负责人和各县市区分管县市区长任成员的"创优"活动领导小组，为创建"中国优秀旅游城市"奠定基础。2000年4月，省旅游局对潍坊市创建工作进行检查指导。

2003年7月4日，市政府第五次常务会议听取关于创建"中国优秀旅游城市"有关情况的汇报和工作意见。常务副市长张江汀指出，除现已开的旅游资源和旅游基础设施、旅游交通等方面的优势外，历史文化名人众多的优势还没有发挥出来，恐龙化石、山旺化石、古火山口等独特资源还有待于进一步开发，与青岛等周边旅游城市的区域合作、优势互补的潜力巨大，发展旅游业的潜力巨大。主要抓好高尔夫球场建设、风筝放飞场改造、十笏园及周边地区改造、杨家埠及周

奎文门

中国（寿光）国际蔬菜科技博览会

边地区改造等主要旅游项目。

7月21日，全市创建“中国旅游城市”动员大会在市级机关综合办公大楼召开。印发《潍坊市创建中国优秀旅游城市活动实施方案》，由辛丕宏副市长代表市政府与有关部门和各县市区政府签署《创建中国优秀旅游城市责任书》，明确各部门和各县市区的责任分工，标志着全市创建“中国优秀旅游城市”工作的正式启动。

2003年8月8日，旅游系统“创优”再动员工作会议召开，全市各旅游企业负责人近百人参加会议。8月29日，召开创建“中国优秀旅游城市”宣传工作例会。市委副书记郑金兰对创城宣传工作进行部署，要求宣传部门、各级媒体、相关单位要集中精力打一次创城宣传“攻坚战”。

9月15日，市政府召开创建中国优秀旅游城市工作调度会议。听取有关县市区、市直责任部门和单位前一阶段的工作汇报，了解“创优”工作责任制的进展和落实情况，并进一步明确任务，对全市“创优”工作进行再部署、再安排。

9月25日，副市长、市“创优”活动领导小组副组长辛丕宏对全市创建“中国优秀旅游城市”工作进行现场督察。对文化路餐饮一条街、友谊商场旅游商品专柜、快餐、旅游咨询服务中心、“一日游”站点、十笏园、盛和商业步行街、火车站、汽车总站、机场、茶人会馆等场所进行检查。

10月13~16日，创建“中国优秀旅游城市”初审工作圆满结束。10月14日，听取市委副书记、市长张新起关于创建中国优秀旅游城市工作情况的汇报，按照《中国优秀旅游城市检查标准》，采取查阅资料、实地检查、抽样调查等方式，对标准所涉及的20大项的有关内容进行检查，先后抽查富华游乐园、白浪河公园、十笏园、杨家埠民俗大观园、金宝乐园、青云山民俗游乐园、寿光高科技示范园、青州博物馆、云门山等12个旅游景（区）点以及6家星级饭店、3家旅游涉外定点饭店、3家定点餐馆、4家国内旅行社、3家定点购物商店，对飞机场、火车站、汽车站、旅游专线车、一日游站点、餐饮一条借、晚间游览项目、城市厕所等有关项目进行检查，随机抽查110、120城市旅游安全和紧急救援保障系统。专家们肯定了潍坊市旅游工作成绩，并围绕城市旅游经济、旅游产业定位与规模、旅游投入与专项政策支持、发展的主导机制、精神文明建设、生态自然环境等提出有针对性、指导性和建设性的意见和建议。

11月24~28日，国家创优检查验收组对潍坊市创建中国优秀旅游城市工作进行检查验收。听取关于创建中国优秀旅游城市情况的汇报；分成现场、资料、抽样调查等3个小组，深入景区景点，采取明察暗访的方法，对旅游基础设施建设、旅游环境、市民文明程度等20个大项176个方面的内容进行综合性检查验收。所查的20个大项176个得分点，大都获得满分。

2004年1月8日，潍坊市被国家旅游总局命名为“中国优秀旅游城市”。

诸城恐龙化石

第六章　中国人居环境奖城市

第一节　概述

全市高度重视人居环境建设和“中国人居环境奖”创建工作，将其作为提升城市建设管理水平的重要抓手和奋斗目标。创建工作渗透到城市建设发展的方方面面，动员全社会力量参与，取得显著成效。住房城乡建设部委托零点公司进行的城市居民满意度问卷调查中，潍坊市综合成绩在全国已创建成功和新申报的28座城市中排名第二，在2011年新申报城市中排名第一。2011年10月10~12日，中国人居环境奖现场考查专家组对创建工作进行现场考查。2011年12月14日，住房城乡建设部下发《关于2011年中国人居环境奖获奖名单的通报（建城〔2011〕203号)》，授予潍坊市2011年“中国人居环境奖”。

建立完备工作机制。成立创建工作领导小组和专门的推进小组，抽调精干力量，组建创建工作办公室，具体负责全市创建工作的组织协调和任务落实。市直各有关部门和各区（开发区)、街道、居委会都相应成立创建工作机构，建立起横到边、纵到底、覆盖城区的领导指挥体系。制订《潍坊市中国人居环境奖创建工作实施方案》，将各项创建任务逐一分解落实到各级、各部门、各单位，做到任务、标准、责任“三明确”。

建立健全目标管理责任体系。与各责任单位签订了创建目标责任书，纳入年终工作考核，严格落实领导责任制和分级负责制，做到一级抓一级，层层抓落实，形成市委领导、政府主导、部门参与、市区联动、齐抓共管的创建工作格局。多次召开高规格的创建迎查动员会议和推进会议，对整个创建迎查工作进行全面动员和具体部署。

注重舆论作用。采取编发简报、发放资料、市民访谈、设立专栏、反面曝光、领导专访、政策讲解、调度督察等有效形式，对创建工作进行全方位、多层次、高密度的宣传报道，以创建工作促进市民文明素质的提升，营造人人关心、人人参与的浓厚创建氛围。

第二节　绿化建设

全市把“绿色”定位为城市特色，突出“生态、自然、人本、节约”的绿化理念，坚持以绿治脏、以绿治乱、以绿治丑，着力打造“绿在城中、城在林中”的绿色生态城市。先后组织实施“增绿增色”“黄土不露天”、春冬季绿化等一系列生态绿化工程，在市区主要街道、公园、广场、景区、河道两岸等区域大量加植高大乔木、常绿树、花灌木，做到全覆盖、无缝隙。市区建成人民公园、植物园、长松城市公园、安顺广场、人民广场、风筝广场、北海路、宝通街等一批园林精品和林荫大道，建成环城、“四河三路”(白流河、虞河、张面河、浞河，济青高速公路、潍莱高速公路、胶济铁路）防护林带330公里，形成以河为轴、以路为廊，以公园、游园、街头绿地为点，以大环境绿化为屏障的绿化格局，实现城市绿化从平面到立体、从单一性到多样性、从粗放式到精细化、从景观型到生态式人性化的转变。积极创新社会绿化推进机制，连续6年组织开展无偿供苗、送绿进社区等社会绿化活动，不断提升单位庭院和小区绿化水平，形成“全民动手、人人植绿、绿化家园”的良好局面。市区绿化覆盖率、绿地率和人均公共绿地面积分别达到42.06%、41.07%和19.44平方米。

第三节 生态水系治理

全市坚持“生态、自然、节约”理念，全力推进生态市建设。投资164亿元，启动生态市建设“十大重点工程、百个建设项目”。投资20多亿元，对流经市区的白浪河、虞河、张面河、浞河等4条河流实施全面整治，搬迁河流两岸污染企业，截污管道下地，绿化两岸环境，栽种水生植物，修复湿地生物链，恢复河流原有的生物群落和自然生态。白浪绿洲景区成为江北最大的湿地公园，2010年，被住建部命名为“国家城市湿地公园”，并创建成为AAAA级旅游景区。张面河、人民公园改造项目被授予“中国人居环境范例奖”。浞河被评为AAA级旅游景区。改造后的“四河”，串联起城区众多的人工湖泊、绿地公园和景观节点，多年断流干涸的河床恢复常年流水，河流的生态环境得到恢复和改善，形成20多平方公里的城市滨水景观带。

第四节 城市环境综合整治

全市道路保洁上档升级，在城区全面推行道路机械化作业，主干道保洁机械化作业率达到100%。深入开展绿化精细化管理，市区所有绿地达到无缺苗断垅、无死树死枝、无设施损坏、无垃圾、无尘土的“五无”标准，打造了北海路、人民公园、张面河等为代表的市区道路、公园和景区绿化管理样板。全面开展中心城区道路缺陷整治工程，力求道路设施“零缺陷”。以整治乱贴乱画、占道经营、违法搭建、户外广告等“脏乱差”现象为重点，构建长效机制，变集中整治为常态化管理，推进城市环境改善。每年由媒体、人大代表、政协委员、市民等参与，公开评选“十佳街巷”进行表彰，选择“十差街巷”进行集中整治，树立一批样板和先进典型，解决一批在公共环境、交通秩序、基础设施等方面存在的重点难点问题，从根本上改善了城市面貌。

第五节 城市基础设施建设

“十一五”期间，全市累计完成市政基础设施投资272亿元，新改扩建主次干道1200余公里，完成文化艺术中心、健康中心、鲁台会展中心、奥体中心等一批重大功能性项目，完善提升机场、铁路、公路等一批重大基础设施。建设市生活垃圾处理场和医疗废物处置中心，垃圾转运站、公厕等设施进一步健全，市生活垃圾处理场建设运营达到I级标准，市区生活垃圾无害化处理率达到100%。加大污水处理力度，建成污水处理厂6座，出水水质均达到一级B标准，污水处理能力提升到33万吨/日，污水集中处理率达到92.3%。城市供气、供水等公用事业快速发展，城市燃气普及率达到99.25%，公共供水普及率达到了100%。

城市水质监测工作，制订《城市供水水质管理办法》，全面实施水质日报告制度，城市供水水质综合合格率达到100%。

数字化城市管理平台建设，将供水、供热、供气、市政设施、市容秩序、园林绿化、城市防汛、公共交通、夜景照明等城市公用事业和市政管理工作全部纳入数字化在线全程监管。

第六节　民生保障

全市出台廉租住房、经济适用住房和公共租赁住房管理办法及相关配套政策，建立起长效供给机制。在普通商品房项目中配建10%以上保障性住房，将低收入标准提高到人均可支配收入的85%，将城镇低收入住房困难家庭纳入廉租房、经济适用房保障，将中等偏下收入家庭和新就业职工、外来务工人员纳入公共租赁住房保障，实现了对住房困难群众的全覆盖。截至2011年年底，全市累计实施住房保障12.64万户（套），其中发放廉租住房租赁补贴3396户，增加廉租住房1799套，经济适用住房6107套、公共租赁住房1.166万套，完成棚户区改造10.34万户，住房保障率达到38%，有效地改善了低收入群体居住条件。

实施以完善小区功能配套、整治背街小巷、绿化净化亮化等为重点的旧居住区改造提升工程，现已完成投资7亿多元，整治改造旧小区73个、背街小巷243条，涉及2613栋居民楼，改造面积达748万平方米，惠及9.8万户家庭、31万居民。

推进“城中村”改造，城区89个城中村有69个已完成或正在实施综合改造。

人民公园

加大社区基础设施投入，累计投资10.7亿元，健全、完善社区“一站式”综合服务厅、图书阅览室、文体活动室、幼儿园等服务设施，实现居民“就医、托幼、购物、健身、养老、休闲、救助”等服务不出社区。市政府连续4年做出承诺，每年为群众办好10件实事，有效地解决教育、医疗、卫生、就业、社会保障等难点、热点问题。

潍坊市荣获“中国人居环境奖”新闻发布会

第七节　节能降耗

全市实施供热分户计量改造，出台《关于加强城区供热管理工作的意见》《潍坊市推进供热计量工作实施方案》《潍坊市供热计量技术路线》《关于潍坊市中心城区两部制供热试行价格的通知》等系列文件。加大财政投入，按照“先易后难、居民自愿、综合推进”的原则，优先选择投入少、效益明显的项目进行供热计量改造，市区两级财政给予每户800元补贴，最大限度地让利于民、补贴用户。到2011年采暖季，累计完成供热计量改造和既有建筑节能改造面积619.03万平方米，新建符合供热计量条件的居住建筑面积121.59万平方米，总计供热计量面积740.62万平方米，占居住建筑供热总面积的33.47%。树立“绿色照明”理念，推进“十城万盏”半导体照明应用工程，中心城区半导体光源路灯达到5.9万盏，占功能性照明的93%，综合节电率达到40%。推广清洁燃料，倡导绿色公交出行，更换天然气公交车251台，占公交车总数的21%。积极推广中水利用，年中水回用量达到2400万立方米。在全省率先开展低碳示范社区建设，推出“6+X”建设模式，全面推行太阳能光热建筑一体化、新型墙体保温材料与节能门窗、节能照明、地源热泵等新技术应用，其经验做法将推广情况纳入全市科学发展综合考核，推动了可再生能源建筑应用。潍坊市的低碳社区建设得到国家、省有关领导的充分肯定，其经验做法在全国推广。

美丽家园

第二篇 组织领导

第一章　领导机构

第一节　市城市建设重点项目领导小组

组　建

2003年2月12日，潍坊市第九次代表大会上，市委书记张传林作了题为《团结一致、开拓进取、为把潍坊建设成为现代化强市而奋斗》的报告，提出了抓城建也是抓经济和经营城市的观念；坚持高起点规划、高标准建设、高效能管理的原则及努力实现一年小变样、年年都有新变化，五年大变样、届届都有大发展的目标。此次会议的召开，标志着全市城市建设进入全新的发展阶段。

2月25日，市委副书记、市长张新起主持召开第37次市政府常务工作会议，研究决定加强对城市建设重点项目的组织领导工作，成立市城市建设重点项目领导小组及办公室，市政府授予其全面负责城市规划、建设、管理等重点项目的组织领导、协调调度和督导检查的职责。

3月，市委、市政府正式组建市城市建设重点项目领导小组,由市委副书记、市长张新起任组长，分管城建的副市长黄潍连和分管财政的副市长刘伟任副组长，市规划、建设、市政、国土、财政、交通、人防等部门和各区主要领导同志为成员。领导小组下设办公室（简称市城建重点办），设在市政府办公室，主要职责是负责贯彻落实市委、市政府关于加快城市建设的各项决策部署和年度城市建设重点项目计划，通过组织、协调、调度、督察，推动各项重点工程顺利进行。市长助理李晓明任办公室主任。

11月，市政府以潍政办发〔2003〕168号《关于调整充实城市建设重点项目领导小组办公室的通知》，对重点办进行充实加强，内设综合、工程、财务、法规、宣传、保卫、纪检等7个工作小组，并明确主任、副主任及各组的职责。

2007年3月，市政府召开专题会议，研究通过市城市建设重点项目领导小组及其办公室的调整意见（市政府专题会议纪要〔2007〕第18号），由市委副书记、市长许立全任组长，市委常委、常务副市长胡岗，市委常务、副市长徐振溪，副市长黄潍连、刘伟任副组长。市政府副秘书长张庆吉任办公室主任，增设审计组。

2009年8月，市政府出台《潍坊市城市建设重点工程管理办法（潍政发〔2009〕34号）》，明确规定市城市建设重点项目领导小组是市政府设立的城市建设重点项目领导机构，负责重点工程建设的组织领导。领导小组办公室设在市政府办公室，具体负责重点工程的组织、协调、调度安排和监督检查等工作。市政府副秘书长于为凯任办公室主任。

2012年5月，根据市政府工作安排，再次对城市建设重点项目领导小组进行调整。由市委副书记、市长刘曙光任组长，市委常委、副市长孙起生，副市长夏芳晨任副组长。

主要工作

市城市建设重点项目领导小组及其办公室自2003年3月成立至今，紧紧围绕市委、市政府的决策部署和年度城市建设重点项目计划安排，逐步建立一整套的工作体制和运作机制，先后出台相关政策和管理办法20余个；不断加强组织调度和监督检查，及时协调各区、市直有关部门之间的工作关系，着力解决重点工程建设推进过程中出现的问题、矛盾和纠纷，保障了重点工程建设的顺利推进。

2003年以来，组织实施道路、绿化、亮化、净化、河道治理等一大批城市重点工程建设项目，参与组织“国家环保模范城市”“国家卫生城市”“国家园林城市”“中国人居环境奖”的创建及国家、省、市有关重要会议和重大活动的现场保障工作。

2003~2011年，中心城区基础设施建设市本级完成投资近300亿元。完成新一轮城市总体规划和土地利用总体规划修编，中心城区基本实现控规全覆盖，在国内同类城市中率先组织编制综合交通规划、地下空间利用规划；2003年，完成中心城市发展战略研究。2009年，建成交通智能管理系统一期工程；

张面河综合整治工程获“中国人居环境范例奖”

启动全国 LED“十城万盏”工程；2011 年，建成数字化城管系统，达到全国领先水平；启动中心城市转型升级战略研究；东风街、健康街、北宫街、福寿街、胜利街、安顺路、长松路、潍州路等城区主干道全面实施改造，宝通街、西环路、北海路北段、潍高路潍城段修建改造为城市道路，北海路、玄武街改造获全国市政金杯示范工程，安顺片区路网基本形成，形成以北海路、宝通街为轴线，以潍安路、西环路、北环路、潍胶路为围合框架的城市道路交通体系；张面河改造获“中国人居环境范例奖”；白浪河综合整治开发一期工程全面完成，白浪绿洲湿地公园荣获国家城市湿地公园、国家级水利风景区、国家 AAAA 级旅游景区等称号，下游北辰绿洲初步建成，以北至滨海段改造基本完成；虞河城区段完成改造，启动下游青银高速至滨海段改造；打造绿色潍坊，实施拆旧改丑，人民广场、风筝广场、人民公园改造，植物园、安顺广场、浞河整治相继完成，建成区绿化覆盖率达 42.06%，人均公共绿地面积 19.45 平方米；富华会展中心、金融中心、文化艺术中心、健康中心、新火车站房、潍坊学院体育馆、奥体公园体育场建成投运，鲁台会展中心主体完工，中医院综合楼、文化艺术中心二组团及潍坊市援建的北川人民医院综合楼荣获“鲁班奖”；全面完成79 个旧居住区和 243 条背街小巷改造工作；低收入住房困难家庭实现应保尽保，退城进园、城中村改造全面推进；坊茨小镇、火车站南广场、军埠口及圩河等片区改造方案基本确定，月河危楼、城隍庙等棚户危房片区改造有序推进；城市保洁、夜景亮化实现历史性突破，实行供热管理属地化，推行城乡环卫一体化。成功搭建国资、土地大量整理、住房保障、三维、交通、水利等投融资平台。

2003~2011 年，累计融资 327 亿元、储备土地 1933 公顷。全市交通、公路、港航、民航、地铁等交通基础设施建设完成投资 433 亿元，国道、省道通车里程 2180 公里，2011 年，代表省参加全国公路治理大检查获国省道第一名；2009 年，森达美港上升为国家一类开放口岸，成为地区性重要港口；潍坊机场迁建工作启动；城乡公交客运一体化稳步推进。6 条省控和 23 条市控河流全部实现恢复鱼类生长目标，全市 16 个片区空气质量显著改善。

2003 年 12 月，潍坊市被命名“中国优秀旅游城市”；2005 年 11 月，被命名“国家环保模范城市”；2006 年 8 月，荣获首批“中国人居环境奖”（水环境治理优秀范例城市）；2007 年 3 月，被命名“国家节水型城市”；同年，第三次被命名“全国双拥模范城市”；2008 年 6 月，被命名为“国家卫生城市”；2010 年 2 月，被命名“国家园林城市”；2011 年 10 月，代表全省参加国道、省道公路治理大检查获得国省道第一名，为省交通厅获得十一五全国干线公路养护管理优秀单位做出重要贡献，同年 12 月，荣获“中国人居环境奖”。

第二节　中心城区建设党工委

组　建

2007 年 10 月，为进一步加快中心城区的发展，实现市委、市政府中心城区“五大板块”建设的战略构想，经市委、市政府研究决定，市委以办字〔2007〕94号《中共潍坊市委办公室关于印发〈中共潍坊市委中心城区建设工作委员会组建方案〉的通知》，确定成立中共潍坊市委中心城区建设党工委，副市长黄潍连任书记，市委常委、奎文区委书记张小梅和潍城区委书记、区人大代表委员会主任王秀河任副书记，市发改、国土、规划、建设、市政、房管、财政等有关部门和奎文、潍城两区政府主要领导为成员。党工委下设办公室，为常设办事机构，与潍坊市城市建设重点项目领导小组办公室合署办公。市政府副秘书长于为凯兼任办公室主任。

办公室承担党工委日常工作，具体负责组织、协调和督察工作，并及时完成党工委安排的其他工作任务。

2012年9月，市委办公室根据工作需要以潍办字〔2012〕55号《关于调整市委中心城区建设工作委员会组成人员的通知》对中心城区建设党工委进行调整，确定由副市长夏芳晨任书记，奎文、潍城、坊子、寒亭4区的区委书记任副书记，市发改、国土、规划、建设、市政、房管、财政等有关部门和有关区政府主要领导为成员。领导小组下设办公室，为常设办事机构，与市城建重点办合署办公。

工作职责

中心城区建设党工委主要职责：负责组织研究决定中心城区内区域规划控制、产业布局和重大项目的安排；负责中心城区服务业发展、重点建设项目的规划论证和审查，研究推进社区建设及城郊新农村建设的工作措施；负责研究制定加快中心城区城市建设的有关政策，并及时向市委、市政府提出决策建议；负责推进中心城区重点工程项目建设工作，及时协调解决建设过程中的有关问题；负责统筹中心城区城市管理工作，协调市、区工作衔接，并协调解决存在的问题；负责中心城区城市规划建设管理工作的监督、检查和考核；承办市委、市政府安排的其他工作。

运行机制

中心城区建设党工委在市委的领导下开展工作。党工委书记主持工作委员会全面工作，副书记协助书记开展工作；每半年向市委报告一次工作，重要情况随时报告；每月召开一次工作例会，如遇重要情况可随时召开。会议确定事项形成纪要，明确决定事项的办理时限，印发相关部门和单位遵照执行。纪要报市委办公室备案，由市委督查室负责立项督查；党工委实行一线工作法，组成人员经常深入实际了解情况，靠前指挥，解决问题。

第三节　市中国人居环境奖创建工作领导小组

2010年年初，市委、市政府做出争创“中国人居环境奖”的决策部署，争取用3~5年时间成功创建中国人居环境奖，并写入《政府工作报告》。2010年11月，市政府办公室印发《潍坊市创建中国人居环境奖实施方案（潍政办字〔2010〕169号）》，对全市创建工作作出总体部署，将创建指标逐一落实到各职能部门，明确各级各部门职责分工和推进措施。市政府专门成立以市长许立全任组长，副市长刘伟任常务副组长，市政府各部门主要领导、各区区长、市属各开发区管委会主任为成员的中国人居环境奖创建工作领导小组，负责创建工作重大问题的研究和部署，统一领导全市的创建工作。市政府与各区政府、市属各开发区管委会及市直有关部门、单位签订创建工作目标责任书。各责任单位按照“统一组织、分块实施”“谁主管、谁负责”和属地管理原则，进一步细化任务目标，把指标的提升分解落实到每个项目、每项工程和每件实事，责任落实到人，确保按时限要求达到创建标准。市政府将创建工作列入专项督查，定期调度进展情况。同时，按照市委、市政府工作要求，成立创建工作推进小组，设立责任单位创建工作联络员，组建了六区及38家职能部门的创建工作网络。

2011年3月，市政府抽调专门力量组建中国人居环境奖创建工作领导小组办公室（以下简称市人居创建办公室），办公室设在市市政局，下设综合协调组、文秘组、宣传组和后勤保障组4个小组，具体负责全市创建组织、指导、协调和督察落实等日常工作。各级各部门也都成立相应的组织领导机构。

为全面推动中国人居环境奖创建工作，市人居创建办公室制定《潍坊市中国人居环境奖创建工作规范》，建立了创建工作职责分工、推进落实、政策资金保障、情况通报机制和宣传工作体系。创建工作宣传方案以市委、市政府两办文件下发。同时，完善创建工作各项工作规范、规程等十几项制度规定，

2011年3月28日，全市“两城同创”动员大会在富华国际会议中心召开

形成创建工作的基本框架，为创建工作有序开展奠定了基础。

市人居创建办公室定期召开推进小组会议，调度通报创建工作开展情况。同时，会同市委督查室、市政府督查室、市监察局、市人社局等部门，加强对全市创建工作各项任务完成情况的督查力度，针对未达标指标和薄弱环节制定完善专项推进措施，督促各项目标任务高质量、高标准地完成。加大责任追究力度，对因主观原因造成丢分失分、影响创建大局的，在进行通报的同时，提请市委、市政府严肃追究单位主要负责人和直接责任人的责任。

第二章　城建重点工作运行机制

第一节　组织体系

为实现市委、市政府确定城市大变化、大发展的战略目标，更加有力地推进各项重点工程建设，结合市区两级城市规划建设管理体制实际，构建起了“领导小组—责任单位—现场指挥部”自上而下的重点工程建设组织领导体系。

城市建设重点项目领导小组　为加强对城建重点工程的组织领导，2003年年初，市政府成立潍坊市城市建设重点项目领导小组，全面负责重点工程的决策制定和组织领导。领导小组下设办公室（市城建重点办），具体负责重点工程的组织实施、协调调度和监督检查等工作。

重点工程责任单位　根据工作需要市政府或重点项目领导小组，确定某个部门、单位或区政府（管委会）作为重点工程建设的责任单位，由责任单位全面负责重点工程项目的具体组织实施工作。

现场指挥部　每一项重点工程都由责任单位牵头组建现场指挥部，设立现场办公地点，市直有关部门和各区政府（管委会）参与，全面负责该项重点工程的拆迁排障、组织实施、各方协调及安全文明施工等具体性地工作。指挥部内部建立一系列的文档处理、工程协调、廉政建设等工作制度。

通过自下而上的纵向层级工作机制，在市委、市政府领导下，由城市建设重点项目领导小组统一协调，实行一个项目、一个指挥、一套班子，一套机制，一抓到底，建立明确的重点工程责任体系，做到分工明确、指挥畅通、保障有力、落实到位。

对工程中遇到的问题，实行“指挥部协调—市城建局协调—重点办协调—市政府总协调”的纵向协调工作机制。即：第一步先由现场指挥部查找原因、了解情况，先行协调；第二步指挥部难以解决的问题提交到市城建重点办予以协调；第三步重大问题报市政府，最终协调解决。

城市建设涉及面广、情况复杂，不可预

见因素特别多，需要规划、建设、市政、财政、交通、公路、供电、通信等多部门、单位和各区政府（管委会）共同参与，确保部门之间、部门与各区之间横向联系沟通协调密切。

第二节　制度建设

2003年以来，为加强对城市建设重点工程的管理，严格程序，规范运作，提高资金使用效益，保障重点工程建设的顺利进行，市委、市政府出台《潍坊市城市建设重点工程管理办法》《潍坊市城市基础设施和社会公益性项目建设房屋拆迁管理办法》《潍坊市政府投资重点城建项目监理单位绩效考核管理暂行办法》《关于印发潍坊市征地地面附着物和青苗补偿标准的通知》《关于对城市旧居住区实施全面整治改造的意见》《转发市监察局〈关于加强全市重点工程建设监督检查工作的意见〉的通知》《潍坊市市级城建专项资金管理暂行办法》《潍坊市城建项目政府采购管理暂行办法》《潍坊市中心市区城市绿化工程验收交接办法》《潍坊市城区道路、排水和桥梁工程交接验收办法》《潍坊市城建项目废旧材料设备管理暂行办法》等11个重要文件。同时，又以市城市建设重点项目领导小组或办公室名义，配套印发一系列的实施意见或操作办法，从而确保各项重点工程建设有规可依、有章可循、规范运行。

第三节　计划制定

2003年以来，根据全市总体规划和国民经济发展情况，在广泛调研和征求意见的基础上，研究制订并统筹安排城市建设重点工程项目计划：市城建重点办根据国家宏观政策走向和潍坊市经济发展情况，在每年下半年就向计划起草部门（一般由市规划部门承担）下达制订重点工程年度建设计划的通知；起草部门在广泛征求各区（管委会）和市直有关部门建议意见的基础上，经过现场勘测、分析论证，统计汇总提出重点工程年度计划草案；将计划草案提交市城市建设重点项目领导小组研究；市城市建设重点项目建设领导小组研究通过后，提交市政府常务会议研究审议；提交市委常委（扩大）会议或市级领导班子联席会议决策；决策通过后,以市政府或市城市建设重点项目领导小组文件下达重点工程年度计划。

第四节　规范管理

市委、市政府重视重点工程的管理工作。确定构建“建设—交接—管理”的重点工程交接管理制度，出台一系列关于城市道路、绿化、公共设施等重点工程交接验收办法及制订详细的交接验收标准评分细则。每一项重点工程在建成后，经过竣工验收并达到合同规定的养护管理期限，经批准后组织工程交接验收，验收通过后即将工程交给市区两级管理部门转入正常的养护管理，对养护管理企业则通过市场化方式面向社会公开招标采购。工程的竣工验收由建设单位组织实施，交接验收由接收主管部门为主组织对建设单位和施工企业进行总的检验。为确保工程交接的顺利进行，工程接管部门要派专人参与工程建设的全过程，及时掌握工程内容，为将来工程转入正常养护期打下基础。

第五节 “一线工作法”

在城市建设中，全市创新实行“一线工作法”，按照“情况在一线了解、问题在一线解决、工作在一线落实、经验在一线总结、形象在一线树立”的工作思路，倡导广大干部职工到基层、到工地展现自己，在全市城建领域形成一级领着一级干，一级干给一级看的良好作风和干事创业、拼搏奉献的良好氛围。每一个城建重点项目都建立一套完备的现场组织指挥体系，一个工程项目，一套指挥班子，一个工作机制，一处现场办公地点。对重大工程项目成立工地党支部，把党员关系全部转到指挥部，做到工作在一线，考核在一线，调动干部创业的精神。精心打造出白浪河湿地公园、虞河、张面河景区、人民公园、市民广场、金融中心等一大批“精品工程”“惠民工程”，创造出“三河精神”和“建设者精神”，涌现出以市建设局原局长崔学选为代表的一大批先进典型和模范人物。

2011 年 4 月 26 日，潍坊市中国人居环境奖创建工作推进小组会议召开

第三章　资金保障机制

2003年，市委、市政府作出加快城市化进程的战略部署，为保障大规模城市建设顺利开展，市财政等部门积极探索投融资渠道，创新提出经营城市的理念，坚持“不从预算内拿钱搞建设、资产负债平衡、不给后人留包袱”的原则，建立“项目规划、资源储备→建设投入、城市增值→资源经营、资金回笼→归还贷款、再行投入”的融资建设良性循环机制，引入市场竞争机制，实现多平台、多形式、多渠道融资，确保资金融得来、花得好、还得上，保障城市建设资金需求。截至2011年年底，中心城区基础设施建设项目累计开工规模246.9亿元，有力提升了城市核心竞争力、产业承载力和辐射带动力。

第一节　城建投融资体系

背　景

2003年，全市由于资金投入不足，基础设施落后，道路常年失修，市政设施老化，公共文体服务设施近乎空白，城市功能不完善、公共服务不足、承载能力较低，城市经济总量小、结构差、辐射带动作用弱，加上城区人口增长迅速，公共服务需求不断扩大。如不尽快完善城市功能、拓展发展空间，产业发展将受到限制，影响就业吸纳能力，进而严重阻碍城市化进程。针对这种状况，全市创新投融资体制，积极开展投融资业务。

2003年，市级及奎文区、潍城区、高新区财政总支出15亿元，其中，正常运转经费和法定增长项目等必保支出占75%以上；市级财政预算每年用于支持发展的资金不足2亿元，其中，城建项目预算仅为1亿元，只能用于基础设施修修补补，难以支撑大规模城市建设。同时，大量沉淀的公共资源没有统筹利用，亟须进行资本化运营，提高基础设施投入支撑能力。

2008年，为应对金融危机冲击，提升市场信心，引导扩大投资，按照国家扩大内需的宏观调控政策，自主推进实施城乡水网路网改造、水库除险加固、大型公共文体设施建设等一系列基础建设项目。筹集自主建设项目资金，以及落实好中央扩大内需项目配套资金，都迫切需要进行投融资。

主　体

城市建设日新月异

构建市场化主体 从2003年起，按照“资源资产化、资产资本化、资本证券化”要求，市政府及有关部门逐步探索出“开发一个区域、搭建一个平台”的建设思路，先后搭建市国有资产经营投资公司、滨海投资发展公司、三河投资经营公司、水利投资公司、城市三维空间投资公司等融资平台，逐步打造为城市片区发展的心脏和引擎，实现片区自我滚动循环发展。在管理模式上，均按照现代企业制度的要求，建立以董事长（总经理）为核心的法人代表经营管理层，以监事会和内控体系为核心的监督层，以审计、财政等部门为核心的评估审计层，设立专家咨询委员会，构建起公司法人治理架构。

匹配有效资源 根据各投融资公司承担的开发建设责任，匹配相应的土地收益、特许经营权等公共资源，作为融资运营的基础。通过有效资源与融资责任的匹配，对融资项目进行全面支撑，盘活大量沉淀的存量资产，使投融资公司具有充足的资本和稳定的现金流。

管理和运营 各投融资公司按照“自主经营、自负盈亏、自我约束、自我发展”的原则，统筹项目建设和运营开发，独立承担项目融资、建设管理、资源运营和还本付息任务，独自承担资金借、用、还责任。在运作理念上，严格执行“净资产与负债、投入与产出、资金需求与现金流”3个平衡的运营思路，实行以长期为主、长短期融资合理组合方式，分散还款压力。同时，严控负债规模，总体资产负债率保持在60%以下，确保健康发展。在融资建设过程中，随着融资模式由完全依靠政府信用向依靠融资平台信用的转变，融资主体与金融机构的合作日益密切，逐步形成以国家开发银行、农业发展银行等政策性银行为主，国有商业银行、地方商业银行和外地股份制银行多方参与的多层次金融合作体系。

模　式

间接融资 投融资平台通过银行信贷，获取流动资金贷款和项目贷款，灵活便利、安全性高、规模经济。截至2011年年底，国有资产经营投资公司、三河投资经营公司通过间接融资方式，为市城市道路、市民文化中心、全运会配套场馆等项目累计获取银行贷款294亿元，有力地支持了相关基础设施的建设。

直接融资 随着城建开工规模的日益扩大，市政基础设施建设长期依赖政府财政拨款、银行贷款的融资方式已经不能满足建设需求，为适应城建投融资市场化以及信贷政策持续收紧的形势，推动城建投融资体制改革，开拓融资成本低、资金期限长、使用效率高的直接融资渠道。2011年，国有资产经营投资公司通过发展壮大东兴建设发展公司这一新型融资主体，采取金融租赁、发行企业债等融资方式，成功实现由单一银行贷款融资到低成本直接融资的转变。

土地对价支付 将工程建设和土地开发一体化，由中标人负责投入工程建设资金并承担项目建设，政府另外划出一块土地作为对价抵付中标人投入的工程资金，中标人享有该对价地块的开发建设权，这样政府不仅解决重点项目的建设资金问题，还完成对价地块的招商开发。文化艺术中心、体育中心利用该模式直接融资19.5亿元，开发招商引进投资60亿元，实现项目融资与土地开发招商的双赢。

企业+平台　为保障大型城市功能性项目建设工程顺利推进，适应国家宏观政策变化，创新融资模式，探索推进“政府增信、企业承贷、公司回购”的城建投融资模式。2011年，通过政府提供土地抵押，国有资产经营投资公司提供担保等增信方式，促成华夏银行落实到位5000万元、中国银行批复1亿元给潍坊昌大建设集团，直接用于支持鲁台经贸中心的建设。

成　效

保障城建投入　在投融资运作的支持下，全市城市建设取得巨大成效。截至2011年年底，中心城区累计开工规模246.9亿元，相继建成风筝广场、植物园、三河景观带等一批标志性的精品工程，城市基础设施和生态环境进一步改善，城市功能进一步完善，综合竞争力和辐射力显著提升。潍坊市先后获得“国家节水型城市”“国家卫生城市”“国家环保模范城市”“国家园林城市”“中国人居环境奖”等一系列称号。

拉动内需增长　随着经济社会发展，城市基础设施中越来越多的系统形成独立的产业和行业，如能源产业、交通产业、运输产业等，中心城市的大规模开发建设，带动了一大批关联的产业发展，培育出多个细分市场。2003年开始，全市城建投融资带动基础材料、房地产、装备制造、规划设计与形象设计、电力、热能、自来水、污水净化、园林绿化、花卉、装饰、环保、文化体育等一系列产业发展，基本涵盖城市一、二、三次产业，从而带动全市产业群升级，提高了城市竞争力。

第二节　资源储备运营

储　备

从2003年开始，全市通过储备土地资源，按照“土地未来收益与融资规模相匹配”原则，积极向金融机构筹集资金，推动中心城区建设。截至2011年年底，中心城区共储备土地约1871.4公顷。其中，潍城区约637.27公顷、高新区约133.33公顷、寒亭区约303.93公顷、经济区约149.2公顷、滨海区约614.27公顷、奎文区约21.47公顷、坊子区约11.93公顷。

运　营

土地资源　提升土地价值。在建设过程中，对运营条件好的项目，规划建设前先由政府控制和储备周边土地资源，随着项目建设推进，土地价值也大幅提升。如白浪河综合治理项目，治理前每亩土地价格是50万~80万元，政府投资进行环境改造后，提升到平均每亩100万元，高的达120万元，获得近30亿元的增值收益。

“推陈储新”模式。土地变现收入是投融资平台主要的现金流，也是城市建设资金的重要来源。国有资产经营投资公司对已储备的土地资源，实行分类管理运营，按照“推陈储新”的原则，对储备年限长、开发价值高的地块，用新储备土地置换解押，适时出让，力求效益最大化。截至2011年年底，公

2005~2011 年市级储备土地情况

表 2-1

年　度	经济区	滨海区	高新区	奎文区	潍城区	坊子区	寒亭区	小计
2005 年	0	0	4575	0	0	0	0	4575
2006 年	0	0	1319	0	2829	0	1058	5206
2007 年	0	0	1810	0	993	80	200	3083
2008 年	200	0	166	0	2448	0	1558	4372
2009 年	1223	0	0	305	1074	99	401	3102
2010 年	615	0	244	5	2215	0	942	5021
2011 年	200	2000	1100	12	0	0	400	3712
合　计	2238	2000	9214	322	9559	179	4559	29071

司累计出让土地约 198.4 公顷，回笼资金 45 亿元，保障了各类建设项目投入。

空间、经营权资源　2003 年以来，对部分建设项目，通过拍卖地下空间和广告经营权、公共设施冠名权、设施经营权等多种手段，以资源换项目、以无形资产换有形投入，实现项目建设资金的自求平衡。如通过拍卖或出让火车站广场周边用地使用权、风筝广场的地下空间资源、人民公园的西式园经营权等，变公共资源为政府收益，并投入到项目建设中，以保障项目建设资金需求，有效开发利用空间资源，达到政府干成事、企业商家受益和居民生活环境改善三方共赢的目的。

第三节　政府采购

范围和规模

对政府投资工程项目全部实行政府采购，是潍坊市城市建设的亮点之一。2003 年，围绕市委、市政府“加快城市建设、提升城市形象”的决策部署，及时将城建等工程项目纳入政府采购范围，制订实施《潍坊市城建项目政府采购管理办法》(简称《办法》)，对项目立项、采购方式、招标文件编制、开评标程序及相关责任等方面作出明确规定。

《办法》实施以来，市级和各县市区城市建设项目全部纳入了政府采购范围。2003~2011 年年底，编制政府采购预算 505.4 亿元，实际支出 426.8 亿元，节约财政资金 78.6 亿元，节支率为 15.5%；其中，工程类采购实际支出 371.3 亿元，占政府采购总额的 87%。

在健全政府采购制度的基础上，为全面加强政府投资项目资金管理，逐步扩大货物和服务的采购范围，将“政府购买服务”向更多公共领域拓展，对会展场馆运营、城市道路卫生保洁和绿化养护等项目实行公开招标，政府采购规模快速增长，节约财政资金的效果更加明显。

管　理

完善制度　为确保政府采购工作规范开

展，全市政府采购机构不断总结实践经验，积极构建科学、规范的政府采购规章制度体系。先后制定实施《潍坊市政府采购项目操作规程》《潍坊市政府采购供应商投诉处理办法》《潍坊市政府采购代理机构管理办法》《潍坊市政府采购项目优秀施工、监理企业评选办法》等规章制度和管理办法，对采购操作规程、审批方式、公示和投诉等方面都做出明确规定，形成一套较为完善的政府采购规章制度体系，使整个政府采购工作依法有序进行。

强化监督管理　信息公开发布。每次政府采购信息除在省指定的媒体上发布外，还充分利用潍坊政府采购网等渠道公开向社会发布。为方便供应商获取政府采购信息，专门印制《潍坊市政府采购招标大厅办事指南》，形成多渠道的信息发布体系。

严格审批管理。城建项目政府采购以公开招标方式为主，其他方式须经政府分管领导审批。全市已实施的采购项目全部采用公开招标、邀请招标等规范性采购方式，其中，公开招标项目金额占政府采购总额的93.4%。

供应商“黑名单”制。对供应商恶意中标、串标、陪标，或与采购人串通签订虚假合同、提供假冒伪劣产品、不按合同要求做好售后服务的，在给予处罚的同时，将其列入“黑名单”，取缔其在潍坊市投标资格，吸引更多资质高、信誉好、实力强的供应商进入政府采购市场。

自动抽取评审专家。全市开发使用评审专家自动抽取及语音通知系统，杜绝人为因素的干扰，使评审专家的抽取与通知过程更加科学、公正和保密，达到国内先进水平。

严格规范代理机构行为。制定实施《潍坊市政府采购代理机构管理办法》，对代理机构的业务代理范围、采购文件制作、开标和评标程序、内部管理等方面进行严格规定。为规范管理，先后组织代理机构从业人员考试、档案展评、案例讨论和持证上岗检查，并完成在潍坊注册的26家代理机构考核，其中达到优秀等次17家，有效提高了从业人员政策法规水平和实际操作能力。

第四节　投资评审

范围和作用

投资评审的主要内容包括：政府投资项目的工程概、预、结算审查，政府投资项目的建设、技术改造等评估咨询，政府投资项目、政府采购项目投票标底编制、评审，以及国有资产评估等。1999年，成立市财政投资评审中心，其以重点工程和重大支出项目为评审重点，从专业技术角度为预算管理、专项资金核拨提供翔实、准确的参考依据。评审中心成立十几年来，评审范围不断拓展，逐步形成一整套成熟的评审制度和事前、事中、事后“全过程、无缝隙”的评审模式。

2003年，随着全市大规模城市建设的推开，市级年投资评审额由1999年的1.7亿元提高到2011年的52.9亿元，增长30倍，评审工作范围从单纯为基建投资服务拓展到为财政大预算服务，涵盖预算编制、政府采购、工程招标、集中支付、竣工决（结）算审查、资产移交、房屋拆迁、绩效评价等财政管理的各个环节，成为行政决策的重要依据，对管好用好建设资金、提高政府投资效益发挥了重要作用。截至2011年年底，市级共评审财政投资建设项目480个，完成评审额270.6亿元，审减资金30亿元，审定额240.6亿元，审减率11.1%。投资评审模式的突出成效，得到各级领导和社会各界的认同，该模式被成功运用到小城镇建设和四川地震灾区重建之中。

制　度

经过多年不断完善，全市投资评审工作已形成一套比较完整的制度体系。2003年，市政府制定出台《潍坊市城建项目资金管理暂行办法》和《潍坊市城建项目政府采购管理暂行办法》。根据“两个办法”，市财政部门制定“五项制度”，即政府采购制度、评审制度、财政专管员制度、国库集中支付制度和审计监督制度，并建立评审结果定期向市人大专题汇报机制，构建起完善的政府投资项目资金管理体系。

在此基础上，评审中心建立健全业务回避制度、激励淘汰制度等数十项管理制度，层层签订廉政责任书及自律承诺书，并向相关单位发放“廉洁勤政征询意见书”，公开接受社会监督，使评审工作真正在“阳光”下运行。完善的规章制度，理顺投资评审程序，规范投资评审行为，为城建资金管理筑牢防火墙。

程　序

全市逐步建立起一套行之有效的投资评审程序，实现政府投资项目事前、事中、事后全过程跟踪监管，保障政府资金的安全，最大限度地提高资金使用绩效。

事前强化预算评审　坚持重心前移，事前介入，在项目投资方案论证阶段，投资评审工作就主动参与，以技术数据为支撑，及时提出意见建议，为领导决策提供参考。注重加强预算评审，严格审查高估冒算、超标准、预算编制不实等诸多问题，评审结果作为政府采购招投标的最高限价，有效防止恶意哄抬工程造价行为，把好城建资金支出“第一关”。建立拆迁补偿复核制度，对中介机构出具的评估结论经评审中心复核无误后才作为拨款依据，维护居民权益，保障城建项目拆迁工作顺利进行。

事中“财政专管员”制度　财政专管员代表政府对财政性投资的基本建设项目进行现场管理，按照上级批示和设计标准要求，对项目资金情况进行严格把关和审核。在项目实施过程中，为促进财政投资基本建设项目财政专管员制度的规范化、制度化，独立行使对重点项目财政监督职责，提高财政性资金使用效益，对政府投资的所有城建项目派驻两名以上财政专管员，及时介入施工现场，按照“一个项目，一本账”的原则，对工程量计量、材料价格确认、变更签证及竣工验收等实行全过程监管，随时掌握项目建设进度，及时了解项目实施情况，必要时提出实施改进意见。同时，财政专管员负责对项目监理公司进行定性定量考核，考核结果作为支付监理费的重要依据，督促监理公司严格履行职责，确保工程质量与按期完工。

事后严把“四道关”　项目结算评审“三级复核”。项目送审后，必须经过初审、复审和专家组论证3级审核程序，经专家决策方可定案出具项目评审报告。初审：评审中心组建3人以上初审小组，审查预算材料和包括项目签证在内的结算材料，由2名以上初审人员到现场实地勘察和计量、计算，与业主、监理、施工单位进行面对面审核，作出初步评审结论。复审：组织3人以上复审小组，对初审后的工作底稿进行全面复核，必要时依据评审资料进行再审核。专家组论证：组织专家组成员对复审结论进行集体论证，保证评审结论客观公正。

评审质量评价及责任追究。评审报告必须全面、客观反映项目评审情况和结果，对评审中发现的问题提出处理意见和建议。为提升评审报告质量，评审中心专门成立评审质量考评小组，实行定期考评；每年随机选送每个评审部室2~3个审结项目到资质水平高的审计机构或社会中介机构复审，对评审质量进行再监督。

评审结果公示。评审结果一律在评审中心政务公开栏上公示，并公布投诉电话，设立意见箱，主动接受社会投诉和监督。

审计监督。市财政监督局每年对城建资金管理使用情况进行一次全面检查，并将每一个审结项目送市审计局进行审计。

2011年，潍坊市在全国率先建立财政评审监督员制度，由市人大、市政府、市政协、市纪委、检察院、法院及有关部门组成日常评审监督员，提高监督层次和效果，使全市投资评审误差率远远低于国家规定标准，为提高项目资金使用效益提供坚实保障。

第五节　城市管理

经费控制

理顺市区两级财政体制　2004~2005年，按照重心下移、属地管理、以块为主的原则，市政府先后两次对市、区园林环卫体制进行改革，下放管理权限，明确管理责任，并完善与事权调整相适应的财政体制，按照“谁受益、谁负担”的原则，奎文、潍城两区范围内城市管理项目由市、区两级共同承担，其余各区按现行财政体制运行。对改革后新增的绿化养护、环卫保洁作业经费，市、区两级财政按6∶4的比例共同承担，形成了权责明确、分级负责、合理负担的新型管理体制。

城市管理绩效　管理作业市场化。管理体制下放后，对市级投资的2004年3月份以后的新增道路保洁、绿化养护作业全部实行市场化运作，通过招标确定环卫保洁和绿化养护作业队伍及经费。截至2011年年底，已移交管理的925万平方米环卫道路保洁作业全部完成市场化运作；园林绿化养护作业市场化运作完成439万平方米，占绿化养护总量的55%。

试行绩效管理。引入政府绩效管理理念，对道路养护作业试行绩效管理。出台《潍坊市中心城区道路养护管理资金绩效管理暂行办法》，合理确定道路养护费用管理标准，建立科学的绩效评价考核体系，对全市中心城区市政道路养护资金实行事前、事中、事后全方位的绩效管理，有效提高了管理水平。

城市照明节能激励机制。引入BOT管理模式进行节电运营，开创全省乃至全国城市照明节能管理的先河。改革过去公共照明电费实报实销模式，与路灯管理部门签订合同管理协议。以2005年实际电费支出为基数，从2006年起，对城区公共照明电费按90%拨付，新增照明按装灯容量的90%追加电费，超支自负，结余资金用于节电设备投资及节能管理支出。

截至2011年年底，已安装节能设备136台，2008~2011年，累计节约电费支出700万元。

约束激励机制 市政业务主管部门制定详细的作业标准规范和监督考核奖惩办法，先后出台《进一步加强和完善城市管理工作监督考核实施意见》《潍坊市中心城区环境卫生作业规范和质量标准》《潍坊市中心城区绿地养护管理质量标准绿化养护作业规范及考核标准》《中心城区环卫保洁级次考核管理办法》等，组织市、区有关部门对管理作业进行日常巡查、每月考核、随机抽查和年终评价，并强化12319、12345市长热线等社会监督作用，严格奖惩，收到较好效果。

破解拆迁难题

全市不断完善市区财政体制，围绕构建更加有利于城市发展的财税环境，进一步调动城区发展经济、壮大财源积极性，同时，解决城区之间互挖税源、恶性竞争等问题，探索研究完善市区财政体制的办法措施，2005年，确定财政拨付补偿资金、各区具体负责拆迁工作的基本模式。

在具体实施过程中，针对城区违法建设屡罚不止、屡禁不止影响城市规划建设的问题，2008年，市政府出台《潍坊市中心城区依法拆除违法建设资金管理暂行办法》，市城管执法部门的办案经费彻底与罚款“脱钩”，与实际拆除违法建设的面积相“挂钩”，财政部门在严格评审基础上对城管执法部门的办案经费予以保障。同时，建立约束机制，发现存在应拆未拆新建违法建设，按违法建设评估值的20%扣除拆除费用，强化执法部门责任。办法调动了城管执法部门的工作积极性，有效遏制违法建设屡罚不止、滋生蔓延的现象，减轻政府未来的拆迁阻力和补偿成本。截至2011年年底，累计拆除违章建筑3.9万平方米，节约政府拆迁补偿费用1.2亿元。

第四章　创建工作机制

第一节　职责分工

全市严格实施目标责任制和责任追究制，将创建工作与部门年终绩效考核挂钩，做到一级抓一级、层层抓落实，形成市委领导、政府主导、部门参与、市区联动、齐抓共管的创建体系。市政府与各区政府、市属各开发区管委会及市直有关部门、单位签订创建工作目标责任书；市创建工作领导小组办公室按照《实施方案》要求，对各项创建任务进行分解，落实到各责任单位；各责任单位根据《实施方案》和中国人居环境奖测评体系的指标要求，切实承担起属地管理的责任，对各自承担的工作任务制订切实可行的工作方案和年度工作计划，将工作量化细化，抓重点、定目标，采用倒计时工作法，明确阶段任务，层层抓好落实。做到任务、标准、责任“三明确”，推动了全市创建工作按步骤、有节奏地深入、持久开展。

第二节　工作推进机制

全市建立完善中国人居环境奖创建工作推进机制。市创建工作领导小组办公室按照市委、市政府工作要求，成立市创建工作推进小组，设立责任单位创建工作联络员，组建七区及35家职能部门的创建工作网络，具体组织实施创建工作。工作推进小组下设六个专业组，负责具体创建指标文件资料的调度、审核、筛选及整理。建立协调会议制度，按照创建工作任务要求定期组织召开协调调度会议，研究、部署创建推进工作。每月召开一次创建工作联络员会议，加强工作联络员业务培训，及时了解掌握各项创建工作动态，安排部署下月工作；每季度召开一次创建工作推进小组会议，听取各责任单位创建工作的进展情况汇报，协调解决创建工作中存在的主要问题。各区、各有关部门也把创建工作摆上了重要议事日程，成立相应的领导机构和办事机构，对各自承担的工作任务要制订切实可行的工作方案和年度工作计划，各单位主要负责人亲自抓、负总责，真正形成市、区、街、居四级联动创建工作推进机制。在创建的各个阶段，适时组织召开创建工作推进小组会议、创建工作调度会议、创建工作联络员座谈会、申报工作推进会议、创建指标支撑材料提报工作推进会议、创建现场迎查筹备会议、现场考查部署会议等专题工作会议，全市形成“人人关心、人人支持，人人参与、人人有责”的创建局面，创建工作有条不紊地开展。

第三节　工作督查

全部建立中国人居环境奖考核指标监控信息系统，实施目标责任制和责任追究制，把创建工作作为部门单位绩效考核的重要内容。完善定期督查制度，市创建工作领导小组办公室会同市政府督查室对各责任单位创建指标完成情况进行督促检查，督促各责任单位明确目标任务，针对未达标指标和薄弱环节制订完善专项推进措施。对创建工作任务完成好的单位给予通报表彰；对工作不力、严重影响全市创建工作的责任单位进行通报批评，责令限期整改；对工作失职的单位、部门及个人适用责任追究制度，并将督查考核结果与部门年终绩效考核挂钩。各级各部门结合各自实际，多次召开专门工作会议，制订实施方案，出台推进措施，层层部署落实。奎文区先后召开大规模的现场推进会议8次，实行全天候督查制度，发现问题限时整改；潍城区将该工作纳入全区综合考核，考核结果与评先树优、干部任用挂钩，确保创建工作落到实处；坊子区主要领导带头深入一线检查，现场解决问题；寒亭区建立督查推进机制，全力做好重点部位、重点问题整改督导工作；高新区主要领导先后10次检查推进创建工作，对8个存在问题的单位领导约谈；经济区成立联合督查办公室，一天一次对辖区内情况检查，确保不出任何问题。市市政局针对涉及指标多的特点，成立由局长负总责、分管领导各负其责的人居创建专项工作领导小组，深入一线检查指导，全力

2011年5月18日，潍坊市中国人居环境奖创建申报工作推进会议召开

以赴抓好创建工作；市建设局把创建工作与一线工程相结合，做到两项工作齐头并进、相得益彰；市规划局在高起点规划、高标准抓好落实的基础上，建立目标责任制，确保每项指标责任到人；市交通局成立3个小组，由3名局领导任组长，实行分工包靠，一包到底；市教育局把创建工作与文明城市创建工作有机结合，在完成教学任务的同时，积极组织形式多样的创建活动；市公安局积极开展学校周边环境整治，深入开展市区交通秩序整治，城区文明出行秩序良好。

第四节　宣传工作

全市建立完善创建工作宣传工作体系，制订出台《中国人居环境奖创建工作宣传实施方案》，组织开展丰富多彩的创建宣传活动，广泛宣传人居环境奖知识和创建活动开展情况。充分发挥各级媒体作用，在电台、电视台、报社、网络等媒体开辟专栏，突出宣传和推广创建活动中涌现出来的先进典型和经验，真正使创建工作深入人心。市人居创建办及时印发《宣传口号》《关于进一步做好创建宣传工作的通知》《迎查宣传工作方案》等各类宣传工作指导性意见，印发宣传单页40余万份，专门设计和印刷宣传海报1万余份，在城区重要路段显著位置设置大型户外广告20余幅，组织专题片摄制组制作中国人居环境奖宣传片《和谐潍坊　宜居家园》，组织市属新闻媒体联合采访团分阶段分批次对40余个市直部门和单位就人居环境建设方面的工作集中宣传报道，共刊发各类稿件200余篇。依托现代通信手段和网络技术，搭建覆盖全市创建责任单位相关领导和工作人员的短信平台，开通了信息发布电子信箱，实现创建信息的即时发送。为进一步营造浓厚的宣传氛围，市人居创建办和市委宣传部组织潍坊人民广播电台、潍坊电视台、潍坊广播电视报、潍坊传媒资讯网等新闻媒体，充分发挥广播电视的宣传引导作用，加大创建宣传力度，开辟宣传专栏、专题节目，及时报道创建动态；潍坊报业集团成立专门的领导小组，指导创建宣传工作，《潍坊日报》《潍坊晚报》、潍坊新闻网和《潍坊手机报》等媒体，抽调精干力量，组成写作班子，多方面、立体式、全方位宣传创建工作。通过运用视频、文字、声音、图片、评论、讨论、谈话、公益广告等各种形式的宣传，全面宣传市委、市政府有关创建中国人居环境奖的重大决策部署、深入宣传各级各部门在改善人居建设方面开展的一系列工作，充分发挥新闻媒体的舆论监督和导向作用。在舆论宣传的同时，各区创建部门主动开展形式多样的社会宣传活动。潍城区西市场社区、奎文区苇湾社区、寒亭区泰祥花园小区等向广大辖区居民发放印有创建中国人居环境奖宣传口号的购物袋、小纸扇、抽纸、纸杯、雨伞等物品，积极宣传创建工作；高新区新城街道、坊子区行政街社区、经济区友谊社区通过组织开展形式多样的签名、小比赛、仲夏之夜演出等活动，把创建工作与市民的日常生活紧密联系在一起，强化宣传成效。为进一步扩大市民的知晓率，奎文区各街办采用大型车载电视和广播围绕辖区宣传创建口号，奎文区、坊子区专门制作100万份模拟问卷调查，寒亭区自行印刷宣传单页20余万份，录制宣传口号分发到各社区宣传，经济区自行制作宣传海报500余份张贴到各社区，高新区、潍城区专门利用手机宣传平台，及时报发创建动态，引导创建工作。同时，市直部门积极发挥各自的优势开展创建宣传工作。市市政局组织对城区1000余块LED显示屏、建筑工地围挡设置创建宣传内容，全面宣传创建工作；市运管处组织2000余名出租车司机进行培训，要求文明营运、主动宣传创建工作，市公交总公司在1100余辆公交车上贴有“两城同创”宣传口号，车载电视、公交站亭等循环播放宣传创建内容，市长途汽车总站在站内各显示屏上设置创建宣传口号，进一步扩大市民的知晓率和支持率；市教育局开展“小手拉大手”活动，把创建工作与家庭教育联系在一起，开展丰富多彩的小演讲、小比赛、征文等活动；市公安局通过组织开展文明出行和志愿者服务活动，在城区主干道上的大型电子显示屏宣传创建工作，提高广大市民的参与率和支持率；市经信委协调市移动、市联通、市电信公司利用手机短信平台每天向全市居民发送中国人居环境奖创建工作短信；市规划局、市建设局、市人防办等20余家市直部门也以不同的形式和方法宣传创建工作，为全市中国人居环境奖创建营造热烈浓厚的社会氛围。在北京零点调查分析公司的问卷调查中，潍坊市中国人居环境奖创建知晓率高达59.4%。

第五节　申报材料整理

申报材料的翔实、完整、高水平是创建工作成功与否的关键环节。市创建工作领导小组办公室牵头负责组织申报综合文字材料，制作图册，汇编重点支撑材料，组成了专业工作组对照每一个定性和定量指标，细化创建项目资料，以翔实的项目资料和数据统计为依据来确定每一个指标的完成情况。各创建责任单位按照职责分工，积极认真地提供年度中国人居环境奖支撑材料，包括有关的法规、制度、规定、规范、方案、办法、批复、基础统计明细表、年度相关工作计划方案、简报、总结、印发文件、规划文本及相关影像资料等。组织专门力量加强对创建基础资料的收集整理、分类归档，按照创建工作进度要求按时提报，并确保资料翔实、完整、系统。2010年新修订的《中国人居环境奖评价指标体系》涉及居住环境、生态环境、社会和谐、公共安全、经济发展、资源节约等一级指标6个，二级指标24个，三级指标63个。其中，定性指标21个，定量指标42个，与旧的指标体系相比，范围更广、要求更严、标准更高。为确保申报材料准确翔实、规范有序，市人居办4个专业工作组和各创建工作联络员一起，夜以继日整理相关材料，并组织各责任单位联络员对相关数据进行核实，在保证数据真实有效的基础上，汇集、整理和制作出包括基本指标、文件汇编、实践案例、音像资料共四大篇章的《潍坊市中国人居环境奖申报材料》，顺利通过住建部组织的初审。组织召开支撑材料提报工作推进会议，印发有关文件通知，在充分考虑数据与工作现场、支撑材料与工作现场之间存在关联性和逻辑性的基础上，对支撑材料提报工作提出明确要求。各级各部门按照全市统一部署和要求，各司其职、各负其责，积极提报整理各项基础性支撑资料。对于需要各级各相关部门互相配合、共同研究完成的指标，各级各部门密切配合，分工协作，牵头单位负起总责，全力搞好组织协调，相关单位服从安排，全力搞好配合落实，确保迎查责任分工无缝隙对接、无条件落实。通过严谨细致的大量工作，全市提报的支撑材料共计500余盒，准确无误地为专家现场考察提供翔实准确、全面到位的第一手资料，得到专家组的充分肯定。

2011年10月10日，中国人居环境奖现场考查资料准备完毕

第三篇 居住环境

第一章　住房与社区

潍坊市城市住房供应体系主要有商品住房和保障性住房两条渠道。保障性住房包括廉租住房、公共租赁住房、经济适用住房、棚户区改造安置房 4 个方面，保障体系健全完善，基本满足低收入家庭住房需要。同时，配置高效的物业管理和全方位的社区服务，群众居住条件得到改善。截至 2011 年年末，市区城市居民人均居住面积 26.17 平方米，比 2002 年年均增长 4%。

第一节　房地产开发建设

商品住房

全市商品住房全部通过房地产综合开发建设。至 2002 年年末，共有房地产开发企业 158 家。其中，一级 1 家、二级 11 家。当年竣工住宅建筑面积 95.2 万平方米，其中市区

日新月异的城市面貌

"2010 中国（潍坊）住宅产业暨房地产科学发展高峰论坛"开幕式

47.6万平方米。2003~2007年，相继制定出台《关于进一步促进全市房地产市场持续健康发展的意见》《关于规范市区房地产开发经营管理的意见》《潍坊市外地进潍房地产开发企业管理办法》等行业管理文件，修订《潍坊市城市房屋拆迁管理实施办法》，加大扶持力度，规范开发行为，房地产业快速发展。至2007年年末，全市房地产开发企业达到484家。其中，一级2家、二级29家。当年全市竣工住宅建筑面积522.8万平方米，其中市区250.7万平方米，分别比2002年年均增长40.59%、39.41%。2008年，受金融危机影响，出现投资增长趋缓，房地产开发总量下降。当年全市竣工住宅建筑面积521万平方米，其中市区221.5万平方米，分别比2007年减少0.3%和11.6%。2009年，国家出台刺激经济增长政策，国内多数城市房地产开发高速增长，部分城市商品房价格大幅提高，全市注重适度调控，房地产业发展平稳。2010年，以成功举办"2010中国（潍坊）住宅产业暨房地产科学发展高峰论坛"为契机，加大房地产市场推介力度，引进大连万达、广州恒大、浙江绿城等国内知名地产集团进驻潍坊市，发展高端新兴地产，引领地产业向有较强经济带动作用的非住宅类地产发展，推动房地产业转型升级。当年，全市竣工住宅建筑面积754万平方米，其中市区339万平方米，分别比2008年年均增长20.14%、23.71%。2011年年初开始，国家采取房地产调控措施，房地产市场进入调整期，房地产开发主管部门积极引导企业把握转型发展机遇，调整发展思路，改变住宅建设模式，房地产市场保持平稳健康发展。当年全市房地产开发企业达到991家，其中，一级10家、二级63家。9年来，全市房地产市场保持供求平衡、结构合理、价格稳定、市场健康的发展态势。至2011年年末，全市累计开发建设住宅小区1420个，竣工商品住宅建筑面积1067.3万平方米。其中市区开发建设住宅小区860个，竣工商品住宅建筑面积304万平方米。市区商品住宅均价3216元/平方米，与城镇居民人均可支配收入2.25万元基本适应。

配套设施建设

房地产综合开发在建造住房的同时，配套建设市政、商业、学校、社区服务等设施，以方便居民生活。2006年以后，全市房地产开发水平和品质得到较快提升，特别是2010年以来，房地产业加快推进建造方式转型、推进业态转型、推进建造工艺转型、推进管理运营转型，实现产业发展向依靠科技进步、资源集约利用、劳动者素质提高和管理创新转变。

建造方式转型 加快住宅产业现代化步伐，成功创建全市首个、全省第4、全国第20国家住宅产业化基地——潍坊国建高创热力节能项目，企业成为国内供热节能领域唯一被批准的生产企业。生产中推广工业化生产建造方式，即设计标准化、部品部件生产工厂化、现场施工装配化和土建装修一体化，已建设7万平方米装配式节能与建筑一体化新型住宅体系应用住宅。

业态转型 大力发展商业地产、旅游地产、工业地产、养老地产等新型房地产业态，建设具有商业、办公、居住、酒店等功能，对经济发展具有较强带动作用的城市综合体，打造功能现代、辐射能力强的高端服务业聚集区。实施大项目带动战略，发展高品质新兴地产，泰华城市综合体、银座家居广场、V1购物广场、金沙城市广场已全部投入使用；阳光100城市广场、潍美国际、红星美凯龙、五道庙商业步行街、恒大名都、潍坊万达广场正在建设中。

建造工艺转型 推广太阳能、地热能等新型能源，加大建筑节能新技术应用力度。推行《房地开发项目建设条件意见书》，提高“全装修成品房”住宅建设比例，已对市区49个新增房地产开发项目，提出新建住宅一次性装修到位不低于30%的要求。至2011年年末，全市太阳能光热建筑一体化应用面积1800万平方米，其中市区800万平方米；地源热泵建筑应用面积600万平方米，其中市区280万平方米；“全装修成品房”建筑面积200万平方米，其中市区90万平方米。

管理运营转型 引进广州恒大、大连万

2012年6月20日，市长刘曙光（前左一）视察潍坊万达广场建设项目

达、中建地产、阳光 100、浙江绿城等 12 家全国 100 强地产企业来潍开发兴业，学习借鉴先进管理运营经验，引导企业建立现代企业制度，加快提升企业在发展战略、质量和成本、人才队伍、信息化、品牌和文化管理等方面的水平。至 2011 年年末，全市共有 3 个项目荣获“国家康居示范工程”，1 个项目荣获建设部“广厦奖”，13 个项目通过国家 A 级住宅性能认定，16 个住宅小区获得“山东省优秀住宅小区”称号。

拉动经济增长

2003~2011 年，全市房地产业累计完成投资 1582 亿元，新开工面积 8990 万平方米，竣工面积 6537 万平方米，房地产开发投资占国内生产总值比重达到 5.4%，年均增长 21.4%。房地产业对地方财政收入贡献明显，为加快城市建设提供了有力的资金保障。据测算，每增加 1 亿元房地产投资，可引发 2.21 亿元的总产出增量和 0.61 亿元的增加值增量，并直接带动建筑、建材、冶金、化工等 50 多个行业的发展；住宅行业每吸纳 100 人就业，可以带动相关行业 200 人就业，至 2011 年年末，全市共有房地产从业人员约 10 万人。

2002~2011 年房地产行业主要数据对比

表 3-1

年份	完成投资（亿元）	施工面积（万平方米）	竣工面积（万平方米）
2002	15.67	78	117
2003	29.5	151.3	227
2004	44.12	220	272.4
2005	50	630	500
2006	83	996	530
2007	118.6	1367.2	687.8
2008	192	1834.2	668
2009	296	2936	899
2010	340	3350	1330
2011	428.6	4200	1423

第二节　住房保障体系

全市把住房保障工作列为各级政府的重要职责，以住有所居为目标，加大改善和保障民生力度，创新工作思路，强化工作措施，建立多层次、广覆盖的居民住房保障体系。

保障政策

2005 年，市政府出台廉租住房管理暂行办法，建立廉租住房租赁补贴制度，保障对象为城市低保家庭。2008 年，出台《潍坊市人民政府关于加强住房保障工作的实施意见》《潍坊市廉租住房租赁补贴实施办法》《潍坊市区经济适用住房货币补贴办法》及相关配套政策，建立起以廉租住房租赁补贴为主、并与经济适用住房货币补贴相结合的保障方式，实行购租自主、先购后补、先租后补，住房保障范围从低保住房困难家庭扩大到低收入住房困难家庭。准入条件为家庭人均年收入低于 2007 年最低工资标准（7440 元）、人均住房建筑面积 15 平方米以下。廉租住房保障面积标准为：单身家庭30平方米，两人家庭45平方米，3人以上家庭60平方米。市区廉租住房租赁补贴标准为：奎文、潍城、高新、经济区最低生活保障家庭每月每平方米补贴7元，其他低收入家庭补贴4.2元；坊子、寒亭、滨海、峡山区最低生活保障家庭每月每平方米补贴4元，其他低收入家庭补贴2.4元。经济适用住房货币补贴保障面积标准为每户建筑面积60平方米；价格补贴标准为：奎文、潍城、高新、经济区每平方米700元，坊子、寒亭、滨海、峡山区每平方米400元。2009年，市政府下发《关于调整市区住房保障政策的通知》，将家庭收入标准调整为低于上年度市区人均可支配收入的70%(9600元)。2010年，将家庭收入标准调整到市区城镇居民人均可支配收入的85%（1.47万元）。2011年，市政府出台潍坊市廉租住房、经济适用住房和公共租赁住房3个管理办法，将人均可支配收入在市区平均水平85%以下、无住房或自有住房不足15平方米的家庭纳入廉租房、经适房保障范围，将中等偏下收入住房困难家庭和新就业职工、外来务工人员纳入公租房保障范围，实现对低收入住房困难群体的全覆盖；明确在普通商品房项目中按不低于10%的比例配建保障性住房，住房保障转变为货币补贴与实物供应相结合的方式，建立起长效供给机制。出台《关于进一步加快推进城市棚户区改造工作的通知》，把城中村纳入棚户区改造范围，明确了棚户区改造各项优惠政策，为推动棚户区改造提供政策支持。出台《关于调整市区住房保障低收入线标准的通知》，进一步提高低收入标准、补贴标准和保障面积，把低收入标准从1.47万元/人均调整到1.91万元/人均；把保障面积由按人口数补贴调整为每户60平方米；廉租住房租赁补贴标准调整为：奎文、潍城、高新、经济区最低生活保障家庭每月每平方米补贴9元，其他低收入家庭补贴5.4元；坊子、寒亭、滨海、峡山区最低生活保障家庭每月每平方米补贴6元，其他低收入家庭补贴3.6元。经济适用住房补贴标准调整为：奎文、潍城、高新、经济区每平方米1000元，坊子、寒亭、滨海、峡山区每平方米600元。

保障工程

全市住房保障工作自2005年开始实施，2009年以前主要以货币补贴为主要保障方式，2010年开始，在继续发放廉租住房租赁补贴、经济适用住房货币补贴的同时，大力实施廉租住房、经济适用住房、公共租赁住房实物建设，并收购、租赁部分房屋进行实物保障，逐步建立起以公共租赁住房为主，廉租住房、经济适用住房、棚户区改造等相结合，实物保障和货币补贴相补充的住房保障机制。2010年，全市把“健全住房保障体系”列为深化经济体制综合配套改革试点工作。2011年，市住房和城乡建设局被市委、市政府授予“深化经济体制综合配套改革试点工作先进单位”。

公共租赁住房建设。把租赁住房建设作为保障房建设的突破点，在政府直接投资建设的同时，以市场运作为主，通过落实优惠政策，重点鼓励支持各类开发区、产业园、高新企业及社会机构投资建设、筹集和经营公共租赁住房，解决新就业职工和外来务工人员等群体的住房困难。

廉租住房建设。按照“宜购则购、宜租则租”的原则，在继续实行租赁补贴政策基础上，加大实物建设和统一采购力度，通过收购、配建或租赁等方式筹集实物房源，提高实物配租比重。

经济适用住房建设。在继续实施货币补贴的同时，采取集中建设与普通商品住宅小区配建相结合的方式，加大经济适用住房供应，帮助有一定经济实力的低收入家庭解决住房困难。

城市棚户区改造。坚持政府主导、政策扶持、市场运作、群众参与的方针，按照统一规划、就近整合、连片开发、配套建设的原则，采取货币补偿与实物安置相结合的方式，根据居民安置意愿，制订改造方案，加快改造步伐，改善棚户区居民居住环境。

截至2011年年末，全市累计实施住房保障12.64万户（套）。其中，发放廉租住房租赁补贴3396户；增加廉租住房1799套、经济适用住房6107套、公共租赁住房11.65万套；完成棚户区改造10.34万户，住房保障率达到38%，改善了低收入群体的居住条件。

月河路危楼改造 该工程位于胜利西街以北、东风西街以南、月河路东侧，共有危旧楼房27座、1160套、建筑面积5.778万平方米，2011年6月份开始动迁，同年12月危楼拆迁基本完毕。该项目分商业开发和安置房建设两部分，商业部分总建筑面积13.7万平方米，计划投资6亿元，2012年上半年开工建设，打造集商务酒店、写字楼、公寓于一体的综合型商业街；安置房部分采取整体异地安置方式，安置房位于长松路以西、北宫西街以北（309国道），占地10公顷，2011年下半年开工建设，全部工程计划2015年年底竣工交付使用。

城隍庙片区改造 该工程东至向阳路、西至北门大街、南至城隍庙街、北至金巷子，采取政府主导、市场化运作的方式筹集资金，概算总投资约5.6亿元，占地约3.27公顷，规划建筑面积约4.1万平方米（含地下），包含高端休闲消费区、特色旅游体验区、城市文化休闲核心区、老潍县传统文化展示与传承区四部分，以“金银仓”为片区名，打造集主题酒店、文化景点、高端会所、特色餐饮、历史民俗于一体的复合街区。由潍城区政府作为征收主体，全权负责该片区及安置房地块的土地和房屋征收、安置工作，共涉及282户、房屋建筑面积约1.823万平方米。该项目由潍坊市住房和城乡建设局组织建设，著名的成都宽窄巷子项目主设计师、清华大学黄靖教授设计团队进行方案设计，潍坊金银仓投资运营有限公司作为片区开发改造的运营主体。计划2013年上半年开工建设，2015年全部完工。至2011年，累计完成投资4260万元，概念性规划设计和前期的拆迁融资已完成，房屋征收补偿方案和编制修建性详规、建筑单体设计方案在制定中。

保障住房分配

全市把公平分配作为保障房建设的“生命线”，自觉接受社会监督，做到公开、公平、公正，实现规范运行，确保让真正的困难群体享受到政府的惠民政策。

准入退出机制。严格执行廉租房、经适房、公租房申请、审核、公示制度。市区按照“四级审核、三级公示”的要求（即居委会、街办、区级部门、市级部门四级审核，居委会、区住房保障部门、市级部门三级公示），对申请家庭进行逐级审查，加强保障群体的动态管理，每年10月份，对保障对象进行年度复核，审查家庭人口、收入、住房变动情况。复核合格的，继续享受住房保障政策，不符合的，不再享受住房保障政策，已审核退出廉租住房补贴家庭534户。

信息公开制度。各县市区、开发区将保障房年度建设任务、项目进展、保障政策、保障房源、分配过程、分配结果等内容在政府网站及时公开，并动态更新，广泛接受社会监督。

社会监督员制度。在经济适用房、廉租住房分配时，聘请人大、政协、纪委、检察、审计、物价、财政、司法等有关部门（单位）工作人员作为监督员，对分配过程进行全程监督，确保公平、公正。

第三节　建筑业发展

工程质量

2002年，建筑抗震设计规范第二次修订后，全市抗震设防烈度由多数县市区6度全部提高到7度以上，多层住宅混凝土构造柱加密，取消混凝土预制楼板全部改为现浇混凝土楼板。2004年，淘汰彩板门窗使用断桥隔热铝合金门窗，屋面防水取消沥青油毡纸使用SBS、PVC等新型防水材料，居住建筑外墙加装保温隔热材料，照明采用节能灯具等，居住建筑节能达到50%。2006年，外窗全部采用中空玻璃，新型外墙保温隔热材料应用力度不断加大，居住建筑节能提高到65%，公共建筑节能达到50%。2010年，新修订实施《建筑抗震设计规范》（GB50011-2010），混凝土结构钢筋配置量增加15%左右。住宅建筑的电气配置满足了家用电器大幅度增加的需求，应急电源和用电设备智能控制使用电更加安全可靠。太阳能光热系统与建筑一体化设计施工、地源热泵取暖制冷、生活给水采用无负压供水设备等，使居住环境更加舒适、方便。

从2008年3月开始，全面推行住宅工程质量分户验收制度，相关验收标准同步出台，确保竣工房屋使用功能，以保障住宅房屋业主利益。2009年，全市住宅工程全部实现分户验收。2010年6月起，全市范围内全面开展为期3年的住宅工程质量通病专项治理活动，在确保基础与主体结构安全的前提下，重点对住宅工程质量的4大类（渗漏、裂缝、电气、水暖）12项质量通病进行了专项治理。市建设工程质量安全监督站和各县市区监督站分别指导建设一批“样板工程”，制作成主体展示区、半成品展示区及成品展示区，制作XB钢筋模型、线盒埋设样板、配电箱留设样板、外墙保温样板、地暖样板、三小间防水做法样板、分户墙保温样板，施工洞口防裂样板等，展示各个部位质量通病治理的具体做法及工程在质量通病治理、分户验收方面的成效，多次组织施工企业现场观摩，层层落实责任制，监督施工企业抓好落实，促进了住宅工程质量全面提高。住宅工程质量连续9年保持合格率100%，2011年，优良率达到56.59%，比2002年提高10.5个百分点。

2003年，市人民医院门诊楼被建设部评为建筑工程质量最高奖“鲁班奖”工程，实现全市建筑业史上单体“鲁班奖”工程零的突破。至2011年末，全市共创出“鲁班奖”4项，“国家优质工程”6项，“全国建筑工程装饰奖”11项、“国家级工法”4项、“泰山杯”工程112项、“质量诚信、用户满意”工程632项，省级施工现场样板工程19项、省级新技术应用示范工程87个、省级工法142项、省级建筑业技术创新奖126项。2011年，潍坊市文化艺术中心二组团和潍坊市援建、潍坊昌大集团承建的四川省北川羌族自治县“北川人民医院”两个工程分别获得“鲁班奖”。一年内两个工程同时获得“鲁班奖”，在全国地级市中是第一家。

安全保障

全市认真贯彻落实《中华人民共和国安全生产法》《山东省建筑安全生产管理规定》等法律法规，执行安全准入、施工许可、安全报建和意外伤害保险等制度，强化安全监督行政处罚手段，落实法定安全监督管理程序，安全监督管理体系进一步健全。2009年，整合质量、安全、装饰等监管力量，组建了潍坊市建设工程质量安全监督站，推行质量安全“一体化、差异化、网格化”监管模式，形成更加有效的全新管理模式，对建筑工程质量安全实行集中统一监管。截至2011年年末，全市已有9个县市区（市属开发区）合并了质量、安全监督机构。2010年，出台《潍坊市建筑施工安全防护用具及机械设备监督管理办法》，成立安全防护用品检测室，填补潍坊市安防用品检测工作的空白。

企业资质审查。对不具备相应资质条件的企业一律不认定相应资质，不具备相应资质条件的企业一律不准承揽相应工程，资质

2011年11月3日，潍坊市文化艺术中心二组团荣获“中国建设工程‘鲁班奖’”

状况降低的的企业及时降低企业资质，实现资质动态管理。

基本建设程序。严把施工许可关，对手续不全，不具备开工条件的工程项目，一律不予办理施工许可手续。规范建筑施工合同的签订，纠正压级压价等不合理条款，维护建设双方的合法权益。加强建筑市场执法监察队伍建设。

执法监察力量。纪检、检察、建设联合检查组每年组织开展多次大规模的建筑市场集中检查和专项检查，建筑市场秩序进一步规范。

安全文明工地创建。全市共创建省级安全文明示范工地 92 个，市级安全文明示范工地 833 个，一次验收优良率达 90%以上。每年开展 4 次以上较大规模的安全生产大检查，针对不同季节、不同项目性质等因素确定检查的重点项目和部位，及时查处安全隐患，下达安全隐患整改通知书和行政处罚决定书，并对查处的安全隐患逐一进行整改落实，全行业连续 9 年未发生重大安全生产责任事故，万人因工死亡率控制在 0.2 以内。2003 年 12 月，市建筑工程管理局被建设部授予“2002~2003 年度全国建筑安全生产先进集体”。2010 年，市建设工程质量安全监督站先后获得“全国工人先锋号”“省级文明单位”“省级青年文明号”等荣誉称号。

提升行业素质

2002 年，全市建筑业共有施工企业 326 家。其中，房屋建筑工程施工总承包企业 225 家、专业承包企业 97 家、劳务分包企业 3 家、公路工程总承包企业 1 家。全行业共完成企业总产值 116.7 亿元，其中建筑业总产值 104 亿元，施工面积 1378 万平方米，新开工面积 867 万平方米，完成竣工面积 676 万平方米，实现利税 8.5 亿元，劳动生产率 5.4 万元/人。按受监面积计算，建筑工程优良品率为 56.5%。2005 年 7 月 1 日，市政府出台《关于进一步加快建筑业改革发展的意见》后，注重行业素质提升，提高房屋品质，整顿和规范建筑市场，积极开展建筑业技能培训，提高机械装备水平，实现房屋品质和行业素质大幅提高。至 2011 年年末，全市累计培训关键岗位人员 4 万多人，持证率达到 85%；培训技师 900 余人；技能鉴定人员 13.5 万人，持有有效证书 11.5 万人，超额完成省建管局下达的技能鉴定任务，培训数量位居全省前列；全市施工企业自有施工机械设备净值 29.22 亿元，总功率 127.35 万千瓦，分别是 2002 年的 1.36 倍和 2.01 倍。至 2011 年年末，全市施工企业达到 857 家，比 2002 年增加 531 家；其中房屋建筑工程施工总承包企业 311 家，比 2002 年增加 86 家；专业承包企业 293 家，比 2002 年增加 196 家；劳务分包企业 253 家，比 2002 年增加 250 家。全市建筑业总产值完成 640 亿元，比 2002 年年均增长 22.37%；实现利税 42 亿元，年均增长 19.42%；施工面积 6921 万平方米，年均增长 19.64%；竣工面积 2760 万平方米，年均增长 16.91%；建筑业劳动生产率 16.8 万元/人，年均增长 13.44%；从业人数达 33.5 万人，年均增长 7.29%；完成市外施工产值 48.66 亿元，年均增长 16.1%；建筑业增加值占全市国民生产总值的比重达到 4.12%，比 2002 年提高 1.02 个百分点。

2002~2011年建筑业主要经济指标对比

表3-2

项目/时间	2002	2003	2004	2005	2006	2007	2008	2009	2010	2011
建筑业总产值（亿元）	104	126	137	150	202	260	340	380	503	640
利税（亿元）	8.5	10	11	12	16	18	22	25	35	42
施工面积（万平方米）	1378	1821	2130	2300	2980	3500	4000	4430	4950	6921
竣工面积（万平方米）	676	880	950	1000	1608	1960	2000	2250	2580	2760
建筑业增加值（亿元）	28	32	37	39.8	55	71	91.2	101	138	146
当年全市GDP（亿元）	895	1030	1246	1471	1720	2050	2491	2727	3091	3541
建筑业总产值值占全市GDP的比重（%）	11.6	12.2	10.9	10.2	11.7	12.7	13.6	13.9	16.2	15.5
建筑业增加值占全市GDP的比重（%）	3.1	3.1	2.96	2.7	3.2	3.46	3.66	3.7	4.46	4.12

第四节　社区建设

市委、市政府把城乡社区建设作为贯彻落实科学发展观的重大举措及统筹城乡发展的重要载体。全市加大资金投入，加快建设进程，提升社区建设质量，取得显著成效。

组织领导

2008年，成立由市长为组长，分管市长任副组长，市委组织部、宣传部、政法委以及民政、发改、财政、劳动和社会保障、规划、国土、卫生、文化、教育等部门主要负责人为成员的社区建设工作领导小组，建立党委政府统一领导、民政部门牵头、有关部门协同、社会广泛参与的城乡社区建设工作运行机制。建立联席会议制度，及时研究制定政策措施，完善组织协调，强化督导检查，解决工作中遇到的困难和问题。各县（市、区）、镇（街）也都建立相应的社区建设工作领导小组，在全市形成主要领导亲自抓、分管领导靠上抓，一级抓一级、层层抓落实的组织领导体系。先后出台《关于加强和改进城市社区工作的意见（潍发〔2007〕17号）》《关于加快推进农村社区建设的意见（潍发〔2008〕5号）》《潍坊市农村社区建设标准》《潍坊市农村社区建设考核办法》《关于进一步推进农村社区建设水平的意见（潍发〔2010〕15号）》和《关于进一步深化和谐社区建设的意见（潍办发〔2010〕36号）》等文

夕阳乐

件，对城乡社区建设模式、功能定位、建设标准、考核奖惩等作出明确规定。将城乡社区建设纳入国民经济和社会发展总体规划，列为全市经济社会发展综合考核重要内容，坚持月调度、季通报、年终点评考核等办法，加快推进。建立以财政投入为主体、社会力量为补充的多元化资金投入机制，不断加强对城乡社区建设的资金投入。到2011年，全市累计用于社区服务设施建设的资金约12.8亿元，其中各级财政投入约8.6亿元，社会力量投入约4.2亿元。

科学规划布局

2007年年初，全市提出城市社区网格化管理与服务。以主要干道和街、路、巷、河为界，社区居民的认同感、归属感为纽带，分片调整和划定社区，呈网格状分布，将全市城市社区由428个优化调整为233个，平均规模达到3000户、1万人，形成无缝隙、全覆盖、整齐划一的社区网格化空间架构体系。在此基础上，根据社区成员、社区资源分布情况，层层细化责任网格，加强网底工程建设，自上而下形成“社区—片区—楼组—楼栋—单元”的社区网格化体系，逐步建立起精细、规范、高效的社区运行新机制，进一步提高社区科学管理和为民服务的效能。2007年，在全省和谐社区建设工作会议上，潍坊市作典型经验介绍，在2009年全国和谐社区建设工作会议上，做大会交流发言；奎文区等4个单位被表彰为全国和谐社区建设示范单位。2008年6月，全国政协副主席孙家正到潍坊对社区建设工作进行视察。

农村社区建设

为解决城乡基本公共服务失衡，农村基础设施差、面貌落后，以及村庄规模小、分布散、投入难、发展慢、社会管理成本高等问题，在诸城市前期试点的基础上，借鉴城市社区建设经验，2007年年底，提出“多村一社区”农村社区建设模式，即按照地域相近、规模适度、利于资源整合、方便群众生产生活的原则，以2公里为半径，及农村群众步行前往社区服务中心不超过30分钟为原则，将周边5~8个村庄规划为一个社区，形成新的居民生活共同体。在社区内选择一个基础设施较完备、交通便利、班子基础较好、发展潜力较大的村作为中心村，建设社区综合服务中心，形成“2公里·半小时”社区服务圈。全市共规划建设农村社区972个，2009年年底全部建成并投入运行。诸城、潍城、寒亭、坊子、高密、寿光、昌乐、青州等8个县市区先后被民政部命名为“全国农村社区建设实验全覆盖示范单位”，潍坊市成为全国第一个农村社区建设全覆盖地级市。农村“多村一社区”模式，被民政部确定为全国农村社区建设的3种主导模式之一。国家副主席习近平、中宣部部长刘云山等中央领导先后到潍坊考察农村社区建设，省委书记姜异康、省长姜大明等省领导也多次亲临现场检查指导，给予高度评价。中央电视台、《人民日报》《求是》杂志、山东电视台、《大众日报》等主流新闻媒体对全市农村社区建设进行广泛深入的宣传报道，引起强烈的社会反响。2008年12月，民政部在潍坊召开全国农村社区建设实验工作经验交流会，6月，省民政厅在潍坊召开全省农村社区建设现场会；2010年5月，省政府在潍坊召开全省城乡社区建设工作会议，总结推广潍坊市城乡社区建设经验。

和谐社区

提升管理服务水平

服务体系　全市实现政府公共服务与市场化服务和自助互助服务的有机衔接。整合利用社区资源，通过新建、改扩建、共建等多种形式，在社区建设标准化社区综合服务中心，设立综合服务大厅、卫生室、警务室、计生服务室、图书阅览室、文体活动室、志愿服务室、老年人日间照料中心、幼儿园、学校等必要的公共服务设施，形成较为完善的社区服务设施网络。截至2011年，全市共建立社区综合服务中心1205个、卫生服务中心1197个、计生服务室1149个、社区警务室1205个、图书电子阅览室1146个、室内外文体活动场所1638个，标准化社区综合服务中心覆盖率达到100%上。将社会救助、劳动就业、社会保障、医疗卫生、人口计生等30多项公共服务延伸到社区，推行信息采集、首问负责、事务代理、限时办结等制度，实施“一站式”服务。

鼓励和支持各类组织、企业和个人等社会力量开展社区服务业务，按照“谁投资、谁所有、谁受益”的原则，通过投资入股、合作经营等形式，进社区兴办便民超市、农资供应、维修服务、邮政通信、现代物流、金融保险等服务项目，全市已建立便民日用品超市980个、农资超市782个、维修服务点874个。鼓励和支持驻社区单位、居民和志愿者积极参与社区建设，广泛开展邻里互助等群众性自我互助服务活动。到2011年，全市已登记注册社区志愿服务组织2700个，发展志愿者10万余人。

组织体系　全市建立以社区党组织为核心、社区自治组织为主体、社区社会组织为补充的社区组织架构。在规划建设城乡社区的同时，适应社区组织结构、人员结构、社会结构出现的新情况新变化，创新推行社区“大党委”制，将村、居、新经济社会组织和驻区单位等党组织全部纳入管理范畴，打破条块分割，突破行业界限，采取居居联建、居企联建等多种形式，同步建立“横到边、纵到底”的社区党组织，灵活组建各类功能型党支部，构建起区域党建工作新格局，充分发挥社区党组织在社区管理和服务中的领导核心作用。结合第十届村（居）委会换届选举，加强完善社区自治组织。在城市社区，按照《城市社区居民委员会组织法》选举产生社区居民委员会。在农村社区，积极适应农村基层社会生产力发展的新要求和经济社会结构的新变化，推行撤村建社区改革，构建社区化社会管理服务新模式，按照新修订的《中华人民共和国村民委员会组织法》，以社区为单元选举产生社区村民委员会，实现以行政村为单元的传统社会管理向以社区为单元的现代社会管理的转变。在建立健全社区党组织、社区自治组织，实现对社区无缝隙管理服务的基础上，加快推进社区社会组织建设，培育发展社区服务性、公益性、互助性社会组织。按照市政府《关于进一步促进全民创新创业的若干意见》要求，对符合条件的工商经济类、公益慈善类、社会福利类、社会服务类社区社会组织取消业务主管单位登记关口，实行民政直接登记。对规模小、资金少的，降低登记标准，简化登记程序，实行登记与备案相结合的办法，到2011年，全市已发展各类社区社会组织3615家。

建立社区专职工作者为主体、社区代理员为补充和社区志愿者相辅助的社区工作者队伍。根据工作量大小，因事设岗、以岗定人，实行一人多岗、一岗多责。采取政府买岗、公开选聘的办法，多渠道选配优秀人才充实到社区。将现代社工制度引入社区，设立社会工作人才岗位，配备社会专业工作人才，优化了社区人才队伍结构。健全完善社区工作人才培养、评价、使用、激励等机制，加强对从业人员的培训，不断提高服务意识、职业素质和专业水平。推行社区志愿者注册制度，鼓励支持社会力量广泛参与志愿服务活动。

管理体系 全市实现党的领导、政府行政管理和群众自治的有效衔接和良性互动。在社区党组织的领导下，健全完善社区居民自治机制，开展以居民会议、议事协商、民主听证为主要形式的民主决策实践，以自我管理、自我教育、自我服务为主要目的的民主管理实践，以居务公开、民主评议为主要内容的民主监督实践，全面推进居民自治制度化、规范化、程序化。

创新社区民主监督形式。建立社区监督委员会，由社区党员代表、居民代表、驻区单位代表、离退休干部和贤达人士等组成，对社区事务实施监督，既保证党在农村社区的领导作用，又加强对社区事务的有效监督，保证群众依法自治，充分调动社区居民参与社区建设和管理的积极性。

创新村（居）务公开民主管理机制。在农村社区层面上推行“四务公开、五制管理”。“四务公开”即：社区党务、社区自治事务、社区财务、社区服务等“四务一体化”公开。“五制管理”即：社区党委（总支）初议制、联席会议制、决策听证制、公开办理制、民主评议制。“四务公开、五制管理”进一步发展社区自治、保障村民权利、融洽党群干群关系。2012年1月，在全国村务公开民主管理示范单位经验交流会作典型发言；2012年7月，在全国村务公开民主管理工作会议上作典型发言。

推行村务公开民主管理信息网络公开。充分利用政府网站，将村务公开内容拍照发布到村务公开综合信息监督网上，信息长期保存在数据库中，随时接受群众的监督和查询，被群众称为“永不消逝的公开栏”。

实施村级事务“契约化”管理。即乡镇与村干部、村级组织与村民之间就村级事务及《村规民约》的内容，依法依规采用签订合同、协议或纪要等形式，明确相互之间的权利、义务及制约奖惩措施，实现村级事务管理由人治到法治、由治标到治本、由单治到综治、由短治到长治的转变。2007年，被全国村务公开协调领导小组评为首届全国村务公开民主管理制度创新提名奖。2012年3月，省民政厅在潍坊召开全省村务公开民主管理工作会议。寿光市、诸城市分别于2009年、2012年被全国村务公开协调小组命名为“全国村务公开民主管理示范单位”。

成立社区群众诉求中心。依托社区服务平台，整合综治、信访、司法、公安等部门和单位资源，负责群众利益诉求的搜集和解决。实施“民情巡访”工程，配备社区民情巡访员，全面构建起基层社会治理新机制和为民服务网络，切实把各类矛盾纠纷解决在基层，化解在萌芽状态。

健全完善社区工作准入制。明确界定社区和政府部门职责、权限、标准和条件，避免部门、单位在社区分别设立机构、窗口或派驻人员。严格“权随责走、费随事转”，有关部门、单位委托社区开展工作，同时为社区提供基本条件，依法赋予必要的权力，及时拨付相关经费。建立政府购买服务制度，逐步将政府部门有关事务性、辅助性的职能转移、授权或委托给社会组织，充分发挥好其在行业自律、权益维护、业务培训、合作交流等方面的作用。

社区能力建设

在社区建设工作中，全市紧紧围绕充分发挥社区在加强和创新社会管理方面的作用，深入研究社会管理规律，全面加强社区建设。

社区信息化建设 将2011年定为社区信息化建设年、2012年定为社区信息化建设提升年。投资310多万元，研发社区信息化管理服务平台，具备查询、统计、定位等功能。建立起市、县（市区）、镇、社区四级信息网络系统，实现了数据一次录入、多方共享。城市社区建设使用覆盖率已达到98%，录入居民信息338万多条。通过政府引导、企业参与、市场化运作，将潍坊12343民生万事通信息综合服务平台全面引进社区，建立便民服务网点，为群众提供居家购物、家政、维修等41大类、256项服务，全面提高社会化服务水平。依托互联网，建立社区门户网站、虚拟社区、社区博客、社区QQ群等，设立政策法规、办事指南、投诉信箱、我要找民政等多项栏目，架起社区与居民、居民与居民之间相互联系的桥梁和纽带，对了解社情民意、化解社会矛盾、促进社会和谐起到积极作用。

“村改居”综合配套改革 在充分尊重群众意愿的基础上，通过实施“三改四化”（“三改”：即城中村改造、农村集体资产改制、“撤村设居”配套改革；“四化”：即建设多元化、管理网格化、服务信息化、党建区域化），实现从“村”到“居”的体制转换，做到“四不变、四提高：即“村改居”后管辖区域不变、财产所有权和使用权不变、计划生育政策5年不变、涉农政策基本不变，村民生活水平提高、社会保障水平提高、基础设施建设水平提高、公共服务水平提高。通过实施“村改居”，强化基层民主政治建设，实现公共服务均等化，提升社会管理服务水平。2012年3月，省民政厅在潍坊召开全省村改居工作座谈会。

集中居住区建设 围绕农民生产生活需求，坚持一社区一策，分类组织实施，切忌搞“一刀切”，防止出现群众被逼上楼现象，把农村社区集中居住区建设与土地复垦和旧村改造有机结合起来，着眼社区长远发展，在充分论证、科学规划的基础上，按照城乡一体化发展要求，推进集中居住区建设。同时配套完善物业管理、有线电视、供水、供热、供电、供气、宽带以及医疗、教育、文化、商业等基础配套设施，真正使群众享受到与城市居民同等的便捷服务。

产业结构调整 发展农民专业合作社，把农民专业合作社建设成为提高农民组织化程度、带领农民增收致富的新型农民组织体系，提高农业发展的规模化、标准化、集约化水平。加快合作社联合社发展，引领合作社突破地域限制，使联合社覆盖所有优势产业和特色农产品加工区域。加快推进农村土地流转，发展适度规模经营。大力推进现代园区建设，促进优势产业集聚发展，实现规模化种植、标准化生产、商品化处理、品牌化销售和产业化经营。

文化建设和生态环境保护 发挥社区文化在教育、娱乐、信息传播、社区整合等多方面的作用，将传统文化、地区特色文化和现代文化有机结合，充分利用社区文体活动中心、道德讲堂及文化长廊等阵地，加强对社区群众的宣传教育，增强居民认同感和归属感，激发参与社区建设的热情。通过开展美化活动，加强城市环境综合整治，加快背街小巷和老城区绿色改造，提高了城市绿化、美化、亮化水平。坚持把农村环境保护与改善农村人居环境、提高农民生活质量、促进农业可持续发展、保障农产品质量安全相结合，开展以“三清”（清理粪堆、垃圾堆、柴草堆），“四改”（改水、改厕、改灶、改圈），“四通”（通路、通电、通自来水、通宽带网），“五化”（硬化、净化、亮化、绿化、美化）为主要内容的农村环境综合整治，彻底消除“脏、乱、差”等现象。注重生态保护与治理，推进绿色低碳发展，改善环境质量，打造宜居型社区。

第五节　低碳示范社区建设

为创造优良居住环境，从2010年开始，全市创建“6+X”低碳示范社区建设模式，在全省率先开展低碳示范社区建设，发展低碳

社区文化活动

建筑，取得良好的社会效益、经济效益和生态效益。2012年3月，中共中央政治局常委、全国政协副主席贾庆林视察潍坊时对这一做法给予充分肯定。4月，中央山东省委研究室专程来潍坊调研，形成“关于潍坊市建设低碳社区的调查报告”，肯定了潍坊市建设低碳社区的做法。

“6+X”低碳示范社区建设模式，起点标准高，指标覆盖广，可普技术多，操作规程严。在开发建设中，强制推行太阳能光热建筑一体化、墙体保温材料与节能门窗、供热分户计量装置、节能照明产品、地源热泵新技术、绿化覆盖率35%以上等6项新产品、新技术，各项指标要求实施刚性化约束；各社区结合自然条件、居民需求等实际情况，在保证实施6项刚性指标的基础上，再从应用太阳能光伏与LED结合照明系统、太阳能与地源热能结合系统、智能新风系统、雨水收集及利用、污水处理及中水回用、新型围护结构技术、太阳能光伏建筑一体化技术、沼气应用与垃圾无公害处理等8项新产品、新技术中至少选择1项，更具灵活性、针对性，达到节约能源、减少排放和生态环保的效果。

制度推进

从2010年初开始，全市先后制定出台《关于建设低碳示范社区的指导意见》等政策性文件21个，低碳社区建设健康发展。

规范申报。凡是列入低碳示范社区的项目，与常规社区相比，碳排放量应减少50%以上，可再生能源消耗占总耗能量的比重应20%以上，使用的新技术和新产品必须通过省厅及专业机构认定。从2010年起，每年确定一批低碳社区项目，均由所在县（市、区）建设主管部门初审，市低碳社区专家委员会复审，组织专家对项目方案、技术、可行性等集中评审论证，对确定符合低碳社区标准的项目，立项3个月必须开工建设。

加强监管。依托市建设工程质量安全监督站、施工图审查中心、建筑设计研究院等单位，抽调17名业务骨干，组建市低碳示范社区建设工作专家委员会，具体负责低碳示范社区的评审、技术指导、质量监管和专项验收等工作。建立低碳社区建设月报制度，掌握和督促进度，并定期组织队伍对项目进行现场指导检查。

典型引路。以点带面，推进低碳社区由试点示范逐步向规模化发展，由单项技术向集成技术、从新建建筑向既有建筑分阶段推进。对建设进度较快、达到规划目标要求的建成项目，认真组织点评，形成示范带动效应。召开低碳社区建设现场会议，总结经验，推动全市低碳社区建设工作。

严格验收。对符合验收条件的低碳社区项目，提请所在县（市、区）建设主管部门初审，初审合格后及时组织市低碳社区专家委员会验收，并在社会公布。验收不达标的项目，取消其低碳社区资格，到2011年年末，已取消3个不达标项目，并予以通报。

截至2011年年末，全市开工建设低碳示范社区41个、459万平方米，占新建建筑面积的12.6%，其中坊子凤凰太阳城等12个、100万平方米的项目部分交付使用。据测算，每百万平方米低碳社区在新建居住建筑节能65%标准的基础上，每年可再节省标准煤

6001吨，减少二氧化碳排放1.48万吨，进一步提高资源集约化利用率。

国家康居示范工程

双羊新城小区是国家康居示范工程。小区广泛应用太阳能热水系统、地源热泵系统、中水回用系统等60余项新技术和新材料，每年可降低采暖成本790万元左右，节约标准煤4200吨，减少二氧化碳排放1.04万吨，平均每户每个冬天节省采暖费800多元。据实际运行计算，全市低碳社区冬季采暖成本平均在14元/平方米左右，有的小区降低到11.2元，比管网供暖市政价格25.6元低14多元，而加上夏季制冷总成本也不超过每平方米20元；采用地源热泵技术，1千瓦时电可换取相当于4千瓦时电的热能，极大地节约了日常生活开支。低碳社区既降低生活成本，又优化居住环境。

第六节　物业管理

机构设置

2005年1月，经市政府批准，潍坊市物业管理办公室成立，负责全市物业管理活动的监督管理工作。12月，成立潍坊市物业管理协会，到2011年，已发展会员500多个。全市物业管理工作从单一管理服务向全方位经营服务发展。

制度建设

资质监督检查制度。每年4月份开展一次全市物业服务企业资质监督检查活动，核查企业资质状况，对监督检查过程中发现的违法违规企业下发整改通知书，限期整改。不符合物业服务企业资质条件的，视情况予以降级或注销。2010年，开展清理整顿物业服务市场活动，注销了33家违规企业，进一步规范服务行为和市场秩序。

物业服务企业量化考核制度。物业服务企业每季度自查一次，县市区房管局每半年对辖区企业考核一次，市局每年对量化考核工作进行一次全年督查。初步建立物业服务企业动态管理机制。

物业服务企业信用档案制度。建立起全市物业服务企业电子档案，通过网站提供公开查询，发挥社会监督作用。

前期物业管理制度。开发企业办理商品房预售许可证或现售备案前落实物业管理方案，物业管理用房配置、临时管理规约制订、前期物业服务合同签订，公开选聘物业服务企业，提前介入项目开发建设，从源头上为实施前期物业管理创造条件。推行物业管理招投标制度，推进建管分离，推动物业管理专业化、市场化和社会化运作，全市共有120个房地产项目通过招投标方式选聘前期物业服务企业。

住宅专项维修资金制度。研发配套微机管理系统，制定操作性强的维修资金使用程序，增加办事银行，完善查询机制，加强资金管理的安全性。至2011年年末，全市住房专项维修资金累计余额达18亿元，有5个住宅小区按规定支用了维修资金，拨款金额40万元。

物业质量保修金制度。2011年5月，建立并推行物业质量保修金制度，同年底，已

潍坊市物业管理规范性文件一览

表 3-3

文件名称	发布机关	发布时间
《潍坊市住宅共用部位共用设施设备维修基金管理办法》	潍坊市房产管理局	2004 年 7 月
《关于商品房预售实施物业管理方案确认的通知》	潍坊市房产管理局	2007 年 7 月
《潍坊市人民政府关于加强物业管理工作的意见》	潍坊市人民政府	2007 年 8 月
《关于实施物业服务企业量化考核的意见》	潍坊市房产管理局	2008 年 12 月
《潍坊市整顿规范物业服务市场实施方案》	潍坊市住房和城乡建设局	2010 年 5 月
《潍坊市住宅专项维修资金管理办法》	潍坊市住房和城乡建设局	2010 年 7 月
《关于进一步推进市区住宅小区物业管理市场化的实施意见》	潍坊市住房和城乡建设局	2010 年 7 月
《潍坊市物业管理招标投标管理暂定办法》	潍坊市住房和城乡建设局	2010 年 10 月
《潍坊市物业服务企业信用档案管理办法》	潍坊市住房和城乡建设局	2011 年 4 月
转发《山东省物业质量保修金管理办法》	潍坊市住房和城乡建设局	2011 年 4 月

有 60 个项目交纳保修金，累计金额达 3600 余万元，加强房屋保修期内维修管理，保障业主合法权益。

“四位一体”的社区管理机制。理顺物业管理和社区建设之间的关系，按照“条块结合、以块为主、重心下移”的思路，依靠街道办事处、社区居委会的力量，把物业管理纳入社区建设，建立市、区、街道办事处、社区居委会四级物业管理机制。

成　果

截至 2011 年年末，全市物业服务企业达 530 家，从业人员 2.1 万余人，其中市区 297 家，1.2 万余人；实施物业管理面积达 8200 多万平方米，其中市区 6100 万平方米，新建住宅小区全部实施专业化物业管理，全市物业管理覆盖率达到 85%，其中市区达到 90.3%。物业管理范围由住宅小区延伸到办公楼、工业区、商场、商用房和高等院校等，服务内容涵盖房屋及相关设施设备维修养护、安保、清洁、绿化、生活服务等。全市有 18 个项目获得“全国物业管理示范项目”称号，71 个项目获得“山东省优秀物业管理项目”称号，数量位居全省前列。2011 年，市物业管理协会被中国物业管理协会评为“优秀物业管理协会”，两家物业公司被中物协授予“行业突出贡献奖”，4 人被中物协评为资深经理人。

第七节　旧居住区改造

2005 年，全市启动旧居住区改造试点工作。2007 年 2 月 1 日，召开由市五大班子和各区、市直部门负责人参加的联席会议，明确提出要把旧居住区整治改造作为今后几年城市建设管理工作的“一号工程”抓紧抓好，决定用 5 年时间完成市区旧居住区整治改造任务。3 月 8 日，市委、市政府联合下发《关于对城市旧居住区实施全面整治改造的意见(潍发〔2007〕7 号文件)》，确立坚持市区联动、以区为主，统筹规划、分期实施，集中财力、市场运作的三大原则，正式启动全市旧居住区整治改造工程。

整治改造范围

奎文、潍城、坊子、寒亭、高新、经济 6 区建成区内，1995 年以前建成并投入使用的年久陈旧、市政公用设施落后、环境质量较差、居民满意率较低的住宅小区，以及破损严重、设施不全的背街小巷。其中旧住宅小区主要包括 3 类：政府拆迁安置的住宅小区和住宅组团；机关企事业单位自建的住宅小区和住宅组团；已完成“村改居”但仍然保留或沿用村庄集体行政和经济管理体制的居委会，在集体土地上自建的住宅小区和住宅组团。

整治改造内容

2007 年，开始对市区建成区内的 73 个旧住宅小区和 249 条背街小巷实施全面整治改造，到2011 年工程全面完工，并进行全面验收和综合评价。

标准化整治改造 针对问题较多的旧住宅小区和背街小巷实施，重点解决水不畅、路不平、灯不亮、环境差等问题，并配套完善社区公共服务设施。整治改造内容包括以下 4 项：1.清除以违章建筑为重点的“四乱”(乱圈乱占、乱搭乱建、乱堆乱放、乱贴乱画）现象。2.维护、改造、完善现有雨污排水、供水、燃气、热力等地下管线；具备条件的实施弱电管网入地；改造硬化车行道、人行道和楼前甬道；改造或安装路灯照明设施；保护小区绿地，提升绿化水平；配套建设生活垃圾收集设施和消防设施等。3.楼体维护工程。修复或更新住宅楼楼梯间窗户和落水管；粉刷或清洗楼体外墙；做好楼顶防水；封堵垃圾道等。4.公共服务设施配套工程。在整合社区公共设施资源的基础上，配套建设必需的居委会办公房、物业管理房、警务室、存车棚、楼宇监控、小区大门和医疗卫生用房等。

一般性整治改造 针对公共设施配套和环境问题相对较少的住宅小区和背街小巷实施。内容主要有改造供水、燃气、热力管线，疏通排水系统，修补车行道、人行道、楼前甬道，改造或安装路灯照明设施，补植花草树木等。

整治改造投资

旧居住区整治改造工程，以各区自筹资金为主，市财政补助为辅，并对不同的改造项目，实行不同的投资补助政策。公共排水设施和地上市政工程、楼体维护工程，奎文、潍城两区的旧住宅小区和背街小巷，2007~2009 年，市、区两级各承担50%；2010 年度、2011 年度，潍城区自筹 50%、奎文区自筹70%，市财政分别补助 50%、30%。坊子、寒亭两区和市高新、经济开发区的旧住宅小区和背街小巷，以各区自筹为主。新建公共服务设

安顺小区

施配套工程，新建居委会办公房、物业管理房、警务室、楼宇监控、小区大门所需资金由市、区、街各承担1/3。新建停车棚和生活服务设施等，全部实行市场化运作，由社会力量投资。自来水“一户一表、计量出户”改造工程，奎文、潍城、高新、经济四区，由供水企业负责设计、组织施工。改造资金按户均800元计算，其中居民每户交纳350元，其余450元由市、区财政和供水企业各承担1/3。“低保户”应交纳部分由区财政解决。供水、燃气、热力地下管网改造工程，各供水、供气、供热单位按照有关区政府、开发区管委会的统一安排，对需要维修更新的管线和设施及时进行维修更新，所需资金由产权单位负责筹集。对尚未实行集中供热的居住区，由市燃气供热管理办公室负责组织有关企业，按照供热规划，预埋供热管道和其他设施。对申请供气、供热的旧住宅小区居民，供气、供热企业应减半收取开户费。通过整治改造，小区环境明显好转，居民生活更加方便舒适，社区更加稳定、更加文明和谐。

第八节　城中村改造

2004年1月15日，潍坊市政府发出《关于加快中心城区“城中村”改造的意见（潍政发〔2004〕9号）》，中心城区城中村改造工作正式启动。城中村改造工作以改善市区农民生活环境和推进城市化为目的，统一规划、综合开发、配套建设、改革管理体制，将“城中村”改造成现代化城市社区，彻底改变中心市区城乡二元化管理格局，实现城市一元化管理。改造工作实行政府主导、计划控制、市场运作、先行试点、以点带面，中心推开、辐射带动周边。市政府给予政策支持和监督指导，奎文、潍城两区政府具体组织操作，通过拆迁腾地、补偿安置、土地储备经营、招标分期分批进行改造，基本实现农民市民化、土地国有化、管理社区化、城乡一体化的总体目标。

制度保证

统一规划、有序实施。按照中心城区总体规划、市区年度供地指标和房地产市场发展计划，各区依据“一村一策”组织编制集中联片或逐村的村庄改造规划、拆迁安置实施方案，相关规划和方案按程序报批后，根据相关村实际分批、分阶段实施。

政策推动、市场运作。根据各村实际情况制定切实可行的政策措施，合理调整各方面的利益关系，充分调动区、街道、村和农民积极性，运用市场机制推动改造工作健康进行。

依法改造、积极稳妥。做到依法办事，有据可查，并力求得到大多数群众的理解和支持，保证“城中村”改造顺利进行和社会稳定。

综合配套、转制与改造。在搞好村庄综合改造的同时，配套进行户籍、土地、社区管理、经济管理、社保体系等多方面的改革，解决市区管理二元化问题。

政策保证

土地和房产管理政策 1.建成区内“城中村”农转非后现有集体土地全部依法转为国有土地，由原村集体经济经济组织代管。建设单位用地应依法办理用地手续。

2.编制“城中村”改造规划，分别按人均83平方米的标准留出居民安置用地和生活保障用地（根据被改造村的土地情况，也可规划保障居民生活的经营性房产等）。此文件发布之前按照原旧标改造政策批建的村民住宅楼用地和村里自用的生产经营性用地，经实际测算后抵顶上述指标。剩余土地作为政府储备用地。

3.居民居住安置用地，按经济适用住房的政策采取划拨方式供应；居民生活保障用地，按照规划用途通过招标、拍卖、挂牌方式出让土地使用权，地价款扣除必要的成本，全部用于解决村民生活和社会保障。

4.鼓励“城中村”按照市场化模式进行改造，将居民居住安置用地和保障用地统一规划、统一拍卖，由有实力的开发企业高标准、高起点开发改造。土地拍卖时，要将居民拆迁安置要求写进拍卖条件，拍卖成交后，由开发商与村里签订安置协议。

5.鼓励相邻的“城中村”进行统一规划、统一配置、联片改造建设，以集约利用土地，节约配套资金，降低改造综合成本。

规费减免政策 1.办理集体土地转为国有土地手续，免收市及以下各类收费。

2.“城中村”改造按规划自行配套，完成规划范围内拆迁腾地及配套设施建设，完成支路以下道路、官网、绿化等设施建设的，规划范围内的建设免收市政配套费、公建配套费，建设防空地下室的免交防空地下室易地建设费；相邻城市主次干道完成拆迁腾地后由政府组织建设。新建住宅小区管线与市政主管网连接，免收接口费，接口后按表计费。

3.优先建设安置居民的住宅。安置居民住宅，免收由市及以下收取的所有行政性规费和各类基金、保证金，煤气等公用设施配套可按成本价收取。

4.对原村民房屋的拆迁补偿、安置，视为房屋产权互换，免收相关费用；按经济适用住房政策取得房屋产权后上市交易的，在契税、土地出让金、申请登记和交易费等方面给予一定优惠，具体优惠政策由相关部门依法制定。

拆迁补偿政策 1.“城中村”改造拆迁补偿安置按国家、省、市城市房屋拆迁管理相关规定执行。具体补偿办法及结算价格由各区根据相关法律、法规、条例和村具体情况制定，随改造计划报市领导小组一并审批。

2.对于已给予合理补偿或安置，但家庭难以支付差价款，或个别需要照顾的困难居民，各区政府应给予特殊照顾，帮助他们解决困难；对于已经给予合理补偿与安置，本人也有条件、有能力支付差价款，仍拒不搬迁的，依法解决。

措施保证

2006年4月30日，市政府发出《关于加快中心城区“城中村”改造的补充意见（潍政发〔2006〕25号）》，进一步规范中心市区“城中村”改造工作，完善“城中村”改造政策措施，具体为：

调整完善“城中村”改造办法 1.鼓励中心市区“城中村”改造居民安置与生活保障用地统一“招拍挂”出让，居民安置用地可直接办理土地使用权出让手续，土地转国有的具体政策由市国土资源部门另行制定。

2.取消“城中村”居民农转非，直接办理城镇居民有关手续，由市公安部门提出具体实施方案。

3.将“城中村”改造与村集体经济改制脱钩，村集体经济改制由各区另行制定政策。

4.“城中村”改造后的居民原则上享受城市居民医疗、养老、失业等社会保障福利待遇，村级保障体系只作为一种补充方式。

5.列入中心市区“城中村”改造范围内的村庄，用地不足“两个83”（即每人划分83平方米净用地面积安置用地，然后每人划分83平方米净用地面积生活保障用地）的，不再进行调剂。

6.市区近郊村可在旧村用地范围内编制改造规划，居民安置用房享受“城中村”改造有关政策，其他用地服从城市统一规划。

“城中村”改造控制管理 1.居民安置用房原则上通过拆迁旧村进行建设，确需占用周转用地的，在工程验收前拆除与审批面积相同的旧村用地。

2.启动生活保障用地建设各村分期拆除规划范围内城市道路、绿化带等公共设施用地上的所有现状建筑物，否则不予办理生活保障用地工程建设手续；同时，居民安置用地建设达不到10%以上的，不予办理生活保障用地“招拍挂”手续。

3.各重点“城中村”改造不能按时完成年度进度计划的，停止审批所在区其他“城中村”改造计划。

4.由市规划与房管部门联合控制建筑面积10%的商品房，暂不核发预售许可证和房产证，待整个社区验收达到规划配套标准后，再核发这部分房屋的产权证书。

5.“城中村”改造综合方案审批后，已建居民安置用房可依法补办土地使用权出让手续。

“城中村”改造储备土地落实 各“城中村”安置和保障用地划定后，国土资源部门要对剩余土地进行详细摸底，与各村签订土地预储备协议；规划建设部门冻结储备土地上建设项目的审批，做到土地储备与改造工程同步；生活保障用地开发建设前，由区政府督促各村自行拆除政府储备土地上的违法建筑物；开工前要办结土地储备，土地指标优先用于“城中村”改造节余土地的政府储备。

改造实施

“城中村”改造实施“两个83”政策，即根据村庄人口数量，按照每人划分83平方米净用地面积安置用地，然后每人划分83平方米净用地面积生活保障用地，剩余的土地，首先满足公共配套、市政、绿化等用地需要。

截止2011年年底，中心城区列入“城中村”改造的村庄共有108个，其中潍城区48个，奎文区60个。涉及人口12.9万人，总用地面积约5120公顷。根据“两个83”的用地划分及各村实有用地情况，中心城区108个“城中村”居民安置用地约1152公顷，生活保障用地约1097公顷，政府可储备用地约1723公顷，道路、绿化用地约1148公顷。

中心城区共完成73个“城中村”综合方案的批复。完成改造工作的有东庄村、大虞村、孙家村、东上虞、中上虞、西上虞、李家村、后栾村、樱南村、樱北村、草庙子村、黄家村、杨家村、赵疃村、南胡住南村、后姚家坊、徐家小庄、河湾、前姚家坊、黄家、小崖头、大胥家23个村。改造工作全面展开的有陈家村、西英村、前栾村、张家庄子村、西河西村、梨园村、九龙山村、丁家道口村、马少野村、东王村、北王村、则尔庄村、丁家村、沙窝村、北虞村、刘家村、田家村(大虞街道)、邵家村、东范家村、南屯村、茂子庄村、董家村、南胡住东村、北胡住村、十里堡村、南胡住西村、武家、徐家、高家楼、南关、康家、小庄子、东七、西羊、齐家庄、西夏、卧龙桥、偏凉子、东夏、刘家园、郭家庄、北关、北三里、高家、于家、南三里、小许家、孙家48个村。

改造成效

通过“城中村”改造工作，极大地推进了中心城区城市化进程，城市景观面貌有较大提升，村民生活水平和生活质量有了明显提高和改善，集体组织的经济实力迅速增长，也为城市建设提供了宝贵的土地资源。

为城市提供大量道路、绿化和配套设施用地。“城中村”人均用地面积远远大于城市人均用地面积，通过实施“城中村”改造，腾出大量土地，为城市道路、绿化、公共基础配套设施等建设提供了先决条件。如中心城区卧龙街、三里庄路、乐川街、玉清街等都穿过“城中村”，通过实施“城中村”改造，拆迁了位于规划道路上的民房，为道路建设提供了基础保障。一些规划的城市绿地，特别是沿白浪河、虞河、张面河三河两侧的绿化和公共配套服务用地，原来多是“城中村”集体土地，通过改造，为城市建设提供了大量公共绿地和配套设施用地。

改善了农村居民生活条件。“城中村”

改造后，村集体为村民提供了面积大、质量高、环境优的村民安置房，改善了群众居住条件。村民旧房变楼房，居住面积普遍扩大；村民无需支付额外费用即可充分享受新社区完善的公共配套设施及优美的居住环境；通过办理土地招拍挂手续，使集体土地变为国有出让土地，安置房成为商品房，可直接进入市场自由交易，提高了农村居民的经济条件。通过“城中村”改造，村集体经济收益壮大。各村针对各自经济状况，拿出“城中村”改造形成的集体资产，用于缴纳村民社会养老、医疗保险等，建全社会保障体系，居民老有所养问题得到充分保障。充分利用改造后形成的沿街商业房产发展服务业，为居民拓展收入来源，充实原有村办企业，解决了一批闲置人员就业问题。

提升了城市形象。通过改造，“城中村”面貌焕然一新，一大批新建高档小区不断涌现，为城市增添了现代化气息。如盛世豪廷、玫瑰园、梨园加州世纪尊品等项目，成为中心城区档次较高的居住小区；中华茶博城等一批大型商业设施相继开工建设，形成新的产业集群和商圈，促进了城市繁荣。

推动了土地集约利用。“城中村”改造对相邻零星地块进行规划统筹，按所处地理位置规划建设高档商务办公楼或街头绿地，打造城市新景观，做到沿街规划不留脏、乱、破等有碍城市观瞻的建筑，土地集约利用程度有较大提高。

第九节　退城进园

为实施经营城市的战略和调整优化城市建设布局，推动工业向园区集中，使企业发展与中心城区功能建设相互协调，2002 年 7 月，市政府以潍政发〔2002〕22 号文件，印发《关于中心城区的工业企业实施退城进园，加快工业园区建设有关政策的试行意见》，通过将原厂区绝大部分土地收益让利企业，支持企业到工业园区建设新厂区，实现城市建设和企业发展双赢。

组织领导

为搞好企业退城进园工作，加快园区建设进度，2002 年 7 月，市政府建立了由分管工业副市长为召集人（因工作变动，分别由张新起、辛丕宏、陈白峰担任），市经信委、财政局、国土局、规划局、建设局、高新区、经济区等单位为成员的联席会议制度，负责企业退城进园的组织领导、政策制定和计划审批工作。联席会议在市经信委设立“市企业退城进园办公室”，负责办理联席会议确定的事项，批复企业实施方案，调度工作进度，协调处理日常工作。

工作开展

“退城进园”工作开展以来，市政府陆续召开联席会议 25 次，制定和调整有关政策、审批企业申请、调度工作进度、协调解决工作中的问题。先后研究同意 65 家企业正式列入退城进园计划，后经市政府办公室批复又有 15 家企业列入退城进园计划（合计 80 家）。截至 2011 年底，市企业退城进园办公室已批复 73 家企业的实施方案；完成搬迁改造的企业有 62 家，正在施工或在进行前期准备工作的有 11 家企业、未批复实施方案的有

7家。累计处置原厂区土地85宗，合计腾空中心城区土地314.4公顷，土地转让全部收益45.54亿元（含政府收益、部分行政事业性收费及拆迁补偿等）。腾空土地后用于新上城市开发建设项目，特别是沿主要街道和沿“三河”（张面河、虞河、白浪河）的商业和住宅建设，改变了城市面貌，提升了城市形象，促进了城区商业经济和楼宇经济发展。

政策保证体系 根据中心城区工业企业现状和城市规划发展情况，各联席会议单位经过研究讨论，确定将绝大部分土地收益让利给企业，以支持企业加快新厂区建设和技术改造步伐。为确保政策落实到位，2002年7月17日，市经贸委、市财政局、市规划国土局3部门联合印发《关于贯彻潍坊市人民政府潍政发〔2002〕22号文件的配套实施意见（潍经贸发〔2002〕17号）》，优惠的政策及相应的配套措施的实施，调动了企业高度积极性，促进了工业园区建设的快速发展。

专业园区建设 针对市区工业企业规模小、布局分散的实际，在组织企业进区发展中，确立市直工业园区化发展方向，按照产业集聚、企业集群要求，突出行业特点，注重产业链条延伸，最大限度地发挥产业集聚效应，着力构筑以大企业为主体，以项目为载体，科技含量高、经济效益好、产业链条完整的专业园区。纺织是潍坊市传统骨干产业，多数企业集中在城区，为发挥整体优势，组织华润纺织、兰天染织、新盛染织、潍棉纺织、天昊巾被、金元针织等企业进入潍坊高新技术产业开发区连片建设，同时，带动北方纺织、纬龙纺织、德龙纺织、润通纺织品等民营纺织企业在周边集聚建设，建成占地100余公顷，技术装备先进，纺织、印染、服装各行业相配套的大型纺织工业园。潍柴华丰、盛瑞机械科技等企业进入安丘经济开发区，与该市恒安散热器、汶瑞机械等企业建设成机械工业园，企业间相互配套协作，突现产业集聚效应。东方钢管、巨龙纺织、宝威滤清器等企业进入山东潍坊经济区开发区，成为该区主要骨干企业。

高标准建设 在新厂区设计方面，突出先进性、多功能、环保型，明确功能定位，既注重满足企业生产经营需要，又突出设计的超前性，力求各种设施适度超前，为今后发展壮大留足空间。多数企业都聘请国内知名大学、设计院进行规划设计，新厂区面积比老厂区增加两倍以上，生产厂房增加一倍以上，力争做到搬大、搬强、搬新。如恒联纸业退城腾空土地13.33公顷，到寒亭区和潍坊高新技术产业开发区征地30余公顷，拓宽了企业发展空间；兰天染织公司一期工程征地20公顷，投资9000万元，新厂区面积和生产厂房分别扩大4倍、3倍，新增引进喷气布机80台、新上一条牛仔布染纱生产线，生产能力翻了一番。在工程建设方面，从企业的整体和长远发展、功能整体配套出发，高标准抓好新厂区建设。所有进园发展企业，方案设计和工程建设都按规定实行公开竞标，从总体规划的制定，到主体厂房、建筑、道路、绿地等都做到精益求精。

调整产品结构 退城进园企业充分利用市委、市政府有关退城进园优惠政策，以退城进园促技术创新，积极开发新产品，开拓新市场。恒联纸业一期项目在寒亭区征地14.47公顷，投资2.5亿元，新上生活用纸项目，现已投产，预计新增销售收入3.1亿元，二期项目在高新区征地15.33公顷，投资6亿元，新上特种纸盒高档纸项目，项目完成后，年销售收入可达到7亿元，利税2亿元；兰天染织公司三期项目在潍坊经济开发区征地8公顷，投资1.2亿元，新上牛仔布服装项目，规划生产规模600万件（套），产品全部出口；新成达公司二期项目投资2000万元，新上农用工程机械配套零部件产品，预计销售收入5000万元。

实施重心北移战略　根据市委、市政府加快发展滨海经济区，实现工业重心北移、拓展全市经济发展空间的决策部署，积极推进退城进园企业到滨海经济区建设新厂区。山东丽波日化有限公司在滨海征地26.67公顷，完成投资4.1亿元，建成20万吨/年洗衣粉、10万吨浓缩洗衣粉、5万吨/年液体洗涤剂、5.8吨/小时烷基苯磺酸等生产线，发展成为全国最大的洗衣粉出口企业。山东红旗机电有限公司征地13.33公顷，规划投资2.3亿元，在原生产产品和规模基础上，新上重型非标设备、污泥脱水环保设备、生活用水处理设备等新产品，销售收入翻番，并为下一步发展和组建集团公司打下基础。山东恒联投资有限公司、山东海龙股份有限公司的滨海区项目等前期准备工作已全面展开。

潍坊市中心城区退城进园企业情况

表3-4

序号	企业名称	原厂位置	原厂面积	新厂面积	新厂位置	搬迁时间	备注
1	潍坊华润纺织有限公司	奎文区潍州路	268	325	高新区	2003年	
2	潍坊兰天纺织有限公司	奎文区潍州路	61	295	高新区	2003年	
3	山东潍棉纺织有限公司	奎文区福寿东街	50	200	高新区	2003年	
4	潍坊新盛染织有限公司	奎文区福寿东街	46	115	高新区	2003年	
5	潍坊宝利汽车有限公司	奎文区北宫东街	53	65	潍城经济区	2004年	
6	潍坊凯信机械有限公司	奎文区北宫东街	63	110	高新区	2005年	
				100	经济区		
7	潍坊长城门窗有限公司	潍城区友爱路	89	252	经济区	2004年	
8	潍坊天昊巾被有限公司	奎文区虞河路	30	130	高新区	2005年	
9	潍坊金元针织有限公司	奎文区福寿街	34	90	高新区	2005年	
10	潍坊新成达机械有限公司	潍城区胜利西街	81	186	潍城经济区	2005年	
11	帛方纺织有限公司	奎文区鸢飞路	263	1166	坊子经济区	实施中	
		奎文区福寿东街	39			2005年	
12	山东恒联投资有限公司	奎文区民生东街	196	700	寒亭经济区	2005年	
		奎文区潍州路	209	236	高新区	实施中	

续表 3–4

<table>
<tr><th>序号</th><th>企业名称</th><th>原厂位置</th><th>原厂面积</th><th>新厂面积</th><th>新厂位置</th><th>搬迁时间</th><th>备注</th></tr>
<tr><td>13</td><td>潍坊新元机械有限公司</td><td>潍城区北宫西街</td><td>23</td><td>55</td><td>经济区</td><td>2005 年</td><td></td></tr>
<tr><td>14</td><td>山东前卫建材有限公司</td><td>奎文区北宫东街</td><td>36</td><td>50</td><td>高新区</td><td>2005 年</td><td>军转地企业</td></tr>
<tr><td>15</td><td>潍坊名羊毛纺服饰有限公司</td><td>潍城区胜利西街</td><td>104</td><td>120</td><td>经济区</td><td>2005 年</td><td></td></tr>
<tr><td>16</td><td>潍坊开关厂有限公司</td><td>奎文区鸢飞路</td><td>30</td><td>50</td><td>经济区</td><td>2005 年</td><td></td></tr>
<tr><td>17</td><td>潍坊富林达实业有限公司</td><td>潍城区胜利西街</td><td>42</td><td>70</td><td>经济区</td><td>2005 年</td><td></td></tr>
<tr><td rowspan="2">18</td><td rowspan="2">潍坊东方钢管有限公司</td><td>潍城区春鸢路</td><td>88</td><td rowspan="2">300</td><td rowspan="2">经济区</td><td rowspan="2">实施中</td><td rowspan="2"></td></tr>
<tr><td>潍城区怡园路</td><td>15</td></tr>
<tr><td rowspan="2">19</td><td rowspan="2">山东潍坊脱粒机厂有限公司</td><td>潍城区健康西街</td><td>130</td><td>150</td><td>经济区</td><td rowspan="2">搬迁中</td><td></td></tr>
<tr><td>奎文区北宫东街</td><td>360</td><td>160</td><td>坊子经济区</td><td></td></tr>
<tr><td rowspan="3">20</td><td rowspan="3">潍坊柴油机厂</td><td>奎文区民生东街</td><td>800</td><td>1800</td><td>高新区</td><td rowspan="3">搬迁中</td><td>主厂区</td></tr>
<tr><td>奎文区健康东街</td><td>124</td><td>800</td><td>寒亭区</td><td>铸锻中心</td></tr>
<tr><td>奎文区潍州路</td><td>131</td><td>720</td><td>滨海区</td><td>重机公司</td></tr>
<tr><td>21</td><td>潍坊精鹰医疗器械公司</td><td>潍城区胜利西街</td><td>20</td><td>25</td><td>奎文城南园</td><td>2010 年</td><td></td></tr>
<tr><td>22</td><td>潍坊宝成离合器有限公司</td><td>奎文区卧龙东街</td><td>27</td><td>90</td><td>经济区</td><td>2008 年</td><td></td></tr>
<tr><td>23</td><td>潍坊市安顺经贸有限公司</td><td>潍城区安顺路</td><td>23</td><td>60</td><td>潍城经济区</td><td>2006 年</td><td></td></tr>
<tr><td>24</td><td>潍坊巨龙纺织有限公司</td><td>奎文区鸢飞路</td><td>113</td><td>136</td><td>经济区</td><td>2009 年</td><td></td></tr>
<tr><td>25</td><td>潍坊银燕工具有限公司</td><td>奎文区潍州路</td><td>56</td><td>120</td><td>奎文城南园</td><td>2007 年</td><td></td></tr>
<tr><td>26</td><td>潍坊通用工具有限公司</td><td>奎文区北宫东街</td><td>23</td><td>30</td><td>高新区</td><td>2006 年</td><td></td></tr>
<tr><td>27</td><td>潍坊五星制锁有限公司</td><td>潍城区胜利西街</td><td>32</td><td>60</td><td>潍城经济区</td><td>2006 年</td><td></td></tr>
<tr><td>28</td><td>潍坊拳王衬衫有限公司</td><td>潍城区北宫西街</td><td>22</td><td>100</td><td>潍城经济区</td><td>2007 年</td><td></td></tr>
<tr><td>29</td><td>潍坊轴承有限公司</td><td>潍城区胜利西街</td><td>30</td><td rowspan="2">60</td><td rowspan="2">潍城经济区</td><td>2006 年</td><td></td></tr>
<tr><td>30</td><td>潍坊中和食品有限公司</td><td>潍城区永安路</td><td>25</td><td>实施中</td><td></td></tr>
<tr><td>31</td><td>潍坊锦泰橡塑有限公司</td><td>潍城区月河路</td><td>15</td><td rowspan="2">30</td><td rowspan="2">潍城经济区</td><td>2004 年</td><td></td></tr>
<tr><td>32</td><td>山东巨力集团胜利街厂区</td><td>潍城区胜利西街</td><td>44</td><td>2006 年</td><td>企业兼并</td></tr>
<tr><td>33</td><td>潍坊亚星集团有限公司</td><td>奎文区鸢飞路</td><td>328</td><td>1200</td><td>寒亭经济区</td><td>实施中</td><td></td></tr>
<tr><td>34</td><td>潍坊华光电子器材发展公司</td><td>奎文区东风东街</td><td>13</td><td>30</td><td>坊子经济区</td><td>2007 年</td><td></td></tr>
<tr><td>35</td><td>潍坊华光塑胶有限公司</td><td>奎文区东风东街</td><td>7</td><td>20</td><td>高新区</td><td>2007 年</td><td></td></tr>
</table>

续表 3–4

序号	企业名称	原厂位置	原厂面积	新厂面积	新厂位置	搬迁时间	备注
36	潍坊欣宝动力配件有限公司	奎文区北宫东街	57	102	经济区	2008 年	
37	潍坊华光精工设备有限公司	奎文区北宫东街	79	110	寒亭经济区	2008 年	
38	山东丽波日化股份有限公司	奎文区鸢飞路	178	400	滨海区	2010 年	
39	山东海化庆丰阀门有限公司	潍城区安顺路	91	118	滨海区	2008 年	
40	山东海化庆丰设备有限公司	潍城区安顺路	47				合并安置职工
41	潍坊梦佳服饰绣品有限公司	潍城区北门里大街	8	23	潍城经济区	2008 年	
42	潍坊潍柴华丰动力有限公司	奎文区北宫东街	298	380	安丘、高新	2009 年	
43	潍坊潍柴零部件有限公司	奎文区健康东街	48	250	高新、安丘	2008 年	
44	潍坊中意纺织有限公司	奎文区潍州路	77			取消计划	经营困难
45	山东红旗机电有限公司	奎文区玉清东街	95	200	滨海区	2009 年	
46	山东金宝集团生产企业	奎文区潍州路	204	400	奎文城南园	2008 年	
47	潍坊潍鹰经贸有限公司	奎文区四平路	8	50	奎文城南园	2008 年	
48	潍坊众信制线有限公司	奎文区鸢飞路	17	112	经济区	2008 年	
49	潍坊御华包装材料有限公司	潍城区北宫西街	70			取消计划	
50	潍坊冠康乳业有限公司	奎文区宏伟北路	36	31	寒亭区	2008 年	
51	潍坊钢联金属材料有限公司	潍城区仓南路	30	410	豪德物流园	2008 年	
		坊子区	68				
52	潍坊煤气公司第二气源厂	奎文区潍州路	140			2008 年	服务业调整
53	潍坊光大粮食机械有限公司	潍城区仓南街	22	40	寒亭区高里	2009 年	
54	山东锦华进出口有限公司	潍城区仓南路	77			前期准备	
55	潍坊杨帆机械有限公司	潍城区胜利西街	70	100	潍城经济区	2011 年	
56	潍坊齐荣纺织有限公司	奎文区潍州路	303	300	昌乐县朱刘	2011 年	
57	潍坊公交公司汽修厂	奎文区北海路	30			2009 年	调车场调整
58	潍坊沃华医药科技有限公司	潍城区胜利西街	88	160	高新区	2009 年	
59	潍坊凤凰纸业有限公司	奎文区四平路	100	350	高新区	2010 年	
60	潍坊巨龙纺织机械有限公司	奎文区鸢飞路	47	50	滨海区	2010 年	
61	潍坊联运公司东客站	奎文区北海路	18	180	滨海区	2009 年	

续表 3–4

序号	企业名称	原厂位置	原厂面积	新厂面积	新厂位置	搬迁时间	备注
62	山东省化学纤维研究所	奎文区新华路	14	20	高新区	2009 年	
63	潍坊钣金厂	奎文区北宫东街	21	30	寒亭区	2010 年	
64	潍坊圣达药业有限公司	潍城区北宫西街	36	70	寒亭区	2011 年	
65	山东海化天合化工有限公司	奎文区鸢飞路	116	90	昌乐、奎文	2011 年	
66	潍坊众谊汽车配件有限公司	潍城区玉清西街	25	26	潍城经济区	实施中	
67	潍坊中兴蓄电池有限公司	潍城区东风西街	33	40	潍城经济区	实施中	
68	潍坊交运公司货运分公司	奎文区健康东街	21	100	坊子区	实施中	
69	潍坊天成阀门有限公司	潍城区长松路	30	60	潍城乐埠山	实施中	
70	潍坊大洋食品有限公司	潍城区仓南路	40			2010 年	车站广场 政府收储
71	山东潍坊制药厂有限公司	潍城区北宫西街	19	80	寒亭区	实施中	
72	潍坊海龙府食品有限公司	奎文区庄检路	36	100	滨海区	实施中	
73	潍坊振兴天马工业用呢公司	奎文区鸢飞路	60	93	寒亭、滨海	实施中	
74	潍坊兄弟纺织有限公司	奎文区四平路	22			前期准备	
75	潍坊市市政公司沥青材料厂	潍城区潍昌路	26	100	昌乐县	实施中	
76	潍坊昌大建筑公司机械厂	潍城区安顺路	25	100	高新区	实施中	
77	潍坊畜产品进出口公司	奎文区卧龙东街	90			前期准备	
78	潍坊机床二厂有限公司	奎文区卧龙东街	40		经济区	前期准备	
79	潍坊沈潍幕墙装饰工程公司	奎文区北海路	8	24	坊子区	2010 年	
80	潍坊新华印刷厂	奎文区潍州路	75			前期准备	省属企业

第十节　村镇建设

乡镇区域调整和规划编制

2003~2011 年，全市乡镇区划进行多轮调整，城镇规模显著扩大。2003 年，全市共有镇 140 个、乡 10 个、行政村 9083 个，其中历史文化名镇 3 个、历史文化名村 1 个。小城镇建成区总面积 2.464 万公顷，平均每个小城镇 175 公顷；小城镇驻地人口 230 万，平均每个小城镇 1.64 万人。国家重点镇、省级中心镇在 2004 年分别达到 11 个和 24 个。至 2011 年，全市共有建制镇 62 个，乡已全部取消，行政村 7385 个，其中国家重点镇 7 个，省级中心镇 22 个。小城镇建成区总面积 2.75 万公顷，平均每个小城镇 443.5 公顷；小城镇驻地人口 95.64 万，平均每个小城镇 1.5 万人。城镇布局日趋合理，区域中心地位和辐射带动能力明显增强。

全市小城镇总体规划进行多轮修编，初步形成体系。至 2011 年，8 个县市的新一轮城镇体系规划已全部完成，全市小城镇总体规划实现全覆盖，控制性详细规划达到75%，小城镇规划体系日渐完善。

小城镇建设

2003 年开始，全市在坚持抓好城市建设与发展，不断提升中心城市和县级城市承载力和带动力的基础上，启动新一轮小城镇建设。2008 年 5 月，市委、市政府印发《关于统筹城乡发展加快村镇建设的意见》，在全市优选 30 个中心镇进行重点改造。2009 年 3 月，市委、市政府印发《关于加快推进 60 个小城镇建设提升的意见》，明确小城镇建设提升工作的目标任务、标准要求和推进措施等，启动 60 个小城镇建设提升工作；市委办公室、市政府办公室印发《关于建立市级领导具体抓重点投资项目制度和联系企业、乡镇制度的通知》，实行市级领导联系县市区和包靠乡镇制度。2010 年 6 月，市委、市政府印发《关于调整市小城镇建设领导小组组成人员的通知》，建立由市委、市政府领导亲自挂帅的小城镇建设的组织领导体系；8 月，市委办公室、市政府办公室印发《关于 2010 年小城镇建设提升工作的意见》。2011 年 5 月，市委、市政府印发《关于进一步促进镇域产业发展的意见》，把全市所有镇街纳入范围全面提升。

公共基础设施建设　2003~2011 年，全市村镇公共基础设施建设投资逐年递增，建设档次和水平迅速提高。累计完成村镇建设投资 995.4 亿元，其中基础设施 324.7 亿元。9 年间，新建科、教、文、卫、行政办公等公共建筑 700.85 万平方米，到 2011 年，全市村镇公共建筑面积达到 2788.5 万平方米。镇区道路总长度达 3335.91 公里，新修排水管沟 1336.85 公里；62 个镇、6829 个村庄用上自来水，受益人口 661.9 万，自来水普及率达 96.2%，比 2003 年提高 9 个百分点；全市村镇共安装路灯 4.584 万盏，总数达 7.16 万盏，是 2003 年的 2.8 倍。村镇生态环境建设取得较大进展，新增绿地面积 4715.55 公顷，小城镇人均公园绿地面积 12.45 平方米，比 2003 年增加 9.62 平方米，建成一批公园、游园、街头绿地，改善了村镇容貌和人居环境。

生产建筑及园区建设 2003年开始，按照小城镇改革与发展“三个三”（即抓卫生保洁、清理违章和植树绿化，改善城镇面貌；抓服务业园区、工业园区和农业示范园区建设，发展镇域经济；抓融资平台、创业服务平台和社区服务平台建设，创新体制机制）的要求，小城镇纷纷设立工业园区、服务园区和农业示范园区，搭建城乡经济发展平台。9年间，完成投资292.9亿元，新建生产建筑3057.71万平方米，累计达5225.3万平方米，全市累计建成工业园区、服务业园区和农业示范园区465个，成为招商引资、产业积聚、转移农村剩余劳动力的重要载体。至2011年年末，全市财政总收入过亿元的镇达到13个。

农村住宅建设 2003~2011年，全市农村住房建设经历两个阶段：2003~2008年，农村住房自主建设时期，以农民自发建房为主要特征；2009~2011年，全省3年农村住房建设与危房改造时期，以政府统筹、政策推动农村建房为主要特征。2009年4月9日，市政府印发《关于推进农村住房建设与危房改造的意见（潍政发〔2009〕13号）》，成立市农村住房建设与危房改造工作领导小组，正式启动为期3年的农村住房建设与危房改造工作。截至2011年年底，全市累计建设农村集中居住区987个，建设农房39.6万户，竣工36.2万户，改造危房5.5万户，超额完成省政府下达的建设改造任务，建成与改造数量位居全省前3位，改善了130余万农村居民居住条件，拉动各类社会投资约550亿元，在扩内需、惠民生、促发展、保和谐等方面发挥了积极作用。截至2011年年末，农村人均住宅建筑面积达33.96平方米，比2003年增加9.16平方米。

村镇建设管理 建制镇全部成立综合执法、绿化养护、环卫保洁三支队伍，全面提升城镇管理水平。开展以“三清”（清理粪堆、清理垃圾堆、清理柴草堆）、“四改”（改水、改厕、改灶、改圈）、“四通”（通路、通电、通自来水、通宽带网）、“五化”（硬化、净化、亮化、绿化、美化）为主要内容的镇容村貌整治，建立起城乡垃圾“户集、村收、镇运、县处理”的管理模式，至2011年年末，全市行政村居覆盖率达到85%以上，3279个村基本达到“三清四改、四通五化”标准，占村庄总数的43%。村镇管理有序、环境整洁、生态优美，居民生产、生活环境明显改善。

寿光市羊口镇齐庄新村

机制创新

全市深化经济体制综合配套改革试点工作，加快体制机制创新，以解决制约村镇发展的瓶颈问题。

扩权强镇　2009年4月9日，市委、市政府印发《关于实施镇级扩权加快发展的指导意见（潍发〔2009〕8号）》，把规划建设、投资管理等6大类84项县级管理权限依法下放到镇级，赋予小城镇更大的发展自主权，放权范围为全市67个镇、1个乡。2010年8月26日，市委、市政府印发《关于深化扩权强镇改革试点加快推进区域重点镇建设的意见（潍发〔2010〕16号）》，确定寿光市羊口镇、诸城市昌城镇、安丘市景芝镇为市级区域重点镇建设的第一批试点镇。同时，按一县（市）一处的原则，统一规划一批市级改革试点后备镇，进行高起点规划、设计、建设和培育，推动强镇向城市转型。

扶优扶强　从2008年开始，市财政每年出资1000万元，采取“以奖代补”的方式，对发展好、提升快的小城镇给予奖励。2009年，出资3亿元，按照“重点突破、梯次发展”的原则，对60个重点镇各补助500万元，帮助搭建镇级投融资平台、规范运作，加快城镇发展步伐。

考核机制　2009年3月3~6日，市建设局会同财政、规划、市政等部门，组织对2008年全市首批改造提升的30个小城镇进行考核，根据考核结果落实奖励资金。2009年以来，实行严格的考评机制，把小城镇发展目标任务细化量化，采取观摩点评和专家评审相结合、现场评估与指标考核相结合的办法，严格考核验收，考核结果与干部选拔任用挂钩。11月3~17日，市委、市政府组织对全市60个小城镇的改造提升工作进行观摩点评和实地检查考核，评出前10名和后10名小城镇；2010年11月2~13日，对全市118个镇街的镇村建设和产业发展情况进行观摩点评，评出前10名镇街和后10名镇街。2011年10月8~19日，市委、市政府组织了全市镇域科学发展考评，评出镇域科学发展前20名镇街和现代农村发展前10名镇街。3年来，通过小城镇考核，提拔重用工作实绩突出的镇党委书记30余名，激发了基层干部的工作热情。

第二章　市政基础设施

第一节　城市供水

供水现状

水源　全市生活饮用水水源地共有峡山水库、白浪河水库两个地表水水源地和朱里地下水水源地。峡山水库是山东省第一大水库，位于昌邑、安丘、高密、诸城四市交界处，距离潍坊市区60公里，其兴利库容5.03亿立方米，总库容14.05亿立方米，死库容1亿立方米，控制流域面积4210平方公里，主要为中心城区、寒亭区等地提供生产生活用水水源保障。1993年4月，峡山给水工程建成投产，该水库库容一般维持在3亿立方米左右，能够满足市区取水要求。白浪河水库地处市区南郊的白浪河中游，与上游牟山水库、高崖水库相连，流域面积353平方公里，兴利库容0.41亿立方米，总库容1.48亿立方米。2006年，白浪河水厂建成投产后，与峡山水库共同担负着市区生产生活用水的水源保障任务。该水库常年库容较小，主要依靠上游调水，水体水质基本达到生活饮用水水源水质要求。朱里地下水源地位于潍河西岸，距离市区30公里，采浅层地下水，日取水能力约4万立方米，主要承担中心城区生活用水的战略储备供水任务。

设施 峡山给水工程设计日供水能力10万立方米，包括峡山取水厂、眉村净水厂和高新配水厂（原东环配水厂撤销后迁建）3个部分。峡山取水厂日取水能力10万立方米，通过长30公里、直径1200毫米钢筋混凝土预应力管道输送至眉村净水厂进行净化处理。眉村净水厂采取常规工艺设计，日净化能力10万立方米，采取混凝—沉淀—过滤—消毒常规处理工艺，又根据原水水质状况增建气浮、粉末活性炭吸附等预处理工艺。高新配水厂设计日配送河水库内取水头部及浑水管道自流进入白浪河水厂，通过折板反应—平流沉淀—双层滤料过滤—复合二氧化氯消毒工艺净化处理，建有浮滤一体翻板滤池，可根据水源水质状况采取气浮预处理措施。朱里水源地地下水直接进入眉村净水厂清水池，消毒后输送至高新配水厂，补加复合二氧化氯消毒后配送至市区公共供水管网。

水质 通过科技攻关和技术改造，水质净化处理采取有针对性的气浮、粉末活性炭

峡山水库

吸附、生物陶粒和石英砂双层滤料等工艺措施，城市供水水质不断改善，市自来水公司的出厂水水质合格率均达100%。委托济南市给排水监测站、青岛经济技术开发区供排水监测站检测，2009~2012年，市自来水公司出厂水106项指标全部符合《生活饮用水卫生标准》要求。2011年5月，白浪河水厂和东环配水厂被中国城镇供排水协会表彰为首批106项水质指标持续稳定达标水厂。

重点供水设施项目

白浪河水厂工程项目　为保障城区足量供水，根据市政府部署，投资1.2亿元，于2005年3月开工建设了设计日供水能力12万立方米的白浪河水厂。2006年8月，该项目正式投产并网运行，城区供水由此形成东西双向供水格局，供水水质明显改善，供水压力得以平衡，整个市区供水可靠性和安全性显著提高。

高新配水厂工程项目　为满足城市总体规划需要，保障长远发展用水需求，投资1.39亿元，于2010年5月开工建设了设计规模为日供水20万立方米的高新配水厂。2011年11月，该项目正式并网运行，潍坊市城区东南片区供水压力不足的状况得到彻底改观，城区东西双向供水格局更加稳固。

供水管网建设及户表改造工程

供水管网建设　近年来，按照城市总体规划要求，结合全市经济社会发展实际，每年投资2000多万元，统筹实施城市边缘地区、城乡结合部管网建设，积极组织隐患地段老旧管网改造，切实加快供水管网建设改造步伐，城区公共供水管网不断延伸，供水服务面积不断拓宽。城区DN100以上供水管道长度已达到900余公里，供水普及率达到100%。

“一户一表”改造工程　2004年4月，市政府办公室下发《关于对推行一户一表给水办法的请求的批复》；2007年2月，市委、市政下发《关于对城市旧居住区实施全面整治改造的意见（潍发〔2007〕7号）》，决定在城区范围内逐步实施“一户一表”改造工程。2004年7月~2012年7月，累计完成“一户一表”改造工程10.17万户，城区户表用户达到12.3万户，市民用水环境明显改观。

水质监管

针对全市城市供水事业市场化改革后政府监管能力弱化的现状，市城市管理行政执法局提出城市供水水质管理课题，组织专门力量进行专项调研。研究国家相关法律法规和国内水质事故典型案例，准确把握城市供水水质管理发展方向；针对全市城市供水面临的突出问题，提出加强和完善城市供水水质管理工作制度的新思路。撰写的加强城市供水水质管理专题报告，引起市委、市政府主要领导的高度重视。在借鉴外地经验的基础上，根据本地实际，起草《潍坊市城市供水水质管理办法》，经市政府第34次常务会议研究通过，于2010年10月17日颁布施行。2011年4月初，省住房和城乡建设厅向全省转发该办法，并对潍坊市加强城市供水水质管理体系建设作的创新性做法给予充分肯定，并在全省进行推广。

市政公用事业产品服务质量监测中心 2009年5月，市政公用事业产品服务质量监测中心一期开始建设，连续三年列入市政府城建重点项目计划，计划投资1500万元，现已完成投资1000万元。2009年，对办公楼进行水电、通风等实验环境进行改造，购置气质联机等先进检测设备，实现生活饮用水常规42项等实验室检测能力；2010年下半年，进行二期项目建设。购置生活饮用水非常规项目检测仪器，建成覆盖中心市区供水体系的在线预警监控工程，配备必要的流动检测设备，中心检测能力达到生活饮用水全部106项检测能力，位居全省前列，成为全省市级第一家由政府直接管理的公用产品质量监测机构。2009年，被授予国家水专项水质监控预警项目潍坊示范研究基地、山东省给水处理工程技术研究中心潍坊分中心。

工作考核机制 开展对供水主管部门和城市供水单位进行考核评估工作，主要考核评估供水保障能力及体现供水管理工作的成效。考核评估主要区分城市供水主管部门和供水单位两个层面，考核内容主要对各级供水主管部门主要进行机构建设、制度建设、行业管理和发展情况等方面的监督考核；对供水企业主要从基础管理、技术管理、水质监测、应急处置等工作量化考核。考核方式包括定期检查、专项检查、统计分析、综合考核等，考核结果纳入对各县市区城市管理的综合考核范畴，作为行业评先创优的依据，并在各县（市、区）政府及有关部门、全市城市供水行业内进行通报。通过水质考核评估，全面提升全市城市供水管理工作水平。

第二节　城市燃气

发展概况

1977年6月，潍坊市建成第一座液化气站，开始向城区居民供应瓶装液化石油气。1985年5月，城区开始引进管道煤气，20世纪90年代，全市各地新建大量液化气站，液化石油气逐渐推广。进入21世纪后，随着全市经济社会快速发展，城市建设突飞猛进，燃气行业有了广阔的发展空间。为适应城市发展需要，市政府运用市场机制，加快深化燃气行业改革。2003年11月，原潍坊市煤气公司与香港中华煤气公司合资成立潍坊港华燃气有限公司，注册资本1.4亿元人民币，双方各占50%，合资后引入先进理念，实施“走出去”战略，积极拓展市场，促进企业的快速发展，带动全市燃气行业的整体提升。2004年8月，途经潍坊市的中石化天然气长输管道建成通气，城区开始由东向西置换天然气，各县市也陆续成立天然气公司；2005年9月1日，第一座压缩天然气汽车加气站营业；2011年10月，中石油天然气长输管道建成通气。

经过30多年的发展，全市燃气事业从无到有、从小到大，供气领域涵盖居民生活、工业生产、酒店洗浴、交通运输等各个方面，燃气成为城乡居民生产生活的主要能源之一。截至2011年年底，城区已有265辆公交车、2000辆出租车及2.26万余辆社会车辆改用天然气；城区日供天然气37.9万立方米、人工煤气16.8万立方米，形成有中石油、中石化两大气源保障的新格局。潍坊市城区现有管道燃气企业3家、汽车加气站19座、液化石油气供应站20家，建成市政燃气管网1150千米，其中中压以上燃气管道461千米，发展管道燃气居民用户24.4万户、液化石油气用户12.2万户，共计36.6万户，城市燃气普及率达到99.25%。

监管保障

为推动燃气事业健康快速发展，保障供气安全，全市不断强化行业监管和供气保障工作。加快引进天然气长输气源，加强与中石化、中石油等气源单位的沟通，协调推进气源引进工程建设，最大限度争取供气指标；加强燃气经营许可审查审批，对燃气企业的场站建设、安全管理、服务保障等方面进行严格审查，对存在的问题跟上监督整改；加强工程建设管理，对新建、改建、扩建燃气工程实施审查，监督按照法定程序组织实施工程建设，确保工程质量；开展燃气隐患排查治理，实施危旧燃气设施改造和燃气管线违章占压清理，城区累计完成铸铁管改造110公里，户内危旧燃气设施改造3.9万户，清理燃气管道占压点332处。

第三节 城市供热

1988年9月，全市首个集中供热项目——市政府供热站建成投产；1997年月，第一座热电厂潍坊城公热电有限公司（现为“潍坊万潍热电公司”）建成投产。进入21世纪后，随着城市快速发展，居民对生活质量要求日益增高，全市加大供热管理制度和供热企业市场化，从2001年开始，进行供热体制改革，引入社会资本进入供热市场，集中供热发展进入快车道。截至2011年年底，城区共有供热企业14家（其中纯热源企业4家），以华电潍坊发电有限公司发电余热利用为依

天然气加气站

托的1个大型换热首站，万潍热电、亚星热电、华潍热电、城南热电、新方热电、恒安热电等6个中型热电厂和昌能热源厂、万潍南部热源厂作为主要热源，以17个锅炉房作为补充热源，建设供热管网602公里，通过580个换热站对城区供热，供热能力折合蒸汽1950吨/小时，发展集中供热面积2833.5万平方米，其中居民供热面积2212.5万平方米，约24万户，集中供热普及率达到73.5%。通过发展集中供热，城区替代分散锅炉1100多台，每年减少烟尘排放1.7万吨、二氧化硫0.5万吨，为改善城市大气环境，提高居民生活质量，发挥了重要作用。

扶持政策

为推动供热事业健康快速发展，保障供热质量，市政部门对供热企业采取扶持政策。每年都对供热企业进行财政补贴，另外，还采取财政贴息的办法，每年冬季储备供热应急用煤5万吨，用于保障特殊时期的煤炭供应。根据煤炭价格上涨情况，多次调整供热价格。城区供热价格有两种形式：一种是传统的面积热价，每平方米居民25.6元，非居民31.2元；另一种是两部制热价，即分户计量热价，居民生活用热基本热价为11元/平方米，计量热价为0.14元/千瓦时；非居民生活基本热价为13.5元/平方米，计量热价为0.17元/千瓦时。

监管措施

严格落实属地管理原则，充分调动市、区两级资源，共同抓好供热监管和协调。加强供热监管队伍建设，每年冬季都要成立数10人的监管队伍，在供热一线进行巡回检查，在第一时间解决供热矛盾。将居民采暖换热站全部纳入数字化城市管理系统，供热期间实行24小时在线监控。开展供热企业绩效考核，将考核结果与财政补贴、区域调整挂钩，激发供热企业主动搞好供热服务的自觉性。推行供热企业直供到户、冬季供热提前试运行等一系列具体措施，确保冬季供热安全稳定，推动供热质量和用户满意度逐年提高。

第四节　城市生活污水处理

2003年以来，为贯彻落实流域生态环境整治工作，全市加快污水处理设施建设，不断提高污水处理水平。截至2011年年底，全市建成区共有运行污水处理厂6座（中心城区4座，寒亭区1座，坊子区1座），污水处理能力34万吨/日，排水管网总长度1591公里，其中污水管道600公里。6座污水处理厂全部采用BOT或TOT运营模式，按照《城镇污水处理厂污染物排放标准》（GB18918—2002）的要求，坊子区污水处理厂出水水质达到一级A标准，其余5座达到一级B标准。

污水处理设施

潍坊市污水处理厂　位于玄武街和四平路交叉口北部，济青高速公路南侧，项目占地约17.69公顷，采用奥伯尔氧化沟二级生化处理工艺，主要负责处理白浪河东箱涵、虞河箱涵污水。设计规模为日处理污水10万吨/日，于2000年10月建成投产，2004年1月，由联合润通水务股份有限公司采用TOT

模式经营。2009年9月，对市污水处理厂进行升级改造，排放标准由国家二级标准提高到一级B标准。12月，污水处理厂与潍坊发电厂合作，投资2000万元建成3.5万吨/日的中水回用项目，为全市水资源节约利用发挥了重要作用。

高新污水处理厂　位于潍坊高新技术开发区东部，济青高速公路北侧，占地总面积11.6公顷，采用多点进水强化A/O污水除磷脱氮处理工艺，主要负责处理潍县中路以东区域及虞河箱涵部分污水。由联合润通公司采用BOT模式经营，设计总规模为10万立方米/天，分两期实施，已建成的一期工程规模为5万立方米/天。2009年9月，对高新污水处理厂进行升级改造，出水水质由国家二级标准提高到一级B标准。

城西污水处理厂　位于经济开发区北二环路与月河路交叉口西北角处，一期占地约2.67倾，设计规模4万立方米/天，采用多级多段AO除磷脱氮处理工艺，出水水质达到一级B排放标准，主要负责处理友爱路管道、西外环管道汇入禹王北街管道收集的污水，由联合润通公司采用BOT模式经营。2010年6月动工建设，2011年1月实现达标排放，进入商业运营。

虞河污水处理厂　位于虞河南岸，占地面积约约9.33公顷，设计处理规模10万立方米/天，由重庆康达环保股份有限公司采取BOT模式运营，项目采用改良型氧化沟工艺，并结合水解酸化和高效沉淀深度处理等工艺，出水水质执行一级B标准，主要负责处理海龙化纤、恒联浆纸和亚星等企业污水以及虞河箱涵部分污水。2009年4月开工建设，2010年6月建成投入运营。

寒亭区污水处理厂　位于寒亭区北环路，占地20亩，处理规模2万立方米/天，采用CASS工艺，由山东新大陆水务有限公司投资1850万元于2005年7月采用BOT模式建成运营，出水水质达到一级B标准。2011年，该厂移交山东高速科技环保股份有限公司，主要负责处理寒亭主城区生活污水及部分企业污水。

坊子区污水处理厂　位于坊子区金山街，占地54亩，处理规模3万立方米/天，采用A2/O工艺，主要负责处理坊子主城区生活污水及部分企业污水。一期由山东新大陆水务有限公司投资1800万元于2005年9月建成

污水处理厂

运营，2010年，移交北控水质净化有限公司，北控公司对其进行一级A升级改造并扩建2万吨/日规模，11月全部建成运营。坊子区污水处理厂出水全部中水回用作为虞河景观水。

污泥掺烧项目

2011年3月6日，潍坊市城区污水厂处理污泥掺烧项目投产庆典仪式在华电潍坊发电有限公司举行，该项目的正式投产运行，有效解决了污泥处置难的环保问题，实现生态效益和经济效益“双赢”。

该项目由潍坊市与华电潍坊发电有限公司合作建设，项目总处理规模为600吨/日，分两期建设。已建成的一期工程投资1900万元，处理规模达400吨/日，2011年6月开工，12月建成调试，2012年3月初实现满负荷运行。项目采用镶嵌式技术，通过全负压封闭运行，全过程自动化控制，充分利用电厂烟气余热，将污泥干化（320℃干化）后直接混入燃煤，送入锅炉燃烧发电（1500℃焚烧）。该技术拥有投资少、处理费用低、建设周期短、技术可靠、运行操作简便和维护工作量少等优点，完全符合国家“以废治废”环保产业政策，能彻底解决污泥的二次污染问题，真正实现污泥处理的无害化、资源化、减量化目标。

行业监管

2006年，市政府出台《潍坊市中心城区污水处理费征收使用管理办法》；2008年年底，组建市政公用事业产品服务质量检测中心，负责对全市污水处理厂进出水的12项基本指标实施高密度监控和检测。2011年，出台《潍坊市城区排水管理办法》，进一步完善城区排水许可制度；成立污水处理费征收管理办公室，作为专门机构对市区污水处理费征收实行规范化管理。2012年7月，组织对临朐县、安丘市等8个县市及14个重点镇制订《城市排水专项规划》。

第五节　城市生活垃圾处理

无害化处理

为提高中心城区环境卫生水平，在奎文、潍城两区48个行政村实施城乡生活垃圾收运处理一体化试点，出台生活垃圾收运处理一体化作业规范和质量标准。生活垃圾进场后，严格按照建设部城市生活垃圾填埋标准，经过检验、称重计量、分单元填埋、摊铺压实覆盖到场区消菌杀毒、防飘扬物扩散、渗滤液膜处理、环境监测、安全管理等多道工序进行规范化处理。废水处理后达到《生活垃圾填埋场污染控制标准》一级标准，建成雨污分流和沼气回收设施。2008~2011年，全市城市生活垃圾无害化处理率分别为100%、96.31%、100%和100%。

垃圾收集　配备村内保洁员，早8时前农户垃圾收集完毕；村内道路实行每日两普扫，道路卫生达到三级道路保洁标准，并及时清除清扫垃圾；垃圾收集人员衣着整洁，标志统一，工具齐全；村内垃圾收集车辆保持车体整洁，无污垢。

垃圾房管理　每日早9时前为垃圾集中投放时间；生活垃圾投入房内，严禁将垃圾堆积在外；严禁将建筑垃圾投入垃圾房内；

2008~2011 年潍坊市生活垃圾无害化处理率

表 3-5

项　　目	单位	2008 年	2009 年	2010 年	2011 年
生活垃圾产生量	万吨	21.90	26.83	29.06	25.71
生活垃圾无害化处理总量	万吨	21.90	25.84	29.06	25.71
生活垃圾无害化处理率	%	100.00	96.31	100.00	100.00
考核要求	生活垃圾无害化处理率≥85%				

5~10 月，每日两次药物消杀，进行灭蝇控蚊；保持垃圾房外观整洁、设施完好。垃圾清运。生活垃圾达到日产日清、车走地净；文明作业，不扰民，封闭运输不滴漏，避免造成二次污染；蚊蝇孳生季节要对垃圾收集车辆喷药、消毒、消杀蚊蝇；车容整洁，车体外无污物、灰垢，标志清晰，运输过程中无垃圾扬、洒、拖、挂现象；运输车辆严禁垃圾乱倒卸，严禁沿途洒漏。

生活垃圾处理厂

位于潍城区符山镇西南 2.5 公里处，距中心城区 25 公里，占地面积约 74.07 公顷。设计处理规模为 700 吨 / 日，总容量 800 万立方米，使用年限 20 年。2002 年 9 月 30 日开工建设，2004 年 6 月 15 日一期工程竣工并投入使用。工程概算投资总额 1.6 亿元，实际完成投资 1.22 亿元，日处理生活垃圾近 1000 吨。

市生活垃圾处理厂是联合国人类住区规划署和建设部确定的日本福冈技术在中国的唯一试点项目。2003 年，山东省建设厅和联合国人居署在市召开潍坊—福冈技术现场研讨会，2005 年，垃圾厂被山东省建设厅列为全省人居环境范例奖备选项目，2006 年5 月，经山东省建设厅检查评定达到无害化处理Ⅰ级标准，2008 年 11 月，被省建设厅评为“规范化管理先进单位”。

第六节　城市排水

全市不断加大排水设施建建设、养护工作，建立完善排水管网体系，推进治污减排工作。截至 2011 年年底，共建成排水管网 1359.47 公里。其中，污水管道 537.96 公里；雨水管道 687.81 公里；雨污合流管道 133.7 公里。市政管网收集污水量约 31 万吨 / 日，峰值量达到 37.2 万吨 / 日。共有 9 条河流、1 条明渠作为排水收纳体。

排水体系

城市 32 条主干道的配套管网，由市市政工程养护管理处负责管理、维护。到 2011 年，市区已建成雨水管道 212.6 公里、污水管道 131.8 公里、雨污合流管道 13 公里，基本实现了雨污分流。源头管网，包括居民小区、单位庭院、城中村、背街小巷、次干道，由各区排水管理部门进行属地管理。已建成雨水管道 475.21 公里、污水管道约 406.16 公里、雨污合流管道120.7公里，其中新建管网全部实现雨污分流，部分老城区管网为雨污合流。终端的“三河”（白浪河、虞河、张面河）截污箱涵。白浪河截污箱涵正在建设当中，虞河、张面河截污箱涵由市养管处负责管理、维护。

行业监管

为确保城市排水行业健康有序发展，全市严格落实行业监管责任，通过健全机构、强化管理、严格执法、保障资金等措施，切实加强对污水处理厂的建设及运营监管。

数字化城管系统建设。以12319市政服务热线为平台投资建设集市政公用产品和服务质量（包括供排水、供气、供热等）、市政设施、市容环境卫生、园林绿化、城市防汛、广告牌匾、施工围挡管理、城市管理突发事件为一体的数字化城管系统，综合利用GIS（地理信息系统）、GPS（全球定位系统）、RS（遥感技术）等多种技术和各类业务平台，形成完整、闭合、互通互联的城市综合管理系统。城市管理的区域达到精细化、管理部件的内容数字化，管理事件的处置精确化。

建立排水许可制度。由市行政审批大厅负责受理排水用户申请，市市政局负责审批，市养管处负责现场。自2006年开始实行，逐步建立排水许可体系。2011年，潍坊市出台《潍坊市城区排水管理办法》对排水许可的具体审批过程进行了规范。

建立排水管网电子图纸档案系统。由市养管处牵头，全市已建成管网的进行电子化管理，便于城区管网的管理、查阅、修改、规划。投资75万元，购置管道内窥摄像检测设备，方便了日常管道的巡查维护；投资180万元，购置3台防汛移动泵车，对汛期道路、桥涵积水点管道进行疏通。

第七节　城市地下空间建设与管理

全市城市地下空间开发利用规划编制工作于2010年12月开始启动，由同济大学、上海市政院、解放军理工大学、潍坊市规划院联合编制。规划范围为潍坊市行政建制设立的潍城区、奎文区、坊子新区、寒亭区、高新区、经济技术开发区范围。规划期限近期为2011~2015年，中期为2016~2020年，远期为2020~2030年。规划用地规模近期为192.5平方公里，远期290平方公里。包括地下空间资源评估及需求预测、地下交通设施发展策略研究、地下商业设施发展策略研究、地下空间开发利用权属管理研究、地下空间开发利用投融资模式与机制创新研究、地下空间资源的适建性评价专题研究及人防专题研究。先后进行地下空间开发利用现状普查、总体规划方案形成和重点片区规划方案研究3个阶段工作，在深入调查分析潍坊市中心城市地下空间利用现状、利用条件的基础上，提出存在的问题、地下空间利用的规模预测、总体布局、重点发展片区等内容，于2011年8月形成规划成果。城市地下空间开发利用规划对中心城区地下商业开发、人防疏散、地下交通系统组织及地下重大市政基础设施布局进行规划布局。对中心区3~5平方公里的重点地段，做到控制性详细规划的深度。

地下空间建设

潍坊市是国家人民防空二类重点城市。2005年，被国家国防动员委员会表彰为“全国人民防空先进单位”。2011年，被济南军区国防动员委员会表彰为“济南军区人民防空先进单位”。

全市的地下空间开发建设大体经历了从满足单一的人防战备需要，到与城市建设相结合，再到综合开发利用3个阶段，开发建设的规模不断扩大，水平不断提高。截至2010年年底，全市地下空间在建项目76个，面积196万平方米，建成项目416个，面积为376万平方米，人均拥有地下空间总开发面积3.08平方米，在国家同等二类人防重点城市中属于较高水平。

地下人防工程建设　结建人防工程。1993年至2000年，结合城市新建民用建筑修建战时可用于防空的地下室23处15857.3平方米。

自建人防工程。2003年6月，市0301人防工程开工建设，总投资3000万元。2010年，被确定为市国防动员备份指挥中心。2007年3月，市级机关战时疏散基地开工建设，总投资4500万元，2009年6月竣工并投入使用。

社会资金修建地下人防工程。2001年以来，全市深入贯彻落实《中共中央、国务院、中央军委关于加强人民防空工作的决定》《国务院中央军委关于进一步推进人民防空事业发展的若干意见》和第五、第六次全国人民防空会议精神，积极探索市场化条件下人防工程建设路子，利用社会资金建设地下人防工程。2006年8月，引资近3亿元建成潍坊市世界风筝都纪念广场及地下单建7万平方米的大型人防工程。该工程平时为大型商场，战时为指挥中心和人员物资掩蔽场所。2008年，引资1亿元建设了胜利西街地下名店街。战时作为人员掩蔽和物资库，平时用作商业经营和过街通道。2009年，开工建设火车站广场西侧人防工程。

地下非人防工程开发利用　面对城市快速发展、土地紧张、交通拥挤等情况，市政府因势利导，运用市场机制，大力推进商业、交通、休闲服务等设施的地下空间开发。已开发地下空间非人防工程面积351万平方米。新开发的6.9万平方米的V1广场项目，1.75万平方米的火车站广场地下商场项目，1.5万平方米的胜利西街地下过街通道和人防商业步行街项目，18.3万平方米的阳光100城市广场一期项目，3.3万平方米的浩博国际商业广场一期项目等，为方便市民生活、提升城市现代化水平发挥了很好地作用。

地下管网建设　推行“强电入地、弱电入综合管网”。雨污管道的分流建设，初步构建以“三河”为骨架的城市地下污水管涵系统，市区地下排水管道总长达到1433公里，城市排污防洪能力明显增强。

地下空间管理

1997年5月，增设潍坊市地下空间开发中心，为正科级事业单位。1993~2005年，重点维护工程10058平方米，加固工程6531.8平方米，改造工程4353.8平方米，改造、新建工程口部32个，维修工程通气孔6个，处理渗漏水工程5处，排除干道积水约6500立方米。2001年，树立“城市发展我发展，我与城市共兴衰”的经营城市理念，坚持依托城市发展实现人防自身快速发展。提出建设一个口部，带动地下一片空间的“口部战略”，盘活人防地下国有资产。投资1000余万元，在城区繁华地段建设改造了机械局、东苑公园、潍棉、中央丽景、木材公司、郭宅街、工福街等人防口部工程，新增地下空间的开发利用面积1万余平方米。

2002年4月16日，市人民防空办公室、市发展计划委员会、市规划与国土资源局、市建设局、市房产管理局联合行文，下发《关于进一步规范结合民用建筑修建防空地下室工作的通知》。2002年下半年，对市内各类人防工程和普通地下室进行普查建档，共查阅档案21万余份，收集资料1.05万份，建档1306卷。其中，人防工程使用面积9.469万平方米，普通地下室使用面积30.81万平方米。为后续开发利用提供第一手资料。

2009年1月，经市政府批准，成立潍坊城市三维空间投资有限公司，归口统一管理全市的地下空间及其相关地面建设的规划权、开发权、拍卖权、使用权和管理权。2010年12月，编制《潍坊市地下空间开发利用规划》和《潍坊市人民防空工程建设规划》。2011年11月，《潍坊市人民防空工程建设规划》通过专家评审。

城市避难场所　投资4000余万元，在沂山建设市级机关战时疏散基地，2009年6月竣工投入使用。该工程按三星级宾馆标准装修，战时为市级机关办公生活场所，平时为沂山国家AAAA级旅游风景区提供服务。将市区范围内的中小学校、宾馆、体育场馆、会展中心、影剧院等全部确定为疏散点，挂上人口疏散点牌子，并以政府文件进行公布。其中，潍坊风筝广场疏散点地处城区中心，东起四平路，西至白浪河，南起民生东街，北至胜利东街，占地面积约9公顷，可容纳1.2万人应急避难维持生活30天左右，或者供3万人临时避险安置，达到国家I类应急避难场所标准。所有街道办事处、中心社区都制订防空防灾应急疏散方案，共制订散方案160余个，组建疏散组织130余个。乡镇、村都制订对口接收安置方案，根据不同情况将市民分别按疏散地域、疏散基地、疏散点进行疏散安置，疏散能力达到30万人以上。

城市防灾减灾　全市积极适应信息化战争特点和要求，以人防信息化建设为突破口，坚持任务牵引，重点突破，信息配套，分步实施，综合集成的原则，相继建设人防地面指挥中心、0301地下指挥所和防空防灾应急指挥车，并融会贯通，互为补充，共同构建“三位一体”的人防指挥保障平台，带动和推进人防事业的全面发展。

地面指挥中心。为适应经济社会发展新形势和信息化战争新要求，积极推动由单一防空体制向防空防灾一体化转变。2000年，投资近百万元，建立人防地面指挥中心和警报信息控制中心。开发研制“潍坊市人防指挥自动化系统”及相关软件，提高人防自动化指挥水平。

从2004年开始，在市区各重点区域部署建设13套高端监控系统，用于对重点防护目标的监控，实现监控数据实时、实地、实况高清晰地传输到指挥中心，为及时发现重大灾情，迅速组织应急救援创造了条件。

市级人防指挥所。2003年4月，投资3000多万元，按照国家人防指挥工程建设规范，高标准，高质量建设市级地下人防指挥所，该工程于2004年6月建成投入使用，填补了全市人防指挥工程体系建设的空白。该工程作为山东省内第一个按人防技战术标准设计的设备先进、功能齐全的掘开式人防指挥工程，为平原地区高等级人防工程建设提供了经验和借鉴，先后为省内外多个兄弟城市参观学习提供现场。2010年，被确定为国防动员备份指挥中心，确保组织指挥的连续、畅通。

防空防灾应急指挥车。2004年，根据国家人防办意见，在济南军区司令部和省人防办的指导帮助下，投资500多万元，开始“防空防灾应急指挥车”研制工作。2005年3月和5月，分别通过济南军区和国家人防办组织的专家论证，6月底实施邀标，10月完成防空防灾应急指挥车建设，经相关部门的严格检测和反复试验，各项性能指标均达到设计技术标准要求，在国内同类装备中居领先地位。2006年，防空防灾应急指挥车被“潍坊市直机关工委评为优质服务项目”。2007年，获得“全军科技进步三等奖”。2010年，被纳入全市国防动员机动指挥控制系统，有助于实现战时指挥音视频信号的可控通联。

2005年10月装备以来，先后参加了总参组织的全国民兵训练大纲现场会的保障工作，济南军区组织的国防动员观摩会议、联合210演习，省军区组织的军事斗争评估观摩会，山东省政府组织的地震应急拉练、防汛演习、泰山二号反恐演习等重大会议和演习。

第八节　市政设施重点工程

2003~2011年，是全市城市发展史上的重要时期，确立了“抓城市建设就是抓经济和经营城市”的观念，以建设生态宜居城市为目标，实施中心城市带动战略，突出加快中心城市发展，着力搭建现代化大城市发展框架，城市建设进入跨越式发展的新阶段。

全市高起点规划、高标准建设、高效能管理，以大投入促进大建设、大改造、大整治，实施城市道路、园林绿化、河道治理、亮化工程及其他市政设施等建设任务，加快城市基础设施建设步伐，建成一批精品工程、亮点工程。

城市道路建设

为拓展城市发展空间，加快城市化进程，高标准、高质量、高水平新改扩建东风街、北海路、胜利街、宝通街、西环路、安顺路、健康街、福寿街、玄武街等城市道路50余条、900余公里，形成“东西畅达、南北贯通、大道相通、次干道相连、支干道相接”的现代化城市交通格局，改善了城区交通环境，提高了交通效率。道路工程在建设质量、工艺水平、品位档次等方面实现新的突破。

综合性强。无论新建还是改建、扩建工程，所有管线都一次下地，交通信号系统一次配套，公共设施一次上齐，绿化亮化同步到位；全路段设置盲道，小路口及交叉口位置全部设置无障碍坡道。

原材物料标准高。人行道面板、路牙石、树框石、花坛石及绿化苗木、道路用的二灰碎石、排水管道、强弱电管线，都招标采用标准上乘、质地优良的原材料。

绿化水平高。道路绿化量大、水平高。所有道路都有绿化带，间以街头绿地，绿势连贯，绿色满目，增添了道路生机。路灯全部采用LED照明，造型新颖、亮度强，一路一灯，风格迥异，地方文化特色鲜明。其中，北海路、福寿街、玄武街先后荣获“全国市政金杯示范工程”。

截至2011年年末，潍坊市区道路长度达到1537.48公里，道路面积达到3250.7平方公里，人均道路面积25.79平方米，排水管道长度达到1591.47公里，建成区园林绿化覆盖面积达到6005公顷，绿地面积达到5841公顷，人均公园绿地面积达到17.35平方米，分别比2002年增长124%、128%、147%、211%、144%、172 %和400%。

2006~2011年潍坊市区道路情况

表3-6

年份	道路长度（公里）	道路面积（万平方米）
2006	1054	1890
2007	1235	2024
2008	1359.1	2176
2009	1463.5	2526.3
2010	1489.2	3094
2011	1537.5	3250.7

城市承载服务功能

2006年以来，全市实施城市重大功能性项目建设，相继组织实施文化艺术中心、金融中心、娱乐中心、鲁东物流中心、市民健康中心、会展中心等城市功能中心建设；精心打造火车站广场、世界风筝都纪念广场、潍坊奥体公园体育场、白浪绿洲湿地等一批富有鸢都特色的标志性建筑和城市景观；开工建设以大连万达、阳光100为首的一批城市综合体项目。城市公用设施日臻完善，服务功能不断增强，城市功能品质和竞争力明显提升，为人民群众创造出和谐舒适的生产生活环境，取得良好的社会效益、经济效益和生态效益。

2003年11月13日，市政府制定出台《关于调整市区城市管理体制的意见》，提出“高起点规划、高标准建设、高效能管理、高水平经营”的原则，开展大规模的城市建设，对城市主次干道相继进行改造。2007年3月8日，市委、市政府制定出台《关于对城市旧居住区实施全面整治改造的意见》，对旧居住小区和背街小巷进行整治改造。截至2011年年底，全市城市道路总长度5119.71公里，总面积9706.59万平方米。其中，市区城市道路总长度1537.48公里，总面积3250.70万平方米，人均拥有城市道路面积达到27平方米。

重点市政工程

和平路改造工程　2006年2月23日，和平路改造工程开工。该工程全长1486米，摊铺沥青砼路面3.525万平方米，敷设雨水管道220米，改造雨水管道130米，安装路牙石2600米，安装路灯64基，工程造价1707万元。由昌大建设集团施工，4月10日工程竣工。

北海路通亭街环岛罩面工程　2005年11月10日开工，该工程完成沥青砼罩面3.062

北海路通亭街交叉口

万平方米，工程造价133万元。由市政工程公司施工，2006年4月15日竣工。

城区道路缺陷专项整治工程　2007年4月，北宫街、胜利街、东风街、新华路、北海路、安顺路、健康街、虞河路、潍州路、向阳路等10条道路缺陷整治工程开工。该工程完成沥青路面灌缝6.5万米，挖补路面7850平方米，沥青罩面1.62万平方米，工程造价355万元，10月竣工。

道路及附属设施一体化改造工程　2007年4月15日，文化路（福寿街—清溪街）、仓南街（春鸢路—长松路）、鸢飞路（北宫街—玄武街）、潍州路（东风街—玄武街）、幸福街（潍州路—鸢飞路）等5条道路及附属设施一体化改造工程开工。该工程共翻修改造路面14.9万平方米，沥青罩面3.8万平方米，铺装人行道16.45万平方米，工程造价4199万元，2008年1月3日竣工。

道路人行道硬化工程　2007年4月16日，胜利街（北海路—安顺路）、永安路（胜利街—福寿街）、民生街（潍州路—鸢飞路）、向阳路（卧龙街—玄武街）、新华路（福寿街—玄武街）、四平路（东风街—北宫街）等6条道路人行道硬化工程开工。该工程翻修改造路面9120平方米，沥青罩面3.48万平方米，铺装人行道13万平方米，工程造价2209.5万元，2008年6月26日竣工。

胜利东街改造工程　2008年3月11日，胜利东街（潍县中路—四平路）改造工程开工。该工程长6.1公里，道路宽28~40米，完成路面罩面22.6万平方米，人行道铺装32.3万平方米，工程造价3300万元。由潍坊路通公司、青州市政公司、潍坊光华市政公司、莱州市政公司、潍坊永昌路桥公司施工，2008年4月15日工程竣工。

“三路两口”工程　2008年6月23日，

长松路（安顺路—铁路桥）、北宫西街（长松路—西环路）道路改造工程和福寿西街（长松路—西环路）道路新建工程开工。该工程道路总长度6.5公里，完成沥青路面新、改建15.2万平方米，排水管道1.64公里，人行道铺装2.94万平方米，工程造价7874万元。由潍坊市市政工程公司、潍坊昌大建设集团、寿光金路交通工程有限公司、潍坊三友市政景观工程公司施工，2009年4月5日工程竣工。

中心城区主干道路缺陷整治工程 2009年11月2日，中心城区25条主干道路缺陷整治工程开工。该项目重点整治设计、施工、使用“三大缺陷”，包括车行道路面（含出入口和沿街广场）、人行道铺装、各种牙石（路牙石、花坛石、镶边石）、井盖井篦、各类底座和绿化缺陷整治“六项内容”，总投资3000万元。由寿光金路交通工程公司、潍坊建设集团、潍坊光华市政公司、潍坊陆畅公司施工，2010年7月工程竣工。

四平路（东风街—北宫街）道路改造工程 2010年5月5日，四平路（东风街—北宫街）道路改造工程开工。该段道路全长1250米，车行道宽15米，完成车行道挖补罩面17621平方米，工程造价185万元。由山东金路公路工程公司施工，2010年5月25日工程竣工。

民生街（潍州路—白浪河桥）道路改造工程 2010年5月17日，民生街（潍州路—白浪河桥）道路改造工程开工。该段道路全长600米，车行道翻修改造10.5万平方米，排水管道1000米，人行道铺装4100平方米，工程造价496万元。由昌大集团有限公司施工，2010年10月15日工程竣工。

潍高路改造工程 2010年10月10日，潍高路（13号口以西1950米）改造工程开工。该工程全长1950米，主路面拓宽1680平方米，人行道铺装6900平方米，沿街小广场砼浇筑1.246万平方米，路牙石安装6410米，排水管道敷设7369米，电力管沟1910米，工程造价2689万元。由潍坊市政工程公司施工，2011年5月工程竣工。

东风街道路工程 2003年11月1日，东风街道路工程开工。该工程东起北海路，西至西环路，全长1.1万米，全线道路形式为一块板，双向十车道，分两段建设，共完成投资1.74亿元。东段自北海路至长松路，长8700米，道路绿线宽度63米，中间设隔离护栏，两侧各为3米绿化带、3.7米花岗岩人行道、8.3米绿化带，共完成新改建道路8.18万平方米，道路罩面14.2万平方米，铺装人行道10万平方米，敷设电力管道10.58公里，敷设通信管道8.8公里，安装路灯428盏，绿化10万平方米。加宽改造张面河、虞河桥梁两座，改造后两桥连为一体，长83米，宽40米，由原青凌桥更名为凤凰桥。西段自长松路至西环路，长2100米，绿线宽度80米，2004年2月份开工，国庆节前基本完成主路工程，铺装道路面积8万平方米。东风街改造工程冬天开工、春天竣工，设计起点高，建设标准高，主干道、人行道、路灯、绿化景观、所有地下管线均一次成形，在市区道路建设历史上创造多个第一，改造完成后，成为代表潍坊城市建设新形象的主干道路和景观大道，对提升和改善城市居民出行环境，缓解交通压力，发挥了巨大作用。2004年4月12日竣工。

北海路改造工程　北海路改造工程由3部分组成。

玄武街至健康街段综合整治工程。2003年5月21日开工建设，该工程全长4570米，道路红线宽度64米，道路横断面为4块板，整治内容包括道路改造、铺装花岗岩人行道牙石、建设高标准绿化带、强弱电全部入地等。道路改造工程共铺装沥青砼路面21.12万平方米、人行道3.03万平方米，安装高标准的花岗岩路牙石，完成投资3438万元。实现强电线路下地，并配套建设弱电综合管沟。绿化工程完成投资1180万元，栽植乔木1341株、灌木270万株，草皮、模纹9.3万平方米。由市建设局组织建设，道路工程由市市政设计研究院设计，市路通公路工程有限公司、市国通市政有限公司和市市政工程总公司承建，同年9月30日竣工通车。该工程成为全市道路工程建设的样板工程，2005年12月27日，被中国市政工程协会评为“全国市政金杯示范工程”。

北海路今昔对比

北海路健康街至胶济铁路桥段改造工程。2003年11月1日，开工建设，该工程全长3111米，道路横断面为四块板，道路绿线宽度102米，红线宽度64米，两侧绿化带宽19米。由市建设局组织建设，市市政设计研究院设计，由科达集团股份有限公司和潍坊海莱特锥形钢管有限公司中标建设，共完成新改建道路13.1万平方米，铺装花岗岩人行道2.16万平方米，敷设电力管沟6.5公里、敷设照明管线18.2公里，安装路灯145套，新增绿化面积5万平方米，完成工程建设投资7399万元。2004年4月15日工程竣工。

胶济铁路至荣乌高速段拓宽改造工程。2011年2月18日，开工建设，全长33.5公里，总投资4.65亿元，道路工程采用BT方式投资建设，该工程分南、北两段，按照城市主干道标准进行改造提升，建设内容主要包括道路改造和绿化提升，新增缓行道28万平方米、道路罩面91.6万平方米、排水管道4.5万米、人行道6.2万平方米、绿化面积67万平方米，新植乔木、灌木12.26万株，翻新、安装路灯862盏、投光灯14支。其中，南段胶济铁路至北外环，全长13.2公里，主要对原有主路进行修补和罩面；北段北外环至荣乌高速，全长20.3公里，主要对原有主路进行拓宽改造和绿化提升，道路宽度由26米拓宽到53.2米，增设了缓行道和人行道，市政基础设施同步一次到位，同时，对沿路的虞河桥、灌溉渠桥、引黄济青渠桥进行了

福寿街（北海路—长松路）改造工程

拓宽。道路工程由市市政工程设计研究院设计，市市政工程股份有限公司施工，市工程建设监理有限公司等3家企业监理；绿化工程由市园林设计院、同济大学景观研究所共同完成设计，潍坊青欣绿化公司等6家企业施工，市工程建设监理有限公司等5家企业监理。同年11月21日，工程竣工。

福寿街改造工程　2008年4月1日福寿街工程开工建设，该工程东起北海路，西至长松路，全长8.5公里，总投资12856万元，道路形式为一块板，根据原道路的实际情况分两段设计，北海路至虞河路段规划宽度48米，道路横断面形式为29米主路+3.5米绿化带+3米自行车道+3米人行道；虞河路至长松路段规划宽度40米，道路横断面形式为21米主路+3.5米绿化带+3米自行车道+3米人行道。该工程由潍坊市建设局组织建设，共完成新改建道路22.9万平方米，绿化9.6万平方米，人行道9.6万平方米，自行车道5.1万平方米，安装路灯372盏。道路工程由市市政工程有限公司、寿光金路交通工程有限公司、昌大建设集团有限公司施工，绿化工程由河南绣美、昌大集团、高密顺达、潍坊青欣、潍坊绿达施工，道路、绿化工程由北海市政建设监理有限公司、山东省监协建设监理中心监理，同年9月1日工程竣工通车。2010年1月7日，福寿街（北海路—长松路）工程被中国市政工程协会评为“全国市政金杯示范工程”。

虞舜公园（虞河上游整治）　2011年9月30日虞舜公园（虞河上游整治）工程开工建设，该工程全长11公里，先期整治胶济铁路至凤翔街段5.5公里，由市财政投资建设，概算投资5亿元，包括沿河景观绿化和两岸截污管道工程。由市住房和城乡建设局组织建设，上海刘滨谊景观规划设计公司负责规划设计，其中截污管道工程由昌大建设集团有限公司负责施工，市工程建设监理有限公司负责监理；景观绿化工程由青欣绿化工程有限公司和市园林绿化公司负责施工，山东经纬工程管理有限公司和市工程建设监理有限公司负责监理。截至 2011 年，先期整治工程累计完成投资 2100 万元，管道敷设和拆迁排障各完成 61%。

第三章　城市交通

第一节　城市交通路网建设

综合交通规划编制

2010 年 9 月，全市城市综合交通规划编制工作开始启动。该规划由中国城市规划研究院交通研究所和市规划设计研究院联合编制。由市规划局牵头与各县市区及市政府有关部门进行沟通协调，并与铁道部、省交通厅，青岛、济南等市相关部门积极对接，完成基础调研、规划研究、重大交通基础设施布局研究 3 个阶段工作，形成重大交通基础设施布局方案，最终形成规划成果。

市城市综合交通规划以提高中心城市首位度、增强中心城市的辐射力、影响力为出发点，以强化潍坊市区域交通枢纽地位、提升区域竞争能力为着力点，提出高速公路、高速铁路、城际铁路、民航机场、重要客运枢纽站点、城市快速路、轨道交通等一系列于规划布局原则，公交专用道系统网络布局原则及技术要求，港湾式停靠站设置原则及规划建议。中心城区慢行交通系统规划，包括步行、自行车交通系统网络布局框架及规划指标，步行街区的布局与范围、无障碍设施的规划原则和基本要求。中心城区客运枢纽布局规划，包括重要客运枢纽规划布局和用地规模控制标准。中心城区停车系统规划，包括机动车停车分区和不同类别停车需求供给目标，停车配建指标和管理对策，重要公共停车场规划布局原则。中心城区货运枢纽、场站的规划布局、规模和用地控制规模，货运道路网络和管理对策。中心城区道路交通管理规划，包括交通需求管理对策，交通信息化发展模式和系统框架。交通发展实施计划建议，包括近期交通发展政策与措施，近期城市交通系统规划方案，近期建设的交通项目。

交通路网

从 2003 年开始，全市始终把城市交通路网建设作为城市建设的重中之重，认真实施城市道路交通专业规划，本着“贯通轴线、提升干道、完善外环、拓展出口”的指导思想和“地下地上综合配套、一步到位”的原则，根据居民出行和经济发展需求适时打通、拓宽、延伸、整修城市道路、桥梁，形成了通畅、便捷的城市交通路网，为城市的快速发展进行适度超前建设，增强城市综合功能，为改善居民生活环境和经济社会又好又快发展打下良好基础。2003~2011 年，全市新改扩建城市道路 3086.7 公里，面积 5857.9 万平方米，其中市区 852.5 公里，面积 1825.4 万平方米。截至 2011 年年末，全市城市道路总长度 5119.7 公里、面积 9706.6 万平方米，其中市区 1537.48 公里、面积 3250.7 万平方米，分别比 2002 年增长 152%、152%、124%和 128%；人均城市道路面积已达 27 平方米，其中市区已达 25.79 平方米，分别比 2002 年增长 100%和 147%；人均道路面积在山东省 17 个设区城市中居第 4 位。

2003~2005 年，中心城区新改扩建东风街、北海路、宝通街、西环路等 41 条道路；2006~2008 年，新改扩建胜利街、健康街、福寿街等 56 条道路；2009~2011 年，新改扩建玄武街、长松路、青年路等 64 条道路，兴建首座互通式城市道路立交桥——开元立交桥。截至 2011 年，市区 4 条外环路总长度 76 公里，宽度都在 60 米以上，车道都在 6 条（双向）以上；中心城区东西向宽度 60 米以上（含 60 米）干道 7 条，40 米以上（含 40 米）、60 米以下（不含 60 米）干道 17 条；南北向宽度 60 米以上（含 60 米）干道 7 条，40 米以上（含 40 米）、60 米以下（不含 60 米）干道 25 条。同时，在主要道路采用绿化分隔带、中央隔离护栏、设置渠化交通岛等设施，解决行人、机动车及非机动车混行等问题；路口位置通过设置加宽车道及左转、右转专用车道，进口道中线偏移，压缩中央绿化带宽度，机动车左转、直行超前候车，交通信号控制相位等措施，解决市中心区道路交叉口交通瓶颈和安全问题，缓解交叉口拥堵现象，提高交叉口通行能力和服务水平。

公路建设

2005~2011 年，全市公路路网结构日臻完善，等级不断提高，通行能力显著提升。全市公路工程共完成投资 287.9 亿元。其中：高速公路投资 48.4 亿元、222.92 公里，青兰高速、荣乌高速相继建成通车；国省道路网改建投资 60.32 亿元、1053.27 公里，对提升潍坊城市形象，促进经济社会发展，保障人民群众便捷出行发挥重要作用。截至 2011 年年底，全市国省道公路通车里程达 2.369 万公里，其中，高速公路 352.4 公里，国道 593.6

北海路

东风东街

公里，省道1550.6公里。潍坊港疏港公路、309国道潍坊至青州改线段（宝通街）、309国道青州至淄博界段、206国道潍坊东绕城段（东环路）、206国道安丘至五莲界段、潍高路圩河至寒亭转盘段（北外环路）、潍胶路潍坊至胶州段、新海路青岛界至岔河段、北海路南延伸、潍九路等干线公路项目先后竣工通车；特别是潍九路的建成通车，实现中心城区与各县市区驻地之间全部由一级公路相连接，全市以中心城区为枢纽，以国省道干线公路为骨架，干支线相连的公路网基本形成。投入资金1.3亿元，完成桥梁加固改造43座，确保公路桥梁运营安全；建成高标准绿化林带1200多千米，完成路肩整修7200千米，边坡整修5500千米，新增改造平交道涵4146道、道口桩5.6万根，硬化平交道口32.2万平方米，为社会公众提供畅安舒美的公路通行环境。

加大路域环境综合整治力度。全市共完成公路综合整治投资65亿元，拆除违章建筑5.3万间，清理非公路标志2.8万块，清理“四大堆”122万立方米，生态优美、宜居兴业的路域环境初步形成。

实施“村村通”民心工程。2005~2011年，全市共完成投资124.21亿元，新建改造农村公路1.909万公里，村村通油路率达到99.6%。截至2011年年底，全市农村公路通车总里程达到21.55万公里，位居全省第一位。其中按行政等级分县道2273公里，乡道3476公里，村道1.567万公里，专用路130.9

公里；按技术等级分一级路294公里，二级路1732公里，三级路2510公里，四级路17014.4公里。农村公路密度达到每百平方公里134.6公里，工作力度、建设速度、建设规模均在全省名列前茅。全市县道、乡道好路率分别达到84.3%、82.8%，村道得到较好管理养护，促进全市经济社会又好又快发展，赢得广大人民群众的支持和赞誉，成为实实在在的惠民工程。

第二节　城市公共交通

从2005年开始，市委、市政府积极响应国家优先发展公共交通战略的号召，积极出台扶持政策，大力推进公共交通由“被动适应性发展”转为“主动引导性发展”，从解决“乘车难”提升至“高品质、高质量”供给，全市公共交通在运营效率、服务水平和服务质量方面有很大提高。

全市每年新增公交车辆100台，不断增加运力，优化运力结构；每年开通3~5条新线路，逐步消除公交线网盲区；每年优化1~2条线路，优化线网布局，提高公交的运营效率；积极发展节能环保公交车，有计划地对国Ⅱ排放的公交车进行欧Ⅲ改造，实现节能环保目标。许多志愿组织和优质的出租车服务车队不断涌现，和谐车队、爱心车队、雷锋车队、拥军车队、义工车队等志愿服务组织，在艺考、中高考期间免费接送考生，赢得市民赞誉；对城区客运出租车实行“七统一”，使车辆外观形象明显改善；采取社会公益形式，先后为城区出租车免费安装GPS监控定位系统、开通叫车服务功能，方便市民出行。全市公共交通日客运量达80.13万人次；公共交通出行分担率达到30.47%。

城市公交

2005~2011年，全市积极实施公交优先发展战略，打造城乡公交一体化，改善居民出行条件。公交营运车辆由624台增加到1158台；中心城区城市万人拥有公交车标台数由6.8提高到11.46；营运线路由41条增加到70条；线路长度由828.3公里增加到1397公里；年客运量由4620万人次增加到13899万人次；营运里程由2853万公里增加到6217.8万公里。同时，积极优化调整公交线路，按照发展“30分钟主城，60分钟市域”城市快速交通圈的要求和“道路修到哪里，公交车开到哪里；小区建到哪里，公交车通到哪里”的原则，不断完善公交线网布局。公交线网辐射奎文区、潍城区、坊子区、寒亭区、高新

城市公共交通

技术产业开发区、经济技术开发区、滨海经济发展区和峡山生态发展区8区和昌乐县城。

客运出租车

2011年，全市城区（含奎文、潍城、坊子、寒亭、高新区）客运出租车总量达到2149辆，90%为标准车型（其中北京现代伊兰特1400余辆，占66%）。2000余辆出租车安装GPS安全监控与调度系统，2073辆出租车改为双燃料。城区出租车经营公司15家，其中100辆车以上的有7家，不足50辆车的2家。从业人员4000余人，均培训合格持双证上岗。城区出租车每日运送旅客约18.05万人次，有效分担城市交通压力。

从业人员的教育培训。每年组织城区4000余名出租车驾驶员开展全员培训，提高从业人员职业素质；实行IC卡管理制度，有效地遏制违章行为的发生，提高服务质量。引导、组织客运出租经营企业组建志愿服务团体，积极组织开展拥军服务、爱心助学、爱心送考、扶老助残等公益活动。组建60辆出租车拥军车队，对现役军人实行3公里以内免费乘车服务，在高考、中考期间，城区各出租公司在各考点设立服务点，配备应急车辆，免费为考生提供送考服务。加大对出租车违规行为的整治力度，对出租车无证经营、绕道、拒载和驾驶员无服务资格证及车辆卫生状况差等问题车辆进行严厉查处，及时纠正违章经营行为。

提升出租车辆档次，规范硬件管理。截至2011年，全市90%的城区客运出租车均为标准车型。车身颜色、专用号牌、打印式计价器、顶灯、运价、门徽、座套等“七统一”得到进一步规范，车辆外观形象明显改善；采取社会公益形式，先后为城区出租车免费安装GPS监控定位系统、免费更换新式顶灯、座套、报箱，车辆的舒适性和外观形象明显改善；开通“2965555”出租车叫车服务热线，节省市民等候时间，解决在特殊时段、特殊地点打车难的问题，方便市民出行；涌现出许多志愿组织和优质的服务车队，和谐车队、爱心车队、雷锋车队、拥军车队、义工车队等志愿服务组织，在艺考、中高考期间免费接送考生，赢得市民的赞誉。

公交IC卡客户服务中心

打造群众满意公交

以群众满意为目标，完善服务举措，改善服务质量，提高公交出行的分担率，使乘坐公交车成为群众出行的首选。

完善车厢内服务设施，提升智能化服务水平。完善电子显示屏、车载电视、IC卡自动收费系统、GPS 定位报站系统、服务监控系统等智能化设施，使服务更加周到、舒适。

调整运营时间。市区主干线路营运时间平均延长 1 个小时。市区主干线路营运间隔时间由 5~7 分钟缩短到 3~5 分钟，夏季末班车营运时间由 20:00 延长到 22:30，冬季由 19:00 延长到 21:00，市民出行更加方便、快捷。

调整运营模式，合理制定票价。2001年开始，市区内公交无人售票线路实行 1 元票制，将贯通城郊的有人售票线路改为无人售票线路，调低票价，让利于民。从 2006 年起，在全国率先将儿童乘车购票的身高线从 1.1 米调高到 1.2 米；在市区所有公交线路实行残疾警察(军人)、义务兵及 65 岁以上老年人优惠、免费乘车；对持卡乘车实行 8 折或 7 折优惠，公交的公益性日益增强。

中巴公交退市。随着城市的发展和人民生活水平的提高，中巴车档次低、安全性差、服务水平不高等问题逐渐明显，严重阻碍城市公交的发展。2006~2008 年，中巴成功退市，彻底解决人、车、线问题，平稳地完成回收和改造任务，140 台中巴公交成功退离市区，并更换为大公交运行，为发展全市大公交创造条件。

第三节　城市步行、自行车交通系统

随着城市发展不断深化，全市机动车保有量增长迅猛，一定程度上限制行人和非机动车的出行路权，城市交通中人车矛盾日益突出。为缓解人车交通矛盾，解决城市慢行交通规划问题，构建慢行交通和快行交通和谐共生的交通格局。在市城市综合交通规划中，对于城市慢行交通进行系统规划，提出步行、自行车交通系统网络布局框架及规划指标及步行街区的布局与范围、无障碍设施的规划原则和基本要求。

慢行交通分区

根据慢行交通的需求特征，在市区范围内划分慢行核心区、慢行拓展区、慢行一般区和慢行特色区 4 类慢行交通特征区。

慢行核心区　由北海路、健康街、月河路、北宫街围合而成的核心区，区内控制机动车出行，提倡以慢行交通为主体的交通模式。

慢行拓展区　高新、凤凰、符山、长松、浞河、圩河六大组团与片区环合核心区，向外延绵，形成拓展区，强调机动车交通与慢行交通的协调发展。

慢行一般区　城市外围的工业、物流园区，以机动车交通为主体，慢行交通一般作为通勤交通的补充形式存在。

慢行特色区　白浪河、虞河沿线风光带，浮烟山旅游区，军埠口水库与湿地区域，因地制宜，别出心裁，体现人与自然的和谐共处。

步行系统规划

中心城区的步行道系统以充分满足行人活动要求和保障行人交通安全和交通连续性为目标，提出“慢行活动活跃的慢行核心区宜选用较高的步行道设置标准，慢行拓展区和慢行一般区的步行道则可以根据具体的出行需求区别对待”的思路。规定：主干路的步行空间应达到 4.5 米以上，次干路的步行空间应达到3.5米以上，支路应达到2.5米左右(局部行人流量较大的道路和步行专用道可以在此基础上进一步拓宽)。步行过街设施应当遵循步行者的出行习惯，灵活选用不同的过街形式，满足顺畅、便捷、安全的出行要求，交通性干路的间距一般保持在250~300米之间，生活性干路间距一般控制在200米以下。

步行街区

按照因地制宜的原则满足步行者的出行需求，在中心城市范围内设置步行街与步行区。在市级商业中心（白浪河沿岸地带）和区级商业中心（长松商圈、凤凰商圈、寒亭浞河商圈及高新商圈），设置与机动车完全分离的步行街和步行优先区域。维护并完善白浪河、虞河两岸步行带，适当开发浮烟山与军埠口（白浪河湿地与水库），设置与环境、景观协调的慢行系统。维护、扩建潍坊火车站广场、火车站站南广场、长途联运站广场等交通集散广场及人民广场、风筝广场、白浪河绿地广场等游憩集会广场。

非机动车系统规划

慢行核心区的非机动车路径尽量与机动车路径剥离，借助背向干道的支路、巷道以及干道两侧的辅道形成与机动车并行不悖、各畅其流的非机动车网络。慢行拓展区的非机动车需求相对核心区偏小，非机动车的通道多沿机动车通道布设，除局部商业密集区或宁静化的居住区外，不必单独构建非机动车专用系统。慢行一般区主要为机动化出行，为确保非机动车出行者的安全，在机动车流量较大的干道两侧、非机动车流量较小且路面宽度不满足独立设置非机动车道的情况下，采用“人非共板”的断面形式。非机动车过街设施主要结合交叉口布置，建议除与快速路、高速公路、铁路相交采用立体通道外，一般采用平面过街的形式。同时，在交通流量大、机非矛盾尖锐的路口，配置专门的非机动车过街信号，优化渠化布局，减少机动车与非机动车之间的相互干扰。城市核心区、公交枢纽、轨道车站及主要公共设施区域，布置数量充足、停放方便、设施完备的非机动车泊位，合理引导城市交通方式结构转变。慢行特色区、枢纽站点、交通宁静区域等处，适度发展自行车租赁业务，满足游览休闲活动和短距离接驳需求，提供多样化的出行服务。

东风东街步行道

慢行廊道规划

白浪河步行道

区间慢行廊道系统 设立贯通性的区间慢行廊道，衔接不同慢行分区。东风街廊道沟通长松、高新片区，贯穿城市核心区，支撑东西方向的跨区慢行需求。清平路廊道沟通圩河、符山片区，贯穿城市核心区，支撑南北方向的跨区慢行需求。惠贤路廊道沟通浞河、凤凰片区，贯穿城市核心区，支撑南北方向的跨区慢行需求。

区内慢行通道 构建区内慢行通道，服务慢行分区内部。核心区慢行通道，包括胜利街、福寿街、玉清街、金马路两侧慢行通道。高新片区慢行通道，包括桃园街、高新一路、珠光街两侧慢行通道。凤凰片区慢行通道，包括鸢飞路、龙泉街、龙山路两侧慢行通道。符山片区慢行通道，包括站前路、符山路、玉泉街、利民路两侧慢行通道。长松片区慢行通道，包括胜利西街、创业路、卧龙西街两侧慢行通道。浞河片区慢行通道，包括益兴街、渤海路、寒祥街、华兴路两侧慢行通道。圩河片区慢行通道，包括古亭街、吉庆路两侧慢行通道。

慢行绿道 打造沿河、湖、等水体岸线的慢行绿道，提升城市慢行品质。白浪河绿道，串联军埠口、火车站与北部生态绿地等区域。虞河、张面河绿道，串联湿地公园、人民广场与北部生态绿地等区域。浮烟山、军埠口绿道，分别环绕浮烟山水库、白浪河水库，形成与城区相对独立的生态走廊。

自行车绿道

全市绿道建设起步较早，逐步在部分沿河滨、溪谷、山脊、风景道路、沟渠等自然和人工廊道建设绿色自行车景观线路。在整治张面河、虞河、白浪河等河道综合时，建设了自行车绿道。截至2011年年底，全市自行车绿道建设总长度约100公里，提高了市民生活质量和城市档次品质。

第四篇 生态环境

第一章　城市生态

第一节　“生态潍坊”建设

全市坚持以环保模范城市创建为抓手，以打造现代化生态强市为统领，全面加强生态文明建设，全力推进城市环境持续改善和形象品质提升，加快建设绿色生态、宜居宜业、和谐幸福的现代化新潍坊。

2005年，市政府颁布实施《潍坊生态市建设规划》。该规划根据区域生态环境特点，划分北部滨海湿地生态经济区、中部水源涵养生态功能区、南部低山丘陵生态保育区3个生态功能区和潍西冲积平原有机农业建设亚区等7个生态功能亚区，同时确立生态产业、资源保护、污染防治、海域开发、循环经济等8个领域的重点建设内容，分别按照近期、中期和远期3个阶段稳步推进，力争到2020年实现85%的县（市）山川秀美、生态环境良性循环，80%的城镇建成生态园林城市的生态市建设目标。市委、市政府结合“蓝、黄两大国家发展战略”和“转方式调结构”要求，对潍坊市城市总体规划进行修编，进一步完善城市规划体系，编制城市生态环境保护规划，确立构建“两纵一横六片”的城市绿化带，形成25条景观生态轴、4个关键保护核、5个生态控制与恢复节点的中心城市景观生态格局框架。通过实施生态城市规划及生物多样性保护、城市绿地、水系环境、综合交通等系列专项规划，并科学指导城市生态环境建设，为保障水源安全和土地集约使用，实现资源的合理开发和持续利用，营造舒适优美的人居环境提供科学依据。

确定实施生态市建设“十大重点工程、百个建设项目”，围绕中心城市生态圈、沿海地区生态综合治理、河流治理、水源地建设、循环经济与资源节约等10个方面，累计投入资金257亿元，共完成175个重大生态建设项目。同时，开展系列生态创建活动，寿光市和昌邑市、诸城市分别创建成为国家和省级“环保模范城市”，青州市、临朐县、安丘市被命名为“全国生态示范区”，滨海经济开发区创建成为“国家级生态工业示范园区”，高密市被省政府确定为“全省农村环境连片整治重点示范市”，并获得中央、省两级补助资金6000万元。全市已建成61处环境优美乡镇、59个绿色社区、150所绿色学校和21处环境教育基地。2005年、2008年潍坊市两次被省政府授予“生态省建设先进市”。

全市坚持以大投入促进大绿化，努力实现以绿治脏、以绿治乱、以绿治丑、以绿制污，精心营造绿色生态家园。在城市绿化方面，按照“绿在城中、城在林中”总体要求，相继组织开展“增绿增色”“黄土不露天”“四季绿化”等一系列绿化工程，大量加植高大乔木、常绿树、花灌木，力争绿化全覆盖、无缝隙。市区已建成植物园、长松城市公园、北海路、宝通街等一批园林精品和林荫大道，基本达到“春有花、夏有荫、秋有色、冬有绿”的绿化效果。建成区绿化覆盖率已达40.3%，城市人均公园绿地面积为19.44平方米。在国土绿化方面，通过实施组团式绿化，全面推进百处林场、沿海防护林体、封山育林和退耕还林及村镇绿化等工程建设。积极开展水土流失综合治理，加快生态修复与重建。全市森林面积达约35.75万公顷，林木蓄积量1516万立方米，森林覆盖率达到35.2%。，全市自然保护区、森林公园、地质公园达30处，保护区面积达2355平方公里，占全市国土面积的15.9%。2010年，全市水土流失治理面积150公顷，累计治理率达82.9%。抓好城市出入口建设，树立城市的“第一印象”。重点建设济青高速公路13号口、14号口、15号口、飞机场等窗口绿化工程，坚持大面积、大色块、大组团，绿地内广植落叶乔木，以生态树为骨架，形成潍坊市绿化特色，提升了城市的档次和品位。

实施潍坊环城防护林带工程和“四河”（白浪河、虞河、张面河、浞河）、“三路”（济青高速、潍莱高速、胶济铁路）防护林带建设。截至2011年，市区建成的宽度50米的环城防护林带总长度达到130公里，“四河”和“三路”绿化总长度达到200公里，为市区建立了绿色生态屏障。

全市推进城乡环保一体化工作，以“清洁水源、清洁家园、清洁田园、清洁能源”为目标，加强农村环境综合整治，积极开展治理“三乱”（乱倒垃圾、乱泼污水、乱堆杂物）、清理“三堆”（柴草堆、粪便堆、垃圾堆）、推广“三改”（改水、改厕、改厨）、美化“三口”（村口、路口、门口）活动，严禁焚烧秸秆，不断优化农村环境。全市累计改建农村卫生户厕180.3万户，新发展沼气用户15.7万户，秸秆综合利用率达90%。加快农村生活污水和垃圾处理设施建设，在全市推广村收集、镇中转、县（区）处理的垃圾处理模式，对农村生活污水因地制宜分别采取分散和相对集中、环境工程设施与自然净化相结合的方式进行。寿光市三元朱村生活污水处理设施，被环保部确定为全国首批农村生活污水处理样板工程。加强农村饮水安全保护与管理，推行农村供水向集中化、规模化、标准化发展。全市已建成农村安全供水工程4400多处，其中万人以上规模供水工程53处，城区供水管网延伸工程23处，受益人口达640多万人，村镇饮用水合格率达到97.02%。严格控制面源污染，发展生态养殖和生态农业，全市2381家规模化养殖场（小区）全部建立粪污处理设施，外排污染物达标率达85%以上。加强乡镇工业污染源防治，提高农村工业项目准入门槛，坚决杜绝污染项目向农村地区转移。

第二节　保护生物多样性

为进一步加强生物多样性保护规划建设，2007年，市园林管理局与山东农业大学共同编制完成《潍坊市生物（植物）多样性保护规划》，并经专家论证，由市政府批准正式实施。

植物资源

潍坊市地处平原地带，土地肥沃，有丰富的植物资源。全市共有种子植物142科502属1049种。其中木本植物有382种，隶属66科132属。草本植物有202种，隶属47科157属。中药材有988种。全市共查得古树名木624株单株，11个树群（245株），分属25科40属49种。

动物资源

全市哺乳类、禽鸟类、虫类、两栖及爬行类动物分布较广，数量品种齐全。鱼虾类、贝壳类等水生物种丰富。共有野生陆生脊椎动物4纲、27目、76科、185属、363种。畜禽有75个品种。水产资源较丰富，沿海滩涂有各种生物150种，主要经济鱼类有梭鱼、鲈鱼、黄姑鱼、小黄姑鱼、青鳞鱼等，虾蟹类主要有对虾、毛虾、明虾、褐虾、蛆虾、梭子蟹等，经济贝类有文蛤、青蛤、牡蛎、托氏鲳螺等。内陆水域的水产资源有典型鱼类12科、46种。鸟类有18目、51科、140属、298种，其中留鸟34种、夏候鸟55种、冬候鸟24种、旅鸟99种。

第三节　生态市建设规划

全市高度重视生态建设与保护工作。2003年，成立以市长为组长的生态市建设领导小组，启动生态市建设工作。2004年6月，市十四届人大常委会第九次会议做出《关于建设生态市的决议》，确立生态市建设的目标任务和实施蓝图。2004年9月，市政府印发《潍坊生态市建设规划纲要》。2005年9月，市政府颁布实施《潍坊生态市建设规划》。生态市建设的总体目标是：建立以环境和资源承载能力为基础，以发展生态产业、生态经济为主线，形成“一个体系、三个基地、三

白浪河绿洲湿地

潍河入海口

核查；寿光市、青州市、临朐县、安丘市被命名为“全国生态示范区”，滨海经济开发区创建成为国家级生态工业示范园区。昌乐县、安丘市被环保部列为全国实施农村小康环保行动试点县。高密市被环保部列为全国农村环境连片整治示范试点，获得国家扶持资金1亿多元。

个产业”的潍坊生态市发展模式，即以潍坊市区为核心、周边城镇为基础、生态功能区和交通干线为骨架的生态景观体系，重点建设生态农业生产基地、有机农产品加工基地、生态工业基地，大力发展生态农业、高新技术产业、生态旅游业。生态市建设指标包括节能减排、点源治理、城市污水集中处理、生活垃圾及危险废物处理、农村污染治理、环境质量改善、生态恢复与水土保持、国土绿化和生态系列创建9个方面共37项。生态市建设共分近期、中期和远期3个阶段。2003~2007年，为启动和推进阶段；2008~2012年，为中期发展和提高阶段；2013~2020年，为远期全面发展阶段。

启动生态市建设后，全市围绕生态市建设的总体目标，不断强化措施，生态市建设取得阶段性成果。潍坊市连续3年被省政府授予“生态省建设先进市”称号。截至2012年10月，共创建国家级生态乡镇7个，省级生态镇68个，位居全省第二；寿光市已成功创建为省级生态市，并顺利通过国家级生态市技术核查，诸城市已顺利通过省级生态市

第四节　中心城市生态圈建设工程

为加快全市生态市建设步伐，打造生态潍坊，2005年3月16日，市政府决定组织实施中心城市生态圈建设工程，成立由市长任组长，分管副市长为副组长，市发改委、经贸委、环保局、建设局、市政管理局、交通局、林业局、农业局、水利局、财政局、规划局、国土资源局、旅游局主要领导为成员的领导小组。工程总投资29.4亿元，包括河流治理、公园和广场建设、道路整治、林区和旅游区建设、生态家园建设等19个项目。

河流治理工程

虞河综合整治项目　项目拆迁范围为市区虞河两岸向外延伸各30米，共拆迁建筑面积8.87万平方米，同时建设管网、景观绿化等工程，项目全长12230米。

鸢都湖及白浪河城区段综合整治项目　由市政府投资6000万元建设，主要建设内容为鸢都湖湖面扩大至约66.67公顷，白浪河城

区段两岸绿化及景点建设等。

公园和广场建设工程

人民公园改造项目　由外商投资5000万元建设，市市政局负责组织实施。主要包括建设景点、绿化等工程，总建筑面积12.9万平方米。

世界风筝都纪念广场项目　由外商投资1.3亿元建设，市建设局、市人防办负责组织实施。主要建设地下人防工程、停车场、商场，地上广场硬化、绿化、景点及配套服务等设施，其中地上广场6.5万平方米，地下建筑6万平方米。

潍坊国际风筝放飞场项目　总投资1亿元，潍城区政府、市风办负责组织实施。主要硬化道路20万平方米，硬化广场面积28.9万平方米，草木绿化93.3万平方米。

五路三街综合整治工程

青年路、潍州路、健康街、和平路项目　由市政府投资1.8亿元建设，高新区管委会、市建设局负责组织实施。主要建设内容：改造路基路面、配套管线、更新路灯、铺人行道、提升绿化、建跨线桥。

樱前街、东明路绿化项目　由市政府投资1000万元建设，市建设局负责组织实施。主要实施公路两侧绿化4.2公里。

宝通街、西环路项目　总投资3.8亿元，市公路局、市建设局负责组织实施。主要建设路基、桥涵、路面、绿化、景观等工程，道路全长27公里。

中心城区六大片林工程

包括白浪河水库库区片林、城区北部绿化林带、浮烟山片林、潍坊市城市生活垃圾处理场林区、金宝生态林带、九龙山林带六大片林项目，总投资3100万元，栽种火炬、龙柏、迎春、侧柏、法桐、国槐、雪松、紫薇等各种树木57.7万株，绿化面积约243.87公顷。

旅游区建设工程

浮烟山森林旅游区项目　总投资2000万元，潍城区政府、市林业局负责组织实施。项目占地约133.33公顷，主要建设景点、绿化道路、栽植树木花卉等。

青云山生态旅游区项目　总投资3000万元，安丘市政府、市旅游局负责组织实施。主要扩大森林植被面积、发展新优特苗木等，植物园占地约66.67公顷。

青云湖生态旅游区项目　总投资2亿元，

人民公园

安丘市政府、市旅游局负责组织实施。主要建设生态田园、古文化、休闲娱乐等5个功能区和一个绿化带，总占地面积约266.67公顷，其中水体面积100公顷、植物园约66.67公顷。

九龙涧旅游度假区项目 总投资3.6亿元，坊子区政府负责组织实施。建筑面积5万平方米，年接待游客40万人次。

昌乐县仙月湖旅游项目 总投资3550万元，昌乐县政府负责组织实施。

诸城大舜文化苑项目 总投资1.9亿元，诸城市政府负责组织实施。项目占地约66.67公顷，其中水面40公顷。

生态家园工程

全市总投资5.6亿元，由有关区政府、管委会负责组织实施。在主要道路两侧栽种乔木、灌木894.2万株、栽种胸径30厘米以上大树5000棵，实施立体绿化、现有绿地提升、改丑增绿、庭院和小区绿化等工程。

第五节 水环境治理

整治城市河道

全市境内，百河穿流，白浪河、虞河、张面河3河穿行潍坊市区，弥河贯穿临朐、青州、寿光，诸城、安丘、昌邑依傍潍河，高密有胶河、昌乐有小丹河绕城。古人因水而聚，因水而居，碧水长流。随着经济社会发展用水需求不断增加，排污量不断增大，河流都成了干河、污水河，严重影响了城市、工业、居民生活用水，导致城市水环境恶化。为改善这一局面，从20世纪90年代开始，各地对河道进行初步的治理。进入21世纪，全市展开大规模的河道综合整治活动，努力打造城市水利。2003年，市政府决定对三河进行综合治理，本着高起点规划、高标准建设、高效能管理的原则，对沿河两岸进行开发建设、景观建设、污染治理、河道治理等工程，凸现生态环境治理。把三河建设成“美丽的河、流动的河、繁华的河”，建造成展示潍坊历史文化资源，体现园林城市特色，吸引国内外游客的景观长廊。“美丽的河”，致力改善水质、拓宽水面，改造亲水空间，建设沿岸景观；“流动的河”，致力解决水源，提升水位，开辟水上游览；“繁华的河”，致力展示资源、改善设施、吸引人流，促进商业繁荣和两岸房地产开发。创造“清

张面河

流碧水风筝城，潍州新貌赛苏州”的靓丽美景。

通过城市水环境治理和滨水地区开发建设，中心城区形成近20平方公里的水系景观，河道综合治理按照用好地表水、补充地下水、改善小气候、美化大环境、充分拦蓄洪水资源、充分利用河道工程、尽量扩大蓄水规模的原则，力求工程建设与环境保护相统一。已完成的河道治理工程主要集中在临城、穿城、绕城河段，工程建设以拦河蓄水、河道险工加固、清淤、河道生态修复及调水引水为主要内容。提高防洪能力，扩大蓄水规模，从根本上改善河道生态面貌和沿河百姓的居住环境，提升潍坊市的生态景观和城市品位。先后荣获“国家环保模范城市”、“国家节水型城市”“国家园林城市”“中国人居环境范例奖”“水环境治理优秀范例城市”“山东省适宜人居环境奖”等称号。

张面河治理　张面河城区段治理范围东起北海路，西至东风街凤凰桥，全长3公里。河道综合治理2004年7月21日全线开工，2004年8月25日景观工程结束，仅用35天便完成了河道水环境治理，将一条污水横流的臭水沟改造为城市景观轴。张面河治理在全市首创以大容量地下排污涵道治理河道水系污染先例。按“污水地下走，清水河中流”的思路，在河道两岸各修建专门用于排污的地下箱涵1条，地下箱涵规格为3.5米×3.5米。

张面河水环境治理包括拆迁排障、河道清淤、防渗护岸和截污箱涵四大工程。在治理过程中，共拆迁建筑1.47万平方米，清除河道垃圾淤泥6万立方米，土方填挖8万立方米。重建新修生态河岸线6000米，防渗处理6.22万平方米。沿河建设截污箱涵2条，总长度3000米，治理排污口47个，污染源19处，将污水截流至箱渠内。对两岸小区、居住区、旧村管网进行整改，彻底实行雨污分流，接入城市管网。

虞河治理　虞河城区段治理范围南起胶济铁路，北至济青高速公路，全长12.7公里。2005年4月开工建设，2006年4月20日竣工并向市民开放。虞河治理将一条两岸居民深受其害的污水河改造成美丽和谐的生态河。虞河治理采用地下箱涵形式处理城市污水，在河道两岸各修建专门用于排污的地下箱涵1条，地下箱涵规格为3.5米×3.5米。

虞河水环境治理包括拆迁排障、河道清淤、防渗护岸、截污箱涵、防洪蓄水和引水疏浚六大工程。在治理过程中，拆迁面积达

8.87万平方米。新河道蓄水面积达62.22万平方米，清除垃圾淤泥26万立方米，填挖土方42万立方米。重建新修生态岸线2.04万米，防渗处理65.22万平方米。新建截污箱涵两条，总长度2.12万米，治理排污口47个，污染源19处，将污水截流至新建箱涵内。对两岸厂区、居住区、旧村管网进行整改，雨污分流，接入城市管网。保证河道行洪断面，按照50年一遇防洪标准进行设计施工，设计洪水安全流量为480米/秒。设置满足行洪流量的拦水闸坝，新建平均水深为3.1米的拦水闸5道。疏浚维修虞河引水通道——白浪河东干渠，河道总蓄水量达212万立方米。

白浪河治理 白浪河城区段治理共分两期，全长30.7公里。一期工程南起白浪河水库，北至青银高速公路，长22.7公里，2007年9月开工建设，2008年9月沿河截污管完工，陆续完成防洪、清淤、防渗、截污、治污、架桥、修路等工程；二期工程南起青银高速公路，北至北外环以北3.8公里，长8公里，2010年3月开工建设，2011年3月全线箱涵贯通，河道清淤、水坝建设、截污箱涵、防洪蓄水、河道疏浚顺利完成。

白浪河治理是全市城建史上到2011年年底规模最大、建设区域最广的工程，也是水环境治理史上规模最大的工程项目。通过完善雨污水截流工程、河道清淤、防渗处理、河岸护砌整治等工程措施，运用白浪河水库调水，河道蓄水调控等方式，使城区水域水质达到国家景观环境用水标准。

浞河治理 浞河城区段治理于2008年5月开始启动，2011年6月竣工。治理工程分为两段，南段南起宝通街，北至青银高速，北段南起东外环北至寒亭运河灌渠，共长9.2公里。浞河工程河床宽度在30~220米之间，共治理水域面积约47万平方米。浞河景观区域建有金、木、水、火、土五大板块，立足本土历史文化及地域特色，对水系及园林建设进行统筹规划，建有人物广场、锦秀花台、渔台春晓、银河滨岸、临水小憩、长堤花柳等39个景点。区域内共栽植各类绿化植物286种，完成绿化面积145万平方米，形成“三季有花、四季常绿”的绿化园林景观风貌。浞河整治充分利用沿岸自然资源，通过河道清淤、河道防渗、疏浚截污、生态护岸、苗木绿化、瀑布再造等手段，实现雨污分流。高水平铺设河道地下管网，对河岸两侧红线内的建筑物和附着物进行拆迁，建设防洪蓄水构筑物13座、市政桥3座、景观桥5座。形成高品质景观风貌，有效净化提升了浞河

虞河

白浪河

水质及区域环境。

景区建设

全市扎实推进水利风景区建设。截至2011年，已有国家水利风景区12处，山东省水利风景区7处。

水利规划　突破传统水利工程的建设思想，立足于长远，突出特色，把人与自然和谐的治水理念融入到工程规划之中。在水库除险加固、河道综合治理中，充分考虑到水利工程建筑风格的观赏性，以及与周围自然景观的统一与协调，力求达到景观工程的效果。在满足水利基础设施建设，确保水资源、水生态和水利工程安全的同时，景观设计坚持瞄准一流超前设计，聘请国内外著名设计单位，按照一流的标准进行设计，体现以人为本的设计理念和地方文化特色。让新建成的溢洪闸、拦河闸、办公楼及水库大坝等工程都成为各具特色、各有魅力的景点。景区进行绿化效果总体规划，合理选配植物品种，实现树种多样化、景观四季化。

水利建设与管理　做好水域环境治理与水资源保护、开发、利用结合，水库除险加固、河道综合治理、水土流失防治、生态建设保护与工程所在区域自然、人文景观保护的结合，水利工程规划的同时考虑水景观建设，努力打造潍坊生态水利景区。

水资源调控能力

水工程建设　坚持“高标准、高质量建设一流水生态景观工程”为工作目标，加强质量监管控制力度，确保工程100%达到设计标准，同时，全面做好水工程运行管理养护工作，保证工程及设备完好率达到85%以上。

小型水库除险加固　通过除险加固，改善了水库的生态环境，增强抗洪能力，弥补防汛安全的薄弱环节，提高了水资源调控能力，发挥了显著的社会效益、经济效益和生态效益。截至2011年，全市新增或恢复防洪库容10461万立方米，保护下游199万人以及19.6万公顷耕地的安全，年防洪效益13845万元；新增或恢复灌溉面积1万公顷；年灌溉效益5614万元；年新增或恢复养殖效益779万元、供水效益320万元。

调水、引水、拦蓄水工程 通过该工程，拓展城市建成区水域面积，保障水域生态和环境功能所需生态水量，加强水域（流域）内水质保护，严格限制排污，做好水质治理保护，保障水体清澈无污染；优化动植物配置，丰富生物种类及种群数量，形成稳定的生态平衡系统，使生物物种数量大于地区平均物种数量；突出生态功能和观赏性，拓展绿化长度和面积，确保绿化长度达到水体岸线长度的80%以上。打破了过去一个流域、一座水库、一条河道、一个灌区的单一治水方式，多库串联、库河串联、水系联网，构筑水利工程网络体系，实现水资源统一优化配置，调剂余缺，以丰补歉，最大限度地挖掘水资源潜力；使水资源发挥最大效益，初步实现从工程水利向资源水利、从传统水利向现代水利的转变。通过水系联网，年可调配水资源3亿立方米。

第六节　水源地保护生态建设

全市重视城乡饮用水水源地保护工作。2001年12月26日，市政府向省政府上报《关于潍坊市饮用水水源地保护区划分方案意见的报告》，共申请批复26处集中式饮用水水源地保护区，其中地表饮用水水源地11处，地下水饮用水水源地15处。全市在水源地保护工作有了制度保障，水源地保护水平得到进一步提升，各类饮用水水源地的水质均达到标准要求。

为满足经济社会发展用水需求，相继开辟白浪河水库等6处饮用水水源地，并依据《饮用水水源保护区划分技术规范》，对新开辟的白浪河水库6处饮用水水源地和安丘市牟山水库等2处饮用水水源地进行划定和补充调整，编制了《潍坊市饮用水水源保护区划分技术报告》和《潍坊市饮用水水源保护区划定方案》。

2005年，编制完成《潍坊市峡山水源地保护工程方案》，2005年8月通过专家评审，2006年9月13日，市政府第41次常务会议研究通过此方案。《潍坊峡山水源地保护工程方案》主要包括：加大流域内各城镇排水管网和污水截留管网的配套建设、扩建和新建污水处理厂、控制农村面源污染、实施污水回用、河道综合整治和严格环境管理6个

泥河

方面的重点，工程总投资约5.84亿元，其中新、扩建污水处理厂3.42亿元；污水管网、截污管道建设2.04亿元；中水回用工程建设2900万元；河道建设芦苇生态湿地900万元，所有工程项目在2006年进行具体实施方案的编制和论证，2007~2009年付诸实施，2010年全部投入运行。通过以上措施和重点工程实施后，峡山水库上游污染物COD和氨氮的入河量减削70%以上，峡山水库入口断面COD可达到13.0毫克/升，总磷、总氮分别达到0.45毫克/升和0.02毫克/升以下；出口污染物COD可达到10.5毫克/升，总氮0.40毫克/升、总磷0.015毫克/升以下，全部优于国家标准，潍河诸城至峡山水库入口河段，河流水质满足潍坊市地表水功能区划的要求。3个再生水厂建成运营后，每年可节约新鲜水1825万立方米，缓解诸城、安丘两市水资源短缺矛盾。

饮用水水源地水质监测　每年监测12次，监测项目、采样频率和分析方法按环境监测技术规范进行，同时，对城区各饮用水水源地进行水质全分析。建立水质监测系统，对全市重点水功能区监测断面水质进行定期、全方位地监测，及时、全面地监控全市的水质状况。在峡山水库上游潍河、渠河、浯河入库断面设立自动在线监测站点，严格重金属和剧毒物质预警监测。制定完善《饮用水源地保护应急监测预案》《供水系统污染预警监测方案》《突发危险化学品（剧毒品）泄露事件应急实施方案》《供水系统涉恐事件应急预案》等分项预案，编制了应急操作手册，健全应急设备和物资，定期开展饮用水源地保护应急演练，从未发生过集中式饮用水水源地突发环境事件，切实保障水源地饮用水水质安全。按照《全国城市饮用水水源地安全保障规划任务书》的要求，根据具体调查汇总情况，全市共确定22处城市供水水源地，其中地表水山区水库水源地9处、地下水水源地13处。

水资源保护区分级管理　划定水资源保护区，实行分级管理，制定管理办法，加强管理；严格控制水资源污染，向河流、水库、渠道排放污水的，排放口要经过水行政主管部门批准；影响水资源的建设和生产项目，必须提出建设项目环境影响报告和水污染防治计划并按时完成；水行政主管部门搞好地下水动态观测，协助环保部门搞好水质监测。

“农村饮水安全”项目　为彻底解决农民饮用苦咸水、高氟水、污染水等饮用水水质不安全的问题。市、县市区（开发区）成立了饮水安全工作领导小组，具体负责农村饮水安全工程建设和管理。各县市区都出台县级农村公共供水管理办法及实施细则，先后建立农村公共供水管理机构。到2011年，全市成立机构11处，建立县级维修基金6个，确保全市农村饮水安全工作顺利实施。到2010年年底，全市农村饮水安全受益人口达到648.13万人，普及程度达到96.7%，建成集中供水工程4276处，集中供水工程受益人数为621.71万人，占农村饮水安全人口比例为98.25%。

第七节　人工湿地

白浪绿洲湿地

白浪绿洲湿地位于市区西南区域，白浪

河上游，南北长6.7公里，东西平均宽度为1.5公里，面积10余平方公里，是国家级水利风景区、国家AAAA级旅游景区、国家城市湿地公园，是集自然景观、人文景观、森林保健功能于一体的城市人工湿地公园。

湿地遵循可持续发展的建设理念，突出生态性、艺术性、多样性、社会性统一，充分体现自然特性、创造充满生态情趣的滨水环境。坚持“自然为主，修复为辅”的改造原则，尽量使用自然材料，减少对生态的破坏。最大限度保留原生植被，不动原有的一草一木。大面积栽植菖蒲、芦苇、千屈菜、鸢尾、睡莲等水生植物，以改善水质环境。栽植柿子树、火棘等浆果类植物，吸引鸟类，丰富湿地内生物链层次。

湿地由南至北分为休闲度假区、湿地科普区、人文公园区三部分。由白浪跃湖、南溪垂钓、瀚林栖凤、云泽铺晖、柳岸闻莺、杏坛古韵等景观构成，景观区域内建有拾萃园、竹兰石坊、秋水云阁、国学讲堂、蔚然阁、燕处台等特色景点。沿湖河岸线种植乔木、水生植物、草坪，打造花岸、绿岸。精心建设景观小品，着力修复文化遗迹，形成集水生植物观赏、生态科普、候鸟栖息、步道游览等旅游项目为主的生态主题园区。

湿地最大限度保留原湿地范围内的植物，与新栽植的树森浑然成片。景点建设依河引水、聚水成景、搭配得当、水景相融。核心区建设坚持“去人工化”，步道以木道为主，不使用人工材料，少数人工建筑均力求达到“虽由人作，宛自天开”的效果。道路交通以电动、人力为主，严禁燃油车辆入内。部分景观道为透水地坪。

湿地生态流程，雨天时合流污水经截流管道收集后，在北外环路南侧先进入粗格栅，经粗格栅拦截较大的漂浮物等杂质，后进入泵房，经提升后至人工湿地。然后经过人工湿地处理后，部分有机物被降解，人工湿地出水排入白浪河。

湿地按照人工湿地生态布局要求，搭配

白浪河绿洲湿地公园

白浪河绿洲湿地公园

物，另外还有柳树等木本植物。

湿地生态系统存有某些原生动物及后生动物，昆虫和鸟类也能参与吞食湿地系统中沉积的有机颗粒，进行同化作用，将有机颗粒作为营养物质吸收，从而在某种程度上去除污水中的颗粒物。白浪绿洲湿地良好的生态环境，吸引了白鹭、须浮鸥、野鸡、野鸭、喜鹊、斑鸠、啄木鸟等百余种野生鸟类在此栖息。

种植浮水植物、浮叶植物、挺水植物、沉水植物等各类水生植物达30余种。有效地为湿地水体输送氧气，增加水体的活性。同时，吸收水体中氮、磷控制水质污染，降解有害物质。漂浮植物有水葫芦、水芹菜、浮萍、豆瓣菜、睡莲、荷花、马蹄莲、慈姑、荸荠、泽泻、菱角、薏米、芡实等；挺水草本植物有芦苇、荷花、千屈菜、茭草、菖蒲、香蒲、鸢尾、再力花、水葱、花叶芦竹、美人蕉等；喜湿植物有樱草类、玉簪类等植

白浪河风光

第二章　城市绿化

第一节　城市绿化规划

城市绿地系统规划是全市城市总体规划（2011~2020）的重要组成部分。规划期限近期规划为2011~2015年；远期规划为2016~2020年。根据规划，到2020年，中心城市绿化建设人均公园绿地达到12.5平方米/人、绿地率40%、绿化覆盖率45%，城市绿地7920公顷，新增绿地2684公顷（其中：公园绿地890公顷，生产绿地达到594公顷，占城市规划用地的3%，满足城市园林绿化发展建设所需）。规划通过法规性措施、技术性措施、政策性措施、经济性措施和行政性措施保障绿地系统规划实施。

规划重点通过中心城市生态圈工程建设，加强建成区内的公园绿地、道路绿地、单位附属绿地和居住区绿地建设；加强近郊风景林地建设及两条环路、济青高速公路、潍莱高速公路、胶济铁路沿线和四河（白浪河、虞河、浆沟河、浞河）绿化景观建设，增加城市绿地及生物多样性的保护，恢复地带性植被，发展以乡土植物为主的城市园林绿化。

“两横一纵四联六片”

结合“一城四片”的城市布局形态，全市城市绿地系统结构布局形态为“两横一纵四联六片”。“两横”，指沿济青高速防护绿化带和胶济铁路防护绿化带，并结合部分生产性绿地，形成城市发展隔离带，宽度控制在50~500米。“一纵”，指白浪河和虞河两侧各规划30~100米（白浪河最低不少于50米，虞河最低不少于30米）公园绿带及两河中间区域高质量的绿化休闲区形成的城市南北向绿化轴线。“四联”，指规划四条联通南北向水系的东西向人工河及其防护绿地，宽度控制在50~200米。“六片”，指城市外围的六块片状绿地：符烟山森林公园，面积约500公顷；白浪绿洲湿地公园，面积约1000公顷；虞河湿地公园，面积约670公顷；九龙涧森林公园，面积约470公顷；风筝文化公园，面积约440公顷；白浪河与虞河之间生态敏感保护区森林公园，面积约480公顷。

规划通过河流绿带、道路绿廊、农田林网与建成区内部的绿地形成网状结构，沟通城市内外生态网络，将自然生态引入城市，缓减城市发展的生态压力，保护城市生物多样性；在城郊交界处建设大范围的环城防护林带和植物园、游乐园、森林公园、园林绿化苗圃、花卉生产园等，逐步形成各类绿地配置合理、城郊一体的城市生态绿化体系；重点做好铁路、公路、河流、大型公园以及环城防护林带建设。

“一岛两环、网状多点”

中心城区构筑“一岛两环、网状多点”的绿地结构布局。“一岛”，指充分利用中心城区白浪河、虞河两河穿城而过的优越自然条件，在两河之间以高绿化率的网状廊道连接城市自然景观与历史文化景观，在中心城区形成“绿岛”的潍坊特色。“两环”，指结合城市核心区和内环边界，在南北向结合玄武街、长松路，宝通街、潍县路和北外环、西外环，南外环、东外环道路两侧各规划30~50米的绿带，形成中心城两环绿化景观带。“网状”，指沿城市主要干道两侧规划带状绿地以及结合两环和沿河、沿铁路、沿高速公路等绿带形成中心城区的网状绿地结构。“多点”，指充分考虑公园绿地合理的服务半径，根据潍坊市区的现状条件，以市级公园服务半径为2000~4000米，面积大于2万平方米；区域性公园服务半径为1500米，规模大于1万平方米；居住区公园和小游园服务半径为500~1000米左右，面积规模2000~5000平方米设置公园绿地。

第二节　城市道路绿化

全市城市基础设施建设快速发展，城市路网日趋完善。坚持道路绿化与建设同步规划、同步施工，做到“道路修到哪里，绿化就延伸到哪里”。注重乔、灌、花、草有机结合，突出应用乡土树种，适当选择一些观赏价值高的引进树种。按照绿线范围进行高标准绿化，先后绿化建设宝通街、樱前街、健康街、西外环、安顺路等主干道。2003年开始，结合旧城改造，通过破墙透绿、拆违建绿、沿街植绿、拆旧改丑、综合整治等手段，先后组织实施了两街一路（东风街、胜利街、北海路）综合整治、北海路以西、健康街以北、月河路以东、北宫街以南围合区域综合整治等绿化整治工程，共拆除破旧建筑35万平方米，整治广告牌匾12.4万余块，清理乱贴乱画100余万处，新建绿地80余万平方米。达到“以绿治乱、以绿治脏、以绿治丑、以绿制胜”的绿化效果，拓展了城市绿化空间。

北海路　北起北环岛，南至铁路桥，全长13.7公里，绿化总面积68.6万平方米，是潍坊市道路绿化的样板路，也是重要的迎宾大道。北海路绿化提升自2007年冬季开始，共栽植各类乔灌木22万株，达到大花量、大色块、大组团的绿化效果，给人强烈的视觉震撼力，成为市区一条花色鲜明、层次丰富、绿量充足、景观优美、绿色生态的迎宾大道。自2008年冬季开始，连续两年进行全面提升改造。按照“迎宾大道”的定位，突出“生

胜利东街步行道

态、自然、和谐”的绿化理念，在分车带和交叉口环岛等重要节点，加植白皮松、大叶女贞等冬季常青树，配植百日红、垂丝海棠、木槿、紫荆等花乔灌木，点缀景石，凸显“迎宾”特色，道路两侧绿化带中大量加植高档乔木和玉兰、樱花等花灌木，营造花团锦簇效果；与模纹、片带灌木、对节白腊一起，映衬出迎宾大道开阔、雍容大度、花团锦簇的景观效果。

安顺路 （北宫街—13号口）全长4公里，绿化总面积38万平方米（含安顺广场12万平方米），是出入潍坊市西大门的重要景观通道。道路绿化按照“高、密、厚”“从平面绿化转向立体绿化”“从观赏性转向生态性”的理念，从2008年冬季开始，进行了两次绿化提升，共新增乔灌木12万株，成为进入潍坊市区的一条林荫生态大道。

潍高路 全长12公里，面积60万平方米。2010年10月12日开工建设，2011年4月5日建成。由市园林设计院设计，分别由潍坊宏大园林工程建设有限公司、潍坊青欣绿化工程有限公司、山东秀美园林工程有限公司、高密顺达绿化工程有限公司承建，潍坊工程监理有限公司和山东经纬工程管理有限公司监理。共栽植乔灌木17.7万株、地被20万平方米。总投资4380万元。荣获2011年度潍坊市优秀工程勘察设计风景园林设计一等奖。

第三节 城市公园绿地

全市重视公园绿地建设，严格按照《公园设计规范》要求，规划中坚持以绿为主，注重大乔木栽植，使各类公园植物配置合理，富有特色，功能完善，改善了市区环境，为广大市民提供良好的休憩娱乐场所。

从1998年开始，依据城市绿地系统规划，结合旧城改造及绿地系统规划的实施，先后对东苑公园、自怡园、人民公园等综合性公园进行改建提升，并免费向社会开放；将九龙山树木园改建、扩建成为潍坊市植物园，建成富华游乐园、金宝乐园、潍州乐园等一大批休闲娱乐公园；结合三河改造，建成张面河景区、虞河景区、白浪河景区等沿河景观公园，改善了城市环境；建成了海培绿地、芳华园绿地、九龙园绿地、海关游园绿地、日月同辉园等众多街头游园绿地，使街头绿地满足500米服务半径要求，为市民休闲娱乐提供了方便，城区绿量大幅增加，城市环境日益优化。到2011年年底，市区共有公园绿地2187公顷，其中公园12个、广

场11个、街头游园等各类公共绿地136处，人均公园绿地面积达到17.35平方米。

公共绿地建设，注重以绿为主，乔灌花草结合，努力体现生态性、人本性，改善城区生态环境。市区现有公园中有建于50年代，近年重新改造的大型综合性开放式公园——人民公园；有绿化环境幽雅的大型娱乐性游园——富华游乐园、金宝乐园和潍州乐园；有十笏园等景观雅致古朴的古典园林，又有充满现代气息和地方特色的东苑公园、自怡园；有张面河景区、虞河景区、白浪河景区、凤翔河公园等沿河景观公园，有兼具观赏和科普功能的植物园——潍坊市植物园。

潍坊人民公园　始建于1951年，占地150亩，改造前是封闭式管理以观赏动植物为主的市级综合性公园。2004年春，市委、市政府决定对人民公园进行全面改造，2005年6月建成开放，总投资约7000万元。改造后的人民公园占地面积20.6公顷，分3个出入口（南出入口、北出入口、西出入口），两条景观带（园中溪流景观带、沿河景观带），两个园中园（中式园和西式园），共12个景区，主要有叠翠、天趣园、明心岛、自在洲、枫林广场、流沙、慕容台、云城、听香屋、春之景区、归真园、谊园等。为一处寓休闲娱乐、健身、观赏等多功能于一体的开放式市级公园。种植乔、灌木约27万株，草坪6.72万平方米，草花30.5万株，水系1.4万平方米，点景石1.2万吨，道路广场2.1万平方米，仿古建筑2500平方米，园林建筑及小品约8000平方米。该园由天津市园林设计院设计，上海市园林绿化建设监理有限公司监理，2006年，获中国风景园林学会“优质园林工程金奖”，2007年，获“中国人居环境范例奖”。

北海路

归真园 位于人民公园西北角，占地面积1公顷，2004年11月动工建设，2006年4月正式开放。归真园由联合国教科文组织顾问、中国建筑学会建筑史学分会理事长杨鸿勋设计并主持建设。为中国古典山水园，融江南北方园林风格，突出潍坊地域特色，在传承历史文脉的基础上创新发展。此园建于“2005世界环保年”，体现中国杰出的“人为环境与自然环境相融合”营造理念，取“返璞归真”之义，定名为“归真园”。园中山水相依，建筑相连，浑然一体。园内主要景点有13处：绿荫堂、“深千尺”潭、明湖及北山、月夕烟晨、“兰舟”舫、“掬月临流”水阁、“闲云野鹤”楼、东篱馆、琴台山庄、桃源村寨、“天香庭院”牡丹园、十里山塘。

东苑公园

潍坊植物园 占地面积26万平方米，在原九龙山树木园的基础上建成，该工程自2007年10月8日开工，至2010年1月21日竣工，是以观赏游览功能为主，兼有科研功

人民公园

归真园

能，集科研、科普、文化、市民休闲娱乐为一体的植物公园。园内植物品种多样化，以栽植温带木本、草本植物为主，园内植物达200多万株，引进范围北起东三省的长白山，南到长江流域，东起滨海一带，西至陕西西安，共引进植物1200种。其中，木本植物500种、草本植物320种、水生植物有60种、温室花卉植物200种、盆景120种，是山东地区收集植物品种最丰富的植物园。园区分观赏树木、水生植物、盆景园及岩石园四大景区。按植物的进化系统排列，分松柏、木兰、牡丹、杏桃、红果、樱棠、月季、槭树、木犀和竹等10个专类园。水生植物区由挺水、浮水等代表性水生植物组成，如荷花、水生鸢尾、水葱、睡莲、海寿花、紫芋等。岩石园模拟自然界岩石及岩生植物，加之灌木、藤本和草本植物材料，展现山地植物景观。盆景园采用“白墙、黛瓦、栗色门窗”的中国传统民居风格，主要展示盆景艺术和用于科普宣传教育。该园由上海市园林设计院、市园林设计院设计，天津市方正园林建设监理中心监理，山东潍坊东盛园艺有限公司承建，2011年，获中国风景园林学会“优秀园林工程”金奖。

第四节　城市广场绿地

市区已建成人民广场、世界风筝都纪念广场、安顺广场、文化广场等11处大型城市绿地广场，总面积108万平方米。

人民广场　2000年2月广场动工建设，共完成投资5500余万元。2006~2011年，进行多次绿化提升，建有东、西林荫广场、二十一世纪花坛、广场大型喷泉等，栽植了银杏、法桐、樱花、金叶女贞、龙柏球等各类苗木30万株，草坪4万平方米，自然式园林绿地10万平方米，铺装硬化道路12万平方米，是潍坊市集会、演出、休闲、游憩、健身的重要场所。

安顺广场 位于潍坊市区西北部，奥体中心西侧，由安顺路、长松路、北宫街3条主干道围合而成，总面积12.8万平方米。于2009年3月底开工建设，当年10月完工。由上海新建设建筑设计有限公司设计、山东阳光园林建设有限公司和潍坊绿达公路工程有限公司中标承建，山东经纬工程管理有限公司负责监理。建有雕塑广场、树阵景观、城市山林和水系叠瀑四大景区，种植乔灌木12万株、地被9.5万平方米。

第五节 园林绿化管护

全市中心城区共有公共绿地面积约2100万平方米。主要分为3类。

市园林部门管理的绿地，面积370万平方米，年养护经费约3000万元，费用由市财政全额承担。主要包括两园（人民公园、植物园）两河（虞河、张面河）两路（北海路、安顺路）两广场（人民广场、安顺广场）两口（济青十三号口、济青十四号口）

区园林部门管理的绿地，其中，市区两级财政按比例共同承担养护费用的绿地395.35万平方米；由区单方承担养护费用的绿地（包括东苑公园、自怡园、背街小巷等）面积76.3万平方米。

其他部门管理的绿地，面积1309万平方米。其中由三河管理公司管理白浪河绿地1300万平方米、人防办管理风博广场绿地9万平方米。

绿化考核管理。2007年1月，由市政局颁布实施《潍坊市中心城区园林绿化管理考核办法》，并制定潍坊市中心城区绿地养护管理质量标准、绿化养护作业规范及考核标准。2008年6月，由市市政局、市财政局联合颁布实施《中心城区园林绿化管理级次考核办法》，同时完善中心城区绿地养护管理质量标准、绿化养护作业规范及考核标准。

零缺陷整治。2010年3月，市园林处组织对“景区、公园、广场”进行零缺陷整治，对景区、公园和广场进行苗木补植、施肥、浇水、病虫害防治、卫生保洁、设施设备维修等精细化养护管理工作。共出工7257人，栽植乔木2289株、灌木8280株、地被3.05万平方米，完成维修灯具307套、更换灯具293盏；喷泉检修灯具3779盏、更换彩灯1400盏、维修喷头3005个；油漆灯具、木质铺装等813处，粉刷墙面1820平方米；维修地面369处、104平方米。

城区环境综合整治活动月。2010年9月，市园林处进行“城区环境综合整治活动月”活动，共计整改问题300余处，补植苗木1000余株、草坪地被500余平方米，普施杀

绿化管护

虫剂4遍，维修更换设施设备100余处。

“五无”精细化管理综合整治。2011年3月，以“五无”（无缺苗、无死枝、无垃圾、无残缺、无尘土）考核标准为基础，进行精细化管理综合整治，对景区、公园、广场和主要干道进行苗木补植、病虫害防治、卫生保洁、设施设备维修等综合整治工作。累计完成乔木栽植2752株，灌木1.32万株，地被1.23万平方米，球类62株，成木铺装3000平方米，更换电缆6500米，灯具更换1719盏，电器维修326处；地面维修、更换7750.2平方米；座凳、垃圾箱、灯具等打磨油漆5005平方米；喷泉、管道维修332处；船只更换1只，垃圾箱更换112个，完成投资约750万元。公园、广场、河道景区内实施全时保洁，垃圾随产随清。

第六节　“绿色家园”建设活动

2006年3~4月，全市组织开展以“无偿供苗、无偿设计咨询、送绿进社区、栽植纪念树、纪念林、出让绿地冠名权、认养绿地、垂直绿化一条街”为主要内容的八大社会绿化活动。活动期间，市园林局无偿供苗热线接听、答复各类咨询电话2500多个，领苗人数达3000余人，市区两级园林部门无偿供苗达3.2万余株；提供设计咨询服务1600余次；送绿进社区8次，送出各类苗木5000余株；组织栽植纪念树、纪念林近20次，栽植纪念树、纪念林3.5万余株；出让街头绿地冠名权、认养绿地18万平方米；对市区10条街道进行垂直绿化，栽植各类苗木3.2万株；组织单位搞好庭院绿化和居民区绿化，完成绿化投资1636万元，新增绿化面积33万平方米，栽植各类绿化苗木82万株。

2007年4月，组织开展社会绿化活动。活动期间，共向市民无偿提供树苗5000多株，包括月季、萱草、大叶女贞和大叶黄杨等数十个品种，接听各类咨询电话600多个，方便了广大市民，受到群众的好评。

2008年3月，组织开展以“无偿供苗、无偿设计咨询、送绿进社区、栽植纪念树、纪念林”为主要内容的社会绿化活动。活动期间，共向社会无偿供苗3.03万株，包括红叶桃、国槐、大叶女贞、冬青球、连翘、扶芳藤、栾树、青桐、紫玉兰、西府海棠等40个品种。

2009年3月，开展以“无偿供苗、绿化免费咨询”为主要内容的社会绿化活动，活动期间，无偿提供苗紫薇、木槿、红叶桃、银杏、白蜡、紫叶李、紫玉兰、樱花、西府海棠、榆叶梅、白皮松、冬青、迎春、金鸡菊、太阳花等25个品种。

2010年4~5月，市园林局继续组织开展以“无偿供苗、送绿进社区、立体绿化试点”为主要内容的社会绿化活动。活动期间，共为5786余名市民、30个单位、22个小区无偿提供苗木30余种5万余株，接听咨询电话3000余个，取得较好的社会效益和生态效益。

2011年3~4月，组织开展“绿色家园宜居潍坊”社会绿化活动。

无偿供苗活动。推出无偿供苗、送绿进社区活动，15天时间，共为1万余名市民、3个单位、4个小区无偿提供苗木20余种3万余株。

百条建议征集活动。共收到电子邮件58

封、接听电话101个、信件21封，搜集建议200余条。

绿化“双十佳”评选活动。共评选出奎文区九龙桥社区、中学街社区、新华路中社区、潍城区后姚家坊社区、高家东社区、坊子区鲁能足球社区、寒亭区泰祥社区、高新区鸢都社区、高新区北苑社区、经济区友谊社区10个“绿化美化十佳社区”，潘新业、张宗军、刘素英、刘桂芬、张振宝、韩万顺、于田丽、赵桂霞、刘贵荣、于英智10位“爱绿护绿十佳个人”，同时评选出奎文区广文街道、潍城区北关街道、坊子区凤凰街道、寒亭区开元街道、高新区新城街道、经济区北城街道6个“最佳组织奖”，并制发文件《潍坊市园林管理处、潍坊日报社关于表彰潍坊市区2011年度“绿化双十佳”的通报》予以表彰。

栽植纪念树、纪念林活动。组织潍州路小学、潍坊医学院、潍坊七中、孙家社区等10余个单位和市民1000余人，分别在广潍汽车文化博览园和自怡园栽植纪念林、纪念树，共栽植法桐、银杏、樱花等苗木1500余株。

第七节　古树名木保护

全市现存古树名木624株单株（含名木4株），树群11个，分属于25个科，49个树种。豆科最多，为417株单株，1个树群（3株），占总数的近一半，一级古树名木487株单株，7个树群，二级古树名木133株单株，4个树群。市区71株古树名木（其中，古树67株、名木4株），分属13科。其中豆科49株、银杏科4株、柏科3株、松科3株、壳斗科2株、山茱萸科2株、柿树科2株、胡桃科1株、槭树科1株、无患子科1株、忍冬科1株、榆科1株、杨柳科1株。其中，奎文区20株（9科）、潍城区33株（3科）、坊子区6株（2科）、寒亭区12株（3科）。按树龄划分，300年以下的有46株、300~500年的有19株、500年以上的有6株。

2001年，市政府下发《关于加强市区古树名木保护管理的通知》，进一步明确古树名木养护管理责任，采取措施加强对现存古树名木的保护管理，并专门设立古树名木保护管理基金，加大对古树名木的保护力度。

2007年，市园林部门将古树名木的分布、渊源等基本情况汇编成册，出版《潍坊古树名木》，为加强古树名木的保护管理提供基础性资料。

第八节　重点绿化工程

张面河综合整治工程　张面河全长3公里，面积20万平方米。依次规划建设了桃源修竹、丽水华亭、生命之轮、百家俊秀和北海秋月5个主题景点，是潍坊市试点改造的第一条河流。该工程于2004年3月开工建设，当年8月建成开放。张面河综合整治工程主要包括截污、绿化景观、道路建设和夜景照明四大系统。主要建设内容是全线河道驳岸、箱涵、河道硬化及防水等工程，铺设预埋各类管线7万米，安装路灯、景观灯、庭院灯、草坪灯、水底灯、射灯等各类灯具4000盏，种植乔木约2万棵，灌木约9万棵，竹子约10万棵，草皮约12万平方米。

虞河综合整治工程　该工程南起胶济铁

虞河

路，北至济青高速公路，全长12.7公里，面积200万平方米。虞河综合整治的总体设计理念是“让城市拥抱河流”，创造“清流碧水风筝城、潍州新貌赛苏州”的靓丽美景。把昔日的臭水河建设成一条“生态的河、流动的河、文化的河”，使其成为展示潍坊历史文化资源、体现园林城市特色、吸引国内外游客的景观长廊。其景观可概括为：一湖、三瀑、九溪、十二景区、三十六大景观；三楼、五阁、七榭、二十四亭、两塔双百景点。从南至北共划分为九龙问源、虞水帆影、石桥漱玉、江山多娇、慧泉金湾、乐道彩虹、康桥水岸、九州方圆、虞河古道、北宫春早、玉清烟晓、踏雪寻梅十二个景区，每一个景区由三个主景观组成，共三十六个主景观，分别展示潍坊独特的人文、历史景观。通过虞河水系景观，把沿河两边社区公共绿化服务设施串联起来，将水景、园林与社区生活、文化艺术融为一体，形成珍珠项链式的城市生态风景带，树立了特色城市风貌的一个品牌和典范。

济青高速公路十三号口工程　济青高速公路十三号口位于安顺路与西外环交叉口处，绿化总面积11万平方米，分A、B两区。该工程2004年春季开工建设，2009年进行改建扩建，栽植各类乔灌木10.8万株，铺设草坪3万平方米，铺装园路、广场2000平方米。

济青高速公路十四号口工程　该工程2003年开工建设，共栽植雪松、云杉等乔灌木8万余株，草坪4万平方米，完成投资400万元。2005年又对南北两个匝道30米范围内进行了绿化，面积约3.8万平方米，由市园林设计院设计，市政府和山东基建集团公司共同投资建设，共回填土方4万立方米，整理绿地 3.8 万平方米，种植乔木 1500 株，灌木 21 万株，草花 12.6 万株，铺种草坪 4000 平方米。

2007 年冬季绿化工程 该工程 2007 年 11 月中旬开始建设，2007 年 12 月 5 日结束，历时 18 天。累计栽植乔木 3.3 万株，灌木 2.4 万株。

2008 年春季绿化工程 该项工程共有北海路、安顺路、虞河、张面河、人民公园等 14 个项目 34 个标段，2008 年 2 月 22 日全面展开，4 月 18 日结束，历时 56 天，累计动用人工 17 万人次，植树 41 万株，植灌木 370 万株，铺地被 60 万平方米，全面实现了绿量翻番目标。

景石进城工程 该工程 2009 年 3 月 23 日开工，2009 年 6 月 10 日竣工。安装泗水景石及泰安景石共 11 块、临朐景石 12 块、交通渠化岛景石共 85 组（共 165 块）、宜兴卵石及浙江临安卵石共 45 块、栽植油松 82 株、移植小龙柏 323 平方米。该工程由潍坊市顺达绿化有限公司施工。

第三章 环境保护

第一节 污染防治

流域环境治理

近年来，全市流域环境治理，以“治污减排、改善环境、防范风险”为主线，依托治理工程，实施综合整治，强化环境监管，重点实施了“六河六片区”“23 条河 16 片区”治污攻坚战，总投资达 21.74 亿元，完成重点治理项目 281 个。截至 2011 年年底，市控 23 条重点河流全部达到恢复鱼类生长目标（COD≤60 毫克/升、氨氮≤6 毫克/升），河流水质改善幅度居全省前列，流域污染治理工作取得重大突破。

环境基础设施 重点推进生态工程建设，积极构建流域“治、用、保”体系，重点对白浪河、虞河、弥河、潍河、张僧河、胶莱河、北阳河重点河段实施全过程、全方位立体治理，水环境治理明显改善。按照“治理规划、整体推进、一河一策、一企一法”的原则，先后制定出台一系列配套文件和相关政策措施，层层签订治理责任书。投资 52.33 亿元，实施 23 条河流 150 个重点工程治理项目，关闭取缔高污染企业生产线 340 余家（条），对 1100 多家企业实施污水处理再提高或深度处理工程。投资 36.9 亿元，建成 55 处污水处理厂，日处理能力由 2005 年的 30 多万吨提高到 2011 年的 181.5 万吨。

废水污染源治理和监管 按照有法必依、执法必严、违法必究的原则，依法采取严格监管和治理措施。对未落实环保“三同时”措施，污水处理设施不能满足废水治理要求的，一律不能开工生产；对污水处理设施不配套、运转不正常的企业，强制实施限产限排和限期治理措施；对治理无望、治理后仍不能达标排放的企业，坚决依法关停，腾出环境容量发展高新技术和低耗水、低污染的产业；对偷排偷放、超标排放的企业要依法从严处罚，直至追究企业法人的刑事责任。加强对污水处理厂的监管力度，对进口水质超标的对上游排污单位进行排查，并按照规定查处；对故意减少污水处理量的污水处理厂，及时报当地政府或主管部门，建议更换运营商，并依法追究责任人的责任；对出口水质超标的，依法征收其超标排污费，并限期整改。加强排污总量控制。按河流或流域拉出企业底子，并测算纳污河流规定标准下的纳污总量，按照企业原排污许可总量占本河流或流域内企业排污总量的比例，分摊给相关企业。对企业原排污许可总量超出分摊排污总量的要进行限产或限排。2010 年 11 月 14~18 日，对省控 7 条河流的达标情况进行调度分析。对未实现稳定达标的虞河，按照省环保厅提出的断面达标“倒逼法”的要求，函告当地政府（管委会）和有关部门，要求立即采取相应措施，确保省控断面稳定达标。

碧水行动计划 2007 年 9 月 30 日，召开实施《山东省半岛流域水污染物综合排放标准》地方标准发布会。10 月 17 日，制定实现潍坊境内所有河流、支流三年变清的目标，对各县市区排入污水处理厂的企业、直排各河流、支流企业和园区、乡镇污水处理厂建设规划等情况进行全面排查，制定潍坊市碧水工程实施规划，并采取针对性措施，达到了所有河流、支流变清的目标。2008 年，以《关于确定中心城区两污水处理厂改造升级后排放标准的函》及《关于加强环境基础设施建设减轻白浪河下游污染的函》，提出减轻白浪河下游污染，加强环境基础设施建设的意见，并在 2009 春季环保专项通报中对县市区部分污水处理厂提出限期治理要求，要求完成

鸢都湖

升级改造任务，并对综合整治情况实施每周一通报；对重点污染河流水质实施半月通报制度，实行包靠领导带队，联络员、现场监测人员为成员的监测队伍，河流水质监测频次为每周一次，监测项目为COD、氨氮两项。

2010年5~8月，开展环境执法“百日行动”，对张僧河等6条重点污染河流和北部沿海等6大空气污染片区进行环保督导检查。2010年8月23~30日，按照《潍坊市环境执法“百日行动”方案》要求，对六河6片区污染治理总体情况分别进行现场检查，并对河流断面、重点污染源、污水处理厂进行抽查监测。2011年，按照市政府的统一部署，对23条重点河流进行摸排，下发《关于加强全市23条重点河流环境监管的通知》《关于印发全市重点监控企业和城镇污水处理厂名单的通知》，从监管重点、监管任务和工作要求等方面进行详细规定。从2011年3月开始，对全市提高、改善类16条重点河流水质实行半月通报，对23条重点河流27个控制断面水质进行每月通报，每月定期召开一次环保系统水环境形势分析会，对重点难点问题进行认真剖析。同时，对81个水污染治理项目进展情况实施每月一次调度和督查。根据2010年水质监测结果，将23条河流分3类制定工作目标，筛选出总投资42.33亿元（2010年完成投资15.98亿元，2011年计划投资26.53亿元）81个水污染治理项目，涵盖点源治理、污水处理厂及配套管网建设和河道治理。实际完成投资29.57亿元。虞河污水处理厂、青州弥河污水处理厂、高密第三污水处理厂、滨海崇杰污水处理厂、寿光渤海化工园二期工程、寿光侯镇镇区二期工程、寿光台头污水处理厂、昌乐城西污水处理厂等23家污水处理厂建设工程及配套管网先后投运，新增污水处理能力25万吨/天，总污水处理规模达到181.5万吨/天。山东晨鸣纸业集团股份有限公司6万吨/天中段水技改及2万吨/天深度处理回用工程等34个点源治理项目先后建成投运。高密北胶新河、市区白浪河中段、白浪河北辰绿洲、青州南阳河、青州弥河、昌邑丰产河等18个河道生态治理项目顺利实施。

2011年9月，下发《关于对部分污水处理厂限期实施升级改造的通知》，决定对全市未达到《城镇污水处理厂污染物排放标准》（GB18918-2002）一级A排放标准的污水处理厂实施限期升级改造：2012年年底前现有及在建污水处理厂出水水质全部稳定达到一级A排放标准，今后新、改、扩建污水处理厂一律按照一级A排放标准建设。10月24日，召开全市环保系统河流治理调度会，进一步加大监管和督促力度，并以《关于加快治污设施建设确保丹河水质稳定达标的函》《关于限期解决围滩河和崔家河水质超标的函》《关于加快治污设施建设确保堤河水质稳定达标的函》，限期相关政府（管委会）编制《河流断面水质应急达标方案》，并组织实施。为实现全市23条重点河流全面恢复鱼类生长目标，11月，开展堤河、丹河、崔家河和围滩河水质达标专项督查，昌乐城西污水处理厂管网配套、滨海崇杰污水处理厂等一批久拖不决的问题得到彻底解决，全市23条重点河流27个控制断面全面达到恢复鱼类生长目标，COD同比下降48.03%、氨氮同比下降63.03%，提前1个月完成市政府规定的全市23条重点河流水质实现恢复鱼类生长目标任务。

空气污染治理

为解决城市日益严重的环境空气污染问题，全市通过优化城市建设总体规划和调整产业结构，开展污染源综合监管，加强对重点工业废气、建筑工地扬尘和机动车尾气污染的控制，城市环境空气质量明显改善。2008~2011年，全市环境空气质量连续四年达到国家二级标准，空气质量优良天数良好率连续四年达到85%以上，除个别极端天气外，基本摆脱空气污染的影响，构建出“天蓝气清”鸢都新形象。

构建空气污染防治基础 为有效解决影响人民群众生活、制约经济发展的环境空气污染问题，全市从优化城市建设总体规划入手，抓布局、抓调整，构建空气污染防治良好基础。

调整产业结构。市委、市政府先后出台《关于提高自主创新能力加快工业结构调整的意见》《关于进一步加快淘汰落后生产能力和高耗能高排放行业治理工作的实施意见》等一系列文件，限制高排放、高耗能行业盲目扩张。建立落后产能退出机制，实施经济补偿政策，进一步加大淘汰落后生产能力工作力度。依靠科技创新，启动城区工业企业退城进园工程，先后关停淘汰55台小火电机组、900立方米高炉和41条水泥立窑生产线。“十一五”期间，全市共淘汰落后生产能力水泥408万吨、炼铁91万吨、炼钢60万吨、焦炭35吨、火电装机52万千瓦，有力地促进了产业结构优化，工业大气污染物排放强度持续下降。“十一五”末，全市单位GDP二氧化硫、烟尘和工业粉尘排放量分别比“十一五”初期下降了58.0%、64.9%和84.9%。

推进清洁能源利用和节能。“十一五”末，全市水电、火电和风电装机总容量达8亿千瓦时，天然气使用量增长了300%，相当于替代了约19.5万吨标准煤。“十一五”期间，气化工程项目建设稳步推进，投资1000多万元建成农村户用沼气12.4万户。集中供热管网覆盖范围进一步扩大，集中供热面积达7000万平方米，中心城区集中管网覆盖率达到73.5%。能源节约工作取得阶段性进展，全市单位GDP能耗逐年下降。“十一五”末，全市单位GDP能耗下降23.05%，相当于五年间累计节约能源约1308万吨标准煤，减少二氧化硫排放约20.9万吨。

大气污染项目环境准入政策。开展区域环评、规划环评等工作，在建设项目审批方面，严格执行“红线黄线绿线”分类指导制度，从严把握，坚守底线。坚决控制新上或扩大燃煤电厂、农药、医药中间体、钢铁、焦化、化纤、水泥等严重污染大气的污染项目，对市委、市政府确定的重大民生工程及高新技术项目等实行“绿色通道”。“十一五”期间，共完成市级审批建设项目3568个，投资总额4561亿元，拒批各类高能耗、重污染或选址不当项目156个，查处违规建设项目430余件，有效遏止了“两高一资”和重污染项目落地，切实发挥环境保护对经济发展的优化促进作用。

重点领域区域污染治理 近年来，针对空气污染成因复杂、综合性强、牵涉部门多的特点，为充分调动各方面力量、综合开展大气污染防治，全市每年两会期间，都组织召开“人口、资源、环保”座谈会，市五大班子领导全部参加并分别发表意见，为做好环保工作出谋划策，群策群力。仅2010年，市委书记张新起就环保工作先后做出9次重要批示；市长许立全先后23次主持召开全市会议或专题会议，深入调研和具体部署环保治污工作；市人大、市政协也先后组织“环保世纪行”“北部沿海地区生态调研”等监督检查活动，有力助推环保工作。每年“六五”世界环境日前后，市政府都召开全市环保工作会议和大气污染防治专题会议，研究部署具体推进措施，解决实际问题。全市初步形成党委领导、政府主管，人大、政协监督，部门分工负责、全社会广泛参与的大气污染防治工作总格局。

污染源治理 工业企业工艺废气治理。从重点污染源入手，大力开展工业企业废气治理，完成了寒亭海龙化纤厂恶臭废气治理、昌乐潍焦集团的干熄焦工艺改造、青州弘润石化异味治理等234个工艺废气治理项目，解决一大批困扰潍坊多年的异味老大难问题。仅2010年北部沿海片区就关停取缔了30余家异味严重的污染企业，对132家空气污染源实施了停产限期治理。

煤烟污染防治。中心城区建成区内一律不准审批新建煤炭经营点，原有的煤炭经营点全部搬迁到建成区外。建成区内，凡集中供热管网到达区域，具备集中供热能力的，一律不再审批新上燃煤锅炉，全部改用集中供热。全市共淘汰取缔中小型燃煤设施1100余台（套），中心城区小型燃煤设施淘汰率达到了96.8%。大力推进消烟除尘和脱硫设施建设，对48家燃煤热电厂和4家钢铁、焦化企业实施脱硫除尘改造，热电、化工、建材等重点行业大型燃煤设施脱硫设备配套率达到了98%。

治理扬尘污染。落实大气敏感区大型货运车辆禁行措施，加大运输砂石、土方等车辆防尘措施检查力度，严厉查处因防尘措施不到位而导致脱落扬撒的扬尘运输车辆，仅市交通运输管理部门每年查处的就达200余起；全面推行以机吸为主、人工捡拾为辅的保洁作业模式，逐步淘汰机械法干式清扫，提高机械化作业面积，共投资1500万元购置43台湿法清扫车，对261条、1000多公里的扬尘路段开展综合治理；施工工程实行封闭施工，强化围挡设置、洒水保湿、硬化固化等措施，严禁大风天气作业和高空抛洒建筑垃圾，在施工工地进出口设置洗车设施，清洗进出车辆轮胎及车身，强化对拆迁过程的防尘控制，共对500余个、总面积达40余万平方米的施工和拆迁工地进行综合整治，扬尘削减量达30余万吨；对127个物料堆场进行扬尘治理，通过严格落实洒水、封闭、遮挡和喷淋等防尘措施，控制堆场扬尘污染。

秸秆禁烧工作。为确保每年夏、秋季节秸秆禁烧工作的顺利开展，市政府成立了秸秆禁烧工作巡视组，建立目标管理责任制，及时发布秸秆禁烧通告，有效遏制秸秆焚烧进一步发展的势头。

空气污染专项治理 从2008年开始，全市坚持把大气污染防治列入重要议事日程，深入开展保障北京奥运会和济南全运会期间空气质量、七部门联合开展改善空气质量、“整治违法排污企业保障群众健康”、北部沿海地区空气污染专项整治和环境执法“百日行动”等一系列专项行动。2010年开始，全市组织开展声势浩大、规模空前的“六河六片区”治污攻坚战，并将这一行动扩大到全市23条重点河流和16个重点空气污染片区。通过实施“关、停、限、建、管”五大措施，共完成重点治污项目201个，总投资52.33亿元；关闭取缔重污染企业或生产线340余家（条），对269家企业实行停产、限产和限期治理。其中16个空气污染片区共投入污染治理资金22.97亿元，完成废气污染综合治理项目1527个，对重点工业废气和异味问题进行集中治理。完成潍坊特钢钢铁干熄焦改造和烧结机脱硫、海龙化纤恶臭治理、潍焦集团干熄焦改造、恒联浆纸连蒸连煮工艺改造、柏立化学沼气收集处理和弘润石化油气回收等一批重点废气污染源治理工程改造。

环保执法监管　各级各部门积极采取加密监测、明察暗访、一线执法、调度通报、挂牌督办、从严惩处等高压监管措施，加大环保执法查处力度，严厉打击各类环境违法行为。“十一五”期间，市、县两级政府先后开展“整治违法排污企业保障群众健康”环保专项行动288次，出动环境执法人员2.4万人次，查处各类环境违法行为3860起。企业治污主体责任意识明显增强，偷排、超排现象得到有效遏制。2010年，出动执法检查人员2500人（次），检查企业达1万余家（次），查处环境违法案件316起，受理办结群众信访和污染纠纷以及人大、政协提案议案9200余件，立案率和查处率均达到100%。

污染防治基础能力　全市污染治理投资不断加大，仅企业空气污染治理项目投资就达31.9亿元。为全面提升大气污染物监控监管能力，投入2.3亿元，建设具有全国一流水平的环境自动监控和应急指挥管理平台，建成27个空气自动监测站（点），170家市控以上重点污染源全部安装在线自动监控设备，并实现数据联网和实时上传和省、市、县和企业“四级联网”24小时动态监控。按照“手、眼、嘴、腿”四位一体的执法工作原则，在全省率先探索建立监控监测与现场执法快速联动机制。2009~2011年，环保执法监测仪器设备、车辆等购置费用达2880余万元，相当于“十五”设施投入的10倍。

打造宜居环保城市

为重点解决影响人民群众身体健康的热点、难点问题，提高居民幸福指数，从维护人民群众环境权益出发，全市针对异味信访、机动车尾气污染、餐饮油烟、露天烧烤和城市绿化等问题开展治理和建设。

区域异味污染治理　全市把异味治理作为改善空气质量的重要内容。2009年10月，开展对寿光市、昌邑市和滨海经济开发区北部沿海区域的化工企业和产生异味污染企业的专项整治活动。制订周密的专项整治实施方案，组织环保等有关部门对辖区内的污染源进行“地毯式”排查，共排查企业239家，排查出87家存在异味污染等问题企业，依照“一厂一策”的办法，分别予以关停、停产或限期治理。从2010年4月30日开始，为解决全市重点区域异味污染为题，加大对市区北部、市区东南部、北部沿海、青州弘润石化、昌乐朱刘、高密城区东北部6个片区异味污染整治工作力度，确定了海龙化纤恶臭、潍焦集团熄焦废气、银鹰化纤废气等一系列异味治理工程，通过落实封闭作业、安装废气净化装置等措施。2011年，将治理范围扩大到全市16个空气污染片区，确定53项重点治理工程，截至2011年年底，基本实现废气达标排放、厂区周围空气基本无异味的目标，北部沿海空气质量明显改善，弘润石化、高密城区东北部片区基本得到根治，中心城区除个别极端天气外基本摆脱异味污染状况。

机动车尾气治理 潍坊市机动车保有量居全省第一，机动车尾气污染物排放量居高不下。从2008年开始，投资3400多万元、建成机动车环保检测机构12家、机动车环保检测站点17处、机动车尾气检测线55条，从事机动车环保检测的技术队伍300余人，机动车检测能力达到每年60万辆。为有效解决机动车尾气污染，2009年，制定出台《潍坊市机动车排气污染防治暂行办法》，明确了各部门机动车排气污染防治责任。2011年，先后制定出台《潍坊市机动车环保检验机构规范化管理暂行规定》《关于进一步明确机动车环保检验有关事项的通知》，对全市环检机构进行规范化管理。大力开展机动车环保定期检验，机动车环保定期检测率连续四年达到80%以上；落实环保标志黄、绿标分类管理制度，深入开展环保标志管理工作，环保标志核放数量不断提高；建立完善机动车排气污染联合监管机制，对未获得机动车环保标志的车辆，公安交通管理部门不予年审、过户，交通运输管理部门不予通过营运车辆定期审验；加强老旧汽车报废更新工作，对1万多辆黄标车和老旧车辆进行以旧换新和报废处理；大力发展城市公交，2008~2011年，市区先后对近300辆公交车实施清洁能源改造，替代柴油消耗总量8000吨，大大减少了尾气污染物排放量。

餐饮油烟和露天烧烤治理 饮食业油烟污染扰民问题严重，成为城市居民环保投诉热点之一。2008~2011年，为切实解决这一难题，通过限期安装油烟净化装置，完成全市241家餐饮单位油烟治理；以全国环保模范城市、卫生城市和中国人居环境奖创建活动为契机，建立多部门常态化联合执法机制，开展多次大规模的露天烧烤集中取缔活动，先后出动执法人员8000余人次，取缔露天烧烤点位2300余家次。

第二节　城市环境质量监管

2003~2011年，全市开展“整治违法排污企业、保障群众健康专项行动”，加大对重点污染源的治理和监控力度，查处各类环境违法行为。全市先后在192家重点企业安装自动在线监控系统，并全部实现市、县联网，共查处违法企业2820家，对939家企业依法实行关闭、停产、停产整顿等措施，促进环境质量的改善。

重点污染源监管

2003~2011年，全市从调整产业结构入手，大力推进“退城进园”，有105家污染重的企业整体迁入各类园区，先后关停4家年制浆能力2万吨及以下的草浆造纸生产线，取缔599家小造纸、小化工、小印染等“十五”土（小）企业，淘汰17条小水泥生产线。2010年以来，围绕全市23条重点河流治理和16个重点空气污染片区治理，按照“一河一策、一企一法、整体推进、不留死角”的原则，依法实施提高污染源排放标准或关、停、限、建、管以及流域限批等措施，先后投资50多亿元，对1000多家污染源实施再提高工程。其间，依法查处环境违法企业234家，依法关闭183家企业，对176家企业实施停产治理。到2011年年底，全市23条重点河流水质达到恢复鱼类生长目标，16个空气污染片区空气质量明显好转。

建设项目环境监管

认真落实山东省环保厅《关于加强建设项目执行环评和“三同时”制度情况的经常性管理的意见》和《山东省建设项目环境监察工作方案（试行）》的要求，通过不断创新机制，多措并举，严肃查处各类建设项目环境违法行为。2003年以来，市环保局对市批以上审批的建设项目，坚持做到在其施工期、试生产前和试生产期至少各进行一次现场检查，每季度对辖区内的各类开发区（工业园区）巡查一遍，并当场填写《建设项目环境监察现场检查表》。2003年以来，先后开展全市各类开发园区环境影响评价和“三同时”执行情况、辖区内钢铁等重点行业建设项目环境影响评价和“三同时”执行情况和涉重金属和高环境风险建设项目等多次环境专项执法检查，对排查出的环境安全隐患按要求逐一进行整改，并对违法行为依法进行处理，使全市的建设项目监管工作逐步纳入正轨。

排污费征收

2003年以来，全市排污费征收工作坚持依法、全面、足额、及时的原则，按照公开、公平、公正的要求，通过不断强化措施，加大征收力度，排污费征收额逐年增加，2003年，收费额为4539万元，2011年达16040万元，增长2.53倍。据统计，2003~2011年，共计征收排污费8.87亿元。

2003年7月1日，按照国家发改委等四部门的统一部署，全市排污费征收由原来的超标收费转变为排污即收费、由单一浓度收费转变为按浓度与总量相结合收费、由单因子收费转变为按多因子收费、由静态收费转变为动态收费，这是自1979年排污收费制度实施以来最大的一次改革。2005年，全市开始实施《排污申报核定工作报告制度》和《排污费征收工作报告制度》两项报告制度，各级环保部门组织专门力量，结合工商登记情况，要求辖区内所有排污者都要填报《全国排放污染物申报登记表（试行）》，并申报下一年度正常作业条件下排放污染物种类、数量、浓度等情况。7月1日，二氧化硫排污

潍坊市排污权交易启动仪式

费征收标准由上年度的0.40元/当量提高至0.60元/当量。2008年，全市征收排污费1.15亿元。

城镇污水处理厂建设与监管

全市注重城镇污水处理厂的建设与监管，从2005年开始，实行市场建设与运营，有力地推动城镇污水处理厂的建设。截至2011年年底，共投入资金36.82亿元，建成城镇污水处理厂53个，日处理污水能力达到251.3万吨。已建成的城镇污水处理厂全部安装在线自动监控系统，并与环保部门联网，实施在线监控，发现问题，及时进行处置，有力地促进设施运转率的提高和水环境质量的改善。

第三节　环境安全防控体系

安全防控体系

2010年，全市总投资1400余万元，开展“潍坊市环境安全防护体系”建设工作，主要是以地理信息系统为基础，整合现有的环境监控系统、汽车尾气监控系统，建设应急指挥系统和三维模型，建设视频监控系统、执法车辆GPS定位系统等，全面提升环境应急管理的水平，并建成高标准、高水平的应急指挥中心和视频会议室。

辐射应急预案

2008年10月，根据《山东省环境保护局核事故应急预案》和《山东省环境保护局辐射事故应急预案》，编制印发《潍坊市环境保护局核事故和辐射事故应急预案》。2010年12月，根据《中华人民共和国放射性污染防治法》《放射性同位素和射线装置安全和防护条例》《国家突发环境事件应急预案》《山东省辐射事故应急预案》《潍坊市突发环境事件应急预案》，市环保局、市公安局、市卫生局、市财政局联合编制《潍坊市辐射事故应急预案》，并由潍坊市人民政府办公室转发。2012年3月，根据《山东省环境保护厅辐射事故应急预案》以及《潍坊市辐射事故应急预案》，修订《潍坊市环境保护局辐射事故应急预案》。

辐射应急物资储备

根据环保部、省环保厅和有关法律法规要求，为切实加强辐射事故应急物资储备工作，提高全市辐射事故应急处置能力，投资108万元购置高灵敏度辐射寻源仪、Xγ剂量率仪、个人剂量报警仪、中子剂量当量率仪、αβ表面污染检测仪、放射专用A级防护服等一系列辐射应急物资，为辐射事故应急提供物资保障。

环境应急管理机制

全市以认真排查环境安全隐患专项行动为切入点，进一步完善环境应急管理工作机制，加强环境隐患排查整治，有效杜绝重、特大环境污染事故和辐射事故发生，保障全市环境安全和社会稳定。

风险源管理。结合整治违法排污企业保障群众健康环保专项行动，在全市范围内开展环境污染隐患排查工作。排查重点包括：各企业环保手续是否完善，新建或改扩建项目是否执行环评、“三同时”制度；企业污染处理设施是否正常运行，有无偷排、暗排或擅自停用污染处理设施的环境违法行为，污染物是否达标排放；辖区内的企业是否不符合产业政策及国家明令禁止、淘汰落后生产工艺和设备；集中式饮用水源地保护情况；重点企业环境污染事故应急预案是否制定等。

环境事故应急网络。根据《国家突发公共事件总体应急预案》《国家突发环境事件总体应急预案》等系列文件要求，编制突发环境事故应急预案。初步形成覆盖全市的突发环境事件应急预案体系网络，建立环境污染事故应急处置机制，提高了环境污染事故应急处置能力。先后印发《潍坊市环保局突发性环境污染事故应急预案（试行)》《潍坊市环境保护局汛期突发性环境污染事故预案(试行)》《关于加强危险化学品环境管理完善突发性环境污染事件和安全生产事故应急预案的通知》，编制《潍坊市环保局突发环境事件应急预案操作手册》，制定《潍坊市环境监测中心站突发性环境污染事故应急监测预案》。

应急演练。组织突发环境事件应急演练，进一步提升应急反应速度和处理能力。注重场景的仿真程度，做到指挥机构、救援队伍、通信指挥、交通疏导、医疗救护、治安管理等协同配合。企业结合危险源种类，分别开展具有针对性的突发环境事件应急演练，有效提高协同作战应急处置能力，应急人员的应急技能和实战能力得到锻炼。

专家咨询机制。在制订各种污染处置应急方案中，充分发挥专家咨询作用，组织有关部门专家，共同研究监测和处理处置方案，努力避免和减少损失，并确保做到客观、公正的认定。为确保对突发应急环境事件作出快速反应，做到有备无患，建立应急物资信息库。

第四节　环境质量

城市环境空气质量

2003 年以来，市区环境空气中的主要污染物是二氧化硫和可吸入颗粒物。

2011 年，市区环境空气中的可吸入颗粒物年均值浓度为 0.090 毫克/立方米，不超标；日均值浓度范围在 0.018~0.375 毫克/立方米之间，全年日均值超标（0.15 毫克/立方米）的天数占 4.11%，最大值超标 1.5 倍，以春冬季污染较重。二氧化硫年均值浓度为 0.056 毫克/立方米，不超标；日均值浓度范围在 0.013~0.176 毫克/立方米之间，全年日均值超标（0.15 毫克/立方米）的天数占 1.37%，最大值超标 0.17 倍，以冬季取暖期污染较重。二氧化氮年均值浓度为 0.044 毫克/立方米；日均值浓度范围在 0.010~0.089 毫克/立方米之间，均符合国家《环境空气质量标准》(GB3095-1996）中的二级标准。

2011 年，市区空气质量级别统计结果显示，全年空气污染指数范围在 20~236 之间，空气质量良好率为 95.6%。全年空气质量级别范围在Ⅰ~Ⅳ级之间。出现Ⅰ级的天数为 46 天，占 12.60%；出现Ⅱ级的天数为 303 天，占 83.01%；出现Ⅲ级的天数为 14 天，占 3.84%，出现Ⅳ级的天数为 2 天，占 0.55%。

2003~2011 年，各年度空气质量良好率分别为 93.4%、94.5%、96.9%、97.5%、89.9%、90.7%、97.0%、94.8%。

地表水水质

全市境内的主要监控河流为小清河、弥河、白浪河、潍河、胶莱河和虞河，共设置31个监测断面。

2011年，监测结果表明，31个监测断面其中，水质达到《地表水环境质量标准》(GB3838-2002)Ⅱ类水质的断面有3个（白浪河水库、冶源水库、牟山水库）；达到Ⅲ类水质的断面有7个（唐家老庄、央子桥、金口坝、彭旺店子、峡山水库、马宋水库、高崖水库）；达到Ⅳ类水质的断面有9个（盘龙山、东南河出口、杨家庄、民主桥、枳沟、固县、柿子园、辉村、墙夼水库）；达到Ⅴ类水质的断面有4个（东贾庄、柳疃桥、九台、董家）；水质属劣Ⅴ类的断面为8个；分别占总数的9.68%、22.58%、29.03%、12.90%、25.81%。

2011年，水质达到地表水功能区划目标要求的断面有19个，分别是冶源水库、白浪河水库、峡山水库、马宋水库、牟山水库、唐家老庄、盘龙山、杨家庄、东南河出口、民主桥、东贾庄、柳疃桥、央子桥、枳沟、九台、固县、金口坝、彭旺店子、董家，占控制断面的61.29%。

2003年以来，监测结果表明，全市河流水质污染状况整体呈下降趋势，水质有所改善。2003~2011年，地表水水质达标率分别为48.9%、51.9%、51.9%、48.1%、48.1%、55.6%、70.4%、55.6%和61.29%。

饮用水源地水质

市区地表水饮用水源地为峡山水库和白浪河水库，共设置监测点位5个，分别为峡山水库入口、库中、出口和白浪河水库入口、出口，根据2003~2011年的监测结果，两水库水质一直保持较好状态，各项水质监测指标全部达到国家《地表水环境质量标准》(GB3838-2002）中的Ⅲ类标准。

市区地下水饮用水源地是寒亭朱里水源地和东寺水源地，共设置监测点位3个，分别是朱里6号井、8号井和东寺水源地，根据2003~2011年的监测结果，两水源地水质较好，各项水质监测指标全部符合国家《地下水质量标准》（GB/T14848-93）中的Ⅲ类标准。

近岸海域水质

市近岸海域水质监测点位2个，分别为白浪河口养殖区和小清河口旅游区。

2003~2011年，监测结果表明，市近岸海域2监测点位的水质监测项目浓度年均值均达到各自的功能区划要求，水质质量尚好。其中，白浪河口养殖区海水水质优于小清河口旅游区海水水质。白浪河口养殖区达到《海水水质标准》（GB3097-1997）Ⅱ类海水标准，小清河口旅游区达到Ⅲ类海水标准。

城市环境噪声质量

道路交通噪声质量 2011年，监控市区主要交通干线145.71公里，路长加权平均车流量为1705辆/小时，昼间平均等效声级值为66.6分贝（A)，不超标，与2002年比较上升2.7分贝（A)。该年度各路段噪声测值范围在61.9~74.8分贝（A）之间，超标路段总长11.62公里，占总监控路段长度的7.97%，较去年上升5.55%。

2003~2010年，道路交通噪声昼间平均等效声级值分别为65.5分贝、67.4分贝、67.7分贝、63.6分贝、65.1分贝、62.1分贝、63.0分贝、63.9分贝。

区域环境噪声质量　2011年，市区区域环境噪声共监测238个测点，昼间等效声级值范围在37.7~65.6分贝（A）之间，大于60分贝（A）的测点11个，占总数的4.62%，平均等效声级值为52.2分贝（A），比去年下降1.0分贝（A）。上述昼间平均等效声级值按《声环境质量标准》（GB3096-2008）评价，均低于1类标准（即以居住、文教区为主的区域）。

2003~2010年，各年度区域环境噪声昼间平均等效声级值分别为53.9分贝、54.3分贝、53.0分贝、52.7分贝、53.4分贝、52.6分贝、52.4分贝、53.2分贝。

功能区噪声质量　2003~2011年，市区功能区噪声共布设测点20个，昼间和夜间平均等效声级值各类功能区均不超标。

第四章　节能减排

第一节　新能源应用

2003年以来，全市着眼于优化人居环境，立足本地资源优势，坚持引进外资与自主开发相结合，把加快新能源产业发展作为转方式、调结构的重要举措。先后制定出台《潍坊市人民政府关于加快新兴产业发展的实施意见（潍政发〔2010〕26号）》《潍坊市人民政府关于加快全市新能源产业发展的实施意见（潍政发〔2011〕7号）》等有关扶持政策，突出抓好风能、太阳能、生物质能、地热能等新能源产业发展。新能源产业得到迅速发展，规模不断扩大，创新能力不断提升，培育扶持一批成长性好、带动能力强、支柱作用明显的龙头骨干企业，新能源产业已初具规模。

发展条件

产业基础　经过多年的发展，全市形成一批新能源产业重点骨干企业，歌尔声学、中微光电、浪潮华光、孚日光伏、山东宏力等企业规模日益强大。

资源支撑　南部山区风力资源丰富，属于风资源四类地区，风能密度大，年平均风速高，年可利用风能2000小时以上，风电场建设条件良好，具有较高的开发价值，适宜建设并网型风力发电场。该地属于太阳能资源较丰富地区，年平均日照时数达2408小时以上，太阳能产业开发利用前景广阔。生物质能丰富，年秸秆资源可开发利用量约800万吨，林木剩余物资源量约200万吨，畜禽粪便资源量约2600万吨，工业有机垃圾323万吨，城市有机垃圾805万吨，能源林木资源量约580万吨。

区位优势　潍坊市位于山东半岛中部，渤海莱州湾南畔，是东部沿海开放城市之一。东邻青烟威，西接济南都市圈，南与鲁南经济带相连，北靠京津冀都市圈和环渤海经济圈，承东启西，联通南北，地理区位条件优越，为新能源产业的发展提供便捷的交通运输通道。同时，山东半岛蓝色经济区、黄河三角洲高效生态经济发展区“两大国家战略”的叠加融合，也为发展新能源产业带来了战略机遇。

发展现状

产业链条日趋完善　全市形成风电、半导体照明、太阳能光伏、地（水）源热泵等较为完整的产业链，优势正在进一步显现。其中，以浪潮华光、中微光电子、歌尔光电等企业为引领，带动相关企业配套发展，形成以外延片生长、芯片制造、器件封装、背光源、应用系统等为主体的半导体照明产业链；以孚日光伏、宇骏新能源、广生新能源等企业为引领，加快发展壮大低耗能的晶体硅太阳能电池、薄膜太阳能电池、太阳能电池组件及配套产业，形成了以硅片、电池片、电池组件、应用系统等为主体的太阳能光伏产业链，以光收发模块、光纤、光缆、光传输设备等为主体的光通信产业链；以宏力集团、科灵空调为重点，加大政策扶持力度，加大新能源开发利用力度，形成了“地质论证+热物实验+热泵制造+热泵模块+传热介质+系统应用”的地（水）源热泵产业链；

龙头企业　歌尔公司的LED背光模组项目已投产，投资50亿元歌尔光电园正在建设，LED封装、BLU、LED背光模组项目加快推进，达产后年产值可达400亿元、利税50亿元，成为在业界具有领先优势的光电企业。中微光电公司是世界知名的大功率LED照明产品制造商，已在国内多个城市和美国、澳大利亚、日本、韩国等销售LED路灯10万多盏。浪潮华光公司是全国LED行业为数不多的拥有完备产业链的企业，也是全国规模最大的激光二极管芯片制造商，计划2015年产值达138亿元、利税30亿元。孚日光伏科技有限公司投资建设CIS薄膜太阳电池研发及生产项目，产品是目前世界上技术最先进、工业化生产最成熟的第二代光伏产品，具有高效率低成本长寿命的多重优势，是最有希望降低光伏发电成本的高效薄膜太阳电池，具有广阔的发展前景。

产业项目　新能源装机容量累计完成61万千瓦，累计发电量18亿千瓦时，2011年，新能源装机容量累计完成58.5万千瓦，发电量8.4亿千瓦时，2012年一季度发电2.36亿千瓦时。

风电项目。2009年1月，第一个风电项目——华能寿光风电，一期投入运行。已建成寿光、滨海、昌邑、安丘、临朐、诸城等13个项目，总装机容量53万千瓦（烟台市79万千瓦、威海市62万千瓦、东营市54万千瓦），累计上网电量13.86亿千瓦时，2011年发电8.5亿千瓦时，2012年一季度上网电量1.66亿千瓦时。风电发展带动风电制造业加快发展。山东瑞其能电器有限公司永磁直驱1.5兆瓦风机样机运行良好，2兆瓦风机研制成功，正积极争取建设首个实验风场。

太阳能光伏项目。滨海国电10兆瓦光伏发电、滨海坚龙7.3兆瓦屋顶光伏电站、高密孚日集团3兆瓦屋顶光伏电站、寿光华天新能源太阳能蔬菜大棚一体化示范工程等4个项目已上报省发改委待核准。

生物质能利用项目。已建成昌邑安利兴生物质热电、晨鸣新力热电工业废渣焚烧发电、晨鸣纸业集团沼气脱硫发电、华潍热电生物质发电、潍坊生活垃圾填埋场填埋气发电一期工程等5个项目，总装机容量8万千瓦，累计发电4.1亿千瓦时，2012年第一季度发电6949万千瓦时。诸城市生活垃圾焚烧发电项目拟于上半年建成并网发电，山东昌农沼气发电、安丘盛源生物质热电联产项目在建，高密垃圾焚烧发电项目获得省发改委核准。

开发应用　加快推进太阳能光热建筑应用，县城以上规划区内新建、改建、扩建的住宅建筑和集中供应热水的公共建筑，具备实施太阳能热水系统的，要求实施太阳能光热建筑一体化，鼓励农村推广使用太阳能热水系统。全市完成太阳能光热建筑应用面积已累计达到1400万平方米，每年可节约标准煤1.21万吨，减少二氧化碳排放3.3万吨，二氧化硫247吨，减少烟尘排放126吨。省住房和城乡建设厅公布的可再生能源建筑应用技术产品企业名单中，太阳能企业80家，潍坊市15家；地源热泵企业15家，潍坊市6家。积极支持、鼓励地源热泵及污水源冷热联供的推广应用，新建建筑支持采用土壤源、再生水源、海水源和浅水源热泵技术进行冷热联供。截至2011年，潍坊市地源热泵取暖应用面积超过600万平方米，每年可节约取暖成本4150万元，节省标准煤8.3万吨，减少二氧化碳排放20.4万吨，二氧化硫1652吨，减少烟尘排放830吨。

发展规划

任务目标　到2015年，全市新能源产业规模明显扩大，研发能力明显增强，形成有利于新能源产业发展的体制和机制。新能源发电装机达到190万千瓦，占电力总装机的比重达到23%，新能源实现替代常规能源145万吨标准煤。到2020年，实现产业跨越发展，新能源产业达到相当规模，结构进一步优化，关键技术领域取得突破，装备制造处于国内领先水平，成为全市经济发展的支柱产业。新能源发电装机达到350万千瓦，占电力总装机的比重达到28%，新能源实现替代常规能源265万吨标准煤。

风力发电

重点领域　风电领域。按照风电规划，严控沿海风电建设，审慎适度发展山区风电，科学发展海上风电。鼓励对风机年利用小时数2000小时以上的风资源进行开发。

太阳能领域。积极推进太阳能利用，县城以上规划区内新建、改建、扩建的住宅建筑和集中供应热水的公共建筑，具备实施太阳能热水系统的，应实施太阳能光热建筑一体化，鼓励农村推广使用太阳能热水系统，到2015年推广应用率达到90%。加快推进太阳能光伏产业发展，积极鼓励研发薄膜太阳能电池成套关键技术和关键设备，重点发展转化率高、抗衰减、低成本晶硅太阳能光伏电池、非晶硅薄膜太阳能电池和配套太阳能电池组件及光伏发电控制系统。积极支持光伏电池组件生产企业建设光伏发电站。“十二五”期间，争取建成屋顶并网发电示范工程，容量20兆瓦。建成建筑一体化并网发电示范工程，容量10兆瓦。支持和组织实施光伏与LED结合的照明示范项目，以此推动光伏与LED结合照明技术在城市道路、广场、城市小区和新农村社区等公共照明领域里的应用。

生物质能领域。按照科学规划、合理布局原则，在农林作物资源相对丰富的县市建设装机规模在1.2万~3万千瓦的生物质能热电联产机组，鼓励支持利用荒山、荒地和荒滩种植能源植物，开发生物质能源产品。鼓励发展垃圾资源化利用技术，规范发展垃圾发电厂，支持生活垃圾提炼燃料油。

农村新能源领域。以改善农民生产生活条件、保护农业生态环境、提高资源利用率为目标，结合农村社区建设，积极普及农村户用沼气，在大中型养殖场和集中居住的农村社区建设大中型沼气和秸秆气化工程，实现养殖废弃物清洁化和资源化利用。大力推广农作物秸秆综合利用新技术，到2015年，秸秆综合利用率达到85%以上。积极推广太阳能利用。试点推广绿色能源县、乡建设，逐步实现农村用能的高效化、清洁化。

地热能领域。积极支持和鼓励地源热泵及污水源冷热联供的推广应用。新建建筑支持采用土壤源、再生水源、海水源和浅水源热泵技术进行冷热联供。

海洋能领域。开发海水热泵供暖技术，积极支持利用潮汐能、波浪能、海流能、海洋生物质能和海水温差、盐差发电。积极开发和生产利用海洋能的相关设备。

第二节　建筑节能

2003年后，全市紧紧围绕资源节约型、环境友好型社会建设，把建筑节能作为推动社会可持续发展的重要途径，着力抓好新建建筑节能、既有建筑节能和可再生能源应用三大环节，全面推广应用建筑节能新技术新产品，发展低碳建筑、绿色建筑。2011年，潍坊市成功申报“国家可再生能源建筑应用示范城市”，获中央财政补助资金8000万元；安丘市、诸城市成功申报“国家可再生能源建筑应用示范县”，各获中央财政补助资金1800万元；全市当年申报成功数量占全省的37.5%，在全省起到良好的示范带动作用。截至2011年年末，全市建筑领域节约标准煤24.7万吨，减少二氧化碳排放61.1万吨，二氧化硫排放约0.49万吨，烟尘排放0.25万吨。2005年被省人事厅、省建设厅授予“全省建设系统资源节约工作先进集体”称号；2009年，被省住房城乡建设厅授予“全省墙改建筑节能工作先进集体”；2011年4月，省人力资源和社会保障厅、省经济和信息化委员会为表彰在节能减排中作出的显著成绩，给潍坊市住房和城乡建设局记集体二等功。

新建建筑节能

2006年，全市按照国家、省部署要求，在县城以上城市规划区严格执行居住建筑节能65%、公共建筑节能50%设计标准，全面推进新建建筑节能工作，当年全市建成节能建筑125.8万平方米，寿光市怡园花都小区被评为潍坊市首个节能示范小区。2007年开始，不断强化建筑节能全过程监管，建立实施建筑节能设计审查备案、节能建筑认定评审、建筑节能信息公示等制度，全面实行施工图审查、登记备案、施工监管、竣工验收闭合式监管，强力推进新建建筑节能，有力保证新建建筑节能强制性标准的贯彻执行。2009年，全市新建建筑节能标准设计阶段执行率达到100%、施工阶段执行率达到96%，2011年，施工阶段执行率达到100%，实现建筑节能闭合式管理，高于省新建建筑节能标准执行率5个百分点。截至2011年年末，全市累计建成节能建筑3200余万平方米，位居全省前列。

既有建筑节能

既有居住建筑节能　2008年，按照国家、省部署要求，潍坊市开始开展既有居住建筑节能改造试点。2009年，采取舆论引导、政策支撑、示范带动、督查到位“四步走”战略，强力推动既有居住建筑节能改造，初步形成以保温施工企业、能源服务公司、物业公司、原开发单位为改造投资主体的四种主要改造模式。截至2011年年底，全市完成既有居住建筑节能改造327万平方米，超额完成省下达的节能改造任务。

既有公共建筑节能　2009年，按照国家、省部署要求，潍坊市积极推进既有机关办公建筑和大型公共建筑节能，并组织开展第一批机关办公建筑和大型公共建筑能源审计，当年共审计公共建筑15万平方米。2011年，出台《关于潍坊市机关办公建筑和大型公共建筑实施能耗监测工作的通知》，积极推进国家办公机关和大型公共建筑能耗监管工作，同年在全省率先建成潍坊市级建筑能耗监管数据中心。截至2011年年底，全市共完成140余栋大型公共建筑年度能耗统计上报工作和90万平方米的公共建筑能源审计工作，并对能耗审计结果在新闻媒体上进行公示，为既有公共建筑节能改造奠定坚实基础。

新技术、新产品推广应用

太阳能光热建筑一体化　全市太阳能年总辐射值相当于27亿吨标准煤，2010年6月，市里提出太阳能应用工作规划，要求利用3年时间，全市县城以上规划区内所有新、改、扩建的住宅建筑以及集中供热水、具备安装条件的公共建筑，必须应用太阳能系统。同时，科技研发步伐进一步加快，2010年，宏力集团成功申报国家太阳能产业化基地，研发的“天地合一”即太阳能与地热能建筑一体化集成技术，被评为全省五项重大节能成果之一；高密孚日集团建立了光伏产业园，太阳能光伏产品远销德国，成果显著。截至2011年年末，全市通过省住房城乡建设厅认定的太阳能企业达到15家，占全省相关企业总数的20%；全市太阳能光热建筑应用面积达到1800万平方米，位居全省前列。

地热能应用技术 将地热技术应用纳入规划、图审、验收等监管环节，利用地下土壤、地表水、地下水的温度相对稳定的特性，通过高效热泵技术将能量提取进行采暖或制冷，节能大量取暖煤耗和制冷电耗，经济社会效益十分可观。截至2011年年末，通过省住房城乡建设厅认定的地源热泵企业达到6家、占全省相关企业总数的40%，其中科灵空调地下水源热泵回灌技术通过建设部验收，处于国内领先水平；全市地源热泵建筑应用面积达到600万平方米、占全省总应用面积的30%以上。

推广应用新型墙材 2002年，出台《关于在全市城市建设工程中逐步禁止使用实心黏土砖的通知》，强化源头管理，对技术落后、占地耗能、污染环境的实心黏土砖企业进行关停改造，在全市范围内逐步禁止生产实心黏土砖，“禁实”工作迈出实质性步伐。2004年，出台《潍坊市建筑节能检测与认定管理办法》，全面实行新型墙材和建筑节能技术产品统一认定制度，发展新型墙材产品，加大新型墙材应用力度。2007年，全市城市规划区内全部实现“禁实”目标，“禁实”工作正在向村镇逐步推进，2010年，建制镇“禁实”基本实现。2008年，在全省率先出台了《关于进一步推动建筑垃圾综合利用的实施意见》，启动利用建筑垃圾生产建材产品产业化项目，实现建筑资源的循环利用。潍坊三建集团以建筑垃圾为原料生产的新型节能环保建材，填补了省内空白。截至2011年年末，全市共认定新型墙材企业62家、180余项产品，规模以上建筑垃圾综合利用企业达到5家，年生产页岩砖、混凝土多孔砖、蒸压加气砼砌块、工业废渣隔墙板等3大类、20余个产品、共计32亿标砖；新型墙材生产和应用比例分别达到94%和98%，分别比2002年提高10个和20个百分点。

第三节 城市照明节能

2003年以来，全市认真贯彻落实国家、省节能减排方针政策，不断完善制度建设，充分发挥规划引领作用，彻底淘汰低效光源，扎实推进半导体光源改造，积极推进城市照明节能减排。

制度建设

2006年1月20日，市政府转发市市政管理局、市财政局《关于城市照明节约用电工作的意见》；2007年5月30日，转发市市政管理局等部门《关于进一步强化市区夜景照明管理的若干意见》，进一步明确管理职责，规定夜景照明设施启闭时间，将城市夜景照明管理工作纳入城市管理监督考核体系。

2008年3月，《潍坊市城市照明专项规划》经市重点办批准立项编制。2009年5月，专项规划编制完成。2009年6月，专项规划通过评审会专家组评审。

2009年1月，制定《城市道路（公建）照明能耗管理制度》，从高能耗低效照明灯具禁入制度抓起，淘汰白炽灯、汞灯、强力探照灯、大功率泛光灯（1000瓦以上）等低效灯具；对城区照明设施每月进行能耗情况汇总，及时发现解决能耗突变路段问题，严格控制城区照明设施能耗。

节能措施

2003年9月，市夜景照明监控中心建成并投入使用，对部分路灯和景观照明进行集中控制，统一开关灯，提高管理效能，节约电费支出。2007年11月，完成夜景照明监控中心扩容。2010年10月，完成夜景照明监控中心升级改造，通信方式改为GPRS通讯模式，具备“遥控、遥测、遥视、遥讯”能力。截至2011年年底，纳入集中控制的楼宇和道路照明达295处（点），基本实现中心城区无缝覆盖。

2006年开始，开展城市功能性照明中半导体光源应用试点，并逐步在全市范围内推广应用。2006年10月，完成北海路路灯LED光源改造试点，改造光源360盏，节能效果显著。

2007年，全面推广使用半导体照明光源，市城区范围内新安装和更换路灯，采用LED光源。2007年7月，完成胜利街（长松路—潍县中路）、北海路高杆灯、半高杆灯等路灯半导体光源改造，改造光源2182盏，完成投资944万元。2007年10月，完成春鸢路等13条道路的路灯半导体节能光源置换，安装路灯1219套，总投资1900万元。2008年12月，完成福寿街、长松路等11条道路14个路段的新建道路照明工程建设任务，安装路灯870基（2273盏），光源全部采用半导体节能光源，完成工程投资2643万元。

2009年4月，潍坊市入选为科技部“十城万盏”半导体照明应用工程试点城市。2009年8月31日，“十城万盏”半导体光源示范工程启动仪式在潍坊举行，科技部部长万钢与各试点城市的代表参加启动仪式，对

风筝广场夜色

潍坊半导体照明应用情况给予高度评价。对东风街等29条道路（路段）的1.53万盏传统光源进行更换，完成投资4350万元。10月起，完成玄武街等8条道路（路段）的半导体节能光源安装，安装路灯872基（1715盏），完成工程投资1543万元。2010年12月，完成北宫街装饰光源、宝通西街等19条道路路灯半导体光源改造，改造光源6667盏，完成投资2685万元。2011年11月，完成玉清街等12条新建、扩建道路路灯安装，光源全部采用半导体光源，安装路灯918基（2207盏），总投资3964万元。截至2012年8月，市城区共有路灯、景观灯11.48万盏，其中半导体光源8.91万盏，安装数量在全国21个试点城市中居于首位。2011年4月，编制《潍坊市路灯单灯检测控制系统技术导则》，基于夜景照明监控中心平台，在北门街进行单灯检测控制技术试点。

节能效果

据相关部门测算，在相同照度情况下，半导体光源比普通金卤灯节电约40%，按潍坊市现有照明灯具测算，每年可以节约电能3600万度，折合标准煤1.3万吨，减少二氧化碳排放量3.4万吨，二氧化硫排放量110吨，减少铜材消耗量648吨，节能效果显著。2010年，城区主干道功能性路灯4.71万盏，总功率5478.1千瓦，电费支出1907万元；2011年，城区主干道功能性路灯5.15万盏（其中，半导体光源4.65万盏，占89.9%），总功率4882.3千瓦，电费支出1700万元。

北海路

由市直管的奎文、潍城、高新开发区（部分）道路路灯、景观灯，所辖区域包括68条道路（路段）、70条（个）背街小巷（小区），照明线路总长度769.87公里，专用变压器171台，各种照明灯7.83万盏，装机总容量2.62万千伏安。据初步计算，辖区光源数量比2009年年底增加9.4%，电费单价提高12.2%，但照明电费支出较2009年同期减少21%。

第四节　供热计量改革

为落实国家、省提出的节能减排工作要求，市委、市政府坚持把供热计量改革作为改善民生、推动社会节能的重要举措，统筹推进供热计量改革。2010年，市政府组织成立以分管副市长为组长，市政、建设、规划、财政、物价、质检等部门主要负责人为成员的供热计量改革工作领导小组，明确职责分工，完善工作机制，严格落实监督考核制度，领导开展全市供热计量改革工作。市政府先后出台《潍坊市推进供热计量工作实施方案》，印发《关于做好民用建筑分户供热计量工作的通知》《关于做好城区供热计量改造工作的通知》《关于加快推进既有居住建筑供热计量及节能改造工作的意见》等文件，按照“政府主导、社会参与、统筹规划、因地制宜”的原则，积极探索供热计量模式，研究制定供热计量技术路线，严把计量产品质量关，推进供热计量改造，及时跟进做好供热计量数据分析，推动全市供热计量改革工作快速发展。

2010 年，市物价局出台城区两部制供热价格，居民生活用热基本热价为 11.00 元/平方米，计量热价为 0.14 元/千瓦时。

2011 年，完成供热计量改造收尾工作后，住宅供热计量面积将达到 688.31 万平方米，占居民集中供热面积的 31.11%。

第五节　绿色交通

全市始终把建设“绿色交通”作为工作重点，创新思路，完善降低能源消耗、减少尾气排放的措施，改善城市环境品质。

纯天然气公交车　2008 年以来，全市先后购置纯天然气公交车 280 台，分别投入到城区 14 条主干线路运行，有效降低尾气排放污染，优化城市环境质量。为保证天然气公交车正常运行，市公共交通总公司与潍坊港华燃气有限公司合作建设加气站，1 座母站、2 座加气站已建成投入使用，为天然气公交车的发展提供有力保障。

新技术改造　2008 年开始，积极引用节能新技术、新材料，为新购置及部分原有城市公交车辆配备发动机温控系统、装备进口真空胎、配备节能环保的 LED 车厢照明灯，节约人工成本，延长部件寿命。投资 153 万元，为 439 台公交车加装车辆底盘集中润滑系统，每年可节省人工费 30 余万元，节省润滑脂 40 余万元，延长机件寿命一倍以上，并杜绝流失的润滑脂对环境造成的污染。2011 年起，将 438 台公交车的国 II 排放柴油发动机全部进行技术改造，更换为高压共轨电喷控制的欧 III 排放环保柴油发动机，从根本上解决公交车辆冒黑烟的问题，为打造绿色交通奠定了基础。

第六节　节约水资源

全市城市节水工作起步于 20 世纪 90 年代初，市政府设立城市节约用水办公室，由市水利局管理。2003 年 7 月，市政府将城市节水职责划归市城市管理行政执法局，由市城市节水办具体负责中心城区城市节水工作。

2003 年后，城市节水工作得到快速健康发展，逐步构建起一个涵盖机构建设、制度体系、计划用水体系、管理体系、技术体系、价格体系、投入体系和收费体系于一体的完善的城市节水体系，促进了全市节水工作的开展。

机构建设

1992 年 9 月，市编委下发《关于确定潍坊市城市节约用水办公室单位规格和编制的批复（潍编字〔1992〕第 132 号）》，潍坊市城市节水管理机构正式成立。2003 年 6 月，市人事局、市编委《关于城区地下水资源管理和城市节约用水工作职能调整后有关问题的通知（潍人字〔2003〕105 号）》，对编制等问题作了明确。2003 年 6 月 26 日，市政府办

潍坊首批天然气公交车上线

公室下发了《关于重新确定市建设局市市政管理局市水利局等部门职责分工的通知（潍政办发〔2003〕91号）》，对城市节水管理的范围和职责作了进一步界定。2006年7月，成立潍坊市城市节水协会，由县市节水管理机构和用水大户组成，会员有70家。

制度建设

2005年8月，市经贸委、市水利局和市市政管理局联合下发了《关于下达全市工业产品用水定额的通知（潍经贸资字〔2005〕25号）》；2005年10月，市市政局、市经贸委、市发改委和市规划局联合下发《关于进一步落实城市节水“三同时、四到位”制度的意见》；2005年11月，市政府第三十次常务会议通过新修订的《潍坊市城市节约用水管理办法（潍政发〔2005〕68号）》；2006年4月，市物价局印发《关于调整潍坊市城市供水价格的通知（潍价格发〔2006〕7号）》；9月，印发《潍坊市中心城区污水处理费征收使用管理办法（潍政办发〔2006〕103号）》。10月，市城市节水办《关于印发〈潍坊市城市公共生活用水量标准（试行）〉的通知（潍节水字〔2006〕16号）》；2011年5月，市住房和城乡建设局下发《关于做好建设工程节水工作的通知（潍建节科字〔2011〕4号）》；7月，市政府第42次常务会议通过《潍坊市城市中水设施建设管理办法（潍政发〔2011〕23号）》；2012年7月，市城市节水办《关于落实《潍坊市城市中水设施建设管理办法》的实施意见（潍节水字〔2012〕7号）》。

计划用水

截至2011年年底，全市共管理用水计划户（按给水号）3163户，比2003年年底的4129户减少了966户。工业企业用户192户，月计划量167.5万立方米；经营用水户1386户，月计划量213万立方米；行政学校事业单位143户，月计划量30.9万立方米；居民生活用水户1383户，月计划量188.7万立方米；特种用水59户，月计划量4.1万立方米。2003年，开始推行“一户一表”，自2004年7月~2012年7月，已累计完成一户一表改造工程10.17万户，城区户表用户达到12.3万户。2009年，为71家用水户调整了用水计划，月新增用水计划9.5万立方米；新办理开户261件，月增加用水计划35.7万立方米，两项合计月增加用水计划45.2万立方米。2010年，共调整105家单位用水计划，其中调高99户，调低6户，月增加计划量8.7万立方米；新开户178家，月新增用水计划57.1万立方米，两项合计月新增用水计划65.8万立方米。2011年，全年新开用水户156户，调整用水计划户106户，月用水计划新增90万立方米；同时，对用水计划实行动态管理，对60多户用水户月用水计划从100万立方米下调40万立方米。

技术管理

节水宣传　截至2012年5月，潍坊市已经连续21年开展全国城市节水宣传周活动。2008年，市委宣传部、市市政局、市教育局联合组织全市“迎奥运”青少年征文摄影大赛，2009年，组织全市节水展览活动；2010年，组织潍坊医学院万人签名暨全国城市节水宣传周启动仪式；2011年，组织“两城同创、节水为先”节水宣传周暨节水型城市复查宣传活动；2012年，组织第21个全国城市节水宣传周暨市级节水型企业（单位）社区家庭创建年活动。

节水统计体系　2003年，市统计局（潍统字〔2003〕79号）正式批准《潍坊市城市单位节水统计表》。2004年3月，市市政局印发《关于建立城市节水统计报表制度的通知（潍管字〔2004〕11号）》，2009年，市统计局修正潍坊市城市单位节水统计表（潍统字〔2009〕19号），全市城市节水统计工作走上正轨。

节水型示范企业（单位）创建　2005年，市市政管理局、市经贸委联合下发《关于开展创建市级节水型企业（单位）活动的通知》，使这一活动延伸到各县市区。2006年，借助创建节水型城市工作，市创建节水型城市领导小组办公室下发《关于在全市开展创建市级节水型企业（单位）活动的通知》，开启了市级节水型企业（单位）的建设。到2011年年底，已创建36家省级节水型企业(单位)。

中水设施建设利用　2003年5月，潍坊学院投资200多万元建设中水处理厂；后相继建成山东交通职业学院、潍坊医学院等10家中水设施；2005年，潍柴控股集团有限公司动力园日处理1000立方米再生水建成投产，企业再生水设施达到6家、10座，年再生水利用量达到近800万立方米。2010年，市污水处理厂通往潍坊发电厂的一期日处理回用3.5万立方米中水项目建成投入使用，加上坊子污水处理厂虞河景观水年375万立方米，到2011年年底，城市中水年利用量达到2400万立方米。

第七节　节约土地资源

全市高度重视节约集约用地，每年利用“4·22”世界地球日、“6·25”全国土地日等时机，采取摆放展板、发放宣传品、举办有奖征文和知识问答等形式，通过市级报纸、电视等媒体，积极开展节约集约用地宣传活动，加强制度建设，创新用地模式，提升土地资源利用效率和投入产出水平，促进节约集约用地，改善居住环境。

制度建设

2005年7月，市政府印发《潍坊市人民政府关于严格土地管理节约集约用地促进科学发展的意见（潍政发〔2005〕40号）》，把节约集约用地提上重要议事日程。市政府制定《潍坊市人民政府关于进一步加强节约集约用地的意见（潍政发〔2012〕30号）》《潍坊市房地产开发项目竣工综合验收备案管理办法（潍政办发〔2009〕44号）》《关于加强国有建设用地供后监管的意见（潍政办字〔2011〕76号）》，市国土局、发改委、财政局、人社局、统计局联合发布《潍坊市建设用地节约集约利用考核办法（潍国土资发〔2011〕244号）》，初步搭建起以约束激励机制、评估考核体系和监测监管制度为主要内容的节约集约用地制度框架。

典型做法

旧村庄改造 从2003年开始，全市大力开展城中村和旧村改造，到2011年年底，已有129个村开展改造，改造面积达约0.13万公顷，真正实现平房变楼房、村民变市民，提升了城市形象，促进了节约集约用地。

旧城区改造 全市积极挖潜盘活旧城区存量土地，取得明显成效。位于中心城区的奎文区推进五大片区改造，旧城改造面积达约233.33公顷。将原来占地面积大、集约利用程度低的土地，转化成发展“总部经济”“楼宇经济”的黄金地块，容积率大幅提高。

盘活破产企业占地 实施“退城进园”“退二改三”，运用市场机制，盘活经营不善、破产企业用地，发展房地产业，使“死地”活起来，建设宜居城市。2003年以来，全市共有190家企业、约590.47公顷土地完成改造。潍城区鲁发名城项目是由一处破产企业老厂区的约52.73公顷土地开发的，总建筑面积130万平方米，成为潍坊市最大楼盘之一，创造了2400余个就业岗位。

闲置低效土地处置 结合实际，每年都组织开展闲置低效利用土地清理处置工作。认真排查，对认定的闲置低效利用土地，通过收回土地使用权、签订“开工承诺书”、征缴闲置费等方式，及时处置到位。对因企业资金短缺、项目不落实等原因造成建成率达不到50%以上的停建项目，或因企业经营不善、产业衰退造成的低效用地项目，通过政府回购、项目置换等方式协商收回土地使用权重新安排使用。对于资源占用多、产业关联度小、技术含量低的项目，完善优胜劣汰的退出机制。

开发利用地下空间 按照“先规划后建设、先地下后地上”的科学开发程序，推行立体发展的节地模式。既向空中要地，又向地下延伸，将地下空间使用权纳入国土资源管理范畴，让每寸土地发挥最大效益。在中心城区利用白浪河畔约4.53公顷“边角地”，投资6亿元，开发建设了“潍一广场”，总建筑面积近8万平方米，在提升原绿地广场功能的同时，地下开发3层，收到“一层变四层”“一亩变四亩”的用地效果。引导社会资金投资开发利用地下空间，对已建成的地下空间设施，通过协议出让方式完善用地手续，补交土地出让金。截至2011年年底，全市已拍卖地下空间使用权6宗，面积15.4公顷。计划制定出台《潍坊市地下空间使用权管理办法》，促进全市地下空间的合理开发利用，在建设好地上城市的同时，再造一个“地下新城”。

第五篇 社会环境

第一章　公共服务设施

第一节　公共体育设施

概况

2003~2011 年，随着全市经济社会的快速发展，体育工作迎来了新一轮的发展高峰，竞技体育、群众体育、体育场馆设施建设和体育产业等都实现重大突破。山东省委、省政府分别于 2004 年、2008 年两度授予潍坊“振兴山东体育突出贡献奖”；2011 年，潍坊市成功入选“中国十大特色休闲城市”；被人力资源和社会保障部及国家体育总局授予“全国体育系统先进集体”荣誉称号；被国家体育总局评为“全国群众体育工作先进单位”“全国健身气功推广先进单位”；被山东省委、省政府授予“第十一届全运会筹办工作先进集体”“参赛工作先进集体”。另外，潍坊市体育局还荣获“省级文明机关”等称号。

竞技体育　2003~2011 年，潍坊市运动员在国际、国内赛场上夺得一系列优异成绩，共获得奥运金牌 2 枚、世界冠军 19 个、亚洲冠军 15 个、全国冠军 61 个、省冠军 700 个。继 2000 年林伟宁获得悉尼奥运会女子举重 69 公斤级比赛冠军，实现山东奥运单项金牌零突破以后，邢慧娜于 2004 年雅典奥运会女子 1 万米比赛中夺得金牌，实现中国奥运史上 1 万米项目金牌零的突破；2008 年北京奥运会奚爱华夺得女子赛艇比赛冠军，实现中国奥运史上赛艇项目金牌零的突破。2009 年，第十一届全国运动会上，夺得 9 枚金牌、5 枚银牌和 1 枚铜牌。2006 年山东省第二十一届运动会和 2010 年山东省第二十二届运动会上，潍坊代表团两度取得专业组第四名和青少年第五名。2009 年第十一届全国运动会，潍坊

2000 年悉尼奥运会女子举重 69 公斤级冠军　林伟宁

2004年雅典奥运会10000米冠军　邢慧娜

市承办了女子足球（5~8名），女子排球（9~12名）和女子篮球（9~12名）3个项目的比赛，成立由市长挂帅的第十一届全国运动会潍坊赛区组委会，精心开展赛事组织筹备工作，圆满完成承办任务。

群众体育　全市建立健全基层体育组织，全民健身公共服务体系不断完善。2003年，潍坊市全民健身领导小组成立，各县市区全民健身领导小组随后相继成立。到2011年，全市共有9个县市区成立体育总会，各级各类单项体育协会180余个、社会体育指导员9000人，覆盖市、县、镇、村4级的全民健身组织网络体系基本形成。加快城乡健身设施建设步伐，市民健身条件有较大改善。2004年6月，举办第一届全民健身节；至2011年连续举办8届。2011年，举办市第一届全民健身运动会，参赛市民1万余名。2003~2011年，每年举办各类全民健身活动平均500余项，市民健身意识不断增强，全民健身活动开展广泛。

体育产业　全市积极加强体育执法监督，精心培育体育市场，体育健身、体育用品经营、体育竞赛表演、体育彩票等产业有较快发展。2003年，全市各类体育健身俱乐部200余家，到2011年，发展到600余家；体育彩票年销售量从2003年的0.2亿元发展到2011年的7.51亿元，增长近40倍。体育竞赛市场日趋活跃，2005~2011年，成功举办“潍坊杯”国际青年足球邀请赛、“希望杯”国际青少年足球联赛、滨海国际风筝冲浪赛等传统品牌赛事。每年平均举办国际、全国和全省体育赛事近20项。

公共体育设施

农村体育健身设施　针对农村体育设施普遍匮乏的现状，2005年之前，全市结合社会主义新农村建设，对实施农民体育健身工程进行有益探索。2005年，在全省率先启动农民体育健身工程，实施农村体育“121”工程，即先考察确定一批体育特色示范村，为

2008年北京奥运会赛艇女子四人双桨冠军　奚爱华

体育健身设施

每个示范村配建篮球板1副、乒乓球台2幅和健身路径1条，由点到面，逐步推广普及。农民体育健身工程实施7年，农村地区体育设施从无到有、由少到多。2006年后，借承办第十一届全国运动会赛事的东风，全市累计投入2630万元，为6000多个行政村配套安装体育设施。到2011年，全市已有80%以上的行政村和90%以上的城乡社区安装体育场地设施，改善了农村体育设施状况。

城区体育健身设施　在农村体育设施渐趋饱和的情况下，2010年年底，全市将设施建设重点逐步转移到中心城区，通过体彩公益金和各级财政投入并发动社会力量，推进市、县城区体育健身圈建设。各级体育部门结合城市改造和社区建设，积极协调搞好体育设施规划配套。截至2011年，全市累计投入1167万元，在城区完成各类规模健身工程600余个。中心城区已形成十大健身活动片区，“10分钟健身圈”初步成形。

林荫健身道　2003年后，全市在推进城区环境建设改造过程中，注重抓好配套健身休闲设施建设。在所有绿化的沿街沿河设置林荫健身道，择地安装健身路径、健身会馆、游泳嬉水馆池、赛艇码头、网球场、篮球场等设施，为城区居民就近健身休闲提供便利。

体育设施管理维护　在建好体育设施的同时，各级体育部门注意管好、用好设施，确保其运转正常、使用安全。2010年年底，市体育局在全省率先出台《潍坊市公共体育设施管理维修试行办法》。

属地管理。按照“谁使用谁负责管理维护”的原则，由市体育局投资建设的城区公共体育设施，由各区体育部门搞好管理维护；县市区体育部门与受赠单位签订捐赠协议书，

社区健身设施

落实街道、社区居委会、村委会的属地管理责任，并确定专人负责管理。县市区体育部门及乡镇、街道文体站建立定期督查机制，及时处理辖区体育设施出现的问题隐患。

专人管理维护。对中心城区确定的10个健身片区，每个片区安排1~2名管理员健身设施进行管理维护，并指导周边市民科学健身和合理使用公共健身设施。

划拨专项维护经费。从2011年起，市体育局每年从体育彩票公益金中拿出一定数额的管理维护专项经费，用于超出质保期后老化、损坏健身设施的维护管理。各县市区也参照市里做法，设立管理维护体育设施专项经费。

2011年潍坊市城乡社区体育设施情况一览

表5-1

县市区	城乡社区	占地面积（平方米）	建筑面积（平方米）	主要设施
奎文区	47	9400	4700	篮球架、乒乓球台、健身路径
潍城区	55	11000	5500	篮球架、乒乓球台、健身路径
坊子区	34	7200	3400	篮球架、乒乓球台、健身路径
寒亭区	59	11800	5900	篮球架、乒乓球台、健身路径
青州市	84	16800	8400	篮球架、乒乓球台、健身路径
诸城市	166	33200	16600	篮球架、乒乓球台、健身路径
寿光市	128	25600	12800	篮球架、乒乓球台、健身路径
安丘市	146	29200	14600	篮球架、乒乓球台、健身路径
昌邑市	85	17000	8500	篮球架、乒乓球台、健身路径
高密市	120	24000	12000	篮球架、乒乓球台、健身路径
临朐县	98	19600	9800	篮球架、乒乓球台、健身路径
昌乐县	63	12600	6300	篮球架、乒乓球台、健身路径
高新区	16	3200	1600	篮球架、乒乓球台、健身路径
滨海区	10	2000	1000	篮球架、乒乓球台、健身路径

计研究院设计，潍坊昌大建设集团施工。2008年4月6日潍坊奥体公园一期工程体育场开工建设，到2009年5月底建成，6月10日正式启用。体育场占地28.7万平方米，建筑面积7.85万平方米，主体为五层钢筋混凝土结构。钢拱跨度310米，是山东省单跨最大的钢结构。功能用房包括赛事组委会办公室、运动员休息室、会议室、医务室、贵宾室、新闻机构办公室、新闻发布厅、文字记者工作区等20多个功能区。体育场西北侧，配备有供运动员赛前热身的训练场一个及相应的辅助设施。看台罩棚为铝镁锰直立锁边金属罩板，两块罩板造型如一只蝴蝶风筝展翅欲飞，个性独特，气势恢宏，既有现代体育建筑的风貌，又有浓郁的地域文化特征，完美展现了风筝都的特色。整体设计上呈现出造型独特、绿色节能、生态环保、设施先进、功能完备等特点。潍坊奥体公园体育场建成后，承办了第十一届全国运动会女子足球小组赛、两场1/4决赛、5~8名决赛以及其他一系列大型赛事及文体商演等活动。

2.潍坊学院体育馆。承担了第十一届全国运动会女子排球9~12名的比赛。该馆位于潍坊市福寿东街与潍县中路交叉口西南角，2008年2月开工建设，2009年4月建成，总投资3.2亿元。体育馆以展翅欲飞的风筝羽翼为外形，体现激烈的竞技热情，彰显时尚、轻盈、美观，既简洁大气、方正，又不失圆润流畅。屋顶采用相贯节点钢桁架结构承重体系、金属板罩面，外墙装饰为干挂铝板幕墙加玻璃幕墙，比赛及训练场地为体育专用木地板。工程建筑面积为3.74万平方米，其中主场馆2.74万平方米，可容纳近5000人同时入座观看比赛和文艺表演。另有面积1万平方米的地下停车场。体育馆功能完善、设备齐全，达到省级先进水平。整个楼宇能实现智能化控制，拥有10千伏双电源变

2011年县市区主要体育场馆一览

表5-2

单位名称	位置	占地面积（公顷）	建筑面积（万平方米）	主要设施
寿光市民健身中心体育场	寿光市南环路以南，顺河路以东	9.7	7.85	足球场、田径场、乒乓球俱乐部、国民体质监测站等
诸城市体育公园	诸城市龙都街1号	8	3	体育馆、游泳馆
高密市文体公园	高密市康成大街东	18	5.8	体育场、体育馆及篮球、排球、门球、网球、羽毛球、乒乓球场地
昌乐县体育公园	昌乐县县城新昌北路2285号	18	2.2	田径场、足球场、篮球场、健身广场、乒乓球室
临朐县体育中心	临朐县兴隆路弥河大桥东	10.3	2	田径场、健身广场、检测中心、健身中心、篮球场
安丘市体育场	商场路东首	8	5	田径场、体育馆

河畔风光

电所、消防系统、远程灯控等机电系统，体现出专业化、现代化、智能化的高校体育馆特色，能够满足承办国际单项体育比赛和大型节会活动及文艺演出的需要。

3.潍坊学院体育场。第十一届全国运动会女子足球1/4比赛场地，位于潍坊学院内，可容纳观众1.2万名。2008~2009年，市财政投入300万元重新种植草皮，对贵宾室、新闻发布室、主客队休息室、医务室等进行布置装修，安装了LED显示屏，对看台进行升级改造。经过维修改造，潍坊学院体育场达到全运会足球比赛标准。

4.潍坊一中体育馆。建成于2004年，坐落在潍坊中学新校园内，馆内场地宽40米、长60米，实用面积2400平方米，是第十一届全国运动会女子篮球9~12名比赛场地。2008~2009年，按全运会标准增设活动座椅2000个，固定座椅1200个，共计3200个；安装LED显示屏两块；对体育馆顶棚、灯光及内部吸音、消防、功能房及主席台进行重新设计装修，并购置篮球架及比赛器材。

管理运营　为有效解决体育场馆建成后的管理运营问题，根据2010年4月1日市政府《关于组建潍坊市奥体公园发展有限责任公司的批复（潍政复字〔2010〕117号）》，2010年6月，组建成立潍坊市奥体公园发展有限责任公司，主要负责奥体公园体育场的管理运营及后续工程建设。公司成立后，按照“用人社会化、管理企业化、运作市场化”的经营发展思路，对奥体公园进行综合管理，开展多层次、多方位的招商，并利用园区条件，配套建设健身广场、游泳乐园、拓展训练基地等健身场所，2010~2012年，共引进社会资金1200余万元，取得明显的社会经济效积361万平方米。其中，医院174.5万平方米、基层医疗卫生机构156.7万平方米、专业公共卫生机构27.6万平方米、其他卫生机构2.3万平方米。业务用房面积224.6万平方米。其中，医院139.6万平方米、基层医疗卫生机构61.6万平方米、专业公共卫生机构21.9万平方米、其他卫生机构1.5万平方米。全市医疗卫生机构拥有万元以上设备2.13万台。其中，医院1.561万台、基层医疗卫生机构3633台、专业公共卫生机构2036台、其他卫生机构18台。

精神卫生防治机构

潍坊市精神卫生中心（潍坊市第三人民医院）位于昌乐县城新昌路中段，是全市唯一一所三级精神病专科医院，集精神疾病医疗、预防、教学、科研、法医精神病鉴定于一体的指导中心，担负着潍坊市精神疾病的防治和业务指导工作。中心占地面积3.1万平方米，总建筑面积21481平方米。职工296人，其中专业技术人员253人，副高以上职称者24人，中级职称者118人，拥有“潍坊名医”5人，“潍坊名护”2人。设有10个职能科室和9个临床科室，临床科室为5个精神科、2个心理科、1个老年病科、1个综合科、1个“司法鉴定所”，其中精神科为“2011~2014年潍坊市医学重点学科”。

中心配备多通道脑电地形仪、彩色经颅多普勒、心理CT、大型X光机、日本产B超、心脏监护仪、全自动生化分析仪、眼动跟踪诊断仪、美国产脑功能生物反馈诊断治疗仪、美国产无抽搐电休克治疗仪、经颅磁场刺激仪、睡眠脑电分析系统、除颤监护仪、高效液相色谱仪等先进的医疗设备36台。

2003年8月，该院在市区东风西街设立分院，占地面积1.9万平方米，建筑面积4860平方米。内设精神科1个、临床心理科1个、老年病科1个、“潍坊市安康心理卫生研究所”和“潍坊市心理危机干预中心”。

到2011年年底，全市12个县（市区）均设立精神病防治机构，形成以市精神卫生中心为主体、县级精神病防治机构为骨干、乡（镇）“三防”医生和乡村医生为基础的三级防治网络。

皮肤病防治机构

1956年，昌潍地区成立卫生防疫站皮防科，后独立为潍坊市麻风病防治站。1987年，潍坊市麻风病防治站更名为潍坊市皮肤病防治所，负责潍坊市麻风病、性病、皮肤病社会防治、医疗教学及科研工作。1989年7月，成立“潍坊市性病防治中心”，地点设在市皮防所。1990年3月，成立市性病防治领导小组，其办公室设在市皮防所。1996年4月，加挂“潍坊市皮肤病医院”牌子。2002年7月，加挂“潍坊市第五人民医院”牌子。

2008年9月，市皮肤病医院被确定为“潍坊医学院皮肤性病教学医院”，10月，潍坊市被确定为胶东地区麻风康复手术基地。

截止到2011年年底，市皮肤病防治所人员编制80人，床位编制60张，占地约2.13公顷，医疗业务用房8900平方米。万元以上设备器械有UVB、过敏原、激光治疗仪等18台（件）。内设社会防治科，负责全市麻风病、性病艾滋病的疫情管理、病人救助、社会宣教、流行病学调研等工作。全市共有县级皮防机构8处、县级麻风村6处，规模较大的有3处(诸城50人、安丘45人、青州17人)。

结核病防治机构

1992年，潍坊市结核病防治中心成立，挂靠市第二人民医院。

2003年后，市结核病防治中心先后执行CIDA项目（青州市、临朐县）、FIDALIS项目(安丘市、昌乐县)、全球基金项目（寿光市）等国际结核病防治项目，同时开展多项省级结核病防治项目，结核病防控工作水平有很大提高。

2009年，市结核病防治中心生物安全二级实验室建成并投入使用，提高结核病耐药诊断水平。

截至2011年年底，市结防中心有专兼职结防工作人员158人，其中高级职称58人，有CT、X光机、彩超、生物安全柜等大型设备200余台件。

2011年4月，防结核知识进校园活动

疾控预防控制机构

潍坊市卫生防疫站负责全市疾病控制、卫生防疫等工作。到2003年年底，共有干部职工165人。其中，专业技术人员136人，占82%；行政工勤人员29人，占18%。

2004年10月，该站实验室通过中国实验室国家认可委（CNAL）认可。2005年12月16日，市疾病预防控制中心成立，加挂潍坊市公共卫生服务中心的牌子，市卫生防疫站撤销。原市卫生防疫站的公共卫生监督职能划归成立的市卫生局卫生监督处。市疾病预防控制中心办公楼和辅助用房共计8932.28平方米，其中实验室用房2400平方米，拥有原子吸收仪、气相色谱分析仪、酶标仪等万元以上的仪器设备105套件，价值318万元。

2007年11月27日，市疾病预防控制中心综合办公大楼建设项目奠基，2010年12月26日，建成并通过验收。2011年5月21日，市疾病预防控制中心完成整体搬迁。新办公大楼占地2.26万平方米，约合3.8公顷，总建筑面积为2.2万平方米，总投资额6000多万元。包括综合业务楼、实验楼、应急中心和办事大厅四部分，中心的工作条件、公共卫生检验条件、应对突发公共卫生事件的应急条件等方面得到全面改善。截止到2011年年底，全市疾病预防控制体系建设取得较大进展，全市共有疾控工作人员997人，其中专业技术人员806人，高级职称96人，占11.91%；中级288人，占专业技术人员的35.73%。

慢性病防治体系进一步完善。流感、霍乱、手足口病等重点传染病得到有效控制；地方病得到有效监控，疫情平稳无反弹；艾滋病疫情保持低流行态势。免疫规划工作稳步推进，免疫规划疫苗基础免疫和加强免疫接种率分别达到95%和90%以上。

卫生执法监督机构

2003年，潍坊市卫生局设有卫生法制和监督科，负责全市的卫生法制工作。

2005年12月16日，市卫生局卫生监督处正式挂牌。

2011年6月，市卫生局卫生监督处搬入新办公大楼，业务用房面积达2000平方米，基本达到卫生部规定标准，办公条件和装备得到改善；先后投资40余万元，购进现场快速检测仪器；共有卫生监督执法车辆8辆，快速检测车1辆。

截止到2011年年底，市卫生监督体系建设取得较大进展，县级卫生监督机构基本实现公共卫生、医疗卫生许可和监管职能集中配置，各县市区都已成立卫生监督大队，共有卫生监督员279名，配备执法车辆40辆。各县市区成立镇街卫生监督中队136处，卫生监督员733名；全市有11个县市区开展村级卫生监督协管员队伍建设，共从村卫生所聘用卫生监督协管员3594名。潍坊市、高密市在全国卫生监督协管工作会议上做书面经验介绍。

妇幼卫生保健机构

2003年，全市有妇幼保健机构14处。其中，市级1处、县级13处。职工总数为1670人，其中在编人员1405人，从事母婴保健人员330人，妇幼保健人员221人。拥有床位619张，医疗设备521台，总价值为1898.3万元。房屋总面积为10.35平方米，业务用房面积为85056平方米。相继开展妇科阴式手术的扩大应用、新生儿抚触技术、小儿腹腔镜手术等新技术。

到2009年年底，全市共有13家医疗保健机构开展产前筛查工作，2家医疗保健机构同时开展产前筛查和产前诊断工作，全市从事产前筛查工作人员共有86名。2006~2008年，为适应儿童保健市场需求，市妇幼保健院新增儿童专家门诊、儿童生长发育科、早期智能开发及早教门诊、生长发育障碍门诊、儿童心理行为门诊、膳食营养门诊、常见病防治门诊、喂养困难门诊、视力筛查门诊、儿童眼科门诊、儿童耳鼻喉科门诊、儿童口腔门诊等。妇幼保健科学管理水平和技术服务能力进一步提高。全市孕产妇死亡率下降到11.02/10万，婴儿死亡率降至4.41‰，达到两个规划目标要求。截止到2008年12月，全市16个县市区先后全面铺开新生儿疾病筛查工作，建立较为严密的新生儿疾病筛查网络，制定严格的技术操作规范和质量管理制度，共对56.67万名新生儿进行“两病”（新生儿先天性甲状腺功能减低症、苯丙酮尿症）筛查，筛查率达95%。

2009年，经省卫生厅批准，潍坊市“出生医学证明”定点发放单位为22处，农村孕产妇住院分娩定点助产医疗机构107家。同年，在全市范围内实行免费婚前医学检查，婚检率由2007年3.50%的上升到45.57%。全市新生儿疾病筛查率达到96.7%。12月，建立潍坊市危重孕产妇急救转诊“绿色通道”，在市妇幼保健院和市人民医院分别设立“潍坊市孕产妇危急重症救治中心”。

2010年3月，增补市脑科医院、高密市开发区医院和高密市计划生育服务站三家机构为潍坊市农村孕产妇住院分娩项目定点助产机构，同时取消青州市计划生育服务站农村孕产妇住院分娩项目定点助产医疗机构资格。

截止到2011年年底，全市妇幼保健机构为14处，其中市级1处、县级13处。职工总数为3262人。全市妇幼保健机构拥有床位1351张，医疗设备2140台，总价值为12285.8万元。妇幼保健机构房屋总面积为18.93万平方米，业务用房面积为16.32万平方米。业务范围涵盖妇科、产科、儿科、儿童保健、妇女保健及妇女儿童相关学科。全市开展妇女保健15万人次，妇产科门诊49.74万人次，儿童保健10.16万人次，入院人数达76147人，手术合计7423人次，获上级财政补助238万元。市妇幼保健院总投资1.37亿元，建筑面积3.8万平方米的妇幼保健综合大楼投入使用；并于2011年6月以优异成绩顺利通过全省三级甲等妇幼保健机构评审。全市孕产妇死亡率、婴儿死亡率、5岁以下儿童死亡率分别为6.08/10万、3.07‰和3.63‰。出生缺陷发生率为4.65‰。潍坊市农村妇女住院分娩补助项目完成人数16.64万人，农村妇女增补叶酸预防神经管缺陷项目完成人数12.42万人。全市完成孕期咨询16万人，咨询率达98%以上；接受HIV抗体检测产妇33.74万人，接受梅毒检测产妇27.75万人，接受乙肝表面抗原检测产妇8.855万人。

第三节　公益性文化设施

市文化艺术中心建设

2005年，市委、市政府决定在人民广场南侧规划建设潍坊市文化艺术中心，旨在打造潍坊城市会客厅和文化建筑综合体，进一步提升城市功能品质，提高城市竞争力和带动力，满足人民群众日益增长的物质文化需要，促进全市文化事业的繁荣和发展。

市文化艺术中心位于人民广场南侧，由市财政投资建设，概算总投资30亿元，总建筑面积31.43万平方米，为组团式建筑，包含5个组团、11个单体建筑，分别为一组团城市规划艺术馆、二组团青少年宫和文化宫、三组团图书馆和科技馆、四组团大剧院、五组团音乐厅以及双塔和商业连廊等。2005年完成规划设计，2006年开始进行建筑方案设计等筹备工作，2007年10月份各组团建设陆续展开，由市住房和城乡建设局组织建设，新加坡雅思柏设计事务所董事、国际规划大师刘太格主持完成规划与建筑方案设计，中建三局负责施工总承包，山东经纬工程管理有限公司负责监理。中心采用舒展的总体布局，采取南北轴线对称的方式，融合潍坊世界风筝都的涵义，采用展翅飞翔的风筝形态的构图手法，既有民族传统韵味，又有现代风格的建筑形态与景观空间，塑造出象征城市飞跃发展的标志性建筑。

截止到2011年年底，累计完成投资23.31亿元，一组团城市规划艺术馆（2010年1月13日竣工验收，2010年7月份交付使用）、二组团青少年宫和文化宫建成投入使用，其中二组团于2011年11月3日荣获中国建设工程质量最高奖“鲁班奖”；三组团图书馆具备入驻条件，科技馆完成外部装饰，2011年6月13日，三组团地源热泵项目顺利通过住房城乡建设部专家组验收，并获得中

建设中的潍坊市文化艺术中心

央财政补助资金560万元；四、五组团大剧院，音乐厅内外装饰基本完成；商业双塔主体和飘带吊装已完成；张面河以北外部景观全部建成并对外开放，张面河以南具备条件的景观全部建成，一、二、三组团外部景观全部建成。

第二章　社会保障事业

第一节　社会保险事业

2003年以来，潍坊市社会保险事业不断发展完善，覆盖城乡居民的"大社保"工作格局基本形成。截止到2011年年底，全市建立起包含养老、医疗、失业、工伤、生育保险等覆盖城乡各类人群的多层次社会保险制度体系。城镇职工和城乡居民养老保险参保人数分别由2003年的67万人、106万人增加到118.5万人、452.7万人，增幅分别为77%和327%；城镇职工医疗保险由59.5万人增加到137万人，增幅130%；城镇居民医疗保险达到113.6万人；工伤保险由42.5万人增加到116万人，增幅173%；生育保险由23.8万人增加到66.8万人，增幅181%；失业保险由61.76万人增加到69.41万人，增幅12.39%。

养老保险

截至2011年年底，全市建立起由城镇职工养老保险、机关事业单位养老保险和城乡居民养老保险组成的社会养老保险体系，实现养老保险制度全覆盖。

企业养老保险 企业养老保险覆盖企业（包括乡镇企业）职工、城镇个体工商户和灵活就业人员的同时，2011年，又将原“五七工”“家属工”“企业临时性用工”等城镇未参保集体企业退休人员纳入覆盖范围。全市企业离退休人员月平均基本养老金从2003年的月人均628元提高到1403元，8年间人均增加775元。年均增幅15.43%。养老金社会化发放连续14年保持100%，社会化管理服务率达到99.67%。机关事业单位养老保险管理服务水平提高，基金收缴和待遇拨付工作更加规范，全市机关事业单位养老金社会化发放率达89.7%。

城乡居民养老保险 2009年，寿光市率先开展新农保试点。2010年，市人民政府出台《关于开展新型农村社会养老保险试点的实施意见（潍政发〔2010〕19号）》，确定新农保工作的指导思想、基本原则、任务目标和方法步骤。至2010年年底，全市已有6个县市区（含开发区）全面开展新农保试点工作，其中，寿光市、坊子区（含峡山区）被列入国家级试点范围；奎文区（含高新区）被列入省级试点范围。至2011年4月，新农保工作全面启动，并将城镇非从业居民按相同办法纳入保障范围，在全省率先建立起统筹城乡居民的养老保险制度。至2011年年底，全市参保城乡居民达到452.71万人，登记参保率达到100%，其中，农村居民433.56万人、城镇居民19.14万人，为121.99万城乡居民发放养老金6.05亿元，发放率为100%。

医疗保险

全市建立以基本医疗保险为核心，公务员医疗补助、大额医疗保险为辅助的多层次医疗保险体系，并将灵活就业人员纳入医疗保险覆盖范围。

城镇职工医疗保险待遇不断提高，保险统筹基金和大额医疗保险基金年度最高支付限额分别提高到6万元和24万元；基本医疗保险统筹基金对在职职工支付比例分别为93%、88%、86%、84%，对退休人员支付比例分别为96.5%、94%、93%、92%，超过最高支付限额以上的符合统筹支付范围的医疗费用，大额医疗救助基金支付90%；门诊慢性病病种由28种增加到41种。

2008年，市政府制定出台《潍坊市城镇居民基本医疗保险暂行办法（潍政发〔2008〕12号）》，城镇居民医疗保险工作正式启动。城镇居民基本医疗保险政策不断完善，创新实施新生儿落地参保、学生按照学年缴费、意外伤害门诊等制度；建立城镇居民大病补偿医疗保险制度，从2011年1月1日起，年度大病补偿医疗保险最高补助12万元；统筹基金年度最高支付限额由最初的未成年城镇居民4.8万元、其他城镇居民3万元，统一提高到6万元；从4月1日起，全市城镇职工医疗保险实现市级统筹，参保范围和项目、缴费标准、待遇标准、基金管理、经办流程和信息管理实现“六统一”，137万参保职工医疗保险待遇实现无差别化。参保单位退休人员医保待遇与单位缴费脱钩，彻底解除企业退休人员的后顾之忧；定点社区卫生服务机构及一、二、三级医院政策范围内住院报销比例提高到85%和75%、65%、55%，参保群众得到更多实惠。

失业保险

国际金融危机时期，全市充分发挥失业保险“保障生活、促进就业、预防失业”的作用，切实减轻企业负担，取得较好的经济和社会效益。

出台失业保险扩大支出和援企稳岗政策，按规定降低失业保险费率减收基金1.96亿元，受益单位8497户、职工69.41万人。2010年，进一步扩大支出范围和支出项目，出台促进失业人员就业再就业“七补一贴息”(职业介绍补贴、职业培训补贴、职业技能鉴定补贴、社会保险岗位补贴、失业动态监测补贴、小额贷款担保基金补贴、小额贷款担保补贴贴息）政策，共支出资金1.2亿元，有力地支持了全市公共人力资源市场和公共就业服务平台信息化建设，提高失业动态监测工作质量，缓解了就业压力。提高失业金标准政策，至2011年年底，失业保险金标准达到每人每月600元，以保障失业人员基本生活需求。

工伤保险

全市不断扩大工伤保险覆盖面，成为山东省唯一实现工伤保险制度全覆盖的地市。2007年4月，市劳动和社会保障局、市人事局、市民政局、市财政局联合转发山东省劳动和社会保障厅等四部门转发《劳动和社会保障部、人事部、民政部、财政部〈关于事业单位、民间非营利组织工作人员工伤有关问题的通知〉（潍劳社〔2007〕17号)》，将全市事业单位（参照公务员法管理的事业单位除外)、民间非营利组织纳入工伤保险覆盖范围。2009年3月，市劳动和社会保障局印发《关于灵活就业人员参加工伤保险的通知(潍劳社办〔2009〕11号)》，明确将全市各级劳动保障事务代理中心、人才交流中心等代理机构代理劳动关系的各类人员纳入工伤保险覆盖范围，由挂靠机构负责办理参保手续，缴费费率等同二类行业基准费率1%收取，与职工养老保险费、医疗保险费同步征缴。2010年9月，市人社局与市委组织部、财政局联合下发《潍坊市市直机关、参照公务员法管理单位工作人员参加工伤保险试行办法(潍人社〔2010〕102号)》，将市直机关公务员和参照《公务员法》管理单位的工作人员全部纳入工伤保险，职工参加工伤保险个人不缴费，由用人单位在职职工工资总额的0.3%缴费。

2010年12月31日，市政府印发《潍坊市工伤保险市级统筹办法（潍政发〔2010〕60号)》，全市工伤保险实现市级统筹，工伤保险实现统一参保范围和参保对象、统一行业差别费率标准、统一基金管理、统一工伤认定和劳动能力鉴定办法、统一工伤保险待遇支付标准、统一经办流程和信息系统，基金抗风险能力明显增强。

为解决企业工伤职工及工亡职工供养亲属（下称“老工伤”人员）待遇偏低、管理不统一的问题，2009年，市劳动和社会保障局下发《关于企业“老工伤”人员纳入工伤保险统筹管理的通知（潍劳社〔2009〕71号)》，全市2927名“老工伤”人员的各项待遇全部纳入工伤保险统筹支付，其中伤残津贴每月发放人均1240元、老工伤遗属父母每月发放587.82元、配偶每月发放773.76元，保障“老工伤”人员的合法权益，减轻企业负担。

生育保险

2001年，市政府下发《潍坊市企业职工生育保险办法（潍政发〔2001〕40号）》，正式建立企业职工生育保险制度，企业职工生育保险制度逐步完善，保障水平逐年提高。生育女职工住院实现了实时联网结算，生育医疗费定额标准剖宫产2500元、非剖宫产1000元，生育津贴逐步实现社会化发放，并扩增生育并发症统筹结算项目。

管理服务

2003年始，全市社保经办管理体制经历从分散经办、分别管理到集中经办、统一管理的体制变革。2005年4月，在全省率先启动实施企业五险和机关三险社会保险费一票征缴工作，实现征缴资源的整合优化。10月，市社会保险一票征缴大厅启用，提高工作效率和服务质量，方便参保对象。2007年10月，在全省率先建立“大社保”经办管理体制，将原市劳动保险处（市城镇职工医疗保险处）、市机关事业单位社会保险处、市农村社会养老保险处合并，11月，组建市社会保险事业管理中心。至2010年，全市12个县市区已全部整合原有经办机构成立社会保险事业管理中心（局）。2008年，潍坊市被劳动保障部确定为全国首批社会保障服务中心建设试点市。至2011年年底，所有县市区都建立综合性社会保险服务大厅，为参保对象提供一站式、一条龙服务。

全市推行经办业务信息化、办公自动化和档案数字化建设，统一启用“社会保险核心平台二版”社保信息管理系统，社会保险登记立户、缴费基数调整、信息变更等9项主要业务全部实现网上办理。依托核心平台二版，大力推进社保业务网上办理，全市开通网上办公程序的参保单位超过4000家。离退休人员养老金、工伤保险参保人员的定期待遇等多项待遇实现网上银行发放。

第二节　城市最低生活保障

1996年，全市开始建立城市居民最低生活保障制度，经过17年的发展完善，走上制度化、规范化的轨道。全市先后12次提高城市低保标准。其中，中心城区城市低保标准由1996年的每人每月95元，提高到2012年的每人每月360元；人均月补助30元提高到每人每月220元，增长633%；保障人数由1996年的1200人增加到3.8万人，增长368%。全市建立城乡低保标准自然增长机制，同时，建立物价上涨与提高困难群众生活补贴和保障标准联动机制，确保低收入困难群众的生活水平不因物价上涨而降低。市委、市政府连续5年将城乡低保纳入对各县市区科学发展综合考核内容，连续3年列入市政府承诺为民办的十件实事之一。2011年，全年共发放城市低保金1.2亿元，比2010年增加3154.5万元，增长35.56%。

凡持有该县（市、区）常住非农业户口，且家庭月人均收入低于当地政府公布的城市低保标准的贫困家庭，可以申请享受城市居民最低生活保障。非农业和农业混合户口的家庭，全部或者部分成员享受城市居民最低生活保障的，由设区的市人民政府确定。

潍坊市城市低保标准一览

表 5-3

日　期	城市低保标准
1996 年 1 月 1 日	95 元/月
1999 年 1 月 1 日	130 元/月
1999 年 7 月 1 日	170 元/月
2005 年 1 月 1 日	190 元/月
2007 年 1 月 1 日	220 元/月
2007 年 7 月 1 日	230 元/月
2007 年 8 月 1 日	235 元/月
2008 年 1 月 1 日	260 元/月
2009 年 1 月 1 日	280 元/月
2010 年 1 月 1 日	300 元/月
2012 年 1 月 1 日	330 元/月
2012 年 1 月 1 日	360 元/月

管理审批机关自接到申请人申请之日起，在 20 个工作日内办结审核审批手续（申请人证明材料不全的除外）。

申请　申请人通过户籍所在地的社区居委会（企业工会）向街道办事处（乡镇人民政府）提出书面申请。申请城市低保应当同时具备以下条件：持有户籍所在地常住非农业户口（在取消农业户口和非农业户口划分的地区，户籍所在地为城镇行政区域且居住超过一定期限、不拥有承包土地、不参加农村集体经济收益分配的家庭，可以申请城市低保）；共同生活的家庭成员月人均收入低于当地城市低保标准（共同生活的家庭成员，是指具有法定赡养和抚（扶）养关系、户籍在一起并长期共同生活的成员）；实际生活水平低于当地城市低保标准。车管、房管、人力资源社会保障、工商、税务等部门提供的购车、买房、就业培训、求职登记、养老金、个体经营、纳税等情况。

受理　社区居委会（企业工会）受街道（乡镇）委托，负责城市低保的日常受理，对申请人家庭状况进行调查核实、民主评议、张榜公示，并将结果连同申请人申请书和有关材料上报街道（乡镇）或行业主管部门，不得自行作出不予受理或是否符合低保条件的决定。社区居委会（企业工会）拒绝受理或故意推脱、超过规定时限的，由街道（乡镇）或行业主管部门直接受理低保申请。

审核　街道（乡镇）或行业主管部门负责审核，逐户调查核实并进行张榜公示。认为符合城市低保条件的，填写《城市居民最低生活保障待遇申请暨审批表》，上报县级民政部门审批；认为不符合条件的，委托社区居委会（企业工会）通知申请人，并说明理由。

审批　县级民政部门负责审批。在入户复查或抽查的基础上，通过与车管、购车、买房、就业培训、求职登记、个体经营、纳税等情况。对符合条件的，予以批准。

发放　县级民政部门批准后，委托申请人所在社区居委会（企业工会）张榜公布审批结果。无异议的，发放“山东省城市居民最低生活保障证”，并从批准之日下月起发放低保金；有异议的，重新核实确认。

第三章　教育惠民政策

截止到2011年，潍坊市有中小学校1363所，在校生108万人。其中，小学1015所，在校生54.6万人；初中301所，在校生31.1万人；普通高中47所，在校生17.2万人。中等职业学校44所，在校生17.5万人。驻潍坊高校18所，在校生17.3万人。各级各类幼儿园1829处，在园幼儿24.3万人。

2003年以来，全市认真贯彻落实市委、市政府决策部署和《关于加快教育体制机制改革全面实现教育现代化的决定》，加快转变教育发展方式，全力推进教育改革创新，努力办好人民满意教育，全市教育事业保持又好又快发展。在省委、省政府组织的科学发展综合考核中，潍坊市人民群众对中小学教育的满意度连续4年位居第一；作为全国唯一地市连续两届获全国教育改革创新特别奖。市教育局被省委、省政府表彰为“人民满意公务员集体”、被中央文明委表彰为“全国文明单位”、被中组部表彰为“全国创先争优基层党组织”。中共中央政治局委员、国务委员刘延东对潍坊教育体制机制创新工作作重要批示，要求向全国推广。

第一节　免费义务教育

2007年，全市全面实行农村义务教育经费保障机制改革和城市义务教育免除学杂费工作。

农村义务教育经费保障机制改革

2007年春季开学开始，全市全面实施农村义务教育经费保障机制改革，紧紧围绕改革重点，从健全制度、完善机制入手，认真扎实地做好各项配套工作。全市积极调整财政支出结构，加大义务教育保障经费投入力度，市级财政全部承担起本应由市县两级分担的资金7961万元。2007年以后，新增加标准应由市县负担的40%部分全部由县级负担。不断加大对农村义务教育的倾斜力度，逐年提高公用经费拨付标准，2007~2012年，农村小学、初中的生均公用经费，分别由240元、340元逐步提高至600元、800元。

城市义务教育免除学杂费

2007年秋季学期起开始，城市义务教育阶段学生（含公办、民办）全部免除杂费。2010年，制定城市义务教育阶段学校公用经费拨款标准，下发《关于切实加强城市中小学财务管理的意见（潍财教〔2010〕3号）》，确定潍坊市城市义务教育阶段公用经费拨款最低标准。市义务教育阶段国家课程和地方课程教科书由省里统一组织政府采购。农村义务教育免费提供教科书所需经费，全部由中央、省级财政负担，统一由国库直接支付给发行单位。

困难学生生活补助

从2008年春季学期开始，提高对家庭经济困难寄宿生生活费补助标准，由每生每年补助300元逐步提高到小学每生每年补助1000元、初中每生每年补助1250元。享受补助的困难学生占寄宿生的比例为10%。

进城务工人员子女就学

积极创造条件，确保进城务工随迁子女“有书读”“读好书”，形成“公办学校为主，民办学校为辅”的外来人口子女就学模式：多数学生就近到公办学校就读；少数家庭条件比较优越的学生，到民办学校就读。全市基本解决了外来人口子女教育问题，促进教育公平、社会和谐。

校　园

第二节　贫困学生资助体系

概况

2009年，全市各级财政共安排高校国家奖学金、省政府奖学金、励志奖学金、国家助学金2394.9万元，资助学生16687人次；安排中职国家助学金6994.36万元，资助学生9.325万人次；安排中职免学费资金586万元，资助学生7300人次；安排普通高中政府助学金1367.055万元，资助学生2.714万人次；申请生源地信用助学贷款2600余万元，受助困难大学生达5220名。市教育局利用全市教师爱心一日捐的资金给予高中阶段特困生每年补助1500元、义务教育阶段特困生每年补助1000元生活费。对核查的全市孤儿学生全部实施长效救助机制，救助金采取按月发放形式，共发放特困生救助资金49.87万元，677名学生受到资助。

2010年，各级各类学校家庭经济困难学生的资助救助政策得到全面落实，资助工作体系更加完善。全年发放各类学校奖、助学金1.3亿元，受助学生达27万多人次。其中，发放普通高校各项奖助学金2565.37万元，受助学生17852人次；发放中职国家助学金6585.71万元，受助学生8.867万人次；发放涉农专业和家庭经济困难中职生免学费资金937.14万元，惠及学生1.241万人次；发放普通高中政府助学金1185万元，受助学生2.369万人次；发放义务教育阶段寄宿生生活费补助757.38万元，受助学生13.04万人次。为7926名高校学生办理生源地信用助学贷款

师生捐栽纪念林

4272多万元，为156名高校应届毕业生申请服义务兵役学费补偿、助学贷款代偿申请243万元。救助中小学特困学生人数超过1100人，发放特困生救助金超过116万元。接受社会各界爱心人士关爱特困家庭学生71人次捐款14.02万元，结对救助学生118人次。

2011年，全市用于困难学生资助政策的资金达2.07亿元，有25.9万人次学生受益。2012年，继续提高农村义务教育阶段家庭困难寄宿学生生活费补助标准，小学由原来的750元，提高到1000元；初中由原来的1000元，提高到1250元。并进一步扩大补助范围，由原来的8%扩大到10%。同时，积极开展生源地信用助学贷款，保证家庭经济困难的普通高校新生和在校生完成学业。给予应征入伍服义务兵役高校毕业生学费补偿、国家助学贷款代偿，赴基层单位就业毕业生学费和国家助学贷款补偿。

资助政策

2007年开始，全市建立贫困学生资助制度，实现普通高校、中职院校、普通高中、义务教育学校贫困学生资助政策的全覆盖，使家庭经济困难学生都能够享受到不同形式的政府和社会资助，基本实现“应助尽助”。

学前教育政府助学金政策 自2011年秋季学期开始，在经县级及以上教育行政部门审批设立的普惠性幼儿园设立政府助学金。资助对象为普惠性幼儿园3~5岁在园家庭经济困难儿童、孤儿和残疾儿童。平均资助标准为每生每年1200元，具体按1000元、1200元、1400元3档进行资助，平均资助比例为普惠性幼儿园在园幼儿的10%。政府助学金主要用于儿童在园期间的保教费用及伙食费补助。普惠性幼儿园包括公办和惠普性民办幼儿园，不包括托儿所、亲子园等早期教育机构。

义务教育阶段资助救助　对所有农村学生和城市家庭经济困难学生免费提供教科书；对农村家庭经济困难的寄宿生补助生活费，补助标准为小学由每生每学年750元提高到1000元、初中由每生每学年1000元提高到1250元，补助比例也由寄宿生人数的8%提高到10%。

普通高中阶段资助救助　普通高中实行以国家助学金为主体、减免学费为补充、社会力量积极参与的学生资助政策体系。按普通高中在校生10%的比例，对家庭经济困难学生按每生每年平均1500元的标准资助生活费用。其中，将根据学生的家庭贫困状况，按1000元、1500元、2000元3档进行资助。对普通高中家庭经济困难学生和孤残学生免除学费，是2012年市政府确定办好的十件实事之一。自2012年春季学期开始，对具有潍坊市常住户口、在普通高中就读的城市或农村低保等家庭经济困难学生和孤残学生免除学费，市级财政统一按照省级规范化学校每生每学期800元、市级规范化学校每生每学期600元的标准，补助县市区免费资金。

中等职业教育阶段资助救助　全市建立起以国家助学金和免学费为主，顶岗实习、奖学金、学校减免学费等为辅的中等职业教育学生资助体系。

国家助学金。对具有全日制正式学籍的中等职业教育学校在校一、二年级农村户籍的学生和县镇非农业户口的学生以及城市家庭经济困难学生，每生每年资助1500元国家助学金。

免学费。对涉农（21类）专业学生全部免学费；对其他专业的家庭经济困难学生免学费，比例不低于在校生的5%。免学费的标准为，公办中职学校家庭经济困难学生和涉农专业学生免学费按有关部门批准的学费标准执行。民办学校按照当地同类型同专业公办中等职业学校免除学费标准给予补助。

普通高等教育阶段资助救助　奖学金制度。国家奖学金，获奖学生每生每年8000元；省政府奖学金，获奖学生每生每年6000元；励志奖学金，按在校生3%的比例进行奖励，每生每年5000元。国家奖学金、省政府奖学金奖励对象为全日制本专科二年级及以上学生中特别优秀的学生。励志奖学金奖励对象全日制本专科二年级及以上学生中品学兼优的家庭经济困难学生。

国家助学金。按在校生14%的比例、平均3000元的标准进行资助，具体分为2000元、3000元、4000元3档。资助对象为全日制本专科学校在校学生中家庭经济困难学生。

生源地信用助学贷款。家庭经济困难的普通高校新生和在校生，可按每人每年原则上不超过6000元的标准，在生源地申请助学贷款，主要用于在校期间的学费和住宿费用。学生在校期间的贷款利息由财政全额贴息支付。

服兵役学费补偿贷款代偿。包括应征入伍服义务兵役高校毕业生学费补偿、国家助学贷款代偿，在校生服兵役学费补偿贷款代偿、退役士兵教育资助政策。申请学生可根据就高原则自行选择学费补偿或贷款代偿，每学年补偿学费或代偿贷款金额最高不超过6000元。实际缴纳学费或实际贷款低于6000元的，按实际金额补偿或代偿。本科、专科

秋日校园

(高职)、研究生和第二学士学位毕业生补偿学费和代偿贷款的年限，分别按照其毕业时的学历所规定的相应学制计算。

各高等学校还实施校内奖学金、校内无息借款、勤工助学、特殊困难补助、减免学费等资助政策。

特困生资助救助 2009年，出台《潍坊市特困生救助管理办法（试行)》，作为国家资助政策的有效补充，市财政每年安排100万元专项资金，由市教育局对孤儿、本人罹患重病且家庭经济特别困难的学生、父母患重病造成经济特别困难的学生直接施行救助。救助标准是高中阶段特困生每生每年补助1500元生活费，义务教育阶段特困生每生每年补助1000元生活费。发动教师开展“爱心一日捐”、接收社会爱心捐款等渠道，积极募集资助资金，专项用于特困生的救助。

生源地信用助学贷款 从2008年开始，全市启动生源地信用助学贷款工作。截至2011年年底，累计为2.373万人次大学生办理生源地信用助学贷款12744.93万元，实现助学贷款全覆盖和“应贷尽贷”的目标。

第三节　中小学校布局规划

随着城市化进程加快，农村人口大量向城镇转移，导致城市学校在校生激增，城区学校大班额现象突出。为根本解决好这关系重大民生的问题，全市以实施“校安工程”为契机，按照规划先行、制度保障的思路，全面完成覆盖全市的各县市区中小学幼儿园布局规划编制工作；坚持解决当前突出问题与推进教育事业长远发展相结合的原则，推进学校规划和建设，取得成效。截至2011

年，全市建成区共有小学96所（包括九年一贯制学校），城区小学共有教学班1258个，在校小学生5.11万人，基本实现就近入学，为城区学生提供良好的就学条件。

布局规划

2007年5月，启动市区中小学布局规划的编制工作，由市规划设计研究院主导编制，11月，进行论证评审。市政府对规划进行多次专题研究，2011年形成规划成果。市区中小学布局规划规划范围为：北到北外环，西到大于河，南到潍胶路，东到综合保税区东边界。规划期限近期为2011~2020年，远期为2016~2020年。规划以“布局合理、建设达标、发展均衡、群众满意”为目标，按照适度超前、可操作性、布局均衡、规范达标、持续发展等五大原则，通过建、扩、迁、并、撤等措施，优化中心城区教育资源配置，提高教育质量和办学效益。

在小学生、初中生100%入学的前提下，按照远期满足高中生全部入学的需求目标进行高中阶段的规划，满足外来务工人员子女全部入学。对中小学校的用地达标率情况，根据山东省普通中小学基本办学条件标准确定的用地标准及生均用地面积确定，近期规划使学校用地达标率达到60%，远期达到95%（近远期新建、迁建学校达到100%）。全市中小学校规模、用地等各项指标如下：小学班数控制在12~36个，班额控制在45人以内，用地面积为1.4~3.2公顷；初中班数控制在18~30个，班额控制在50人以内，用地面积为约2.2~3.93公顷；高中班数控制在24~48

校园

个，班额控制在50人以内，用地面积为约3~6.47公顷；九年一贯制学校班数控制在18~36班，用地面积为2.2~4公顷。小学生人均占地面积为26.01~19.97平方米。初中生人均占地面积为24.32~22.02平方米。

根据居住区分布情况，规范地确定中小学校服务半径，使中小学校服务半径相对稳定、合理，达到动态平衡。小学服务半径为：居住区密集区控制在800米以内，部分控制在500米左右；初中服务半径为：居住密集区控制在1500米以内，部分控制在1000米左右。规划确定在城市开发建设中依法预留教育用地，适度倾斜教育用地指标，合理使用国有存量土地，对规划确定的教育用地实行严格保护，禁止作为开发用地随意出让。

中心城区中小学布局规划保证配套学校同步规划、同步建设、同步交付使用。制定非经法定程序不得修改的规定，加大对违法变更规划、占用学校用地责任主体的依法查处力度。结合城建教育配套建设等相关政策，保证学校建设与城市发展、人口增长相适应。

解困工程

为实现城区小学班额标准化，市政府2004年第14次常务会议决定用3年时间实施市区中小学解困工程。2004~2006年，市、区两级财政3年投入资金1.67亿元，对中心市区“班额”和活动场地不达标的学校进行“解困”，拆迁269户、征地12公顷，扩建10所学校，建成6幢教学楼2.66万平方米和5个环形运动场地。按照《潍坊市市区中小学布局规划（2007~2020)》要求，每年分解学校建设任务，加快城区学校建设步伐。奎文区现已新建、扩建中小学校6所，2012年，新建、迁建、扩建学校3所，另有4所学校列入下半年的扩建计划；潍城区投入1.9亿元，完成6处学校新建、扩建工程，启动5所中小学校新建、扩建、迁建项目。高新技术开发区自2007年以来，年均教育投入增幅保持在35%以上，规划建设的10个集中居住区已经或者正在配建中小学和幼儿园，2012年，续建、新建8所中小学和8所幼儿园，总投入已达5.9亿元。寒亭区、坊子区、经济区也按照规划全力推进，小学服务半径不超过500米。

优化办学条件

结合学校布局调整和标准化学校建设，全市加大投入力度，改善办学条件，截至2011年年底，中心市区完成教育设施投入26.5亿元，其中新建、加固校舍面积130万平方米，投入绿色生态校园建设资金2.9亿元，内部配套投入达6.8亿元，完善多媒体教学、电脑教学和现代远程教育装备，城区区级及以上规范化学校均达到《山东省普通中小学基本办学条件标准（试行)》。同时，实行严格的统一管理，对寄宿的学生统一搞好食宿、交通等方面的服务与管理，城区学校的办学条件和办学水平得到大幅提升。

第四节　校园安全

全市重视学校安全工作，加强校园安全长效机制建设，校园安保经费基本到位，不断落实校园安全工作责任制，普遍开展安全教育，师生防范意识逐步增强。

组织领导

2010年5月，成立全市校园安全工作领导小组，由市委副书记任组长、政法委书记任常务副组长，宣传部部长、分管教育的副市长、公安局局长、教育局局长为副组长，市直有关单位主要负责同志任成员，办公室设在市委政法委。明确各级各部门的领导责任，规定各级党委、政府的主要领导对本辖区校园安全稳定负总责，分管领导靠上抓、具体抓；校园安全稳定是教育主管部门和学校的第一责任，各级各类学校的校长是校内安全的第一责任人。制定《全市校园安全稳定工作细则》，从组织领导、专门安保人员配备、技防设施建设、防范物品配备等方面做了硬性规定。

领导小组组织相关部门和人员，对各级各类学校进行多次无缝隙、无盲点、地毯式安全大检查。同时，严格落实"三到位"，构筑校园安全长效、立体机制；各县市区教育部门全部成立学校安全工作科；1000人以上的学校全部成立安全保卫科，落实部门中层职务，配备专兼职的安全保卫干部；各学校建立完善的安全工作责任制，各部门密切配合，全社会共同参与、齐抓共管的校园安全长效机制基本形成。

管理体系

重点加强校园安全管理制度建设，初步构建校园安全管理体系。市教育局成立以局长为主任、局领导班子其他成员为副主任、科室及直属单位负责人为成员的安全工作委员会，负责全市教育系统安全工作；市教育局印发《潍坊市学校安全保卫干部管理办法》，会同市公安局、市财政局印发《潍坊市学校专职保安服务管理办法》；为明确责任，预防安全事故，市教育局会同市委组织部、市人力资源和社会保障局印发《全市学校安全稳定事故问责办法》，市校园安全工作领导小组在全市予以转发；为及时处置校园安全事故，市教育局先后印发《全市学校安全隐患排查整改实施办法》和《潍坊市教育系统安全稳定事故应急处置及调查处理工作流程》；为推进全市校园安全长效机制建设，制定《潍坊市校园安全建设标准》，全面概括校园安全建设的各个方面，以市政府发文形式印发全市。

安全管理制度　严格校园出入、登记管理制度，实行封闭管理，防止闲杂人员、危险人员进入校园；建立健全学校食品卫生、疾病防疫制度、消防安全制度，防止发生食品中毒、火灾、流行传染病等安全事故；加强校车管理，防止发生交通安全事故；各学校制定处置突发公共事件的工作预案，提高教职工的自我防范能力。教育、文化、公安等部门和学校建立联席会议制度，及时研究解决影响学校安全的突出治安、交通问题，加强学校周边网吧、出租房屋、歌厅等复杂场所的管理，把学校和幼儿园列为公安重点管理单位，由属地派出所公安民警担任法制副校长；加强对学校周边的治安巡逻和秩序维护，在学生高峰出入学校的重点时段，做到"见警察、见警车、见警灯"；严厉打击危害学校安全的违法犯罪活动，对扬言报复、经常滞留在学校周边的精神病人、可能铤而走险的高危人员建立台账，纳入掌控视线。

学校安全长效机制 市教育局在全市确立落实“四个优先”、严格“三个关口”的学校安全工作标准要求，制定出台《潍坊市学校安全管理规范》《关于在全市开展校园安全长效机制建设达标验收活动的实施意见》；出台专门方案，开展加强学生思想教育工作；组织开展全市校园安全管理工作培训，并建立学校校长、幼儿园园长安全管理培训考核长效机制，对新任校（园）长每年组织一次培训考核。加大对非法幼儿园和不合格幼儿园的清理整顿工作力度，消除幼儿园安全隐患。

安保建设

安保设施 各县市区、乡镇（街道）财政及各级各类学校积极筹措资金，尽全力确保校园安保经费足额到位，保证专职保安聘用、安保器械配备及安保设施建设的需要。全市各级财政投入7580余万元用于校园安保建设，所有学校全部安装校园监控、报警设备，配备对讲机3453部、电警棍3845根、橡皮棍9271条、警用钢叉5982条、催泪剂8290瓶、木棍2.316万根，其他安保器械7463件，重点部位全部配备灭火器、应急灯及疏散标志等设备设施。

各学校都配备专职的安保人员，学生300人以下的配3名，300~1000人配6名，每增加1000人增配3名。公安机关实行校园安全工作责任制，保证每一所学校至少有1名民警负责该学校的安全稳定工作。各级各类学校都设立了安全保卫室，统一标识，明确工作职责和人员配备标准。每个学校安保室配备2把以上警用钢叉、3支防暴警棍、辣椒水和对讲机等必要的器械、物品，并提前进行培训，保证安保人员和教职员工学会使用，提高了应急处置能力。在周边治安环境复杂的学校，公安机关设立专门的警务室或治安岗亭。各学校在校门口、围墙周边、教室、操场、实验室、大型会议室等重点要害部位，全部安装电子监控系统和报警预警系统，并同当地公安机关联网。

日常管理 落实校园门卫制度，上课时间一律实行校园封闭管理，对出入校园的车辆、校外人员做到严格查验，严格逐一登记。完善小学生和幼儿园儿童上学、放学的接送衔接等管理工作，确保学生安全保护措施的全程覆盖。教育主管部门组织开展校园安全大检查，加强对学校食堂、小饭桌、宿舍、实验室、教室等基本设施的安全管理，防止发生消防、食品、卫生、用电、用气等方面的安全事故。经常组织开展对学生、教职员工的安全教育，提高了师生的自我保护意识和自卫、自救能力。

组织开展校园及周边安全环境大排查、大整治。组织治安民警、交警、巡警、特警等加强对校园及其周边的治安巡逻，在上学、放学等重点时段和校园周边治安情况复杂的重点部位，加大巡逻盘查力度。加大对校园周边的网吧、出租房、中小旅店、暂住人口、建筑工地、录像厅、美容美发等场所和行业的整治力度，及时发现和堵塞漏洞。整治校园周边的交通秩序，加强对学生往返学校的安全保护，特别是在学生出入学校的集中时间、路段，安排足够的警力维护治安、交通秩序。

美丽校园

安全制度

所有学校配备专职保安1.226万名，经保安公司培训和公安部门政审率达95%以上；选聘安全保卫干部7897人，聘请法制副校长或法律辅导员；组织应急演练1.51万次，平均每校组织演练4次。公安干警在治安情况复杂的学校周边建立治安岗亭，在学生上学、放学集中时段安排了警力，城区及乡镇规模较大的学校，特别是小学、幼儿园上学、放学时段"三见警"（警车、警灯、干警）普遍提高，为校园安全撑起了"保护伞"。加强校园周边区域治安巡逻。突出学生上、下课和晚自习期间等重点时间段和易发案件的重点部位、重点路段，加大治安巡控工作力度，开展24小时不间断巡逻，严密防范和及时打击侵害在校师生的违法犯罪行为，进一步增强师生的安全感。加强校园周边公共娱乐服务场所的治安管理，会同有关部门对校园周边的书刊店、音像店、网吧、歌舞厅等文化娱乐场所集中开展清理整顿，严厉打击"黄赌毒"等违法犯罪活动。加强校园周边暂住人口、流动人口和出租房屋的治安管理，落实以房管人、动态控制措施，严厉打击混迹其中的违法犯罪分子。加强对校园周边的煤、油、气、电等设备的消防检查，确保设施完好和安全。加强校园内部治安保卫工作，公安部门与教育部门互相配合，加强校园内部安全检查，指导、督促学校建立校园安全领导责任制和工作责任制，组建内保组织，健全保卫制度，落实防范措施，提高自身防范能力。加强校园周边道路交通秩序整治，完善交通安全设施，增加执勤警力，防止交通拥堵，消除事故隐患，确保安全畅通。积极

生态校园建设

与各学校、幼儿园开展“交通安全互动”活动，加强交通安全宣传教育，提高在校师生遵守交通法规的自觉性。市区共新增交通指示灯25处、人行横道线47处，新增临时停车泊位118处、交通助学岗120处。

第四章　公共卫生事业

第一节　基层卫生服务体系

全市基层卫生服务体系主要包括农村医疗卫生服务体系和城市社区卫生服务体系。

农村医疗卫生服务体系

2003年，全市形成比较完善的县、乡、村三级卫生服务网络。共有14处县级综合医院、8处县级中医院、14处县级防疫站、13处县级妇幼保健院（站）、10处县级皮肤病防治院（站、所）及部分专门的地方病、结核病、精神病防治机构。有乡镇卫生院199处，其中中心卫生院59处、床位6622张、乡镇卫生技术人员9037名。年内，乡镇卫生院投入建设资金2.5亿元，新建改建业务用房43

万多平方米，购置万元以上大中型医疗设备1000多件，乡镇卫生院面貌得到改观，实现无危房，人员、设备、房屋配套“一无三配套”的目标。

2004年，确定青州市为大众卫生示范区建设试点县。青州市制定《大众卫生示范区实施办法》并组织实施，该市卫生服务、健康保障、监督执法体系逐步完善。成立“青州市慢病防治办公室”，负责慢病防治的计划、调研、督导、检查。

2005年年初，提出建设标准化卫生服务机构的“十百千”活动计划，即在3年内全市创建90所标准化县级医院、300所标准化乡镇卫生院、5000处标准化村卫生室（社区卫生服务站）。

2007年，农村卫生推行以乡村卫生服务一体化管理为载体的集团化发展、连锁式经营的新路子。组织1.2万名乡村医生进行集中培训；组织1.237万名乡村医生参加执业注册考核，其中合格1.199万名，合格率为96.97%。同年，全市有1343名乡村医生经考试取得助理医师资格，占总数的11.42%。

2008年，卫生部、世界卫生组织和英国国际发展部在潍坊市联合开展普及基本医疗卫生制度试点工作。试点范围为潍坊市中心城区和青州、高密、昌乐3个县（市）的部分乡镇，覆盖人口120万人。到2009年年底，全市基本完成试点任务，创建“小病社区低收费、大病住院有保险、公共卫生政府管”的基本医疗卫生服务框架，实现城乡居民在社区看小病“花小钱”、大病到医院“少花钱”、公共卫生服务“不花钱”的目标。试点工作得到国家有关部委领导及专家的较高评价和充分肯定，被市委、市政府授予2009年度创新成果奖。

自2008年起，市政府确定利用4年时间，重点提升3181所村卫生室的服务能力。主要工作有：业务用房整修、基本设备配备和乡村医生培训。确定村卫生室设置要求为每卫生室服务2000人，服务半径为2.0公里。按照“标准化验收、合格后奖补”的原则，省级财政每个奖补1.5万元。中心城区每个奖补1万元，其他县（市）每个奖补0.5万元。到2011年年底，全市共有3185处村卫生室完成规划建设，并通过省财政厅统一验收评审。村卫生室服务能力有较大提高，农村居民就医条件得到改善。

城市社区卫生服务体系

1997年，启动城市社区卫生服务工作，探索实践公立医院下设的方式，社区卫生服务机构相继成立。

2006年，提出“疾控办社区”的发展思路，以公共卫生、妇幼保健等专业机构为依托，延伸举办社区卫生服务机构，构建公共卫生服务和基本医疗服务网络，社区卫生服务体系初步形成。

2007年，市政府印发《关于进一步加强中心城区社区卫生工作的意见》，明确城市社区卫生服务体系建设的工作任务、目标及保障措施。

2008年，全市创新城市社区卫生服务运行模式，坚持以“政府主导、公益性质、市场机制、购买服务”的发展理念和“双百双零”（社区卫生服务机构和基本公共卫生服务项目覆盖100%社区居民；基本公共卫生服

2009 年 1 月 14 日，全国普及基本医疗卫生制度试点"滨海模式"启动大会现场

务零收费和基本药物零加成）的工作目标，构建"十分钟就医圈"，中心城区实行面向社会招标准入社区卫生服务举办主体，打破原来社区卫生服务机构"政府办、政府养"低效率的做法。同年 7 月，山东省政府购买城市社区公共卫生服务工作现场会在潍坊召开，省卫生厅、财政厅总结、推广了潍坊市的经验做法。

截止到 2011 年年底，全市全面完成山东省卫生厅制定的社区卫生服务体系三年建设规划，共建成达标社区卫生服务机构数 191 处。其中，社区卫生服务中心 36 处、社区卫生服务站 155 处，业务面积达 8 万余平方米。所有机构通过了省级考核验收，获得社区卫生服务体系建设"以奖代补"专项奖金。

第二节　公立医院改革

2003 年，非典疫情的爆发，显露公共卫生医疗体系的弊端。全市在前期改革基础上加快公立医院改革进程，重点解决卫生工作"重医轻防""重城轻乡"等弊端。

2005 年，公立医院改革取得初步成效，引起全国关注，形成"潍坊模式"。同年 12 月，市委、市政府出台《关于进一步加快卫生事业发展与改革的意见》，框架是实行以"大众卫生"为主题的卫生体制改革，"办好政府要办的，管好政府要管的"；主线是"建立完善公共卫生、医疗服务、健康保障、卫生监督 4 个体系及权责明晰、运转流畅、高效有序的管理体制和运行机制"；核心是"明确所有权，扩大经营权，强化监督权"。主要包括改革干部制度、改革用人制度、改革分配制度、改革收费制度、改革监督制度。公立医院取消行政级别，实行院长聘任制、任期制、年薪制、年度考评制，推行全员聘用制、工资总额制和岗位工作制，实行国有资产托管制、总会计师制度和财务科长轮岗制、收支预算审批制、建设项目报批制等。

2006年6月，全国政协副主席张梅颖到潍坊视察“城市医疗体制改革”工作，对潍坊市“大众卫生”理念和城市医疗体制改革给予高度评价。

2007年1月，在全国卫生工作会议上，潍坊市交流了公立医院改革的做法。同年，卫生部部长陈竺和党组书记高强先后到潍坊视察，充分肯定了潍坊市公立医院改革的成功经验。陈竺为潍坊题词：“大众卫生为大众，人民医疗为人民”。

2009年，全面开展医改工作，经过半年努力，申报公立医院改革国家联系试点城市取得成功。

2010年2月23日，卫生部、国务院医改领导小组办公室下发《关于确定公立医院改革国家联系试点城市及有关工作的通知》，公布潍坊为公立医院改革国家联系试点城市。全市积极开展实施方案的制定及试点启动会议的筹备工作。形成《潍坊市公立医院改革试点实施方案》的征求意见稿和修订稿。7月4日，市委召开第98次常委会，研究通过《潍坊市公立医院医院改革试点实施方案（修订稿）》。7月5日，向省医改办和省卫生厅递交《潍坊市公立医院改革试点实施方案（报批稿）》。7月23日下午，副省长、省医改领导小组副组长王随莲主持召开会议，专题研究讨论《潍坊市公立医院改革试点实施方案（送审稿）》，并审核通过该方案。7月29日，报送卫生部和国务院医改领导小组办公室审核备案。9月1日，全市公立医院改革试点启动大会召开，会议印发《潍坊市公立医院改革试点实施方案》，标志着全市公立医院改革试点工作正式启动。

2010年9月13日，印发《关于加快推进公立医院改革试点工作的意见》和《关于起草公立医院改革试点第一批配套文件的通知》。从9月17日到12月底，各试点县市区、市属医疗卫生单位相继召开启动会议，印发公立医院改革试点方案并组织实施。

2011年，坚持重大体制机制改革和惠民便民措施“两手抓”策略，公立医院改革迈出关键步伐。4月25日，在市中医院启动公立医院综合改革试点“先行先试”，在建立法人治理结构、改革人事分配制度、创新内部运行机制等方面进行探索，形成公立医院综合改革的基本路子。6月28日，市政府印发《关于加快公立医院综合改革试点的指导意见》，在所有二级以上公立医院全部推开体制机制改革试点。

积极开展医疗惠民行动，2011年1月，

2011年4月16日，潍坊市人民政府与省卫生厅签订医药卫生体制改革合作协议

卫生部部长陈竺：

潍坊公立医院改革试点进展不错

陈竺接受本报记者采访。郭建政 摄

本报北京3月7日讯(特派记者 高明兴) 作为16个公立医院改革试点城市之一，山东省潍坊市开创了我国公立医院改革管办分开不分家的"潍坊模式"。7日上午，卫生部部长陈竺在解放军307医院接受记者采访时对"潍坊模式"进行了肯定，表示"潍坊公立医院改革试点进展不错"。

如何把医疗费用控制下来？陈竺说，"如果我们能够在全国范围或者大区域内集中招标，统一配送，以省为单位来搞集中招标配送，肯定价格就下来了。"

陈竺说，集中招标配送的不仅仅是药品，还包括高值医用耗材。"集中招标、统一配送，尽可能在确保质量的前提之下，控制费用。类似工作有些省区已经开始在做，比如宁夏等。"

关于药品价格贵的问题，陈竺特别提到，"像一些药品国内都能生产，那就用国产的。"陈竺说，下一步会通过临床路径来克服过度医疗。"先要把医药分开，这个问题解决掉，那是功德无量的事情。"陈竺透露，今年县医院改革将迈出重要一步。

陈竺认为，医院管理都要走向董事会、理事会、监事会这样的体制。"在我们国家，在其他国家也是一样，大医院和基层一定要良性互动，最好是直接利益捆绑的关系，最好是人员能上能下的关系。在基层，有我们最好的医生下去。"

得知记者来自山东省，陈竺微笑着表示，"潍坊公立医院改革试点进展不错，进展不错。"

2011年两会期间，卫生部部长陈竺在接受媒体采访时对潍坊公立医院改革试点工作给予肯定

推出20项惠民便民措施，在全市卫生系统开展"医疗惠民行动"，从老百姓最急需、最关切的问题抓起，着力解决群众"看病难""看病贵""看病不放心""看病不方便"等问题。市卫生局分3批制订23个实施方案并专门成立项目组，明确责任分工，并将医疗惠民措施的实施情况作为评价、考核公立医院改革成效的重要内容，纳入对县市区卫生工作评价和局直医疗单位绩效考核体系，每半年组织一次检查、调度。2011年8月8~12日，市卫生局委托潍坊万声通讯公司开展群众满意度调查，86.8%的居民普遍反应明显感受到医疗惠民政策的好处。

第三节　基本药物改革试点

全市基本药物改革试点工作经过社区基本药物试点、先行实施国家基本药物制度和国家基本药物制度在基层全覆盖3个阶段。

社区基本药物试点

药品品种　2008年上半年，根据社区居民常见病、多发病诊疗需要，并咨询世界卫生组织专家，确定70种社区基本药物，包括急性病、慢性病和急救用药3大类，在城市社区卫生服务机构实施。2009年，将药物品种目录扩展到360种。2010年3月，将社区基本药物目录扩充到523种，与国家基本药物制度相衔接，基本满足广大居民的基本医疗需求。

药品采购　2008年，市财政局、卫生局、监察局、药监局、物价局联合印发《潍坊市社区卫生服务机构药品集中招标采购管理办法》，同时成立市社区卫生服务机构药品集中招标采购管理委员会，委员会办公室设在市卫生局，具体负责药品招标及相关工作。建立药品招标网上采购平台，由社区卫生服务机构按月度提出用药计划，自动汇总形成标书，发放给药品企业，按照"低价中标"原则，确定每种药品的具体供应商。根据省卫生厅统一要求，自2011年5月份开始，市政府办基层医疗卫生机构统一参加省级网上采购。

药品使用管理　为保证社区卫生机构合理、规范使用基本药物，制定实施"六统一"的管理措施，即：统一品种，统一招标采购，统一配送，统一价格，统一使用规范，统一补助标准。确定"基本检查项目"和"基本治疗项目"由社区卫生机构免费提供的政策，"基本康复项目"按国家规定标准的60%向居民收取，65岁以上老年人健康查体免费，基本药物"零差率"销售。2010年起，社区卫生机构的服务成本由政府按服务人口每人每年25元的标准"购买服务"，经综合绩效考核后予以补助。

国家基本药物制度

2010年，根据省政府要求，奎文、高新、

寿光、诸城和昌邑77家基层医疗卫生机构先行实施国家基本药物制度，对国家和省确定的523种基本药物实施“零差率”销售。4月，市政府下发《潍坊市推行国家基本药物制度实施方案》，建立市区（县、市）两级督察工作机制，推进实施国家基本药物制度工作。2011年1月1日起，全市范围内政府办基层医疗卫生机构全面实施基本药物制度，到年底，共有267家政府办基层医疗卫生机构实施基本药物制度，同时，将48家非政府办基层医疗卫生机构纳入实施范围。自2012年起，将3185所省、市统一规划的村卫生室纳入实施范围。全部配备使用基本药物，执行“零差率”销售。实施后，基层医疗卫生机构由过去的“开大方、滥用药、用贵药”变为“因病施治、合理用药”。居民患常见病主动到基层就医，在大医院住院的康复期病人，主动回基层就医，实现病员的合理分流。

第四节　社区卫生服务

2007年，市政府印发《关于进一步加强中心城区社区卫生服务工作的意见》，明确指出加快发展社区卫生服务的基本原则、规划目标和保障措施，突出社区卫生的公益性质，坚持“政府购买服务”的运行机制。

2008年，在全省率先建立以“政府主导、公益性质、市场机制、购买服务”为主要特点的城市社区卫生服务运行模式，初步形成服务大众、充满活力、运转高效、持续发展的城市社区卫生服务体系。按照“10分钟就医圈”的要求，综合考虑城市发展、人口规模、人口密度、地域环境、社区类型、服务半径等因素，在人口密度大、居住集中的地方设社区卫生服务中心，中心覆盖不到的地方设站。采取“公开招标”的方式，市卫生财政等部门制定社区卫生服务机构招标管理办法，委托市政府采购中心对社区卫生服务机构的举办主体向全社会公开招标。通过招标，在中心城区择优确定16个社区卫生服务中心和64个社区卫生服务站，社区卫生服务体系实现一次性建设和服务的无缝隙覆盖。实行“政府购买”社区公共卫生服务运行补偿机制、大医院对口支援社区卫生机制、社区基本药物“六统一”管理、社区卫生“标识系统”建设，进一步推动社区卫生服务工作的开展。到2008年年底，全市初步实现“小病在社区、大病去医院、双向能转诊”的就医新秩序。

社区卫生服务中心

2009年，全市社区卫生服务机构全面启动九大项基本公共卫生服务工作，包括建立居民健康档案、健康教育、预防保健、妇幼保健、高血压和糖尿病等慢性病患者系统化管理和传染病报告处理规范等项目。年底，全市城乡居民健康档案建档率达85%以上，高血压、糖尿病患者系统化管理率达85%以上，基本公共卫生服务项目得到全面落实。

社区自助健康小屋

2010年，市卫生局、财政局印发《潍坊市购买社区基本医疗服务实施方案》，将社区卫生服务机构日常开展的基本诊疗项目，基本康复项目、老年人查体、基本药物等纳入“政府购买服务”，按照年人均25元的补助水平给予考核补助，实现基本公共卫生和基本医疗服务的“双购买”，得到省卫生厅的认可和推广。

逐步完善项目绩效考评机制，2008年，成立基本公共卫生服务技术指导专家小组，负责全市范围内项目督导指导、专题培训和考核评价。组织实施基本公共卫生服务示范机构创建活动，为每个县市区树立1~2家基本公共卫生服务示范机构，以点带面，起到示范带动作用。

在深入推进社区卫生服务工作过程中，不断完善社区卫生服务工作机制，扩大医疗保险社区定点机构，将社区卫生服务机构全部定为职工医疗保险定点单位。将残联、计生等部门的惠民政策和资源调整充实进社区。实行“社区片医”制度，公开、公平、公正地评价社区卫生服务机构的工作绩效，实行奖优罚劣，促进了工作的全面深入开展，对每个家庭提供综合性、连续性的社区卫生服务。实行基本公共卫生服务“第三方”考核机制，开展“家庭医生签约式”服务。

第五章　老龄事业

第一节　优待老年人政策

全市出台一系列惠老政策，全市逐渐形成尊老、爱老、敬老、助老、扶老的社会氛围。

养老优待　对百岁以上老年人，每人每月发给不低于600元长寿补贴金，资金由省、市、县三级财政负担；90~99岁高龄老人，可享受每人每月60元的高龄津贴，惠及全市近1.9万名90岁以上的老人。对农村70岁以上老年人的农业税收优待政策，按照省、市农村税费改革的有关规定执行。70岁以上老年人免交乡村公益事业金，不承担村级兴办集体公益事业出资义务。70岁以下丧失劳动能力或者有特殊困难的老年人，经批准给予适当减免村级兴办集体公益事业出资义务。这些政策，惠及全市100多万70岁以上老年人，减免各类集资、乡村公益事业金等上亿元。

医疗保健优待　各医疗机构为老年人提供优质医疗保健服务，积极开展巡回医疗和定期义诊，有条件的医院和社区卫生服务机构设置老年人家庭病床。每年免费对辖区内65周岁及以上常住居民进行一次老年人健康管理，包括健康体检、健康咨询指导和干预等，并建立健康档案，搞好卫生保健。对城镇符合最低生活保障标准的老年人和农村70岁以上的老年人，凭“山东省老年人优待证”(以下简称《优待证》)免收普通门诊挂号费，提倡有条件的医疗单位适当减收老年人诊疗费和住院费。每年老人节期间，县市区卫生行政和老龄工作部门，组织医护人员为65岁以上老年人免费进行一次体检。此项优待政策实施以来，惠及全市300多万人次65岁以上老年人，减轻老年人看病负担1.5亿元以上。

文体休闲优待　70岁以上老年人入风景名胜区、旅游景点和文化宫、俱乐部、图书馆、博物馆、科技馆、美术馆、展览馆、纪念馆等公共文化娱乐场所，凡收取门票费的一律实行半价，70岁以上老年人免费。此项优待政策实施以来，惠及全市老年人60多万人次，减免老年人的门票费用近千万元。有些景点和文化场所还纷纷出台更优惠的政策，将减免门票的费用扩大到60岁以上，惠及所有老年人。机关、企事业单位、学校、乡镇、街道社区的体育场馆、设施，对老年人健身活动提供方便，老年人凭《优待证》进入收费的体育健身场所，实行半价优惠。

生活服务优待　老年人乘坐市公共交通工具，优先购票并优先检票进站、上下车。乘坐市内公共汽车，65岁以上老年人实行半价优惠，70岁以上老年人免费；各地的公共厕所都张贴“老年人凭优待证免费”标识，免费使用公共厕所。商业、饮食、维修、供水、供电、电信、银行等各类服务行业，优先为老年人提供服务并给予优待照顾，为老年人的日常生活提供了方便。

维权优待　符合司法救助条件的老年人，优先获得司法救助，交纳诉讼费有困难的，可以申请缓交、减交或者免交。老年人到司法部门、律师事务所咨询自身涉法事务的免费。农业户口的“五保”老人、非农业户口的由政府供养的老年人和其他无能力支付法律服务费的老年人，在自身合法权益受到侵害时，按照《山东省法律援助条例》的有关规定，优先给予法律援助，免收法律服务费。

尊老爱老

第二节　养老服务机构

扶持政策

全市相继出台一系列促进社会养老服务机构发展的措施，推动社会化养老服务事业的发展

用地优惠　国土资源部门要优先安排养老服务机构建设用地。对非营利性社会化养老服务机构，不转变用途的，可以采取行政划拨的方式供地；不具备划拨用地条件的，可采取协议出让的方式供地，土地出让金可按不低于国家规定的最低标准收取；企事业单位、社会团体和个人闲置的房产，经相关管理部门批准可兴办养老服务机构。

对固定资产投资5000万元以上的社会公益事业项目，参照重点产业投资优惠政策有关规定给予补助。对营利性养老服务机构举办1000张床位以上的，采取“一事一议”的办法，优先安排项目建设用地并给予政策优惠。

建设补助　对非营利性社会化养老服务机构建设给予一次性补助。对新建、改扩建达到500张床位以上的大型骨干养老服务机构给予一次性建设补助。在2012~2015年期间建成并投入1年以上的，按每张床位2000元给予补助。对新建的以“日间照料、居家养老”为主要模式的老年人服务机构（包括街道、社区针对辖区内老人建立的老年人福利服务中心和日间照料、居家养老服务机构），在2012~2015年期间投入使用，服务居家老年人数（含残疾人）达50人以上，已经安装使用信息呼叫网络系统的，一次性给予10万元建设补助。支持医院、疗养院和其他服务机构利用现有资源兴办老年护理、临终关怀性质的养老服务机构，以及专门为智力、康复期精神病和重度残疾人（二级以上视力、听力、言语、肢体和多重残疾人）提供康复治疗、生活照料的托养服务机构，在2012~2015年期间建成并投入使用的，一次性给予10万元开办补助。

运营补助　对非营利性社会化养老服务机构给予运营补助。对以入住为主要模式且服务质量高、服务设施好、运营效果佳的养老服务机构，每接收一位具有潍坊户籍、入住达6个月以上的60岁以上（含60岁）老年人或持有残疾证的残疾人（不分年龄），经相关部门评定后，按每人每月50元的标准给予补助。入住中心城区养老服务机构所需运营补助资金由市级负担。对以“日间照料、居家养老”为主要模式且服务人数达50人以上的非营利性老年人服务机构，按每人每月25元的标准给予补助。

购买服务　对具有潍坊户籍、入住达6个月以上的特殊困难群体通过购买服务的形式予以补助。生活完全不能自理的60岁以上（含60岁）城镇“三无”（无经济来源、无劳动能力、无依靠）老年人、低保或低保边缘家庭（家庭月人均收入在当地低保标准的100%~200%范围内）中的老年人（以下简称困难老年人），入住非营利性养老服务机构的按每人每月500元标准补助；实行居家养老的按每人每月200元补助。享受城乡低保待遇或低保边缘家庭的二级以上重度残疾人（含智力、康复期精神、视力、肢体和多重残疾人，不分年龄），入住非营利性养老服务机

构的按每人每月500元标准补助；实行居家托养的按每人每月200元补助。

税费优惠　对非营利性社会化养老服务机构给予税费优惠待遇。养老服务机构建设经营过程中，免交基础设施配套费和人防费；养老服务机构提供的养老服务免征营业税；养老服务机构自用房产、土地暂免交房产税、城镇土地使用税；免交水、电增容费和供排水设施使用费；使用水、电、煤气、供热按居民用价格标准收费；其他有关行业，凡是有价格浮动和优惠的，可按规定执行非营利性养老服务机构最低价格。

对社会资本举办的营利性养老服务机构提供的养老服务，实行市场定价，也可执行政府定价，其实现的营业税地方留成部分，5年内给予等额补助。固定资产投资3000万元以上的营利性养老服务机构，上缴企业所得税中地方留成部分，5年内给予等额补助。

养老机构

2003年之前，全市社会福利机构仅有7家。其中，国办有潍坊市社会福利院和潍城区福利院2家，仅有床位350张，收养三无人员不足300人。民办5家，床位数仅有291张，入住社会老人不足200人。2003~2011年，全市通过政府主导、政策推动、多方参与、统筹规划，不断创新理念，强化综合措施，推进社会养老服务体系建设。截至2011年年底，社会福利机构总投入14.68亿元，其中民间投资8.86亿元。建成并投入运行各类社会福利机构57家，床位数增加到8266张，入住人数达6397人，床位数和入住人数均是2002年年底的12倍以上。

潍坊市社会福利院　始建于1952年7月，是潍坊市唯一一家市属社会福利机构。占地约5.87公顷，总建筑面积3万余平方米。现有床位250张，入住城镇“三无”对象及其他代养老人247人。该院的改扩建工程，自2010年1月奠基开工，市级投资6500多万元，新建建筑面积约1.98万平方米、床位500张的老年福利中心，作为全市失能失智老年人的专业养护中心和养老服务机构的示范

潍坊市社会福利院

寿光市社会福利中心

基地。

寿光市社会福利中心 占地约8.53公顷，建筑面积5.73万平方米，设计床位1660张，绿化面积3万余平方米，建设投资8000多万元，内部设施配套投资2000多万元，2009年10月正式启用。该中心是全市第一家集敬老院、福利院、救助站、流浪未成年人救助保护中心、光荣院、残疾人及社会老年人托养中心于一体的多功能综合性福利机构。在全市、全省乃至全国率先实现了各类供养、救助和优抚对象“愿进全收”的目标，已入住各类人员1200余名。先后被民政部授予“全国模范敬老院”“全国民政系统行风建设示范单位”等荣誉称号；被省民政厅确定为“山东省一级五保供养服务机构”。

青州市社会福利中心 位于云驼风景区。中心占地面积4公顷，建筑面积1.6万平方米，总投资4000多万元，于2008年年初立项开工建设，2010年10月投入运行，是一座集五保对象和城镇“三无”人员供养、流浪

华都颐年园老年服务中心

乞讨人员救助、优抚对象疗养康复及社会养老于一体的综合性社会福利服务机构。中心床位600张，被省民政厅确定为“山东省一级五保供养服务机构”。

华都颐年园老年服务中心 2009年10月开始投入使用，由潍坊市华都集团兴办，地处浮烟山风景区、占地约13.3公顷，计划投资3.8亿元，总建筑面积22万平方米，设计床位5000张。至2011年年底，已有1200张床位投入使用，入住老人836人。被评为“全国爱心护理工程示范基地”“全国养老服务机构十大标杆示范单位”“山东省示范老年服务中心”“山东省敬老模范单位”“山东省十佳养老服务机构”。

鹤翔安养中心

潍坊鹤翔安养中心 由潍坊高新区管委会与山东中狮国际集团共同投资兴建的大型养老机构。占地约9.94公顷，计划总投资3.5亿元，规划建筑面积14万平方米，设计床位3000张。该中心共分三期建设，一期鹤颜公寓（高新区敬老院）和潍坊鹤翔老年病护理院。由高新区管委会划拨土地1.5公顷，投资7500万元建设，建筑面积2万平方米，设置床位500张，于2009年年底建成投入使用，产权归高新区管委会所有。主要收养城镇“三无”、农村“五保”、高龄、失能、失智老年人，至2011年年底，已收养“五保”和“三无”老年人95名，是全市公办民营模式的典型代表。二、三期设计床位2500张，主要面向社会老年人，满足不同需求的养老服务，工程正在建设之中。2010年被山东省民政厅命名为首批“全省民政系统行风建设示范单位”。

安丘市颐乐园老年公寓 由安丘市人民医院投资兴办，位于安丘市北区莲花山脚下，项目总用地面积约8.67公顷，规划总建筑面积10.2万平方米，总投资1.5亿元，规划设计床位3200张。该中心集老年生活居住、健身、娱乐、医疗、餐饮于一体，主体工程已经完工，计划2013年10月投入使用。

第六章　残疾人事业

第一节　残疾人服务与保障体系

2003~2011 年，全市残疾人事业快速发展，残疾人社会保障和服务体系建设等方面实现重大突破。先后被中国残联授予“全国农村残疾人扶贫开发工作先进集体”“全国残疾人康复工作先进单位”称号，被国家体育总局、中国残联授予“全国残疾人体育工作先进单位”称号，被省委、省政府授予“扶残助残先进集体”“振兴山东省残疾人体育突出贡献奖”称号，被市委、市政府授予“文明单位”称号。

优惠政策

全市把残疾人事业作为保障和改善民生的重要内容，先后制定出台《关于加快推进残疾人事业发展的实施意见》《潍坊市残疾人优惠扶持规定》《潍坊市残疾人事业“十二五”发展规划》《关于加快推进残疾人社会保障体系和服务体系建设的实施意见》《关于推动社会化养老服务机构发展的意见》，市残联联合相关部门、单位出台《潍坊市建立完善康复医疗服务体系试点工作实施方案》《潍坊市残疾学生和贫困残疾人子女助学办法》《关于加强残疾人事业宣传工作的实施意见》《潍坊市四区盲人或聋人家庭接收有线电视服务实行优惠的通知》等一系列配套措施，为残疾人事业发展提供有力的政策保障。

残疾人康复

围绕残疾人“人人享有康复服务”目标，重点开展残疾儿童康复救助、白内障复明、辅具配发、残疾人社区康复等工作，使 31 万残疾人得到康复服务和训练。投入社区康复建设资金 6190 万元，使有康复需求的残疾人在社区内享受到便捷的康复服务；启动“聋儿启聪工程”，免费为 1200 名聋儿佩戴价值 1560 万元的助听器，1680 名聋儿在机构得到听力语言康复训练；筹资 960 多万元，为 46 名重度听力儿童免费植入人工耳蜗；实施残疾儿童康复救助项目，共有 3620 名脑瘫、智障、孤独症残疾儿童在机构接受康复训练，使 2160 名残疾儿童通过康复训练进入小学接受义务教育；实施“复明工程”，共有 3.35 万名白内障患者实施免费手术。2011 年，成功创建为“全国白内障无障碍市”；实施“站立工程”，共为 2150 名贫困肢体残疾人免费安装假肢；实施助行工程，向贫困肢残人颁赠轮椅 1.38 万辆。

教育就业

全市认真贯彻落实《潍坊市按比例安排残疾人就业办法》，做好按比例安排残疾人就业和残疾人就业保障金征收工作，共安排7100名残疾人就业。2009年，开始实施“百千万残疾人就业创业扶贫工程”，投入资金290万元，扶持建成102处残疾人就业扶贫基地，并依托各类基地安置2800名残疾人就业。实施“情系鸢都·携手创业”项目，投入资金380万元，扶持700名有创业能力和愿望的残疾人实现自主创业。积极搭建就业服务平台，举办残疾人专场就业招聘洽谈会36场次，累计为残疾人提供就业岗位1.28万个。

全市认真贯彻《残疾人教育条例》，落实潍坊市残疾儿童少年免费接受义务教育政策，建立残疾儿童学前教育和残疾学生普通高中教育助学券制度。截止到2011年年末，累计为3800名在校残疾学生和贫困残疾人子女发放助学补助金597万元。组织实施残疾人职业技能培训，投入资金4852万元，举办各类培训班462期，免费培训2.25万名残疾人学习职业技能和实用技术，提高残疾人的技能水平，增强残疾人的就业能力。

社会保障

2007年起，全市开始组织实施农村贫困残疾人“温馨安居工程”，投入改造资金5340万元，共为5157户农村贫困残疾人家庭改善居住条件。大力开展扶贫项目，累计投入扶贫贷款1450万元，扶持1200名残疾人脱贫致富。为残疾人建立基本生活保障制度，7.2万名贫困残疾人享受城乡最低生活保障待遇，9.6万名残疾人参加新型农村养老保险和城镇居民社会养老保险，其中政府按照最低缴费标准全额补贴2.8万名重度残疾人免费参保。2009年起，全市建立低保重度残疾人生活补贴制度，为1.6万名低保重度残疾人发放每人每月不低于50元的生活补贴，实施“阳光家园计划”，年均为1830名智力、精神和重度残疾人提供机构托养和居家安养服务。

文体活动

开展“十大残疾人自强模范”“十大扶残助残先进集体和先进个人”评选活动，举办潍坊市残疾人集体婚礼暨相亲会，组织全市残疾人艺术汇演、残疾人歌手大赛、残疾人书画艺术展，向全社会展示了残疾人自尊、自信、自强、自立的精神风貌。组织开展群众性残疾人体育活动，2006年、2010年成功举办第七、第八届潍坊市残疾人运动会，选拔培养了一大批优秀残疾人运动员。2008年，以潍坊市教练员、运动员为主力的国家女子盲人门球队取得北京残奥会亚军，并于2010年获得世界杯冠军，荣获“安踏2010年度CCTV体坛风云人物——残疾人体育精神”大奖。残疾人运动员张杰荣获2006年残疾人体育锦标赛金牌，被评为“山东省劳动模范”。聋人乒乓球运动员林焕2009年在世界聋奥会上一人独揽1金2银1铜，实现潍坊市残疾人运动员成绩的历史性突破。2003~2011年，全市残疾人运动员在国内外重大赛事中共获得金牌125枚、银牌77枚、铜牌36枚。

发展环境

社会各界积极倡导“平等、参与、共享”

的现代残疾人观，全力营造尊重、理解、关爱、帮扶残疾人的良好氛围。每年“全国助残日”“国际残疾人日”期间，全市举办各类扶残助残活动。《潍坊日报》、潍坊广播电台常年开办残疾人事业专版和专栏，宣传残疾人事业。志愿助残活动深入开展，以豪德集团、科华机电、生命之友商会、潍坊义工、潍坊百货大楼为代表的一大批爱心企业和社会人士为残疾人事业的发展提供无私的帮助，13万名助残志愿者先后为18.6万名残疾人提供志愿服务。市、县两级普遍建立残疾人法律援助机构，10年间共受理残疾人来信来访3860件（次），处结率达98%以上，为3920名残疾人提供便捷的法律救助服务，有效地维护残疾人的合法权益。

第二节　城市无障碍设施

为便于残疾人自主安全地通行道路、出入相关建筑物，保障残疾人平等参与社会生活，享用优良的生活环境，全市认真贯彻实施住房城乡建设部等10部门印发的《无障碍设施建设工作“十五”实施方案》，坚持“以人为本”，以构建和谐社会、关爱残疾人、保障特殊群体的合法权益为出发点，按有关规范要求设计、施工和验收，不断推进城市道路无障碍设施建设工作。自2003年以来，市所有新改扩建道路全路段均设置盲道，小路口及交叉口均设置无障碍坡道。工程设计严格按照《城市道路和建筑物无障碍设计规范》和其他有关强制性标准提出无障碍设计要求；审查设计文件，把无障碍设施建设作为一项重要内容，对违反《城市道路和建筑物无障碍设计规范》设计要求的，责成设计单位进行修改完善；工程竣工验收，对无障碍设施的范围和质量严格把关，不符合要求的责令限期改正。通过严格把关，保证工程建设中将无障碍设施建设落到实处，无障碍设施分布范围明显扩大、数量明显增加、规范化程度和建设质量明显提高，城市无障碍设施建设的总体水平明显提升。截至2011年年末，市区盲道总长度达到1800余公里。

城区无障碍通道

第七章 劳动关系和维权

第一节 劳动关系

劳动合同制度实施

全市以维护劳动者与用人单位合法权益、促进劳动关系和谐稳定为目标，不断推进劳动合同制度的全面实施。2002年，制定出台《潍坊市关于依法规范劳动关系有关问题的通知（潍劳社发〔2002〕86号）》，取消“临时工”概念，全面实行劳动合同制度，结束了潍坊市计划经济时代使用“临时工”的用工形式，依法规范劳动关系。同年，全市共补签劳动合同6.16万份。

2006~2008年，开展“劳动合同制度实施三年行动计划”，进一步推进劳动合同制度实施。2008年《中华人民共和国劳动合同法》颁布实施，通过建筑业、住宿和餐饮业行业“签约行动”、农民工劳动合同签订“春暖行动”、劳动合同制度实施“示范企业”和“示范园区”等活动，不断加强和改进劳动合同管理，各类企业与劳动者普遍依法签订劳动合同。到2011年年底，全市劳动合同签订率99.55%。不断加强对用人单位劳动用工的指导和管理，规范用人单位的劳动用工行为，建立职工名册制度，促进劳动合同管理科学化和规范化水平的提高。

企业工资宏观调控

企业工资指导线 从2003年起，全市先后9次制定并发布企业工资指导线，工资指导线制度成为政府调控企业工资分配、促进职工工资适度增长的重要措施。引导企业建立工资正常机制的突破口，切实保障劳动者的合法权益。2008年，企业工资指导线首次实行企业工资随经济效益增长最低增长系数办法，规定企业效益比上年每增长1%，职工平均工资至少增长0.4%~0.5%。

企业工资集体协商 2002年，下发《关于进一步推行平等协商和集体合同制度的通知（潍劳社〔2002〕96号）》，2010年，下发《关于进一步做好企业工资集体协商工作的意见（办字〔2010〕82号）》等文件，为企业工资集体协商工作的开展奠定基础。至2011年年底，全市共审查工资集体协商企业户数5272户，涉及职工697995人。

最低工资保障 2002年10月以来，全市先后6次调整最低工资标准。自2011年3月1日起，潍城区、寒亭区、坊子区、奎文区、诸城市、寿光市最低工资标准调整为每人每月1100元，小时最低工资标准为11.5元，分别提高168.29%、303.51%；青州市、安丘市、高密市、昌邑市、临朐县、昌乐县最低工资标准调整为每人每月 950 元，小时最低工资标准为 9.8 元，分别提高了 150%、271.21%。

人力资源市场工资指导价位 2003 年，制定并发布 221 个岗位（工种）的人力资源市场工资指导价位，先后 8 次制定和发布人力资源市场工资指导价位。2011 年，在全市企业 2010 年度在岗职工工资的抽样调查的基础上，经过分析、汇总、加工，形成 365 个岗位（工种）人力资源市场工资指导价位，进一步扩大人力资源市场工资指导价位岗位（工种）的覆盖面，增长 65.16%。为保证价位的科学性、指导性，2010 年起，广泛征求工会、企业联合会、人力资源市场等单位意见，对价位进行分析、调整，并通过新闻媒体和人力资源市场及时进行发布。发挥人力资源市场配置对企业工资分配的基础性调节作用，促进人力资源市场形成合理的价格水平，引导企业合理确定各类人员工资水平、科学地指导企业搞好内部分配。

“和谐劳动关系建设年”活动

2011 年年初，市人社局会同市总工会、市企业联合会制定《关于开展和谐劳动关系建设年活动的实施意见》，并由市政府办公室转发（潍政办字〔2011〕61 号），在全市组织开展“和谐劳动关系建设年”活动，有 12 个工业园区开展创建劳动关系和谐工业园区活动，17 个镇（街）开展创建劳动关系和谐镇（街）活动，2 个县市开展创建劳动关系和谐城市活动。至 2011 年年底，全市共有国家级劳动关系和谐企业 2 户，省级劳动关系和谐企业 20 户，市级劳动关系和谐企业 430 户，县市区劳动关系和谐企业 4144 户。

第二节　劳动人事争议调解仲裁

2003 年以来，全市劳动人事争议调解仲裁工作按照“一调一裁两审”的处理程序，本着“以人为本”和便民利民的原则，认真落实“快立、快调、快审、快结”办案措施，依法公正及时处理争议案件，妥善化解矛盾纠纷，维护劳动人事关系和谐与社会稳定，连续八年被评为“全省劳动争议仲裁工作先进单位”。

组织机构

2010 年 11 月，市劳动人事争议仲裁委员会由原来的人社局、经贸委、工会 3 家人员组成扩大到由人社局、组织部、工会、企联、军分区、法院、教育局、司法局、财政局、文化局、卫生局、工商联等 12 家单位人员组成。2011 年 1 月，劳动争议仲裁办公室和人事争议仲裁办公室合并，成立劳动人事争议仲裁院，为财政拨款的副县级事业单位。全市劳动人事争议仲裁机构共配备专兼职仲裁员 128 人，仲裁机构组织体系建设进一步健全完善。

新型争议调解

2008 年，市劳动人事争议调解仲裁部门先后与总工会、企联联合下发《关于在企业普遍建立和完善劳动争议调解组织的意见（潍劳社〔2008〕83 号）》，与司法局联合下发《关于充分发挥基层人民调解组织作用》，积极化解劳动争议纠纷的意见（潍劳社〔2008〕77号）》，与潍坊市中级人民法院联合下发《关于做好劳动争议调解工作的通知（潍劳社〔2008〕76号）》，坚持“预防为主、基层为主、调解为主”的原则，在全市全面构建多层次、广覆盖的新型劳动人事争议调解机制，基本形成企业调解、区域性调解、司法调解、行政调解和仲裁调解相结合的调解体系。至2011年年底，全市共建立各类调解组织4200多个，化解争议纠纷2.3万余起，促进了劳动人事关系和谐发展。

案件处理

劳动人事争议调解仲裁部门通过完善操作流程，简化办案程序，推行“阳光仲裁”和便民仲裁措施，开展疑难案件评析、庭审观摩、办案质量评查等活动，通过培训人员、公开政务、规范制度，提高案件处理能力和办案质量。2003年以来，全市共处理劳动人事争议案件2900余件，为当事人挽回经济损失9.6亿多元，维护劳动人事关系双方当事人的合法权益。

信访维稳

积极推行社会稳定风险评估制度，制定实施《关于建立健全社会稳定风险评估机制的通知（潍人社发〔2010〕142号）》，从源头上防范不稳定因素的发生。建立健全“五位一体”大维权体系，制定落实《积极预防和妥善处置群体性事件工作预案（潍劳社〔2009〕28号）》，认真做好初信初访，抓好矛盾纠纷排查调处，变事后被动处理为事前主动排查调处，力争把矛盾纠纷化解在基层和萌芽状态。2003年以来，妥善处理职工群众来信来访5.3万余件，促进了劳动人事关系和谐发展和社会稳定。

第三节　劳动保障监察

2004年，根据市机构编制委员会《关于市劳动监察大队更名并调整规格有关问题的通知（潍编〔2004〕11号）》，市劳动和社会保障监察处正式成立，为财政全额拨款的副县级参照公务员管理事业单位，各县市区也相继建立相应的劳动保障监察机构。截至2011年年底，全市配有劳动保障专职监察员166人、兼职监察员314人、监察协管员990人，组织机构更加健全完善，较好地适应新形势下劳动保障监察工作的需要。

市劳动保障监察工作坚持全心全意服务劳动者和用人单位，多次被人力资源和社会保障部评为先进单位，连续10年被评为“全省劳动保障监察工作先进单位”，2011年，市劳动保障监察党支部被中共潍坊市委评为“先进基层党组织”。

“两网化”建设

2008年5月，市政府办公室下发《关于做好劳动保障监察网格化监管工作的通知（潍政办发〔2008〕22号）》，推动“两网化”（责任网格化、运行网络化）建设的步伐。2009年2月，潍坊市被人力资源和社会保障部列为全国劳动保障监察“两网化”建设试点城市。至2011年年底，全市建立起覆盖城乡的劳动保障监察四级网格监管体系，其中一级网格1个、二级网格16个、三级网格

133个、四级网格993个，纳入信息系统管理用人单位3.43万户，纳入网格管理111.5万余人，形成“横向到边、纵向到底、责任明确、跟踪及时”的劳动保障监察全面覆盖和动态监管的工作机制，实现事后监察到事前监察、有限监察到全面监察、静态监察到动态监察的转变，提高了劳动保障监督工作服务、预防与监管能力。

监管模式创新

全市依托劳动保障监察“两网化”监管平台，加强人力资源社会保障诚信等级评价工作、“一书两金”长效机制建设，形成维权与服务并举型监管新模式。

2005年，制定出台《潍坊市用人单位劳动保障诚信等级评价实施办法（潍劳社办〔2005〕26号）》，2011年，对原办法修订完善，制定实施《潍坊市用人单位人力资源社会保障诚信等级评价办法（潍人社〔2011〕115号）》，建立用人单位诚信档案，引导和促进用人单位自我约束、自我规范、守法诚信用工。

2011年，“一书两金”制度在全省率先实施，有效防止拖欠劳动者工资和妥善处置因欠薪问题引发的重大群体性突发事件的发生。

执法维权服务

劳动保障监察将保护合法、服务守法与制裁违法相结合，综合运用书面审查、举报投诉专查、日常巡视检查、专项检查和社会保险稽查等监察执法方式，通过全面推行劳动保障监察建议书、阳光执法、约谈执法、主动上门执法等制度，完善劳动保障监察执法程序及劳动保障监察“一体执法”机制，建立行政执法与刑事司法联动机制等举措，加大矛盾纠纷调处和监察执法力度，维护劳动者合法权益。2004年以来，全市共检查用人单位10.85万户次，涉及职工1290.13万人；查处各类违法案件2.908万起，责令支付工资报酬17908.72万元，补签劳动合同73.05万份，补缴社会保险费85186.67万元。

第八章　公众参与

第一节　公众参与城市规划

管理制度

2009年，成立以市规划局主要负责人为组长，分管负责人为副组长，机关各科室和直属单位负责人为成员的政务信息公开领导小组，由市规划管理技术中心负责政府信息公开的日常管理工作，拟定信息公开及公众参与城市规划工作的计划和措施，为信息公开指南及目录编制提供指导。完善管理制度。2009年，制定《政府信息公开工作保密审查制度》，编制《政府信息公开目录》和《政府信息公开指南》。详细列明单位机构设置、各项职能、相关政策法规及业务办事流程，方便群众查阅和了解。出台管理办法。2010年，相继制定《潍坊市城市规划管理公示办法》《潍坊市实施城乡规划行政许可听证办法（试行）》等文件，明确将政务公开和公众参与工作纳入日常规划实施管理，贯穿于方案审批管理过程中，确保相关制度贯彻实施。

公众参与平台

通过现场公示、网上公示、建立规划公示栏等方式，对总体规划、详细规划、重大建设项目和群众关心的热点项目进行公示，多形式、多渠道、多层面地接受社会监督，强化和丰富公众参与城市规划公示载体。

市城市规划艺术馆　充分利用市城市规划艺术馆的图片、展板、沙盘、模型、多媒体等现代科技手段，从宏观、中观、微观三个层次，集中全面展示城市总体风貌和城市未来发展轮廓，对城市规划、重点建筑设计方案等进行公示，增强城市规划对经济社会发展和在城市建设中的指导作用，进一步扩大城市及城市规划的知名度和影响力。

更新政务网站　2011年年初，通过技术手段对市规划局政务网站进行全新改版，调整充实公众参与的内容，强化网站的信息公开职能。由局信息中心专人负责适时将规划动态、局内情况、方案公示等上传至网络，保证网上信息的更新、准确和充实，开设局长信箱，架起市民与规划局之间沟通的桥梁，方便投资客商、市民的查询和交流。

设置信息公示板　在市规划局机关办公大楼、市公共行政审批中心等区域设置室内、户外信息公示板。将城市总体规划修编以及分区规划、控制性详细规划的成果向市民进行公开展示，方便市民和投资商就近快捷了解城市规划。针对市民参与度高的规划审批事项，专门制作《规划审批指南》，对每个审批事项所需资料、审批流程、联系电话等进行公示，方便市民参与。在建设项目方案审批环节，除在规划局政务网站进行公示外，还在项目现场显著位置进行现场公示，充分听取广大群众对规划方案的意见和建议，有效促进规划水平的提高。对城市重点建设工程、涉及公共利益的工程及容积率调整等热点、敏感性问题，及时通过广播、电视、报纸等媒体，公开征求社会各界的意见。

通过畅通信息公开及公众参与渠道，扩大公开范围，累计发布或更新政府信息100余条。其中，涉及重要建设项目实施的70多条，接受申请公开20多条。规划审批实施过程中，规划方案公示等工作已成为固定制度。

第二节　公众参与城市建设

群众性质量管理活动

2007年4月，全市建工系统开展群众性全面质量管理经验交流活动，评选出优秀质量成果一等奖12项，二等奖13项，三等奖17项。解决施工过程中遇到的高、精、难课题为主攻方向，以建设部推广应用10项新技术为重点，积极采用四新技术，增加成果科技含量。通过质量管理活动，增加企业的技术积累，提高建筑业的技术含量和施工技术水平，增强企业的整体质量意识，巩固治理工程质量通病的成果，促进全市工程质量水平的稳步提高。全市创出“泰山杯”工程11个，省级“质量诚信、用户满意”工程27个，省建筑业新技术应用示范工程13个，省技术创新奖12项、省级工法11项。

从2007年9月份开始，在全市建设系统内深入开展和谐行业（系统）创建活动。通过和谐创建，改善城市环境，提升服务功能，增强整个行业凝聚力、融洽干部职工关系等方面取得突破性进展，实现建设行业（系统）科学发展、率先发展、和谐发展，不断提升建设行业（系统）的文明行业形象。2008年3月20日，市建设局组织召开市区建设工程施工现场环境污染集中整治工作现场会议。

市建设局深入开展“职工绿化行动·创建和谐企业”为主题的市区绿化活动，全系统共出动900余人次参与集中或个人植树活动，累计植树1.73万棵，灌木上万余株，花草40余种。

2010年5月21日，市政府召开市区低收入群体住房状况调查工作会议，就进一步完善市区住房保障政策体系，准确了解和把握市区低收入家庭及其他困难群体住房状况及需求情况，实现保障对象动态管理工作进行部署安排。

8月20日，由市建设局牵头组织、市政府主办“2010中国（潍坊）房地产发展高峰论坛暨住宅产业博览会”新闻发布会，充分展示了全市房地产业及相关产业的新视野、新商机、新技术和新产品，促进全市住宅与房地产业发展。

市物业管理协会与潍坊新闻网联合举办2010年度“十佳物业服务企业”评选活动。2011年1月19~31日，广大网友网络投票和物业管理专家组现场评分相结合，前10名获“2010年度十佳物业服务企业”称号的企业，从全市行政区域内从业的400余家物业服务企业中产生。十佳物业企业除通报表彰、颁发荣誉证书和奖牌外，优先入选潍坊市物业管理协会常务理事，参与协会日常工作；对排名靠后的企业，列入重点监督检查对象，存在问题的，依法给予处理处罚。

市拆迁办积极创新工作模式，对所有负责的拆迁工地进行高标准围挡管理，采取“先洒水后拆除，边拆除边洒水和拆除后及时洒水”三步除尘法。科学拆迁，文明施工，方便居民的生活。采取分片切割、定向倒塌等各种机械作业手段，较好地解决了工作中的难点问题。

结合建筑市场综合执法大检查，实行沿街工程标牌公示制度，接受社会监督；配合百日竞赛活动，开展“新开工程无违规，百日执法纠百非”活动，共检查在建工程3390个，设计建筑面积4087万平方米，查处各类违法违规工程502（个）次，下达责令停止违法行为通知书228份。

2011年6月，市监督站先后组织召开4次全市住宅工程质量通病治理及分户验收观摩会，先后组织500余名项目管理人员，对113个在建项目及设立标准化施工现场的金泰大厦项目、开展质量通病治理及分户验收的样板小区中央生活城、博悦世家等项目进行观摩。

成立集中治理工作领导小组，组织对全市建筑工地施工现场和运输车辆装载进行全面检查。对城区建筑垃圾运输集中治理，重点对建设工地扬尘进行治理。建设单位对建设工地道路、物料加工区和工人生活区地面进行硬化处理，不能硬化的场地用粗石子铺压，并定时洒水降尘，保持路面与场地的湿润、清洁。此外，在全市强制使用商品混凝土，禁止在施工现场设置混凝土搅拌机，避免水泥粉尘飞扬。抓好运输车辆污染治理，市区建设工地大门内侧必须按规定设置冲洗池、冲洗机、冲洗枪等车辆冲洗设施，运输车辆出场前要彻底清扫车体、冲刷车轮，严禁车辆带泥上路。对车辆运输砂石、土方、渣土和垃圾的，运输物必须低于车辆挡板，并采取覆盖等密闭运输措施，防止运输车辆沿途泄露遗撒。严格运输车辆管理，对使用有严重违法行为车辆进行运输的施工单位，将给予严厉处罚。

专业知识培训

2008年3月14~15日，举办《混凝土砖砌体结构技术规程》培训暨建筑节能知识讲座。共300余人参加培训。2010年6月27日，开展以建筑施工法律法规、安全生产技术规范和文明施工为主要内容的安全生产下基层活动。分别对建筑施工用电、起重机械使用、脚手架搭设等安全生产管理内容和工地文明施工进行专题培训及咨询服务。

第三节　公众参与城市管理

2003年起，全市高度重视公众参与城市管理工作，以城市管理投诉受理平台建设为重点，不断健全工作机制，完善工作制度，强化工作措施，拓展为民服务渠道，搭建公众参与城市管理平台，有效地推动了城市管理工作的顺利开展。

小广告举报奖励

2003年，为进一步根治城市“牛皮癣”，净化城市容貌环境，鼓励广大市民参与城市管理，检举违法乱贴乱画小广告行为，发布《关于对违法乱贴乱画小广告的举报奖励规定》，公开市、区两级城管执法部门投诉举报电话，明确举报范围，如在城市建筑物、电线杆、公共汽（电）车站等设施及树木上乱贴、乱写、乱画小广告等违法违规行为，根据举报情节设定100~2000元奖励金额，同时承诺为举报者保守秘密，有效提高了城市管理水平。

聘任社会监督员

2006年，为健全和完善城市管理行政执法行风监督机制，充分发挥社会各界对城管执法工作的监督作用，进一步规范和约束城管执法行为，制订印发《潍坊市城市管理行政执法局城市管理行政执法行风监督实施办法》，从市区范围内的人大代表、政协委员、民主党派及社会各界知名人士中聘请30名社会监督员，在全市城管执法系统内开展社会监督员行风监督。

城市管理监督指挥中心

12319市政服务中心，其前身为12319热线，2004年6月份组建，成立之初设立30个坐席、40人受理员队伍，服务范围为城区范围内的供水、排水、供热、供气、公交、园林、环卫、道路养护、路灯等。运作形式为取消单位原有服务热线，统一使用12319一个热线号码，使潍坊市市政公用行业一个声音、一个形象对外服务。服务平台以12319热线呼叫中心为指挥中枢，以遍及全市的市政公用行业的快速反应队伍为支撑，通过高科技传媒设备，24小时不间断受理用户和市民的服务、咨询、建议、投诉，对提高全市市政公用行业的工作效率和服务质量起到推动作用。2006年11月，正式成立12319市政服务中心。2004~2010年年底，共受理市民群众各类来电207.65万件，市长公开电话3000余件，处结率100%，满意率达99.9%。

2010年，全市着手建设潍坊市数字化城市管理工程。11月，数字化城市管理首个子系统供热质量在线监测监控系统上线运行。主要建设以城市供热、供水、供气、污水处理为主要内容的公用产品质量在线监测监控系统，以GPS监控和市政设施视频监控为主要内容的市政工作状态管理系统，以城市网格化管理为主要内容的市容秩序管理系统和与之相配套的城市管理质量考核评价系统等四大系统。2011年1月，根据潍编办〔2011〕16号文件要求，原12319市政服务中心、督察大队、96111投诉受理中心3个单位共同组建现在的市城市管理监督指挥中心。3月，四大系统全部建成投入运行，通过社会招聘100名城市管理网格巡查员正式上岗。5月，系统顺利通过省住建厅的验收，8月，公用产品质量在线监测系统荣获国家专利。截止到2011年，市中心城区140平方公里地域内的城市设施全部实行数字档案管理，100个城市管理巡管员遍布大街小巷，随时发现城市管理问题。人机结合，现代化手段在城市管理中的广泛应用，实现城市管理由被动向主动的转变、由事后向事前的转变、由突击向常态的转变，城市管理水平得到提升。数字化城市管理系统上线以来，共发现各类城市管理问题98.6万件，处置率达99.2%。2011年11月，省住建厅在潍坊召开全省数字化城市管理模式建设现场调度会，推广潍坊市数字化城市管理建设模式。

城市供水便民措施

市自来水公司实行来电来访首问制，全面推行一站式服务。开通服务热线8823191，24小时接受社会各界对供水方面的咨询、报漏、投诉，将服务内容延伸至用户表内，切实推进窗口规范化服务。不断完善语音提醒服务，全面提升客户服务水平。针对一户一表客户数量多的实际情况，与潍坊网通共同开发客户水量水费语音短信催费，每月对一户一表欠费客户进行电话语音提示和短信提醒，让客户及时了解用水信息、水费缴纳情况。2012年5月，通过广泛收集客户意见，总结语音催费经验，对催费内容进行修改，进一步完善语音催费内容，使其更加人性化。为实现抢修服务快速反应，适应不断变化的供水情况，以12319市政服务热线为中心，随时对内部抢修队伍进行动态调整，紧急情况时启动全员备勤制度，以保证应对各类突发事件的能力；在热线接听、24小时值班备勤方面，实行精细化管理，针对每一起报修信息，抢修人员迅速出警，按照承诺时间，及时处置，随时反馈抢修相关信息，处理及时率达99%。

第四节　提升市民文明素质

文明城市创建活动

全市将创建全国文明城市和中国人居环境奖作为引领城市建设管理的主要内容，积极开展群众性文明城市创建工作。

2003年，全市组织开展“科技、文化、卫生、法律”四进社区活动，夯实社区创建基础，为争创全国文明城市打下良好基础。

2004年，把建设文明一条街、一条路和文明社区作为创建文明城市的重要内容，扎实推进创建全国文明城市的各项工作。开展文明示范街和文明示范广场评选活动，共评选出“潍坊市文明示范街（路）”11条，“潍坊市文明示范广场”8个。

2005年，围绕建设“文明潍坊”，实施发展环境优化、公民素质提升、先进文化繁荣、生态文明建设、文明品牌创建、爱心奉献倡树“六大工程”，开展省级文明城市创建活动。制定下发《关于建设“文明潍坊”，创建文明城市的实施意见》《创建文明城市实施方案》《创建文明城市目标任务分工》等一系列文件，围绕创建文明城市各项指标要求，整理创城档案材料306卷，组织检查百余次，把创城工作的各项任务切实落到实处。

2006年6月，召开全市文明和谐社区创建工作现场会，对创建文明和谐社区工作进行专题研究部署。明确文明和谐社区创建的三大重点：社区管理与服务、学习型社区建设、营造社区良好环境。通过开展创建活动，全市有30个社区被评为市级文明和谐社区，39个社区被评为全市“文明和谐社区创建工作先进单位”，14个社区被评为“市级绿色社区”。

2007年，完善城市功能、改善民生、提高城市文化品位和市民文明素质，按照文明城市测评体系要求，积极做好基础基层工作，组织开展丰富多彩的群众性文明城市创建活动；围绕优化城市环境面貌，开展群众性创建国家卫生城市、国家环保模范城市、中国优秀旅游城市和适宜人居城市等主题教育和实践活动；围绕丰富群众文化生活，开展“文明之夏”系列活动，以共建和谐为主题，组织广场、社区文艺演出千余场，观众人数150万人次；开展“爱心家园、平安家园、文明家园、人文家园、生态家园、和谐家园”建设，推进文明和谐社区、文明单位、文明楼院、文明和谐家庭创评活动，新增省级各类文明单位67个，市级各类文明单位778个；开展“文明潍坊”测评工作，为建立健全文明潍坊建设长效机制打下坚实基础。

2008年，市委、市政府将争创省级文明城市和全国创建文明城市工作先进城市纳入年度工作目标，制定下发创建文明城市、深化和谐创建实施意见，调整创建工作领导小组和办事机构。3月26日，召开全市争创文明城市、深化和谐创建动员大会，组织开展群众性文明城市创建集中整治行动，全面实施文明城市创建工作责任制。6月23、29日，分别召开全市文明城市创建迎查推进工作会议和现场观摩调度会议，促进各项创建工作落实。7月2~4日，潍坊市文明城市创建工作顺利通过省测评组考核验收。8月22日，山东省委、省政府通报表彰潍坊市为省级文明城市，并推荐申报潍坊市为“全国创建文明城市工作先进城市”。

2009年1月20日，中央文明委命名潍坊市为“全国创建文明城市工作先进城市”。10月11日，全国城市公共文明指数测评结果公布，潍坊市在全国84个地（区、县）级文明城市和先进城市中名列前31位。

2010年3~4月，全市组织开展第一个全民文明月活动。突出整治城市公共环境，查改问题6大类、23项、520余个。11月8日，新华社发布2010年文明城市迎测情况。参加全国测评的117个全国文明城市和创建工作先进城市中，潍坊市城市公共文明指数测评成绩为全国第6名，名列山东省第2位；未成年人思想道德建设工作成绩为全国第5名，列山东省第1位。同时，在中心城区组织开展“十佳街道”和“十差街道”评选活动，推动群众性文明城市创建工作进一步开展。

2011年3月初，启动实施第二个全民文明月活动，以“四项整治、四个提升”为主要内容，全面推进文明城市创建工作。集中解决在城市公共环境、交通秩序、城市基础设施等方面存在的市民意见较大的重点难点问题5400多个，推动城市环境卫生、交通秩序、公共设施、服务功能不断改善。在山东省文明城市测评中，潍坊市名列全省第二位。

公民思想道德建设

为提升市民文明素质和道德修养，全市组织开展一系列群众性公民道德建设活动。

解放思想大讨论 2003年，市文明委组织开展解放思想大讨论活动。大讨论从6月开始到年底结束。围绕破除陈旧观念，通过学习考察、专题讨论、典型剖析、建言献策、整改落实等环节，集中解决思想观念问题。在大讨论中，参加的文明单位达3226个，参加人员达30多万人，共向各级文明单位发放学习材料1.51万多份。组织16个省级文明单位负责人参加了省文明办组织的专题培训班。2006年，加强荣辱观教育。3月份，召开学习胡锦涛总书记“八荣八耻”讲话座谈会，市委印发《关于深入学习实践社会主义荣辱观加强思想道德建设的实施意见》及《目标任务分工》，对全市的宣传教育实践活动进行部署。

“讲文明，树新风”活动 主要围绕当年经济社会中的重大事件，开展专题性群众文明教育。2003年，为抗击“非典”，引导广大群众抛弃陋习，培养树立科学、文明、健康的生活方式，市文明委广泛组织开展“三讲一树”（讲文明、讲卫生、讲科学、树新风）系列活动。向全市广大市民发出公开信，积极倡导大家努力克服随地吐痰擤鼻涕等十大陋习。组织开展“文明交通示范路”“文明示范街”“文明示范广场”“文明示范社区”创建活动和“万家洁净”活动。协调有关部门广泛开展爱国卫生运动、全民健身活动和科普教育活动。2008年3月，开展“迎奥运全运、树文明新风”活动，突出文明礼仪和奥运知识普及教育，为迎接奥运创造良好人文环境和社会环境。2009年，组织“迎国庆、迎全运、讲文明、树新风”群众性文明践行活动。

“爱我潍坊，做文明市民”活动 2004年，全市以提高市民文明素质和城市文明程度、建设现代化文明城市为目标，开展“爱我潍坊，做文明市民”活动。解决影响市民生产生活的环境卫生、交通安全等方面的问题。开展“热爱潍坊、建设潍坊、美化潍坊”的教育。开展“建设美好城市，我们怎么办”大讨论，参与人数达30多万人；万人签名活动有近40万人参加；在城区成立义务劝导队400多支，对不文明行为进行义务劝阻，有效地遏制不文明现象的发生；开展绿地、树木认养活动，共认养绿地150多万平方米，参与单位500多个；把每月第一周的周六确定为“全民环境卫生日”，动员全体市民积极参与城市管理和环境卫生保洁，维护了城市的良好形象。2006年，制定下发关于进一步深化“爱我潍坊，做文明市民”活动的指导意见。以“提高市民文明素质，查纠交通违法行为”为主题，大力加强宣传教育和严管重罚，取得良好效果。

“重品行、讲文明、促和谐”全民行动　2009年，开展“重品行、讲文明、促和谐”全民行动。5月21日，在寿光市召开“重品行、讲文明，促和谐”全民行动现场推进工作会议，下发实施意见，以讲荣辱、讲诚信、讲公德、讲操守、讲孝德、讲关爱为主要内容，组织开展六大系列活动。开展群众性“文明祭祀、移风易俗”主题教育实践活动。2009年10月，在全市范围内集中组织开展提升市民文明素质十大行动，制定《关于提升市民文明素质十大行动的实施意见》，市委、市政府两办予以转发。10月16日，在人民广场举行文明素质十大行动暨文明交通活动启动仪式，组织“车让人——文明行车”承诺践行签名活动，制订实施《提升市民文明素

和谐文明的生活

质十大行动舆论推动方案》。

道德模范评选 2007年11月22日，全市道德模范评选表彰启动会议召开，正式启动道德模范评选活动。道德模范评选活动每两年举行一次。2007年，高密市姚哥庄镇林业站长李荣获“全国道德模范提名奖”和“全省道德模范”荣誉称号，5名同志获“全省道德模范”提名奖。2009年3月19日，召开全市第二届道德模范命名表彰大会，对10名道德模范、1名特别奖获得者、37名提名奖获得者进行表彰。组织拍摄“道德之光”11集专题片，在电视台、电台、日报、晚报集中宣传报道，组织道德模范发起开展群众性“共铸品行、勇克时艰”签名践行活动。李学海被评为全国道德模范，受邀参加国庆60周年招待会和庆典活动。2012年6月，对第三届全市道德模范进行表彰，共表彰市级道德模范10名、潍坊好人62名。9月，推荐产生第三届全国道德模范提名奖获得者1名、全省道德模范2名，王乐义、李学海代表潍坊市参加全省道德模范座谈会并作会议发言。全年共有13人入选“中国好人榜”。

“修身律己，做文明人”系列活动 2012年年初，市文明办起草《关于在全市开展“修身律己，做文明人”主题教育实践活动的实施意见》，围绕“修身律己，做文明人”这一主题，设计开展十大系列活动，以此作为社会主义核心价值体系建设的切入点，作为实现提升市民素质的着力点，努力打造成全市精神文明建设新亮点。截至2012年8月，全市建成道德讲堂695个。

和谐创建活动

2007年，全市启动创新群众性和谐创建工作，形成党委领导、政府主导、部门联动、全社会共同参与、文明委牵头组织协调的和谐创建“潍坊模式”。

2008年3月12日，召开全市推进城乡绿化、促进生态和谐动员大会，制定印发《关于大力推进和谐环境建设，迅速掀起全民绿化工作热潮的实施意见》，广泛组织开展群众性义务志愿植绿、爱绿、护绿活动和绿色社区、绿色村庄、绿色单位、绿色家庭创建活动，对市中心区绿化不达标的122个文明和谐单位进行督察督导。5月14日，召开全市和谐创建工作座谈会。5月21日，在寿光市召开“重品行、讲文明、促和谐”全民行动现场推进工作会议，下发实施意见，组织开展六大系列活动。11月14日，召开全市创新公共服务、深化和谐创建工作会议，对公共服务部门提高服务质量和水平。2009年，组织开展2009和谐创建“六大行动”。

基层文明创建活动

文明单位创评 2003年，重点在全市县以上党政机关中开展文明机关创评活动，新增省级文明机关15个，调动了广大党政机关开展精神文明创建工作的积极性。在创建文明村镇工作中，积极推动在县市区、乡镇、农村规划实施文明示范一条街（路）建设，带动城乡文明程度的整体提高。全市省级文明单位增至126个，全国级文明单位、行业、村镇示范点增至14个。组织了潍坊市精神文明建设“十件大事”“十佳人物”的评选。全市有 134 个单位被评为“省级文明单位”，15 个单位被评为“省级文明机关”；有 7 个县市区被评为“全省第六届精神文明建设先进县市区”，接近全省受表彰总数的 1/10。对2002~2003 年度市级文明单位进行了复查评选，经过严格审核验收，全市“市级文明单位”达 663 个，296 人被授予“潍坊市精神文明建设工作先进工作者”称号。通过各类文明创建活动，使市民在创建活动中受到教育，自觉规范行为，有效地提高文明素质。

2005 年，重新修订完善文明单位创建标准和管理办法，创建活动进一步规范化、制度化。有 3 个单位被评为全国文明单位，2 个村被评为全国文明村，5 个单位被评为全国精神文明创建工作先进单位，4 个村镇被评为全国文明村镇创建工作先进单位；有 146 个单位被评为省级文明单位，17 个村镇被评为省级文明村镇，19 个机关单位被评为省级文明机关。

全市为民服务联动网络不断拓展、形式进一步深化。以市长公开电话和公共行政审批服务中心为重点的服务平台进一步完善；服务监督进一步强化，市县两级机关效能监察中心和经济发展软环境投诉中心共受理群众投诉 2941 件，查结率达 99.5%，处理有关责任人员 266 人次；形成以“行风在线”、新闻 110、潍坊行风监督网站为主体的舆论监督体系。2006 年，对全市所有省、市级文明单位、文明村镇、文明机关、文明社区进行 3 次大规模的考核验收。全市已有 3 个单位被评为全国级文明单位，2 个村被评为全国文明村，5 个单位被评为全国精神文明创建工作先进单位，4 个村镇被评为全国文明村镇创建工作先进单位；有省级文明单位 157 个，省级文明村镇 32 个，省级文明机关 35 个；市级文明单位已达 390 个，市级文明村镇 137 个，市级文明机关 182 个，市级文明社区 30 个。2009 年，组织开展省、市级文明单位自查复查评选活动，359 个省级文明单位复查合格继续保留荣誉称号，新增省级文明单位 73 个。初选市级文明单位 800 个，其中新增市级文明单位 382 个。2010 年 11 月，开展省级文明单位自查复查评选活动，415 个省级文明单位复查合格继续保留荣誉称号，新推荐申报省级文明单位 77 个。2011 年，修订完善《潍坊市文明单位考核办法(试行)》，严格考核要求，全市新增全国文明村镇 1 个、全国文明单位 4 个，省级文明单位(村镇、社区) 79个。

文明交通创建活动　2004 年 7 月，全市开展以“礼貌行车，文明走路”为主题的城市文明交通活动。共印发《致全体市民的一封信》《城市文明交通活动手册》10 万余份，开展文明交通有奖征文、主题演讲、知识竞

“青年文明号”公交车

和谐出租车队

彰100部文明出租车命名挂牌活动。9月22日，在市人民广场举行文明交通禁鸣宣传日活动，启动了以城区机动车禁鸣为主要内容的文明交通集中行动。2010年3月，市文明办与市交警支队等6部门联合推进“文明交通行动计划”，突出整治交通秩序，对车辆乱停乱放、乱调头、闯红灯和行人横穿马路、攀越护栏等不文明交通行为进行集中整治，城区交通秩序明显改善。2012年4月6日，市文明办、市公安局交警支队、市交通局、市市政局、市建设局联合在风筝广场举行文明交通示范街（路、站）创建活动启动仪式。

赛等活动；在城区机关、企事业单位和社区、驻军单位中，组织学习宣传《道路交通安全法》等法律法规活动；在各级党政机关中开展党政机关驾驶员联名倡议活动，在公、检、法、司和军队驾驶员中开展争做文明交通模范活动，在出租车、公交车驾驶员中开展争做“文明的士”“文明公交车”活动，在广大中小学生中开展争做“文明交通使者”活动。2006年，在新闻媒体设立专栏、专题，对活动开展情况和各地好做法、好经验进行报道，对不文明交通行为进行曝光；组织民警深入机关、企事业单位、村庄、学校和社区，开展交通法律法规“五进”活动。2007年，围绕创建文明和谐交通服务品牌，广泛开展“倡导文明行车，构建和谐交通”活动，加强专项整治，对重点路段和重点车辆严管严查，开展“和谐警队”“和谐行政执法队”“争创和谐示范岗”等创评活动。2008年，连续第5年组织开展以“礼貌行车、文明走路”为主题的文明交通活动。四五月份，市文明办与市交警支队、市广电局、市交通局等部门联合举办“文明行路万人签名践行”和评选表

信用潍坊建设 2003年，为服务全市经济发展，努力营造良好的社会环境，市文明委以推广临朐县文明信用户创评经验为切入点，重点开展农村信用建设。形成《农村精神文明建设的生命力在于做好为经济建设服务这篇大文章》调查报告，总结推广临朐县文明信用户创评的做法，全面推广文明信用户创评经验。全市文明信用户达47.2万个，文明信用村1608个，文明信用镇58个，发放农户贷款达89.6亿元，帮助74万多农户发家致富，实现农村经济发展和精神文明创建互相促进，协调发展。

为民服务联动 2003年，市为民服务联动推出新举措，各县市区全部开设市长热线电话。投资200多万元，搭建了以现代科技信息为主体的“12345”市长公开电话，设立市长公开电话受理中心，组建潍坊市行政审批服务中心，搭建起政府联系群众的服务平

台，提高了机关工作效率和执法服务水平。

成立经济发展软环境投诉中心和机关效能监察中心，受理损害经济发展软环境的举报，解决群众反映强烈的“三乱”问题。

开展企业评议部门（单位）活动，组织限额以上企业、外来投资企业和部分个体私营企业共3000多家，对80个部门（单位）及其机关工作人员进行民主评议，将评议结果反馈到相关部门（单位），并在新闻媒体公布。

“文明之夏”活动　2002年夏季，市文明委在总结2001年活动经验的基础上，以弘扬文明新风、建设先进文化为主题，在全市城区组织开展“文明之夏——四进社区”活动。2003年，城区共组织广场文艺演出109场次，电影放映82场次，各种体育健身活动200场次。市直及各区的346个单位参加演出活动，演职人员达2万多人次，观众达80多万人次。2006年，共组织广场文艺演出1200多场次，参演人员10万多人次，观众达百万人次。以宣传贯彻社会主义荣辱观为主题，坚持科教、文体、法律、卫生四进社区。2007年，以共建和谐为主题，利用3个月的时间，共组织广场文艺演出千余场，观众人数达150万人次，丰富了群众精神文化生活。2009年，连续第9年举办“文明之夏”广场文化活动。6月5日，举办2009年度“移动情祖国颂——文明之夏”广场文化活动启动仪式，6~9月，在市区各主要广场，每周至少安排一场文化活动，并登报接受市民监督。共组织广场文艺演出千余场，参演人员5万多人次，观众100多万人次。

社区文化节　从2010年开始，每年6~10月，在全市社区开展社区文化节活动。活动突出社区和广大基层居民在文化活动中的主体地位，以加强沟通交流、增进邻里感情、促进社会和谐为目标，设立社区文艺汇演、文化服务进社区、综艺晚会等板块，每年开展各类文化活动1000余场次。2011年5~10月，组织开展第二届社区文化节活动，共开展各类文化活动1000余场次，其中大型文艺汇演200余场次，文艺展演展示活动100余场次，京剧擂台赛等其他文化活动60余场。参与活动和演出的文艺工作者、群众文艺骨干5万多人次，观众人数达10万多人次，活动覆盖率基本达到100%。

未成年人思想道德建设

2004年，全市认真贯彻落实中央和省、市未成年人思想道德建设工作会议精神，先后出台《中共潍坊市委潍坊市人民政府关于进一步加强和改进未成年人思想道德建设的意见（潍发〔2004〕18号）》《中共潍坊市委办公室潍坊市人民政府办公室贯彻落实潍发〔2004〕18号文件的目标任务分工（潍办发〔2004〕14号）》《近期为未成年人办的十件实事（潍文明委发〔2004〕10号）》《加强和改进未成年人思想道德建设工作督查方案（潍文明委发〔2004〕17号）》等有关文件，加大未成年人思想道德建设工作的力度。

营造有利于未成年人健康成长的舆论环境、文化环境和法制环境。开展网吧和电子游戏厅等娱乐场所的专项治理活动，加大对盗版教材、教辅读物和淫秽图书、有害卡通图画、游戏软件的查缴力度。全年共出动检查人员2953人次，收缴各类非法出版物96545件，净化了文化市场。

开展希望工程救助活动。全市共筹资

84.41万元，救助大中小学生2600多名。全市共建立各级关工委组织7588个，发展专兼职工作队伍1.36万人；市县两级共成立“五老”报告团108个，做报告446场，受教育者达25万人次；创建命名103处关心下一代教育基地，接待青少年参观者39万人次。

组织开展“亲子共成长”更新家庭教育观念系列活动。建立学校、家庭、社会“三结合”的青少年教育网络。开展青少年学生思想道德发展状况调研，加强对未成年人特殊群体的关爱和教育，对家庭贫困学生、外来务工人员子女、留守儿童等八类学生群体实行学生成长导师制，开展“师生共成长”等活动。开展“争做合格父母，培养合格人才”双合格实践活动、“同学习、共成长”读书活动、更新家庭教育观念巡回报告、亲子“1+1”道德建设实践等系列活动。实施“净化工程”，开展“绿色网吧”创建活动，严厉查处网吧接纳未成人现象。

加大文化市场治理力度，开展集中行动18次，出动车辆300多台次，行政执法人员600多人次，对学校周边、车站、景点、夜市等重点部位进行清理整顿，收缴各类非法出版物68200多册（盘），取缔非法经营摊点（店）55个。2009年，制定印发《潍坊市净化社会文化环境工作任务分工》和《潍坊市净化社会文化环境工作集中整治行动实施方案》，4月14日，召开全市净化社会文化环境动员大会，协调工商、公安、文化、教育、文化市场执法、广播电视管理等部门开展了专项督查活动，对全市网吧、网络、荧屏声频、校园周边环境进行集中综合整治，优化了社会文化环境。

2010年8月2日，由教育部、国家语委、中央文明办联合主办、市人民政府承办、中国教育电视台协办的“中华诵·2010全国中小学生夏令营”在潍坊寿光世纪学校隆重开营。2011年，围绕庆祝中国共产党成立90周年，下发《关于开展“童心向党”歌咏活动的通知》，全市各级各部门、各中小学校积极组织未成年人广泛传唱歌颂党、歌颂伟大祖国、歌颂中国特色社会主义的优秀歌曲。组织开展“中华诵·经典诵读”活动。积极推动社区儿童俱乐部和乡村学校少年宫建设，8个乡村“学校少年宫”列入中央财政扶持名单。未成年人思想道德建设工作测评成绩位列全省第一，潍坊市和所辖5个区市被评为全省未成年人思想道德建设工作先进城市。2012年5月31日，开展“学习雷锋，做美德少年”网上签名寄语活动。

志愿服务活动

2010年3月，市文明委印发《关于在全市深入开展志愿服务活动的意见》，全市逐步形成由文明办指导协调、志愿者协会组织管理、统筹社会志愿服务的工作机制。3月31日，召开全市文明城市创建志愿服务动员大会，部署开展大规模群众性文明城市创建主题志愿服务活动。4月28日，开展“老吾老以及人之老——潍坊市关爱空巢老人志愿服务行动”，募集上缴志愿服务基金105万元。2011年4月，开展关爱农民工活动，向中国志愿服务基金会捐助资金130.17万元，实施关爱农民工志愿服务活动。截至2011年年底，中心城区已完成登记注册的志愿者19万余人，占到城区总人口的10.5%。

第九章　城市文化

第一节　历史文化名城

潍坊地处山东半岛中部，历史上是东夷古文化的发祥地之一，现在是改革开放的新兴城市，一年一度的潍坊国际风筝会使她成为闻名中外的“世界风筝都”。潍坊，南倚沂山，峰峦连绵，有山林之盛；北濒渤海，碧波浩渺，富渔盐之利；中部膏野沃壤，林茂粮丰，瓜菜飘香。正所谓“右有山河之固，左有负海之饶”，诚为物华天宝之地，人杰地灵之乡。

潍坊历史悠久，源远流长。据考古发现，境内有不同朝代的不可移动文物2400多处。其中，在寒亭前埠下考古发现后李文化遗址，在青州桃园村发现山东东部第一处北辛文化遗存，寿光发掘边线王龙山文化古城堡遗址等。这说明，早在8000多年前，先民们即在这里聚居生活。夏商代，境内有斟灌、斟鄩、寒、三寿等封国。周初，武王封邦建国，封太公望于齐，都营丘（今昌乐县境内）。至春秋时期，现辖区曾分属齐、鲁、杞、莒等国。战国时期，现境大部属齐。秦代，东部属琅琊郡，西部属临淄郡。明代之后，属青州、莱州府，这一建制一直沿袭到清代和民国初年。

全市拥有7000多年可考的文明史。在以前的2000年间，山东的政治、文化中心不是在济南，而是在潍坊辖区的青州。明清时期，潍县又成为山东手工业名城和商贸重镇，有“东莱首邑”“北海名区”和“南苏州、北潍县”的美誉。在漫长的历史长河中，勤劳智慧的潍坊先民留下了极其丰富的历史文化资源。全市各级重点文物保护单位500多处，其中国家重点文物保护单位6处，省级44处，市级71处，县（市区）级400多处。全市现有馆藏文物15万余件，其中珍贵文物4784件。1996年10月，在青州原龙兴寺遗址发掘出北魏至北宋时期400余尊佛教造像，轰动海内外。这批窖藏佛教造像类型多样、造型优美、雕刻精湛，可以与欧洲文艺复兴时期的雕刻艺术相媲美。潍城的十笏园、城隍庙，青州的偶园、衡王府石坊，安丘的庵上石坊等，均为明清时期建筑艺术的杰作。一大批价值连城的书画、青铜器、陶瓷器、玉器、石刻等收藏在市内各博物馆。市博物馆的蛋壳陶、郑板桥书画，诸城的战国编钟，寿光、昌邑、临朐的青铜器等，都具有重要价值。一批重要的革命遗址，革命纪念建筑，如青州中共华东局旧址、潍县战役指挥部旧址、青州段村烈士祠、寿光牛头镇抗日武装起义纪念碑、诸城王尽美故居等，都与中国近现代史上的一些重大历史事件和重要历史人物息息相关。

境内古生物化石储藏丰富，潍城区、昌乐县、诸城市、临朐县等县市区均有发现，其中诸城市现已在十几个乡镇发现了近20处恐龙化石点，被誉为中国北方的“恐龙之乡”。诸城恐龙内涵丰富，种属繁多，其中有小巧的鹦鹉嘴龙、凶猛的霸王龙、高大的鸭嘴龙、笨重的蜥脚龙以及众多的恐龙蛋化石。形体高大是诸城恐龙动物群的突出特征，世界上已经发现的两具最大的鸭嘴龙化石“巨型山东龙”和“巨大山东龙”均出自诸城市，丰富的地下埋藏和巨大的化石骨架，引起国内外专家学者的关注。诸城恐龙化石的发现，为研究地球变迁史和生物演化史提供了极为珍贵的具有重要科学价值的实物资料。临朐山旺化石保护区被誉为“世界化石宝库”。山旺古生物化石形成于距今1800万年前，现已发现的化石有12个门类、400多余属、2000多种。山旺化石种类之多，保存之好，世界罕见。1980年，国务院将该地公布为国家级重点自然保护区。

全市民间艺术种类繁多，风格独特，艺术精湛，承载着浓厚的民族文化内涵，凝聚着劳动人民的才华和智慧，堪称中华民族艺术宝库中的乡土瑰宝。

驰名中外的潍坊风筝兴起于明代，盛于清代，并已成为今日潍坊的象征，潍坊也因风筝而名扬世界。杨家埠木版年画与苏州桃花坞、天津杨柳青齐名，是全国三大木版年画产地之一，在国内外享有很高的声誉。杨家埠年画鼎盛时期，曾有“作坊百家、画种上千”“家家雕木版，户户绘丹青”的盛况。高密的扑灰年画、剪纸、泥塑被誉为“民间艺术三绝”。能以假乱真的潍坊的仿古铜艺术声震全国。金银木漆融为一体、绘雕嵌贴相辉映的潍坊红木嵌银漆器古朴典雅，巧夺天工。潍坊民间刺绣、核雕、布玩具、青州花边大套、临朐红丝石砚等民间工艺品，民歌、民谚、民间传说等民间文学和历史艺术以及各种节俗、婚俗、礼俗等民俗文化，都是得天独厚的人文资源。

作为历史古州名郡，潍坊人才荟萃，英杰辈出。数千年来，境内涌现出许许多多著名历史人物。原始社会末期，著名的部落联盟首领舜“生于诸冯”（今诸城境内）。齐国名相晏婴、汉代经学大师郑玄、“建安七子”之一徐干、北魏农学家贾思勰、宋代画家张择端、金石学家赵明诚、元代历史地理学家

放飞春天

于钦、明代散曲家冯惟敏、清代名医黄元御、宰相刘墉以及清末金石学家陈介祺等数百名彪炳史册的历史人物都生于斯。中国历史上许多文化名人如汉代文学家孔融，宋代著名政治家、文学家范仲淹、欧阳修、苏轼，北宋著名女词人李清照，清代书画家郑板桥等也都长期为官或游历居住于潍坊地区。这些人物不仅在潍坊，而且在整个中国乃至世界文化史上都闪耀着炫目的光辉，为该地的发展甚至整个国家的发展产生过重大而深远的影响，留下了丰富的文化遗产。这些文物遗产不仅包括卷帙浩繁的文化典籍，还有许多与这些历史文化名人有关的名胜古迹，如晏婴墓、郑玄祠、超然台、范公亭等。现代和当代，涌现出一大批杰出人物，有机智勇敢的锄奸英雄张英，无产阶级革命家王尽美、陈少敏，创作秧歌剧《兄妹开荒》、导演大型民族歌剧《白毛女》的王大化，创作长篇小说《山雨》的著名作家王统照，诗坛泰斗臧克家等。

潍坊山川毓秀，文化底蕴深厚，是一座历史文化名城。市各级党委、政府积极贯彻落实国家有关文化和自然遗产保护的法律法规和政策，不断加大文化和自然遗产保护工作力度，始终坚持“保护为主，抢救第一，合理利用，加强管理”的文物工作方针，切实将文化和自然遗产保护纳入国民经济和社会发展总体规划，正确处理保护与开发的矛盾，先后对一大批濒临毁坏的文化遗产进行抢救、维修和保护，对众多自然遗产进行科学开发利用，使全市的文化和自然遗产在获得有效保护的前提下，得到了合理利用，实现了保护与利用的双赢，成为名副其实的文化和自然遗产大市。潍坊市和青州市被确定为省级历史文化名城；杨家埠木版年画被确定为中国民族民间文化保护工程全国试点项目；潍坊风筝、杨家埠木版年画、高密扑灰年画、高密茂腔4个项目入选第一批国家级非物质文化遗产保护名录；潍坊嵌银、柳疃丝绸工艺、秃尾巴老李传说等13个项目入选第一批省级非物质文化遗产保护名录。

第二节　公共文化服务体系

全市高度重视公共文化服务体系建设。2007年，成立市文化建设工作领导小组、文化体制改革和文化产业发展领导小组，提出建设文化大市和文化强市的战略目标。市委常委会、市政府常务会定期听取文化建设工作情况汇报，调度公共文化服务体系示范区创建、国家级潍水文化生态保护实验区建设、十艺节组织筹备等重大文化建设事项，协调解决好用地、资金、审批等难题。先后出台《关于加强文化建设的意见》《关于进一步繁荣文艺创作的意见》《关于加强公共文化服务体系建设的实施意见》《关于加快推进全市镇街文化广场建设的意见》等指导性文件。同时，将文化事业纳入到县市区党委政府科学发展年度考核体系。市委、市政府每年分两次对各县市区社会文化事业建设，采取现场点评考核的形式进行评比，运用目标管理机制，对公共文化服务中涉及的设施、队伍、活动及管理提出具体要求，将其量化后列入对各县市区党委政府科学发展年度考核，与各县市区和单位签订目标责任制书，确定任务，明确职责，充分调动了各县市区各部门加强文化设施建设的积极性。设立“风筝都文化奖”，每年以市委、市政府的名义对在文化建设方面作出突出贡献的单位、文化企业、先进个人和优秀文艺作品进行表彰奖励。按照《全国文明城市测评体系》的要求，相继制订出台配套实施细则，对“两馆”建设、街道（乡镇）、社区（村）文化阵地建设、广场文化活动数量、群众文化活动队伍数量、文化活动辅导员管理培训等都提出明确的标准，促进了公共文化服务体系建设各项工作的落实。

文化投入

全市不断加强和完善文化建设资金投入机制，2006~2011 年，各级政府用于各类公共文化服务设施建设的资金 120 多亿元。设立

群众文化活动

文化建设专项引导扶持资金，初步建立起公共文化引导投入机制。2011年年底，市级已设立3800万元的文化事业产业专项资金，200万元的风筝都文化奖，300万元的文艺创作奖励基金。2012年开始，在全省率先设立农村文化专项资金700万元，按照“面向基层，重点支持建制镇、农村文化站（文化大院）建设”的原则，重点支持基层公共文化建设。市及部分县市区专门设立公共文化产品采购专项资金，总额1500万元，购买全市各类文艺团体创作的文艺节目等文化产品，以满足群众对文化产品的多元化需求。各县市区设立各种文化建设的专项引导扶持资金、奖项共28个，资金总额达1.4亿元。公共文化服务体系建设所需市县两级配套资金全部到位，并列入财政预算。采取企业冠名、文企结对、捐助帮建等方式，引导社会资金投入基层公共文化建设达2.64亿元，促进了基层农村文化建设。

文化设施

全市积极筹措建设资金，搞好发展规划，加快文化设施建设的步伐。

大型文化设施　市级重点规划建设了31万平方米的市文化艺术中心，总投资达30多亿元，相继建成8万平方米的奥体中心、24.7万平方米的十笏园文化街区等大型标志性文化设施。为承办好第十届中国艺术节“文华奖”全国新创剧目展演比赛，共投资8.78亿元新建、扩建了5个演出场馆。诸城市的博物馆、文化馆、名人馆和超然台，寿光市的文化中心、体育馆、蔬菜博物馆，高密市文化艺术中心，青州市的文化艺术中心、演艺中心等，都已投入使用。昌乐县、安丘市、临朐县规划建设的文化艺术中心2012年都已开工建设。据不完全统计，全市12个县市区中有8个新建或规划建设高档次的大型文化中心，面积均在3万平方米以上，总建筑面积达40多万平方米。

基础文化设施　市图书馆、艺术馆均为国家一级馆，博物馆为国家二级馆。有9个县级文化馆达到国家二级以上标准，其中一级馆8个。有6个县级图书馆达到国家二级以上标准，其中一级馆4个。建成一院多厅高档次的县级数字影院15个，在建4个，在全省率先实现县级城市数字影院全覆盖。

镇街基层文化设施　全市118个镇街全部建有达到省三级以上标准的综合文化站，总建筑面积5.4万平方米，93%的站点达到省二级以上标准。有1205个社区均建成标准的社区文化中心、980个社区建有标准的图书室、公共电子阅览室，占社区总数的81.3%。建有社区规范化室内外文体活动场所1438个。行政村全部建成达到省三类以上标准的村文化大院，其中达到省二类以上标准的占83%。文化信息资源共享工程按省级标准建成一个市级支中心和10个县级支中心，镇街、社区、行政村均建有全国文化信息资源共享工程基层服务站点。农家书屋实现行政村全覆盖，有2个被评为“全国示范农家书屋”。广播人口覆盖率达到100%，电视人口覆盖率达到99.8%，位居全省前3名。

文化服务惠民活动

全市所有文化行政主管部门归口管理的文化（艺术）馆、图书馆、文化站均已对社会公众实行免费开放。市县两级文化馆每年组织流动演出和展览150场以上，组织举办各种各类培训班380期，培训学员5000多人次，接待群众达10万余人次。市县两馆定期为农民工和外地务工人员开展文艺演出、电影放映和图书服务，对困难家庭和农民工子女进行义务培训，年均面向农民工开展的文艺演出和培训活动达100余场次。市县两级图书馆探索建构“总分馆制”图书服务体系，诸城、寿光已先行建立了图书“一卡通”服务模式。118个镇街综合文化站年均组织各种各类服务活动2800场次，服务群众280万人次。全市实施免费开放以来新增免费开放空间234个，新增服务窗口110个，新增服务品牌项目56个。市图书馆元宵灯谜会、诸城市两公里读书圈阅读服务、青州市读书节等3项服务活动被评为山东省“图书馆特色服务品牌”。诸城图书馆、青州图书馆被评为山东省“读者喜爱的图书馆”。深入开展“三下乡”活动，各类文艺团体、图书馆、放映队等每年下乡演出2000多场，送电影6.8万场次，送各类图书、科技资料下乡40余万册(盘)，举办农村文艺骨干培训班26期，培训1570多人，真正实现“一村一月放映一场电影”的目标。加快公共文化服务的信息化、网络化、数字化建设，文化信息共享工程市级支中心建设了潍坊地方文献、潍坊民俗文化、潍坊书画家作品等数字资源库，建立网上图书馆，市博物馆、艺术馆分别建立了网上博物馆、群众活动远程指导网络。全市各级文化共享工程规范化基层服务点，年均开展各种服务活动1.6万多次，服务时间70万小时，服务人群60多万人次。2012年，寿光共享工程支中心被文化部评为“全国文化信息资源共享工程·公共电子阅览室示范点”。青州市、临朐县被评为全省文化共享工程示范县。6个单位被评为全省“文化共享工程建设工作先进集体”，7个站点被评为省级文化信息资源共享工程“优秀规范化站点”，3个市县被评为“山东省公共电子阅览室建设与服务示范县”。

文化活动品牌

全市以举办潍坊国际风筝会等重大节会为契机、节会文化活动为示范，带动群众文化活动进一步繁荣发展，群众文化活动已逐步形成长效化、品牌化、地域特色化的发展趋势。寿光市的菜博会文化活动，青州市的花博会文化活动，昌乐县的宝石节文化活动，诸城市、安丘市的村镇文化活动，高密市、临朐县的群众文艺创作活动，潍城区、奎文区的社区文化活动，坊子区、寒亭区的广场文化活动都搞得有声有色，卓有成效。2009年，把已形成的品牌性活动进行整合，构建起以“魅力潍坊·浓情四季”为主题的系列活动，分别由“放飞春天”“文明之夏”“欢乐金秋”“温暖冬韵”4大版块组成，繁荣了群众文化活动，形成“周周有活动、月月有演出、节日有庆典、人人都参与、无处不欢乐”的生动局面，成为潍坊市群众文化活动的响亮品牌。

2006年起，举办“潍水之春”群众文艺汇演、“文明之夏”、社区文化节、首届森林交响音乐会、京剧票友擂台赛、市合唱艺术节等大中型群众性文化活动1060余次，组织市县乡社区的4级文艺展演、会演1400多场，组织“非物质文化遗产社区行”活动，“百部优秀电影进社区”活动100场，大型文艺演出进社区100场，“图书漂流”活动80场，开展各类文化活动2000多场次，参与活动的文艺工作者、群众文艺骨干1万多人次，观众达350万人次。广泛的群众文化活动打造50多个有影响的文化活动品牌，取得良好的社会效益和文化效益，先后有7个文化广场被评为全省“十佳文化广场”。

文艺创作

全市文艺创作繁荣发展，完成影视剧、戏剧、文学、广播剧等重大题材文艺作品300余件。大型吕剧《碧水长流》荣获了全国精神文明建设和“五个一工程”奖；大型现代话剧《风筝谣》荣获第十一届中国人口文化奖话剧金奖；戏剧《生命的台阶》等5件作品荣获第九届山东省“文艺精品工程”入选作品奖；《民艺四宝丛书》等4件作品获山东省文艺评论最高奖项——“刘勰文艺评论奖”；歌曲《记着老百姓》等14件作品获泰山文艺奖；大型现代吕剧《百姓书记》作为山东省唯一剧目，入选“2011年全国现代戏优秀剧目”并晋京展演；电视剧《防线》、动画片《精灵萝卜娃》、电影《一代跤王》等5件作品在央视播出；新创剧目《李二嫂的新故事》，入围省十艺节“文华奖”评选初选，荣获全省“喜迎十八大、相约十艺节”展演优秀剧目奖。同时，在小说、诗歌、电视剧、音乐等各艺术门类相继推出一大批精品力作。连续4年获“山东省精神文化明建设文艺精品工程组织工作奖”。2012年，高密籍作家莫言获诺贝尔文学奖，提升了高密乃至全市的文学影响力。

文化队伍

结合实施文化惠民工程，全市积极完善文化人才培养模式，实施“百千万”文化人才培养计划，2009~2011年，累计培训各类基层文化艺术骨干15000余人次。通过各级文化部门的共同努力，全市涌现出一批优秀文艺作品和表演队伍，近千人被评为省级“农村优秀文化人才”，近百个基层文化团队被评为省级“农村优秀文化团队”。同时，整合社会人才资源，在全市建立文艺人才库，建立一支能够有效服务基层文化建设、专兼结合、广泛参与的基层文化人才队伍。市级文化单位业务人员占职工总数的98%，县级文化事业单位业务人员占职工总数的80%以上，平均每个镇街综合文化站配备在编的业务人员3名以上，行政村和社区均有1名以上文化管理人员。县级文化单位在职员工参加脱产培训时间每年均不少于15天，镇街、村（社区）基层文化专兼职人员参加集中培训时间每年不少于5天。这一经验做法在省文化厅公共文化服务体系建设会议上做了典型发言。

文化创新发展

全市通过创新公共文化服务机制，实现公共文化服务质的转变。采取“农村社区公共文化服务一体化建设”模式建设基层文化阵地，实现公共文化服务的均等化、全覆盖，该模式被评为首届“山东省文化创新奖”；为助推新型城镇化建设，从2011年开始，预算投资18亿元，建设60个融公益性文化设施和现代服务业设施于一体的镇街文化广场，实现对现有基层文化设施的现代化改造完善，使之成为小城镇的标志性文化设施，启动20个潍坊市服务业重点镇街文化广场建设，该项目获“全省公共文化服务优秀实践奖”；在诸城市先行示范建设“一卡通”图书服务网络，实现通借通还，形成资源共享的服务模式，改变公共图书馆传统工作方式，作为典型经验在全省推广；奎文区“农民工流动书屋”被中央电视台《焦点访谈》栏目进行专题正面报道，做法被中宣部文艺信息刊发；寿光市试行“基层文化设施服务网络建设”，打造3个“10分钟文化圈”，居民根据不同的需要在不同层次的文化圈，享受便利、优质的公益性文化服务，优化城乡公共文化功能布局，取得显著的社会效益；青州市创新文化活动的组织机制，建设文化行业协会，在丰富群众文化生活方面进行卓有成效的探索；积极开展公共文化服务体系示范项目评选活动，首批评选出15项市级优秀公共文化服务体系示范项目，2012年，有3个项目获省“公共文化服务优秀实践奖”，2个项目获“非物质文化遗产保护优秀实践奖”，提升了公共文化服务体系建设水平；扎实推进公益文化单位改革，先后组建潍坊报业集团、潍坊广播影视集团、潍坊演艺集团。深入实施图书馆、博物馆、文化馆等公益文化事业单位内部人事、收入分配和社会保障“三项制度改革”。公益性文化事业单位改制后，初步形成责任明确，富有效成效，运行良好的新格局。潍坊市连续3次被评为“全国文化体制改革先进地区”。

第三节　文化体制改革

全市抓住文化体制改革全国综合试点市的机遇，着力解决制约文化发展的突出问题，不断解放思想，加大工作力度，优化政策环境，强化发展措施，文化体制改革任务全面完成。2009年，在全国文化体制改革经验交流大会上作典型发言。2010年、2012年两次被省委、省政府表彰为“全省文化体制改革先进市”。2009年、2011年、2012年先后3次被表彰为“全国文化体制改革先进地区”。

文化行政管理体制改革　坚持“市县联动、整体推进、一步到位”的原则，将文化管理部门的改革与文化执法机构的组建通盘考虑，对市县两级的改革一起部署、一起检查、一起推进。按照中央和省市关于文化体制改革的具体部署，撤销市文化局、市新闻出版局、市广播电视局，组建市文化广电新闻出版局。将原文化局、新闻出版局、广播电视局的行政执法职能剥离出来，组建市文化市场综合执法局，通过调整充实内部机构和人员编制，建立起统一高效的文化市场执法队伍，对文化、广电、新闻出版实行统一执法。所属12个县市区的文化广电新闻出版局与文化市场综合执法局的机构、编制、人员也已经全部到位并展开工作。全市文化市场执法人员达到227人，比改革前增加一倍，执法经费由政府财政部门全额拨款保障。通过加强文化执法规范化建设，初步形成执法主体一元化、执法格局规范化、责权利相统一的文化市场执法新局面。

新闻单位体制机制改革　2009年，整合市属新闻媒体资源，组建潍坊报业集团、潍坊广播影视集团。集团组建后，加快推进公司制和股份制改造，内部人事分配制度改革基本完成，管理运营能力明显提升，集团的舆论引导力、社会影响力、核心竞争力显著增强，全部进入全国30强行列。潍坊报业集团实行分报经营，形成“一媒体一公司”的格局，拓展广告、发行、印刷三大业务。2011年，报业集团总收入超过4亿元，今年1~8月，实现经营收入2.9亿元。广电集团着力加强内部管理体制改革，实现由事业型管理到管控型治理的转变，创新岗位设置、薪酬管理和绩效考核制度，建立预算管理体系和动态运营体系。2011年，广电集团经营收入2.87亿元，1~8月份，实现经营收入20866.77万元。

经营性文化单位改革 文艺院团的改革按照“老人老办法，新人新办法”的原则，采取“管理者与职工入股、社会资本参股、潍坊广播影视集团等国有资本控股”的办法，对市直文艺三院进行资源整合，组建潍坊市演艺有限公司。对编制内职工，整体转入新体制，对原有资产清产核资后，采取赠予或零租金的方式提供给转制后的单位使用，政府投入方式变财政拨款供养人员为政府定额采购文化产品，保证文化事业健康发展。3家市直文艺院团和诸城、青州、寿光、昌乐等7家县级文艺院团完成改制任务，完成率达到100%，共核销事业单位10家，收回事业单位人员编制356个。创新国有文化资产管理运营体制，组建市国有文化资产中心，负责授权范围内国有文化资产的管理、监督和运营。组建全国首家地市级文化产权交易所，成功推出3支基金。全面落实广电网络整合工作任务，全市12个县级分公司均已实现资产换转和整合入省网，完成改革任务。潍坊晚报、潍坊广播电视报、北方蔬菜报3家非时政类报刊出版单位，按照省里的时间要求，如期完成转企改制任务。全市所有图书发行单位和电影发行放映单位均实现转企改制，完成率100%。

文化产业 通过实施重点园区、重点项目、重点企业带动战略，在全市打造10个重点文化产业园区、100个重点文化产业项目、100个骨干文化企业，培育9个重点行业，文化产业保持良好发展态势。自2008年以来，全市完成文化产业总投资1800多亿元，2011年，文化及文化创意相关产业增加值占国内生产总值比重达到4.56%，发展速度明显快于全市地区生产总值增幅。2012年，前三季度完成文化产业投资357.1亿元，同比增长19.5%，其中核心层210.8亿元，增长19.7%。至2012年底，全市文化企业发展到近4000家，资本总额达到400多亿元。工艺美术业优势明显，书画和工艺品交易业形成规模。全市各类画廊、书画室2000多家，年书画交易额50多亿元。以风筝、红木嵌银、仿古铜等为代表的工艺美术业年销售收入55亿元。2012年，山东省重点文化企业、重点文化产业项目、重点文化产业园区（基地）中，全市共有5家企业、3个项目、1个园区入围，总数位全省第二。与深圳文化产权交易所合作建立的潍坊文化产权交易所，是全国首家地市级文化产权交易所，已投入运营，成为文化产权交易、文化产业投融资、文化企业孵化与文化产权登记托管的新平台。首信信托和深圳杏石投资联合创设的第一期“中信文道·金鼎中国书画艺术品基金”，发行规模4000万元，将借助潍坊文交所艺术品交易平台进场交易。积极筹建文化产业孵化器，制定优惠政策，加强服务，吸引一批有潜力的文化企业入驻，力争通过3~5年时间，打造在全省乃至全国有一定影响力的文化产业示范园区。2012年4月，举办第二届中国画节·中国（潍坊）第五届文化艺术展示交易会获得圆满成功，4天时间累计到场观众达18万人次，实现现场交易额6.2亿元。

提升公共文化服务水平 全市共投入120多亿元，完善市、县、乡（镇）和社区（村）四级公共文化设施网络，财政投入年增幅达36.1%。加快建设市级标志性文化设施，规划建设和改扩建市民文化艺术中心、奥林匹克体育中心、城市展览馆等设施。大力构建基层文化设施网络。各县市区加快建设综合性文化艺术中心，新建和改造图书馆、文化馆、博物馆等设施。全市公共博物馆（纪念馆）、公共图书馆和群众艺术（文化）馆免费向公众开放，年举办各类展览50余个，接待观众100余万人次，开放场馆人流量平均增加20%以上。诸城市开展农村社区一体化服务——打造“2公里文化圈”经验在全国推广。有5个图书馆被评为国家一级馆、3个被评为国家二级馆，1个文化馆被评为国家一级文化馆。市图书馆被评为“全国文明图书馆”和“读者喜爱的图书馆”。所有乡镇、街道全部建成规范化综合文化站，比省定计划提前1年完成建设任务。60%的乡镇综合文化站达到二类以上规范化建设标准。全市所有社区建成文化中心，70%的行政村建成文化大院，半数以上的行政村建成省级标准的文化大院。农村电影放映工程全面启动，实现农村公益电影行政村放映覆盖面达到90%的任务目标。文化信息资源共享工程基层服务站点建设加快推进，规范化基层服务站点达到60%以上。农家书屋实现全覆盖，比国家计划目标提前两年完成建设任务。数字电视整体转换稳步推进，城区数字电视用户达到30万户，有线电视入户率达到90%以上，居全省第3位。全市提前一年完成五大重点文化惠民工程“十一五”建设目标。

第四节　城市文化品牌

潍坊国际风筝会

潍坊国际风筝会自1984年开始举办，经过20多年的探索和运作，逐渐规模化、规范化、品牌化，成为全市规模最大、覆盖面最广、影响力最高的群众文化盛会，对全市经济和社会发展发挥了重要作用。“风筝牵线、文体搭台、经贸唱戏”的模式，被全国各地广为借鉴。从第16届风筝会开始，尝试市场化运作的办会模式，使风筝会越办越好，吸引了众多游客，风筝会期间还同时举办寿光菜博会、潍坊工业产品展销会、昌乐珠宝展销订货会、临朐奇石展销会等经贸活动。据不完全统计，每年都有来自30个国家和地区的代表团参赛。风筝会期间，到潍坊进行体育比赛、文艺演出、经贸洽谈、观光旅游、对外交流、理论研讨、新闻报道、文化交流等活动的国内外宾客近60万人。以风筝会为标志的节会活动已成为潍坊经济发展的“助

风筝盛会

推器”，提升潍坊的知名度，促进经济发展，同时通过文化导向与群众参与相结合，丰富和提高群众文化生活的空间和质量，激发全社会对民间艺术的探索与研究，促进文艺创作向高层次发展，拓宽文化建设的思路，使全市的文化活动迈向多元化发展轨道。

“潍水文化生态保护实验区”

根据《国家“十一五”时期文化发展规划纲要》的要求和上级部署，2008 年，潍坊市在全省率先提出建设潍水文化生态保护实验区的任务目标，并积极组织实施。2010 年 11 月，文化部正式批准“潍水文化生态保护实验区”为国家级文化生态保护实验区，成为“十一五”期间全国批准设立的十大国家级文化生态保护实验区之一，也是全省迄今为止唯一的国家级文化生态保护实验区，标志着潍坊市的非物质文化遗产保护工作走在全国前列。潍水文化生态保护实验区以潍坊市行政区域所属的奎文、潍城、寒亭、坊子 4 区，青州、诸城、寿光、高密、安丘、昌邑 6 市，昌乐、临朐 2 县为地缘范围，保护区总面积为 1.61 万平方公里，海域面积 1400 平方公里，人口 870 万人，有汉、满、回等众多民族。其保护对象为其划定范围内与潍水文化相关的自然生态、历史遗迹，特别是潍水农工商贸文化中以活态存在并传承的各种非物质文化遗产。创建国家级“潍水文化生态保护实验区”，是市委、市政府站在全面促进潍坊经济社会“四位一体”协调发展的战略高度做出的一项重大的文化建设决策，成为全市文化事业和文化产业发展的龙头工程。通过建设实验区，将全市丰富的文化资源与城市人文、生态环境进行有机整合，加快重大文化、旅游等项目建设，将潍水文化生态保护实验区打造成为一个项目聚集、产业融合、示范引领的文化创新先行区，对于整体提升全市的文化建设水平，加快和谐社会建设具有重要意义。

潍坊文展会

潍坊文展会由山东省委宣传部、山东省文化厅、山东省旅游局、潍坊市人民政府主办，市委宣传部、潍坊日报社、市文化新闻出版局、市广播电视局、市文化市场综合执法局、市旅游局、市档案局、市文学艺术界联合会等部门、单位承办。2008 年，开始举

“潍水文化生态保护试验区”授牌仪式

办第一届潍坊文展会，秉承弘扬先进文化、展示特色文化、提升市民素质、推动文化发展的办会理念，在主会场富华国际展览中心设置潍坊特色文化展、书画展、民间艺术展、主题收藏展、等板块，通过灵活多样的展览方式，集中展示、交流各种门类的特色文化和文化产品。文展会期间，还举办包括“中国画节”、广场文艺表演、文化产业项目洽谈、文化论坛等多项活动。

中国画节

中国画节是中国首个以“中国画”命名的大型艺术节庆活动，中国画节由中国画学会、中国美术家协会中国画艺委会、潍坊市人民政府主办，中共潍坊市委宣传部、潍坊报业集团等单位承办，是加快文化事业和产业发展的重要举措，成为塑造城市文化品牌、提升城市形象的有效载体。第一届中国画节于 2011 年 4 月 20 日在潍坊富华国际展览中

“潍水之春”群众文艺会演

心举办，开创高雅艺术与大众节庆活动相结合的艺术展示形式，取得显著成效。

中国（寿光）国际蔬菜科技博览会

中国（寿光）国际蔬菜科技博览会，由科技部、农业部、商务部等11部委，中国农业大学和山东省人民政府共同主办，是国家正式批准的年度例会，是国内唯一的国际性蔬菜产业品牌展会。2000年开始举办。博览会的举办促进农民群众思想观念的转变，加快农业科技成果的转化，带动农业观光旅游业发展，拉动各种产业的协调发展。

杨家埠木版年画

杨家埠木版年画，兴起于明代，繁荣于清代，是民间艺术宝库中的一朵奇葩，以浓郁的乡土气息和淳朴鲜明的艺术风格而驰名中外。是中国民间木版年画三大产地之一，在全国年画发展史上占有重要地位。杨家埠木版年画线条简练流畅，色彩鲜艳，对比强烈，构图饱满，造型夸张，且多以象征、寓意和谐音来表达画意。杨家埠村有年画作坊近百家，每年制销年画2000余万张，2006年，被国务院公布为国家级首批非物质文化遗产保护项目。

十笏园古建筑群

十笏园古建筑群始建于明代，后被潍县首富丁善宝以重金购得，于清光绪十一年（1885年）改建为私人花园。它集南北造园艺术为一体，融明清建筑特色于一身，是潍坊城区唯一保留下来的一处古建筑群，是国务院公布的全国重点文物保护单位，是潍坊市区作为历史文化名城的主要标志。十笏园素以小巧精致著称，在有限的空间里，能呈现自然山水之美，含蓄曲折，引人入胜。建筑紧凑而不拥挤，身临其境，如在画中，是中国古典造园艺术中的奇葩。

十笏园

高密茂腔

被誉为“胶东之花”的茂腔，流行于高密、诸城、胶州等地，在“本肘鼓”的基础上吸收柳琴戏的唱腔特点，形成特有的尾音翻高八度的唱法，其曲调质朴自然，唱腔委婉柔怨，通俗易懂，深受山东半岛人民的喜爱，俗称“拴老婆撅子戏”，该剧种历经几百年，深深扎根于人民群众中，它与人民群众形成了不可分割的文化生活需求关系，2006年，被列入首批国家级非物质文化遗产项目。

红木嵌银漆器

潍坊红木嵌银漆器起源于清康熙年间，是该地特有的手工艺品，制作需经配料、成型、组装、雕刻、镶嵌、涂漆等数道工序，其中尤以在做好的木器表面镶嵌金丝、银丝最为精细。嵌银艺术将木、金、银、漆、凝作一体，绘、雕、嵌、贴熔为一炉，目前已达100多个品种，1000多个花色。红木嵌银漆器古朴高雅、瑰丽多姿，是中华传统特种工艺品的瑰宝，精巧绝伦，风格独特，蜚声海内外，

青州龙兴寺石佛造像

龙兴寺始建于北魏时期，是一处延续千余年的著名佛教寺院。窖藏坑位于寺院遗址的最北部，坑内有规律地埋藏有北魏、东魏、北齐至隋、唐、北宋时期的各类佛教造像400余尊。造像雕刻技巧高超，代表了自北魏至宋元时期中国佛教艺术的杰出成就，是迄今中国发现的数量最多的窖藏佛教造像群，为研究中国佛教美术史提供了极为重要的实物资料。龙兴寺窖藏佛教造像的发掘被评为1996年度全国十大考古发现之一，被西方学者称为“改写世界雕塑史的重大发现”。

仿古青铜器

潍坊仿古铜工艺始于清代中叶，已有400多年历史，原材料主要使用铜，以仿制夏、商、周、汉青铜器或佛像等为主要内容。新中国成立后，仿古铜工艺迅速发展，品种已由过去的几个增加到现在的几十个，且在质量上有了新的突破。现在潍坊市已成为全国重点仿古铜器产地之一，产品仿制逼真，畅销国内外。其代表作有“长信宫灯”“毛公鼎”等。

高密“民艺三绝”

高密扑灰年画、剪纸、泥塑被称为高密民间艺术“三绝”，历史悠久，艺术风格独特，具有很高的艺术研究、鉴赏和收藏价值。扑灰年画起源于明初，是高密独有的年画品种，堪称“中国一绝”，2006年被列入首批国家级非物质文化遗产保护项目；剪纸造型稚拙，风格淳朴，线条刚劲挺拔。泥彩塑古朴夸张，粗犷豪放，色彩鲜明醒目，民间情调浓郁，在全国泥塑中别具一格，已形成了型、色、声、动四大特点，品种达200

中国（寿光）国际蔬菜科技博览会开幕式

余个。

临朐奇石文化

临朐县优美的旅游环境、丰富的奇石资源、传统的文化优势、庞大的文化产业队伍，促进了奇石市场的发展，奇石市场成为江北最大的奇石批发零售交易场所，经销国内外名石珍品，兼营根雕、书画、古玩、花卉、盆景、工艺品等，商品辐射到全国各地及日、韩、美等国家或地区。奇石市场已成为临朐文化产业发展的龙头市场，临朐也成为闻名全国的“奇石之乡”。

恐龙文化

诸城市从60年代发掘恐龙化石，已发现恐龙化石点20多处，出土了目前世界上最大的鸭嘴龙化石骨架，恐龙文化作为特色文化品牌，已成为诸城对外宣传的重要“窗口”，自1992年以来，江泽民、朱镕基、李岚清、温家宝等党和国家领导人以及众多的社会知名人士先后到诸城市参观“巨大诸城龙”。诸城市建有以恐龙为主题的恐龙公园、恐龙博物馆、有被誉为“江北县级第一塔”的龙塔及以“龙”命名的龙城市场及举不胜举的企业和产品。

山旺化石

山旺化石产地　位于临朐县城东北22公里处的山旺村东，是国家重点自然保护区，因地下蕴藏着大量形成于1800万年以前的稀世珍宝古生物化石而驰名中外，被称为“古生物化石的宝库”。至今山旺已发现各类化石十几个门类，七百余种属，其门类之多，品种之全及体态之完美，属举世罕见。以研究古生态、古气候、动植物演化等方面的重要价值，被中外专家誉为研究中新世的“综合实验室”。

陈介祺故居陈列馆

陈介祺（公元1813~1884年），潍县人，字寿卿，清吏部尚书陈官俊之子，清道光进士，我国著名金石学家。陈介祺故居位于潍城区芙蓉街北首，为典型的清代建筑风格。原陈介祺故居规模颇大，现仅存东楼及两座大厅，东楼即闻名海内外的万印楼，始建于清道光三十年（1850年），收藏过陈介祺的周、秦、汉三代印玺7000余方，钟、鼎、尊、彝等235件，器物80多件，其他如古钱、秘籍、陶瓷、碑碣、造像、书画等万件以上。现为省级重点文物保护单位。

云门献寿

云门山，是1985年山东省政府公布的第一批省级风景名胜区之一，位于青州城南2.5

公里处，海拔 421 米。山虽不高而有千仞之势，自古为鲁中名山。在云门山阴，有一海内罕见的巨大型摩崖石刻“寿”字，人称为“云门献寿”，系大明嘉靖三十九年由衡府内掌司冀阳周全写。这个“寿”字，通高 7.5 米，宽 3.7 米，单是下部的“寸”字就 2.22 米高，为大个头的男子汉所不及，有“人无寸高”之说。

板桥文化

作为清代著名书画家，郑板桥的艺术成就早已为世人所瞩目，郑板桥的艺术生涯也与潍坊有着不解之缘，他一生为官短暂，基本在潍县完成政治实践。郑板桥在潍县的政绩功德、轶闻趣事、诗书画印，被潍县百姓津津乐道，口碑相传，绵延久长，融汇了郑板桥思想情操、艺术成就的板桥文化，对弘扬潍坊本土文化、传统人文思想及营造良好的文化氛围起着重大的作用。

大舜文化

三皇五帝之一的舜帝，出生在诸城的诸冯村，是我国道德文化的始祖。千百年来，华夏子孙忠实的践行舜帝“德、孝、仁、诚”“德为先，重教化”的文化精髓，推动了社会进步，同时也为儒家思想的形成和发展奠定了基础。舜帝文化，亦称“道德文化”，是中华民族悠久历史文化之渊薮，是我国原始社会发展到鼎盛时期文明成果的综合代表，它具有跨越时空的无穷魅力，是当今和谐社会建设中的先进文化范畴，对山东、中国以至世界的影响深远。2010 年，“舜的传说”被列为第三批国家级非物质文化遗产名录项目。

第五节　历史文物古迹保护

潍坊地处齐文化腹地和东夷文化的发祥地，属近代对外开放的前沿地带，辖区内文物资源丰富，文物数量在全省名列前茅，是山东省的文物大市。其中全国重点文物保护单位 6 处，省级重点文物保护单位 44 处，市级重点文物保护单位 71 处，县级重点文物保护单位 400 多处。

2003~2005 年，文物管理工作在进行日常执法、调研的基础上，积极做好 5·18 博物馆日的宣传活动，并参与制定《潍坊市 2005~2020 城市总体规划》。

2006 年 6~8 月，青州香山汉墓出土大量珍贵文物，潍坊新增 15 处省级以上文物保护单位。12 月，《潍坊文化三百年》《考古发现与齐史类征》正式出版发行。其中，“潍坊三百年文化”是潍坊市迄今为止唯一的一项全国艺术科学重点课题，具有较高的史料价值、科研价值、文化价值。《考古发现与齐史类征》分为古文字、古兵器、古钱币、古国史 4 部分，是孙敬明先生从事文化研究30 年部分学术论文的结集，具有较高的史料价值。

2007 年 9 月 30 日，市政府下发《潍坊市人民政府关于落实鲁政发〔2007〕48 号文件精神认真做好第三次文物普查工作的通知》。12 月 17 日，正式印发《潍坊市第三次全国文物普查实施方案》，对全市第三次全国文物普查工作做了全面安排，并根据潍坊实际情况，确定了文物普查的具体操作模式。12 月 18 日，市文化局正式组建市第三次文物普查工作领导小组办公室和潍坊市第三次文物普查专家组。各县市区按照市普查办的统一部署，均先后成立普查办事机构。

2008年12月17日，市政府召开全市文物普查调度会，副市长王桂英讲话，并与县市区政府、市属开发区管委会分管领导签订《潍坊市第三次文物普查政府责任书》。各县市区与各乡镇、街道也签订了文物普查工作目标责任书，将任务目标层层分解，责任落实到村（社区）、落实到个人，确保各项工作落到实处。

2009年2月10日，市普查办在安丘市举办全市文物普查经验交流会，传达省、市政府和省文物局召开的文物普查会议精神，交流县域文物普查工作经验。同年，组织申报第7批全国重点文物保护单位30处；组织申报第四批省级重点文物保护单位42处。全市先后有2个单位被评为全省文物普查先进集体，1人被国务院第三次全国文物普查领导小组办公室评为第3次全国文物普查实地文物调查阶段突出贡献个人。

2010年4月15~30日，开展省级文物普查验收工作。全市12个县市区全部一次性通过省级验收，其中10个县市区被确定为优秀等次。省普查办确认潍坊市第三次全国文物普查共登录不可移动文物4099处，其中，古遗址2046处、古墓葬546处、古建筑处654、石窟寺及石刻221处、近现代重要史迹及代表性建筑609处、其他33处。全市登记新发现不可移动文物2505处，其中，古遗址982处、古墓葬293处、古建筑571处、石窟寺及石刻186处、近现代重要史迹及代表性建筑442处、其他31处。新发现文物占文物总量的61%。文物普查发展、壮大了文物专业队伍，新增专业人员11名。

省普查办评选出全省第三次文物普查“十二大新发现”，潍坊市入选3处：临朐北辛文化遗址群、“黄河三角洲”盐业遗址群和青州昭德街古建筑群。

2011年1月开始，市文化局启动《潍坊市文物保护管理办法》的修订工作。新《办法》以新出台的《山东省文物保护条例》为主要依据，创新管理制度，增强可操作性与针对性。6月，市文化局下发《关于进一步加强第三次全国文物普查新发现文物保护工作的通知》。7月，下发《关于开展第三批潍坊市级重点文物保护单位申报工作的通知》，组织申报第三批潍坊市级重点文物保护单位。截至2011年11月18日，全市已公布或申报县级重点文物保护单位1021处，其中新发现文物819处。

第六篇　公共安全环境

第一章　城市基础安全设施

第一节　数字化城市管理工程

2010年，市委、市政府决定全面推行数字化城市管理，将数字化城市管理工程列为2010年全市城市建设重点工程，并由潍坊市城市管理行政执法局牵头建设。

数字化城市管理工程分为应用软件及监测监控平台和总集成项目、系统硬件设备、监督指挥中心大厅及机房建设、市政设施普查建档项目、通信传输项目5个建设标段。于2010年8月3日招标，由金鹏电子信息机器有限公司、潍坊中财信科技有限公司、潍坊鸢港装饰工程有限公司、潍坊市勘察测绘研究院和联通山东潍坊市分公司中标承建。

系统建设

公用产品质量在线监测监控系统　包括供热质量在线监测系统、污水处理及供水、供气在线监测系统。重点建设供热质量在线监测系统，对城区10家热力公司558个供换热站的出水温度、回水温度、出水压力进行实时监控，随时监督供热质量。

市政工作状态管理系统　在中心城区环卫车、执法车和部分市政抢险车辆上统一安装GPS车载监控系统，市监督指挥中心随时掌握其运行轨迹、作业时间和作业状态等信息，随时实施指挥调度。建设防汛视频、侦查式移动视频、流动视频等视频监控系统，为执法人员配备便携式监控设备，随时记录和监督执法工作全过程，规范执法人员的执法行为。

网格化、精细化管理系统　对中心城区140平方公里区域内的城市管理部件进行全面细致的普查、确权、建档和定位，建立104个市政部件图层。采用可量测实景影像技术，对25条主要道路和3个景区进行实景影像普查，与城市三维地理信息系统对接，更直观地获取场景信息。根据行政区划和地理地貌实际，将普查区域分成3036个单元网格和109个工作责任网格。采取市场化运作的形式，面向社会招聘巡查公司，由巡查公司负责城市管理问题的巡查上报。

城市管理质量考核评价系统　印发《潍坊市数字化城市管理工作考核办法》，建立数字化城市管理工作考核评价体系，从综合绩效、辖区属责人均地均发案数、辖区属责发案数下降比率、群众满意度4个方面、16项指标，对市、区、街办以及各专业部门城市管理工作进行全面、客观、规范的考核评价。

潍坊数字化城市管理系统在住房和城乡建设部软件子系统的基础上，扩展增加23个，共建设32个软件子系统。中心城区奎文区、潍城区、高新技术产业开发区、经济技术开发区、寒亭区等城市管理指挥平台与市级平台同期建成、同步运行，形成市区联动、上下协调的城市管理指挥调度体系。管理运行采取一级监督、两级指挥的模式，建立市、区、街办的3级考核网络。即：市城市管理监督指挥中心负责城市管理问题的立案、派遣、核实、结案。区指挥中心和城市管理各部门负责接收市级监督指挥中心的指令，并组织对辖区内及部门内城市管理问题的处置。管理工作流程包括信息采集、案卷建立、任务派遣、任务处置、处理反馈、核查结案和综合评价7个环节。通过监测监控手段把发现的问题第一时间通报到相关部门解决。巡查员发现的小广告、树挂、小垃圾等简易问题自行处理；发现无法处理的问题第一时间上报，由监督指挥中心通报到各处理部门进行处理，巡查员进行核实、反馈；市民反映的问题，由监督指挥中心下发到各处置部门进行处理，巡查员进行核实、反馈。

2010年11月15日，首个子系统上线运行。2011年5月14日，山东省住建厅组织由住房和城乡建设部数字化城管专家组成的验收组，对系统进行验收。对工程给予较高评价：潍坊市数字化城市管理系统率先利用物联网的手段管理城市公用产品，开数字化城市管理工作的先河，对全省的数字化城市管理工作起到较强的示范带动作用。

城市管理新格局

启用数字化城市管理项目平台，全市城市管理部门的职责更加清晰、考核更加科学，形成城市管理各级部门和群众共同参与、齐抓共管的城市管理新格局。向社会招聘网格化巡查公司，调动巡查、督查和处置3方面管理力量，实现由被动管理向主动管理的转变，发现和处置问题的能力得到加强。市民可通过12319热线、网站等多种途径参与城市管理工作。城市管理巡查员将市民诉求及时反映到政府部门，减少了群众上访量，将矛盾化解在基层和部门。政府主管部门随时掌控城市供水、供气、供热、污水的运行服务情况，城市管理水平显著提升。

2011年，供热投诉在2010年下降68.1%的基础上又下降28.7%，城区供热质量不断提升。环卫GPS车载监控系统，约束了保洁公司的行为，城区道路保洁质量明显改观。

8月，数字化城市管理（公用产品质量在线监测监控）系统获国家专利。潍坊市先后在北京、兰州、济南、贵阳等全国和全省数字化城市管理工作会议上做数字化城管模式典型发言。11月，省住房和城乡建设厅在潍坊市召开全省数字化城市管理建设模式现场调度会，推广潍坊数字化城市管理建设经验。潍坊市数字化城市管理工程被省住建厅评为“山东省人居范例奖”；被市政府命名为潍坊市“十佳市政工程”。

第二节　城市地下管网管理

潍坊市建成区范围内的地下管线，主要包括供水、排水、燃气、供热、电力、通信、路灯七大类。

2004年2月25日，市政府印发《潍坊市人民政府授予潍坊市投资公司中心城区地下弱电综合管网特许经营权备忘录》的通知，减少了反复开挖，促进管线规划与城市地下空间资源集约利用。2006年12月，市市政管理局、市规划局、市建设局、市城市管理行政执法局联合制定《潍坊市中心城区地下弱电综合管网管理暂行办法》，规范和加强地下弱电综合管网建设和运营管理。到2011年年底，累计建成弱电综合管沟243公里。

2006年4月，潍坊港华燃气公司建成具有遥测、遥传、遥控功能的SCADA系统（监控与数据采集系统）。实时监视管网运行状况（压力、温度、流量、电源状态、燃气泄漏报警等），采集管网上各站点燃气运行参数，并将参数传递到监控系统，使SCADA系统及时收集数据，迅速反应。

2010年7月，经市政府批准，购置视频管道内窥系统。该系统进行管道检修不需人工井下作业，减少道路挖掘面积，缩短查找管道症结时间，使城区排水管道的日常养护和应急抢修更加迅捷。到2011年年底，中心城区累计清淤疏通管道、方沟2.31万米，外运淤泥2.19万立方米，清挖检查井8600个，清挖雨水斗7.8万个，更换井盖、井箅3627套。

到2011年年底，全市地下管线总长度达6745公里。其中，供水管道760公里；排水管道1590公里（污水管道600公里、雨水管道800公里、雨污合流管道190公里）；燃气管道1198公里；供热管道603公里；电力管道（隧道）103公里；路灯管线543公里；通信管线1948公里（移动公司管线418公里，电信公司管线398公里，联通公司管线900公里；广电公司管线232公里）。

第三节　道路桥梁

城市道路、桥梁多处于中心闹市区，通行车辆、人员多，流量大，给居民生产生活和生命财产安全带来较大影响。市建设局成立市政工程质量安全监察小组，相继印发相关配套文件，建立工程质量安全巡查和通报制度，加强质量安全监管，进一步提高工程质量安全水平，确保道路桥梁安全畅通。

道路桥梁建设

严控质量安全　出台《城市道路工程建设质量管理意见》，从设计交点、勘测验线、地下管道安装、沟槽开挖回填、工井砌筑、路基填方、路床施工、灰土、二灰碎石基层拌和与摊铺、沥青面层、路缘石加工及安装、人行道板加工及铺设、路灯、绿化等各个方面明确质量控制要求。道路路面“三无一细”（灯照无阴影、下雨无积水、坐车无颠簸，工井周围、路缘石与路面处理要细），花岗岩缘石安装“三高两好”（光洁度高、直顺度和圆顺度高、平整度高，规格尺寸好、成品保护好），人行道铺装“五好两顺一立体”（规格尺寸好、切割质量好、细部处理好、顺水坡度好、铺装平整度好，纵横缝直顺、弯道处留缝圆顺及勾缝压光立体感强）。下发《关于加强城区道路工程雨季施工管理工作的通知》，对雨水引起的泡槽、路床浸泡等处理技术和方法做了详细规定，各施工企业提前安排，落实防雨物资和设备的配备，保证雨天及时对沟槽、灰土、二灰碎石等进行覆盖。印发《关于进一步加强二灰碎石及沥青混合

1996 年的彩虹桥

2011 年的彩虹桥

料产品质量管理的通知》，安排专人对道路施工单位使用的二灰碎石基层及沥青砼面层生产厂（站）进行现场考察，不定期到各生产点巡查。在二灰碎石基层拌和和摊铺过程中，实施“五抓”措施（抓原材料质量、抓配合比抽样检测、抓高程控制、抓最佳含水量控制、抓养生），实现“五控”要求（控制强度、厚度、平整度、顺水坡度、压实度）。

现场监督与不定期巡查 2008 年 6 月，由市市政工程质量监督站选调专业质量安全监督人员组成道路桥梁工程质量安全监察小组，负责各道路桥梁工程质量安全的检查、巡查、通报等工作，并监督施工企业整改落实到位。采取现场专人监督与不定期巡查相结合的方式，每周对工程建设各方的质量安全行为，工程外观质量、实体质量和施工现场安全文明管理等情况进行检查。发现违反规范标准、施工管理规定及存在质量安全隐患的，通过填写工程质量安全监督记录、下发整改通知单等方式责令施工企业限期整改到位，问题严重的予以严厉处罚，坚决杜绝带病施工。

强化质量意识 质量安全是工程的生命线，市建设局及各指挥部、施工和监理企业坚持“百年大计，质量第一”的方针，不断强化“精雕细刻，精益求精，创建精品工程”的质量意识，以争创“市政工程金杯奖”为目标，确保建成精品亮点工程。桥梁、排水工程沟槽、深基坑作业及新老管道连接作业、施工机械操作等方面质量安全施工措施和防护工作，确保不出安全问题。对检查井井筒砖基础采用 C30 素混凝土加固处理，加固高度为 30 厘米，有效防止检查井沉陷及井周裂缝，减少因检查井沉陷破损产生的交通安全事故，提升道路通畅水平，改善道路通行环境，提高行车安全舒适性。

2003 年以来，潍坊市区没有发生一起城市道路桥梁坍塌事故，到 2011 年年底，全市道路桥梁工程合格率达到 100%。其中，北海路、福寿街、玄武街等 3 条道路被评为“全国市政金杯示范工程”；东风街、胜利街等 15 条道路和乐川街白浪河桥、宏伟北路白浪河桥被评为“山东省市政金杯示范工程”。

道路、桥梁养护

2009 年，完成道路修补 3.85 万平方米，人行道维修 3385 平方米，维修路牙石 5627 米，维修挡车柱 204 个。2010 年，完成道路修补 2.54 万平方米，人行道修补 1661 平方米，修缮桥梁 9 座。2011 年 4 月，修补东风西街（永安路—长松路）水泥路面 1800 平方米，修补沥青路面 6.13 万平方米，维修人行道 2.68 万平方米，调整路牙石 3290 米。

2010 年 10 月，城市桥梁信息管理系统安装完成并投入使用，形成电子与文本文档双项管理模式的动态管理系统，提高了养护管理的针对性。2011 年，市财政在每年度城市维护资金计划中列支桥梁定期常规检测费用，委托山东省建筑工程质量监督检验测试中心，对城区 25 座桥梁进行检测评估，出具检测报告，依据检测报告制订了桥梁维修养护计划。

到 2011 年年底，市级管理的主次干道达到 39 条，城市桥梁 28 座，车行道长度达 17.8 千米、面积 424 万平方米；人行道长度达 15.8 千米、面积 178 万平方米。

道路修补养护新技术

裂缝灌缝技术　2009 年 4 月，采用机械化开槽，使用高强度、高黏度、高弹性沥青路面裂缝密封胶对沥青路面早期裂缝灌缝修补，阻止水对沥青路面的渗透破坏，延缓裂缝进一步扩大，延长道路使用寿命。到 2011 年年底，全市累计灌缝 32 万米。

道路修建

“一体化”井盖技术　2011 年 8 月，选取鸢飞路作为试点，应用“一体化”井盖 22 套。把检查井座同长宽各 1.28 米、厚 0.16 米的正方形钢筋混凝土预制件浇筑成一个整体，抗压性能显著增强，较好地解决井盖下沉和井体周围裂纹的问题；井盖与井座间增加特殊的闭锁装置，增强防盗功能。

微表处路面技术　2011 年 10 月，选取北宫街（清平路—安顺路）进行市政道路微表处应用试点，微表处路面 1.99 万平方米，该技术及时修复减缓路面使用性能恶化速度，使路面处于良好的服务状态，延长路面的使用寿命，造价大大低于普通罩面，是经济有效地预防性养护新技术。

第四节　市政基础设施档案管理

2003 年以来，全市严格落实依法治档、“两书一证”制度，抓好档案归集管理和查询利用工作，积极推进“三到场”服务模式（即事前介入、事中指导、事后检查的跟踪服务），逐步使档案管理扩展到工程建设全过程，推进城建档案信息化、数字化建设，进一步提高城建档案的数量和质量，为城市规划建设管理工作提供翔实的城建档案。到 2011 年年底，全市共接收各类建设工程档案 5600 余项、6 万余卷，施工图档案 2 万余项，归档率达到 93% 以上；累计接待咨询服务 5000 余人次，调阅档案 5.2 万余卷，客户满意率达 100%。

2005 年，开始在城区逐步开展城市地下管线档案集中收缴工作，进行统一管理。到 2011 年年底，潍坊润通水务集团公司、潍坊港华燃气有限公司、潍坊长途传输局、中国移动通讯公司潍坊分公司、中国网通公司潍坊分公司、潍坊市热力有限公司等产权单位管线档案资料（纸质和电子版）先后移交到潍坊市城市建设档案馆，移交档案资料的各种管线总长度约3000公里。

2008年，印发《潍坊市城建档案信息化建设纲要》，建立城建档案信息网站，推进城建档案信息化、数字化建设。2009年，成功运行潍坊数字化城建档案信息管理系统，初步形成潍坊市区城建档案信息共享平台。档案管理质量和工作效率得到提高，工作流程得到优化，档案接受和利用渠道进一步拓宽，实现网上查阅、网上归档、网上办公“三位一体”的现代化档案管理，实现建设工程档案从纸质实体归档到电子介质归档质的飞跃、从传统档案接收带动事业发展模式向以信息服务带动事业发展新模式的转变。11月，市政府印发《潍坊市城市建设档案管理办法》，把城市建设档案事业纳入城市建设发展规划，明确城市建设档案特别是市政基础设施档案的整理、归档、移交、保管等工作程序和相关责任，加强和规范了城建档案管理工作。2010年，逐步开展电子文件、电子档案接收工作，当年制作完成26项工程竣工档案的电子文件与电子档案。同时，指导各市县区积极开展以农村住房建设与危房改造工程为重点的村镇建设档案收集工作，推动城乡建设档案管理一体化发展。2011年，对珍贵历史声像档案实施双介质存储，完成150余盘历史声像档案数字化转制复制，存储量达4T，制作专题片5部。

第二章　社会安全

第一节　“平安潍坊”建设

2004年1月，潍坊市委、市政府作出《关于建设平安潍坊的决定》。全市各级各部门按照市委、市政府的安排部署，深入扎实地开展“平安潍坊”建设。

维护社会政治稳定

情报信息预警　每日由市公安局、市国家安全局和各县市区维稳办、综治办，将本地本部门涉稳信息、网络舆情信息分别上报，由市维稳办、市综治办对信息进行归类汇总，形成《每日维稳信息》和《每日网络舆情》，确保群体性事件、非法聚集、恐怖活动等及时预警。

社会防控网　2010年，构建虚拟社会防控网，加强互联网舆情监管和舆情引导。共发现处置本地网上有害信息1.39万余条次，及时化解多起网上舆情危机。把打击矛头对准严重刑事犯罪和影响群众安全感的犯罪，重点打击严重暴力犯罪、邪恶势力犯罪、“两抢一盗”等多发性侵财犯罪，刑事发案得到有效遏制。

综合治理专项行动 2004年起，针对道路交通秩序、学校及周边和谐稳定、企业恶意欠薪、街头流浪乞讨等方面存在的突出问题，制定下发《关于进一步加强学校治安综合整治工作的意见》《关于对企业恶意欠薪问题实施综合整治的意见》等一系列文件，组织开展综合治理专项行动50余次，社会治安状况明显好转，广大群众的安全感进一步增强。

军地平安建设 制定实行军警民联防联治、军地互涉案件侦办、边海防协调管控等多项机制，推动平安潍坊建设深入开展。2012年4月27日，山东省军地平安建设工作会议在潍坊市召开，会上对潍坊“六有六联共创共评”的经验做法进行推广。加大维稳投入，提高应急处突保障能力。2011年，全市组建起1100多人的防暴处突专门力量，购置12辆装甲防暴车、15辆应急指挥车。以县市区为重点，采取部门演练与综合演练相结合的方式，开展多层面、多种类的演练。各县市区共组织开展52次综合演练，提升了应急处置的能力和水平。

社会矛盾排查调处

社会稳定风险评估 2004年起，在企业改制、征地拆迁、涉农利益、教育医疗、环境保护、安全生产、食品药品安全等领域，共实施稳定风险评估事项2400余件，有效防范重大矛盾纠纷170余起。2009年，建立全覆盖、无缝隙的三级网格化信息搜集报送管理体系，将村居（社区）、学校、企事业单位划分为若干单元、网格，每个单元网格对应设立一名信息员，全市共布设3.8万余名网格信息员，全面负责网格内不稳定因素的搜集、上报，确保各类信息第一时间发现，第一时间处置。

“大调解”体系 2011年，市委、市政府下发《关于构建“大调解”工作体系深入推进社会矛盾化解工作的意见》，部署建立健全人民调解、行政调解、司法调解等相互衔接的矛盾纠纷排查调处工作机制，“大调解”工作格局得到加强和完善。在县市区、镇（街道）、社区、村居四个层面全部成立调解组织，落实调解场所，成立调解员队伍，实施矛盾纠纷“大排查、大调解”活动，化解社会矛盾纠纷。在司法、民政、人社、教育、住建、卫生、交通、金融等矛盾纠纷多发领域、与民生关系密切的部门全部成立行业性、专业性调解组织。到2011年年底，全市共开展排查调处活动6860余次，调解矛盾纠纷3.19万余件，成功调处3.12万余件，成功率97.8%。

治安防控体系

以社会化、网络化、信息化为重点，全面推进治安防控体系建设，实现全天候、全方位、立体化覆盖。2011年，市委、市政府下发《关于深入推进社会治安防控体系建设的意见》，将“一制两圈七网”（“一制”，指以指挥中心为龙头的扁平化指挥调度机制；“两圈”，指环城区和环潍坊周边两道防控圈；“七网”，指街面防控网、城乡社区防控网、单位内部防控网、视频监控网、治安管控网、区域警务协作网、虚拟社会防控网）动态防控体系纳入全市“十二五”规划。到年底，“一制两圈”基本建成，“七网”全面铺开，初步形成具有潍坊特色的社会治安防控新格局。全市共规划建设市级检查站和卡点34

处，县市区自行规划建设146处，全部达到依托房屋、武器装备、警力编成、保障车辆“四个到位”，与流动治安检查站、治安岗亭连点成线，构成严密的防控圈。

基层基础建设

2010年，逐步建立完善4级综治维稳体系。在县级建立县市区综治维稳中心，分析研判综治维稳形势，调处化解在基层难以解决的重大矛盾纠纷，应急处置较大突发事件。在镇（街道）建立镇（街道）综治维稳中心，由镇（街道）党委副书记兼任中心主任，配备专职干部，整合相关部门力量，实行“一站式服务”。在社区建立社区综治工作站，负责组织治安联防巡逻、接受报警求助、搜集研判上报信息情报、排查化解矛盾纠纷、开展社区矫正、提供法律咨询。在村和厂矿企业等基层单位建立综治工作室，组织开展治安巡逻、采集上报综治维稳工作信息、矛盾纠纷调处化解、群防群治等。到2011年年底，4级综治维稳机构共化解矛盾纠纷8.12万起，接待群众6.59万人次，为群众提供咨询3.99万人次，帮助群众解决实际问题1.89万件。2011年3月，市委、市政府制定出台对社会治安综合治理状况差的镇（街道）实行黄牌警告的实施意见，对社会治安综合治理状况差的镇（街道），建议市综治委分类实行黄牌警告、重点管理和“一票否决”，将平安建设责任直接下伸至镇（街道）一级，极大调动了镇（街道）一级抓稳定保平安的积极性。

第二节　交通安全管理

2003年，全市大力加强道路交通秩序专项整治，查扣客运三轮车2130辆，纠正交通违章6.7万余次，在18个路口安装了交通指示灯，对12处事故“黑点”进行整治，有效预防了交通事故的发生。实行轻微交通事故“互碰免责”和交通事故处理“担保卡”制度、外地车辆一般违章零罚款制度、机动车及驾驶员年检年审制度，对驾驶员查体、考试、办证实行“一条龙”办理，机动车辆检测、挂牌、办证“一站式”服务，办理机动车挂牌36.42万辆，办理驾驶证5.02万个，检测车辆2.43万台。

和谐社会环境

2004年，查纠各类交通违章32万人次。在城区采取加强流动巡逻和安装护栏、电子眼、电视监控、曝光屏等设施和手段，极大地改善了市区交通环境。

2005 年，开展打击盗抢机动车、打击假牌假证、清理整治接送中小学生幼儿园儿童车辆等专项行动，共查纠货车超载、超速、无牌无证等严重交通违法行为 22 万余起，吊扣驾驶证 3026 本。

2006 年，以创建“平安畅通活动”为平台，以预防道路交通事故为中心，深入开展城市文明交通活动，先后组织开展打击盗抢机动车、机动车超员超载专项整治等多次整治行动，查纠各类交通违法行为 28 万余起，维护全市良好的道路交通秩序。推出自选“九二式”机动车号牌、交通事故快速处结大力推行警务公开，实行阳光收费，坚决杜绝“三乱”问题。

2006~2012 年年初，交警部门通过积极推进交警警务机制改革，科学优化交通组织，加大交通科技投入，坚持社会化宣传。坚持以严防重特大交通事故为重点，加强道路交通安全基础设施建设，加大路面管控力度，严查超速、超载等违法行为，最大限度地预防和减少道路交通事故。全市交通事故发生数量不断下降。

2010 年，对中心城区 65 处主要路口施划左转、直行待行区，将信号灯统一调整为先直后左放行模式；2012 年，对中心城区主要路段施划彩色地面标识、标线，东风街、健康街、北宫街 3 处北海路环岛路口实施灯控放行模式，城区路口通行率提升了 21.7%。对中心城区 256 处停车场进行排查摸底，新增停车泊位 2.6 万个。对火车站周边交通组织进行优化调整，提升了火车站周边通行能力。严格落实“包保责任制”和“235”上路巡逻模式，以“畅通安全行星级路”创建活动为载体，组织开展酒后驾驶、“三超一疲劳”、客车、校车、渣土车等专项整治。

2011 年，投资 1900 万元，完成指挥调度室、驾驶人信息中心大屏升级改造和交警支队中心机房建设；建成启用移动警务等七大平台，为直属单位民警配备 620 部移动警务终端，民警科技管理水平得到提升。2012 年，投资 4800 万元建成并启用道路交通智能二期工程，全市道路交通科技实战能力显著增强，城市交通通行效率得到大幅度提升，道路交通智能管理的科技含量在全国同类城市中处于领先地位。

2011 年，投资 800 万元，与潍坊电视台合作开办民生类电视栏目《说道》，与潍坊广播电台联合创办《交警直播间》。宣传交通法律法规，讲述评析典型交通事故案例，及时发布全市的交通管理动态信息和路况信息，为群众出行提供实时准确的交通资讯，受到社会各界好评。2012 年 3 月，依托新浪网建设全国首个交警系统政务微博立体层级体系“微博矩阵”服务平台，被列入全国百大政务机构微博排行榜，在山东省十大政务机构微博排行榜中排名第五，在全国地市级交警微博中排名第一。

第三章　预防灾害

第一节　城市公共消防

2005年，潍坊市下发《关于加强城市公共消火栓建设的意见》和《关于进一步加强城镇公共消防设施建设工作的意见》，明确消火栓建设的责任单位和维护保养单位及对消防专项规划、消防站和公共消火栓建设的责任单位进行明确。同时深入开展消防安全大检查，共检查单位8690家，发现整改火险隐患9568条。

2006年，市消防支队联合市工商局等有关部门，对全市所有集贸市场，包括社会办市场进行全面普查整治。以公众聚集场所、易燃易爆单位为重点，开展消防安全整治，加强消防安全监管力度。先后开展人员密集场所、易燃易爆场所、建筑工程、消防产品、“九小场所”等消防安全专项治理，共检查单位2.8万余家次，督促整改火灾隐患8900余处。全市全年消防官兵共接警出动2894次，出动各种车辆4988台（次），出动警力2.66万人（次），参加社会性抢险救援429起，抢救群众156人，保护财产价值2.6亿元。

2007年5月11日，潍坊支队联合市人民防空办公室等九部门举行地下人防工程消防实战演习。公安、消防、安监、气象、卫生、交通、医疗、供水、供电等众多部门联合参加。消防支队承担地下工程火灾扑救和遇难人员救援任务，参演官兵迅速进行火情侦查，立即制订处置方案，在特种消防装备的掩护下，果断实施灭火救援行动，为抢救遇难人员赢得宝贵时间。

6月15日，潍坊市公安局、建设局、规划局联合下发通知要求进一步加强村镇消防规划建设工作，对村镇消防规划建设、发展多种形式消防力量等消防工作提出了明确要求，切实加快农村消防工作进程，提高村镇抵御火灾的能力。

7月，市政府办公室下发《关于对潍州路等十一条道路改造工程增设、维修市政消火栓的批复》，依照国家《建筑设计防火规范》和城市消防规划“市政公共消火栓设置间距不宜超过120米”的规定，制定了具体消火栓补建实施意见。

2008年3月，潍坊市政府召开常务会议，专题研究消防工作。会议听取市公安局《关于进一步加强全市消防安全工作情况的汇报》。市政府领导就加强消防队站建设，加大消防经费投入等问题进行研究，安排专项资金600万元一次性购置5部消防执勤车辆。

5月13日、5月15日，省公安厅消防总队先后两次命令潍坊市派遣消防特勤人员随同全省消防救援队赴川开展抗震救援工作。市委书记张新起作出重要指示，要求抗震救灾队伍全力以赴，不辱使命。市长许立全亲自为首批救援队伍做出征动员。75 名消防官兵们冒着余震、塌方、暴雨、泥石流等险情，发扬不怕牺牲、不怕疲劳、连续作战的精神，毫不畏惧，冲锋在前，全力抢救废墟下的生命，搜救、疏散被困群众。经过 8 天 7 夜的连续奋战，成功从废墟中救出 8 人，搜救遇险（难）人员 52 人，疏散被困群众 2700 人，上缴埋压现金 30 万元。市消防支队荣立集体三等功，参加救援的 75 名官兵全部荣立战功。

2009 年 2 月，市政府办公室召集相关职能部门主要负责人，研究部署城区市政消火栓的设计安装工作，要求各职能部门必须切实抓好各项具体工作的落实，尽快解决矛盾日益突出的市政消火栓建设滞后于城市基础设施建设问题。5 月 20 日，潍坊市政府正式下发通知，依托公安消防部队组建应急救援队伍。

2010 年 5 月，潍坊市公安局、综治办、安监局联合下发《关于开展全市建筑消防设施专项治理的通知》，在全市范围内开展建筑消防设施专项治理活动，并结合潍坊市的实际，制订《潍坊市建筑消防设施专项治理工作方案》。

到 2010 年底，全市连续 10 年保持无较大以上火灾事故发生，为全市经济社会又好又快发展、人民群众安居乐业做出积极贡献。全年各级共检查社会单位 3.16 万家（次），发现并整改火灾隐患 4 万余处，确保了全市火灾形势持续稳定。在 2009 年挂牌成立市、县两级综合性应急救援队伍的基础上，建成高层、地下、化工、海上等专业应急救援队 22 支。2010 年，市消防部队共接警出动 6784 次，参与交通事故、建筑倒塌、高空、井下等抢险救援 1554 起，海上救援 29 人次，抢救疏散被困人员 2657 人，保护财产价值 12.1 亿元。

2011 年，先后印发《关于构筑社会消防安全防火墙工程深化年活动的实施意见》《潍坊市公共安全保障体系建设规划（2011—2015)》《关于深入开展“清剿火患”专项行动切实做好冬季防火工作的通知》《关于切实做好消防安全工作的紧急通知》，确定 2011 年为全市构筑社会消防安全“防火墙”工程深化年在全市部署开展“构筑社会消防安全防火墙工程深化年”活动。对村居消防工作、“四个能力”建设、公共消防设施、应急救援队伍建设、城市消防安全远程监控、开展“清剿火患”等消防工作进行部署。

6 月，市政府常务会议专题审议《潍坊市高层建筑消防安全管理规定（草案)》。8 月 18 日，潍坊市委宣传部、公安局、教育局、民政局、文化局、卫生局、安监局七部门联合印发《关于贯彻落实〈全民消防安全宣传教育纲要〉的实施意见》，在全市部署开展全民消防安全宣传教育活动。

第二节　城市应急避难场所

2001 年，潍坊市修订印发《潍坊市破坏性地震应急预案》，2006 年制定印发《潍坊市地震应急预案》，市直各有关部门、直属机构、市属重点企业、高等院校、人民团体等

应急避难场所路标指示

相继制定完善地震应急预案，12个县市区和市属各开发区全部制定完成地震应急预案，并适时修订，为地震应急工作做了思想上和组织上的准备。

2003年，将地震行政审批项目纳入了市行政审批服务中心，加强工程抗震设防和地震安全性评价工作的管理。当年为5个大型工程项目进行地震安全性评价及为十几个中小型项目提供抗震设防要求意见，到2011年年底，对全市近2000个一般建设工程项目进行抗震设防要求审核工作、对210余个重大建设工程进行地震安全性评价。

2007年，印发《潍坊市关于实施农村民居地震安全工程的意见》，指导各县市区开展农村民居地震安全示范工程建设。建成12个农村民居地震安全示范工程，编制发放《农村砖房屋抗震知识挂图》1200余套，提出农村民居抗震设防的标准和建设施工要求。2008年，开展农村民居基本情况调查和示范点建设，印发《潍坊市农村民居地震安全工程实施方案》。2010年，将全省农村民居建筑抗震设计优秀方案竞赛获奖作品配以施工设计图，汇编成《山东省农村民居建筑抗震设计优秀方案图集》，发放到各县市区，为建造抗震安全民居提供服务。

2003年8月，对全市十几个重点部门和单位进行地震应急工作检查，指导督促地震应急工作。按照“先易后难、分期实施、逐步完善”的原则，在城区及各县市区全面开展地震应急数据库建设，到年底，各县市区1:1万电子地图及信息资料、应急指挥应用软件及程序等各项基础数据的收集工作基本完成。2006年，完成地震应急数据库二期工程的数据收集工作，为全省地震应急数据库建设提供可靠的基础数据。

2006年，潍坊市下发《关于推进地震应急避难场所建设的意见》，推进地震应急避难场所建设。奎文、潍城、坊子3区相继完成

风筝广场避难场所

地震应急避难场所的选点和规划建设方案。2007年，启动应急避难场所建设。到年底，全市首批利用现有公园、绿地、城市广场等场地，通过安装应急供水、供电、照明、厕所、排污、物资供应、医疗卫生、防疫、广播、消防等指示标志改造的8处地震应急避难场所建成启用。分别是：奎文区东苑公园、坊子区凤凰广场、寿光市人民广场、寿光市仓圣公园、潍城区自怡园、潍城区长胜小区、安丘市青云山公园和滨海经济开发区滨海广场。11月，全国地震应急救援工作会议应急避难场所功能演练在坊子区凤凰广场应急避难场所举行，演练观摩团由中国地震局副局长赵和平带队，国务院应急办和全国各省（市、自治区）、计划单列市的分管负责同志共150余人组成，是全国地震应急避难场所举行的首次现场演练。2009年，按照“城乡规划应当根据地震应急避难的需要，合理确定应急疏散通道和应急避难场所，统筹安排地震应急避难所必需的交通、供水、供电、排污等基础设施建设”的要求，到年底，全市累计建成地震应急避难场所20余处。

2009年，将市区范围内的中小学校、宾馆、体育场馆、会展中心、影剧院等全部确定为疏散点。其中，潍坊风筝广场疏散点地处城区中心，东起四平路，西至白浪河，南起民生东街，北至胜利东街，占地面积约9公顷，可容纳1.2万人应急避难维持生活30天左右，或者供3万人临时避险安置，达到了国家I类应急避难场所标准。街道、中心社区制订防空防灾应急疏散方案，共制订疏散方案160余个，组建疏散组织130余个。镇（街道）、村制订对口接收安置方案，根据不同情况将市民分别按疏散地域、疏散基地、疏散点进行疏散安置，疏散能力达30万人以上。到2011年年底，全市建成区应急避难场所总计125处，总面积约达281万平方米，人均避难场所面积达到2.38平方米，基本形成覆盖整个建成区的应急避难场所网络。其中，奎文区40处，约89.1万平方米；潍城区46处，约42.2万平方米；坊子区5处，约32.4万平方米；寒亭区10处，约22.9万平方米；潍坊高新技术产业开发区8处，约49.2万平方米；山东潍坊经济开发区6处，约6.9万平方米；潍坊滨海经济技术开发区7处，约32.4万平方米；潍坊市峡山生态经济发展区3处，约6.1万平方米。奎文区世界风筝都纪念广场和坊子区凤凰广场顺利通过省示范工程专家组验收，达到国家I类应急避难场所建设标准。

第三节　城市防灾减灾

防灾减灾设施

2000年，建立人防地面指挥中心和警报信息控制中心，开发“潍坊市人防指挥自动化系统”及相关软件，实现人防自动化指挥。2003年，建设地下人防指挥所，为全市组织防空防灾应急救援指挥提供先进可靠的指挥保障平台。2005年，完成防空防灾应急指挥车建设，实现战时指挥音视频信号的可控通联。地面指挥中心、地下指挥所和防空防灾应急指挥车，共同构建成三位一体的人防指挥保障平台。到2009年，建成市（县）、镇（街道）、社区中心（村）上下联动三位一体的战时应急疏散体系。“三位一体”应急指挥体系向基层延伸，所属县、市全部建成人防应急指挥车并投入使用，县、市联动的应急指挥体系建成。

2001 年，潍坊地震监测台网经过数字化改造后，地震监测台网建设取得长足发展。到 2011 年年底，地震监测台网有 1 个中心台，1 个国家基本台，1 个省区域观测台，1 个地方台，另有 30 个骨干群测点。地震观测台网有 1 个强震观测台网，12 个台站；1 个微震观测台网，11 个台站；1 个水位观测台网，包括 10 个台点；1 个水温观测台网，包括 11 个台点；1 个二氧化碳观测台网，包括 5 个台点；1 个流动水准观测网。潍坊市地震监测能力达到里氏 1.5 级。

2002 年，引进新一代气象预报业务平台，实现网络远程自动化调用，通过互联网对公众的服务功能更加完善。引进开发气象灾情收集上报系统，灾情收集上报更加规范、准确。2003 年，“潍坊市海洋气象台”成立，开通省市气象宽带通信网和省市可视化天气会商系统。2006 年，投资 128 万元在全市建成 138 个自动气象观测站，气象探测手段和灾害性天气的短期、临近预测预警能力得到加强。到 2011 年年底，全市建成自动气象观测站 151 个，移动应急气象台 1 套。

救灾物资储备与管理

2007 年，投资 1700 多万元整体购买山东银河海王医药集团仓库，改造建设市级大型救灾物资储备仓库，总占地面积约 3.46 公顷，共有9 个大型仓库，建筑面积 7000 多平方米。按照国家四类救灾物资仓库标准的要求，对原仓库进行屋顶防水、地面防潮、线路改造、路面硬化、排水处理等一期工程，基本达到防震、防水、防火、防盗、防鼠等功能。将救灾物资储备库合理分区，划分为物资仓储区、消毒整理区、接待办公区等 3 个大的区域，配备电瓶车、叉车、拖车、打包机等辅助设备。

防空防灾指挥车

按照防大灾、救大灾的原则，认真做好各类救灾物资储备。对帐篷、棉衣、棉被、毛毯、电线、电缆、雨衣、单衣等可以储存较长时间的物资，适当储存一部分，定期更新更换，确保以上物资常换常新，始终保持在最佳状态。对矿泉水、方便面、食品、药品等保质期限比较短的物资，与有关大商场、大集团、大物流公司和大医药公司签订预购、订购协议，预付部分资金，由大企业、大集团代为储存，遇到灾情急需救灾物资，优先购买，优先调拨。救灾物资入库时，管理人员依据清单上所列的名称、数量等进行核对、清点，经核对无误方可入库，并填写入库单、登记明细账、货物保管卡。物资入库后，按不同类别和用途分类放置，做到“二齐、三清、四定”(二齐：入库物资摆放整齐、库容干净整齐；三清：材料清、数量清、标识清；四定：定库、定区、定架、定位)。救灾物资出库时，核签有关单据，严格依据所列项目办理出库。健全完善救灾物资消防管理制度，增强管理人员的消防意识。工作人员都能够熟练掌握灭火器、消防栓等各类灭火设施的使用，定期检查消防器材，消防器材始终处于良好状态。建立人员出入库登记制度。严格禁止无关人员出入，对因工作需要出入仓库的人员、车辆按规定进行盘查和登记，签、收“出入门证”。建立安全保卫制度。工作人员24小时值班，夜间定时巡逻，严格交接班手续，做好交接班记录，确保用完善的制度推进救灾仓库的管理实现规范化。

防灾减灾监测预报

自1998年起，潍坊市组织防空警报试鸣，在城区和各县市区建立警报管理制度和档案。2003年，利用人防音响警报、广播电台、无线传呼等多种媒体，向345万用户发放防空防灾警报，报知率和覆盖率得到提高。潍坊市人民防空办公室自行研制的RFJK-IV人防警报控制系统，实现人防警报网与广播电视网防空防灾警报信号的统一控制与切换，通过国家人防办组织的RFJK-IV人防警报控制系统鉴定。到2011年，城区音响警报覆盖率达到100%，城市重点目标监控覆盖率达到95%以上。

全市认真落实对综合台、测震台、强震台及骨干观测点的日常管理、管护制度，确保地震监测预报工作正常进行。市、县地震部门实施短临跟踪工作方案，做好地震监测预报日常工作、信息报送和震情跟踪，及时排查落实各类异常。2001~2011年年底，完成40余次里氏2.0级以上地震监测报告。汶川特大地震发生后，全市地震系统立即进入地震应急状态，加密震情会商，由原来的周会商改为日会商。潍坊市下发通知，加强震情监视和宏观异常落实，进一步部署地震监测预报工作，加密观测上报。业务人员深入地震台站和各主要观测点，对仪器设备和观测点的管理运行情况进行检查走访。各地震台站24小时坚守岗位，确保了全市地震监测台网的正常运行。

市气象部门把为政府的决策服务放在首位，重点进行大型节庆活动、经济活动和关键农时的气象保障服务。2003~2011年年底，准确预报出近60次暴雨、冰雹、大风、风暴潮、雪灾等重、特大灾情天气过程，为政府和有关部门提供及时服务，提出对策建议。共进行人工增雨防雹作业近300场次。发射增雨防雹炮弹6万余发，火箭弹200余枚，取得良好的经济效益和社会效益。气象部门通过电视台、电台、手机短信、12121语音电话、网站等向社会公众提前预报每次天气变化过程，最大限度地提高预警信息覆盖面。2011年，下发《关于做好2011年度防雷减灾工作的通知》，对全市防雷减灾工作（特别是全市危险化学品企业防雷设施的安全检查检测）进行安排部署，对潍坊辖区所有重点文物单位进行检查。

防灾减灾宣传

2003年，潍坊市举办“走进人防”大型电视直播晚会和人防知识竞赛，收到良好宣传效果。下发《关于在各县市区委党校开展人民防空教育的意见》，举办防空知识教育教员培训班，在各县委党校开设了防空知识教育课程，城区新增防空知识教育学校14所，受教育人数达9000余人（次）。共发放《人民防空》杂志6700份。2005年，完成“走进地下潍坊”的录制，组织人民防空知识教育教员培训班，编印大中专学生及成人教育的《人防知识读本》。2006年，在全市初级中学、中等院校和各级党校普遍开设人防教育课，2.7万人（次）接受人防法律法规和防空防灾知识培训。2007年，人防教育进社区、进机关、进学校、进企业，全年有3000多名干部、3万多学生接受人防教育；开通“潍坊人民防空”网站，丰富了宣传教育的内容和形式；建成人防教育基地，人民防空的教育形式和内容得到拓展；结合6·15警报试鸣，开展人防宣传月活动，通过开展防空防灾知识竞赛、发放文化衫、组织群众性健身活动、举办文艺晚会等活动，对人民防空进行集中性的宣传。2008年，在市属3个干部教育基地开设人防课。通过开设人防网站、在报纸上举办专栏、在电视上播放人防专题片、在广播电台开办栏目、展示防空防灾应急指挥车等方式，创新宣传教育形式。利用人防教育基地，通过实物、图片、音像资料等形式，全面展示人民防空事业辉煌历程，提高公民的国防观念和人防意识。

全市深入开展防震减灾宣传教育，提高社会公众的防震减灾意识。抓住防灾减灾日、唐山大地震纪念日等特殊时段，每年精心策划和组织开展系列具有一定社会影响主题鲜明的大型宣传活动，以此带动防震减灾宣传工作的开展。2009年5月，在市人民广场隆重举办了纪念潍坊市防震减灾40年宣传活动，制作展版并到各县市区及市属各开发区、机关和学校等单位进行巡展达100多场次。大力推进地震科普示范学校和防震减灾科普教育基地创建工作。建成国家防震减灾科普教育基地2处，命名省、市、县地震科普示范学校110多所，为开展阵地式宣传创造了条件。开通“潍坊市防震减灾信息网”、“12322”防震减灾公益服务热线等，为群众了解防震减灾工作动态，学习掌握地震科普知识及有关咨询提供了快捷平台。编辑制作适合不同群体，群众喜闻乐见的图书、画册、挂图、课件、展板、折页、影视作品等地震科普宣传品数十万件。利用电视、广播、报刊、网络等媒体进行宣传报道数百次。以科技馆、地震台站和防震减灾科普教育基地为依托，普及地震科普知识，防震避震常识和自救互救等技能，较好地服务了防震减灾知识进机关、进学校、进企业、进社区、进农村、进家庭活动的开展。防震减灾科普宣传教育累计受众达上百万人。

第四章　城市应急

第一节　应急管理平台系统

应急管理平台

全市应急管理平台具有“物理分散、逻辑集中，平战结合、紧急响应，天地合一、安全可靠，联动运行、高效快捷”等特点。平台设置地理信息、资源管理、突发事件处置、视频监控、现代通信（多路传真、短信息、视频会议、无线调度等）、档案管理以及日常值守等10余个功能子系统，实现省、市、县互联互通。平台计算机网络技术、有线和无线通信系统、接处警系统、应急值守、应急管理和突发事件处置，集成GIS地理信息、GPS卫星定位、视频监控、应急资源数据库、800M数字集群、ECP日常通信（多路传真、短信息、视频会议、无线调度等）以及公共通信调度指挥、容灾及地下人防指挥、移动指挥车和应急通信保障车等资源，实现各联动单位应急资源共享。

2005年9月28日，潍坊市成为全国第一个“城市应急联动与社会综合服务系统”地级市试点城市。与中国卫通集团公司签署“潍坊市城市应急联动与社会综合服务系统合作框架协议”，采用“运营商投入、政府租赁服务”的市场化运作模式，开发了“潍坊市应急管理平台系统”。

应急管理平台分两期建设，总投入约3600万元，2006年年底，一期工程建成投入使用，实现了公安部门110、119、122的“三警合一”。该系统由联动指挥、通信调度、决策支持、综合分析四个分系统组成，将治安、消防、卫生急救、交通、公共设施、自然灾害等突发事件应急指挥与调度集成，通过共享指挥平台和基础信息，实现统一接警、统一指挥、联合行动、快速反应。

2009年7月，中国电信潍坊分公司根据《山东省人民政府应急平台体系市级应急平台方案设计指导意见》，完善应急管理平台。2011年，投入200余万元，对平台的综合应用系统进行软件升级，并搭建有线调度、多路传真、视频会议、图像接入等系统，结合中国电信的卫星资源和通信保障车辆，基本完成固定与移动平台相结合的基本应用框架设计。平台借助“协同统一办公平台”电子政务网络，实现全市范围的系统推广工作，各上线系统运行正常。

应急管理平台系统应用

使用范围　根据政府应急管理的体制、机制，市县政府应急办、各级应急部门、单位都设置有应急值班人员及应急联络员，实现市、县两级政府以及延伸到各级部门、单位不同权限使用的一体化需求，给潍坊市政府的应急管理工作提供了有效的工具和手段。

视频会议扩展 2009年，实现市公安局、市卫生局、市民政局、市安监局四个专项指挥部与市政府主会议室视频会议系统的互联互通。根据政府应急工作的管理需求，计划2012年年底前将市级视频会议系统扩展到各县市区，实现全市视频网络的完善和统一。

智能终端应用 2012年上半年，定制开发智能终端版应急平台，工作人员使用被授权的账户密码可使用智能终端登录应急管理平台进行查看通知公告、突发事件文字、图片、视频信息上报、工作动态查阅、政策法规学习等操作。基层应急联络员可使用任一智能终端连接到政府电子政务外网登录平台，应急值班人员和应急联络员工作时间要求的紧迫性及工作地点不固定等因素的影响得到解决。

多路传真系统应用 2009年，市应急管理平台增设多路传真子系统，即电子传真系统，替代传统传真机，实现无纸化办公的收发传真，同时也可收取普通传真机发来的文件和将文件发送到普通传真机。系统可同时收发30路的容量，并具有发送失败自动重发、发送成功短信提示等便捷的功能。

日常通信系统应用 日常通信子系统主要实现快捷式电话会议、视频会议、短信群发的日常通信手段。每个应用系统的人员均配备此功能账户，以管理和统计使用中产生的费用。

第二节 突发公共事件应急预案

2008年12月，潍坊市依据《突发事件应对法》和《山东省突发事件总体应急预案》，结合本市实际，制定《潍坊市突发事件总体应急预案》。并以此为基础，修编各类应急预案，共编制市级应急预案205个，部门应急预案175个，县市区级预案713个，镇（街道）预案537个，村（社区）制定预案3875个，全市统一的应急救援预案体系基本建立。2011年3月，下发《关于做好应急预案编修年各项工作的通知》，对预案实行动态管理机制。制订《潍坊市油区和石油天然气生产储运突发事件应急预案》《潍坊市市场价格异常波动应急预案》《潍坊市海上搜救应急预案》等一批针对性较强的预案，增强了应对各类突发事件的能力。

2011年，全市组织开展规模性应急预案演练800余次。针对不同行业领域的特点进行重点演练，组织危险化学品、非煤矿山和烟花爆竹等企业开展多种形式的应急演练活动，内容涉及安全生产、燃气实战、危险化学品事故、中小学应急逃生、消防安全、食品药品安全、防汛等演习课目20多类。开展演练活动的部门80多个，参与演练单位3600多个，参与演练人员近160万人次，出动演练用车辆近2万台次。发布海洋预警预报信息182次，处置渔船报警信息24次，救助海上自然灾害险情渔船4艘，海上安全生产事故渔船3艘，货船1艘，救助渔民20人，挽回经济损失3.05亿元。

第三节　应急管理体系

应急管理体制

应急管理体制　2007年，成立潍坊市应急管理领导小组，由市政府主要领导担任组长。同时成立副县级行政规格的市政府应急管理办公室，作为全市应急管理工作的日常办事机构，下设应急指挥、政务综合和预案管理3个科室。到2011年，全市12个县市区陆续成立应急管理专门机构（正科级7个、副科级5个）。117个镇（街道）也相应成立应急机构，明确办事人员，基本实现定人、定事、定场所，初步形成横向到边、纵向到底、上下一致、纵横协同的网格化应急管理体系。

应急管理协作机制　建立健全指挥协调、信息报告、应对处置联动、信息发布和舆论引导、社会动员机制。协调职能部门根据各自专业优势，建立协同应对灾害性突发事件的预报预警和救援机制。加强与周边市和省属驻潍单位的联系，建立定期会商制度，完善跨区域救援应急处置协作机制。与淄博市和省高速公路交警支队沟通协商，共同起草签订了《潍坊市淄博市应急管理区域合作协议》和《潍坊市行政辖区省公安厅条管高速公路应急管理备忘录》。通过广播、电视、互联网、手机短信、电话、宣传车、防空警报等预警信息和灾情警报发布方式，畅通了信息发布渠道。

突发事件监测预警　在全市各级各类医疗机构、学校、药店、机关、企事业单位、村（居）等单位设立了626处公共卫生综合监测点，实行“日报告”制度；在综合医院设立流感监测点，实行定时监测报告制度；在职业危害场所和使用放射性同位素及直线加速器的医疗卫生单位建立危害因素监测和负责人责任报告制度。各基层单位都配备基本的通信设备，明确联系人，建立通信网络，畅通了信息报送渠道。

应急值守

全市各级应急管理机构严格落实应急值守各项规定，执行24小时值班、工作人员交接班、节假日“日报告”和“零报告”等值班工作制度和纪律，健全、完善突发事件信息接报处置流程，加强应急值守工作的专业化建设，对可能发生的突发事件做到早发现、早报告、早处置。2011年9月，下发《关于进一步强化突发事件信息报告工作严肃责任追究制度的通知》，进一步规范突发事件信息接收、采集和报送工作。建立年终常规检查与适时应急检查相结合的督查制度，对基层部门单位实施实地调查、临时抽查、督促检查等办法，确保各项应急防控措施落到实处。

应急保障

2009年，潍坊市按照《国务院办公厅关于加强基层应急队伍建设的意见》要求，市及各县市区、部门和大型企业集团结合单位实际，整合应急救援资源，初步建立起以公安消防、特警及武警、解放军、预备役民兵为骨干，各专业应急救援队伍为补充，企业专兼职救援队伍和社会志愿者共同参与的应急救援体系。至2011年年底，全市12个县市区全部建立应急救援大队，64个镇和25个处于城乡结合部的街道建成政府专职消防队。2011年，投资800余万元，对各县级综合性应急救援队伍车辆及基本防护、特种防护、侦检、警戒、救生、破拆、堵漏、输转洗消、照明排烟等装备器材等进行强化。市水利局组建防汛应急抢险常备队51支、62万人。其中，常备队2万人、抢险队20万人、后备队40万人。储备麻袋66.8万条、编织袋275.1万条、土工布42万平方米、铁丝144.5吨、木料4247.6立方米、砂石土料17.3万立方米、橡皮舟7只、冲锋舟20只、机动船46艘、各类救生器具4266件；市安监局建立各类安全生产救援队伍22支、2800余人，企业自备专职消防队伍11支。市地震局建立各级各类地震应急救援队伍30余支1000余人，地震应急青年志愿者队伍1万余人。市卫生局成立传染病防控、中毒控制、医疗救治、预测预警4个专家组和应对重大传染病疫情、不明原因疾病、食物中毒、职业中毒、辐射事故、重大自然灾害、反恐7支综合应急队伍及消杀大队。市水利局、民政局、粮食局、商务局等部门对现有各类应急资源的普查和整合，统筹规划、对储备物资的实行动态管理，及时补充和更新。

监管监察

2008年，市经信委、教育局、建设局、交通局、水利局、海洋与渔业局、林业局、商务局、农机局9个部门逐步设立专门的安全生产监督管理科室。市教育局对校园安全实行项目管理，建立校园安全生产事故报告、问责、处理长效机制，通过推行校车公交化、专业化等方式，加强校车安全管理。市海洋与渔业局开展的“平安渔业”工程建设完成，694艘小型渔船配备了CDMA定位终端设备、AIS渔船防碰终端设备，所有大型渔船全部安装了北斗卫星定位终端设备。2009年，市交通局在运输车辆安装GPS的基础上，又配置了车辆视频监控系统，对车辆运行中驾驶员操作、换驾规范、车厢内载客等情况进行全过程录像监控。各县市区、市属开发区按照“横向抓网格管理，不留死角；纵向抓基层基础，不留空挡”的要求，创新监管方式，实行安全生产“一岗双责”，把安全生产列入年终考评“一票否决”，加大对安全生产的考核力度。

宣传培训

应急知识宣传 利用报纸、电视、广播等各种形式积极开展突发事件预防与应急、自救与互救等知识的公益宣传。在主要公共场所设置宣传栏，摆放展板，悬挂标语，张贴宣传海报，发放宣传提纲。以宣传贯彻学习《中华人民共和国突发事件应对法》和举办各类防灾减灾活动日等特殊事件为契机，充分利用各种宣传媒体，积极推广和普及应急管理知识，确保活动进企业、进学校、进社区和进乡村，让更多的群众了解、掌握应急知识，推动了全市应急管理知识科普宣教工作的开展。2012年，由市政府应急管理办公室牵头，组织编写了《潍坊市市民应急知识手册》，并印制10万册，通过邮政系统向城区居民免费发放，提高了居民的自救、互救的能力。

公共安全教育 针对较常见的自然灾害

和事故灾难，结合相关课程，进一步加强中小学及幼儿园安全教育，公共安全教育内容走进学生课堂。聘请地震、公安、消防大队人员到各学校组织防震、防火知识培训班、举行专题报告会和安全自救知识讲座，各级各类学校发放明白纸等宣传品800多万份，推动应急知识的推广普及。

应急管理业务人员培训　2011年年初，制订年度培训计划，重点加强《中华人民共和国突发事件应对法》、应急预案、应急规划、安全预防知识等方面的培训。与市委组织部、人事局和市委党校联合，加强对全市领导干部和业务人员的培训，其中举办专题培训班4次，1440名领导干部参加了培训。

创新培训方式　以培训机构为主导，采取走出去学，请进来教，送应急知识上门等多种形式，组织各类培训13次，1300余名同志参加了培训；对高危行业的从业人员进行安全知识的教育培训，在相关职业的资格认定考试中增加相关内容；对应急救援队伍、青年志愿者和各类社会公益机构人员进行应急知识培训。

第七篇　经济发展

第一章　收入与消费

第一节　经济发展概况

2003年，全市GDP为995.06亿元，2004年，达到1246.41亿元，2007年，生产总值突破2000亿元，达到2056.0亿元，到2011年，达到3541.85亿元，人均GDP从2003年的12152元增加到2011年的38820元。

2011年，全市实现第一产业增加值359.28亿元，与2003年相比，年均增长4.8%；第二产业增加值1961.4亿元，年均增长17.3%；第三产业增加值1221.17亿元，年均增长14.2%。

农业生产运行良好。2011年，完成农林牧渔业总产值714.3亿元。2003年以来粮食总产量连续增加，2004年突破300万吨，达到331.3万吨；2005年突破400万吨，达到422.4万吨；2009年突破500万吨，达到520.83万吨；2011年达到533.7万吨。

工业稳步发展。2011年，工业实现增加值1761.0亿元，是2003年的3.9倍，年均增长17.9%。规模以上工业企业（主营业务收入2000万元以上）达到4057家。2011年，规模以上工业实现主营业务收入突破9000亿元，达到9378.0亿元，是2003年的7.7倍。实现利税792.9亿元，利润总额530.0亿元，分别是2003年的6.7倍、8.2倍。

固定资产投资规模扩大。2011年，固定资产投资达到2603.17亿元，其中，房地产开发投资额405.87亿元。2003~2011年，累计完成固定资产投资12428.14亿元。

国内市场繁荣。2011年，全市社会消费品零售额总额达到1349.8亿元，是2003年的3.7倍。其中，批发和零售业实现零售额1217.6亿元，住宿餐饮业零售额132.2亿元。

对外贸易迅速发展。2011年，外贸实现进出口总值140.93亿美元，是2003年的6.3倍，年均增长25.8%。其中，出口突破百亿元，达到103.7亿美元，是2003年的6.3倍，年均增长25.9%；进口37.3亿美元，是2003年的6.1倍，年均增长25.3%。

财政收入增加。2007年，全市地方财政一般预算收入突破100亿元，达到110.6亿元；2011年，达到253.92亿元，是2003年的5.55倍，年均增长23.4%；2011年，财政总支出突破300亿元，达到358.3亿元，2003~2011年，年均增长23.8%。地方财政收入占全市GDP比重由2003年的4.59%提高到2011年的7.17%；国地两税收入占全市GDP比重由7.77%提高到12.66%。

金融运行稳定。2004年，金融机构本外币各项存款突破1000亿元，达到1055.4亿元；2008 年，金融机构本外币各项存款突破 2000 亿元，达到 2060 亿元；2010 年年末，突破 3000 亿元，余额为 3307.7 亿元；2011 年，达到 3748.9 亿元，是 2003 年的 4.2 倍。其中，城乡居民储蓄存款 2081.8 亿元。2006 年，金融机构本外币各项贷款余额突破 1000 亿元，达到 1031.7 亿元；2009 年，金融机构本外币各项贷款余额突破 2000 亿元，达到 2074.4 亿元；2011 年，突破 3000 亿元，达到 3001.5 亿元，是 2003 年的 4.6 倍。

城乡居民收入增加。2005 年，全市城镇居民人均可支配收入突破万元大关，达到 10318 元；2011 年年末，达到 22508 元，是 2003 年的 2.7 倍，年均增长 12.9%。2011 年，城镇居民人均消费支出 15170 元。2011 年，全市农民人均纯收入突破万元，达到 10409 元，年均增长 12.4%，农民人均生活消费支出 6382 元。

市场物价基本稳定。市场供给充足，物价基本稳定在合理区间。主要价格统计指标：2011 年，居民消费价格上涨 4.4%，与 2003 年相比年均增长 2.0%，工业品出厂价格总水平年均增长 4.8%；原材料、燃料、动力购进价格总水平上涨年均上涨 5.0%。

第二节　居民收入与消费

城乡居民收入

城镇居民收入　2011 年，潍坊城镇居民人均可支配收入 22508 元，是 2003 年的 2.7 倍，年均名义增长 12.9%（含价格因素）。

工资性收入。2011 年，城镇居民人均工资性收入 17566 元，是 2003 年的 2.4 倍，年均增长 11.6%，占家庭总收入的比重为 73.0%，是城镇居民收入的主要来源，但工资外收入的较快增长，使工资性收入占家庭总收入的比重有所降低，比 2003 年低 8.8 个百分点。

经营收入和财产性收入。2011 年，城镇居民人均经营净收入 1646.3 元，比 2003 年增长 10.3 倍，年均增长 33.9%，占家庭总收入的比重由 2003 年的 1.8%提高到 2011 年的 6.8%。随着城镇居民财富的积累，投资渠道更趋多元化，财产性收入大幅度增加。2011 年，城镇居民人均财产性收入 904 元，是 2003 年 19.5 倍，年均增长 45.0%。

离退休金和养老金收入增长。随着连续数年实施提高各类离退休人员养老金政策，离退休老人的收入增加较快。2011 年，城镇居民人均离退休金和养老金为 3234 元，比 2003 年增长 3.1 倍，年均增长 15.3%。

农村居民收入　2011 年，潍坊市农村居民人均纯收入 10409 元，比 2003 年增长 165.5%，年均名义增长 13.0%。工资性收入是推动农村居民收入增长的主要动力，2011 年，潍坊农村居民在各类企事业中从业或从事其他各种劳务活动获得的工资性收入人均 4550 元，比 2003 年增长 202.5%，年均增长 14.8%。2011 年，工资性收入占全部纯收入的比重为 43.7%，比 2003 年提高 5.3 个百分点。工资性收入对纯收入的增长贡献率为 46.9%，工资性收入是农村居民收入的主要来源，成为收入增长的主要推动力。

农业收入稳定增长。2011 年，农村居民来自家庭经营的第一产业纯收入人均 4300

元，比2003年增长82.4%，年均递增7.8%。农业收入的稳定增长主要得益于农业经营的多样化、高效化及农产品价格的上涨。此外，国家对农业生产的扶持和补贴，如粮食直补、母猪补贴和渔民的柴油补贴等，对农民增收起了重要的促进作用。

家庭经营二、三产业收入增长较快。2011年，农村居民来自家庭经营的二、三产业收入人均894元，比2003年增长84.7%，年均增长8.0%。受外部环境的影响，农村家庭工业经历了考验，但伴随着宏观经济的好转，家庭二、三产业收入增长逐渐恢复。

非经营收入增长 。2011年，农村居民获得的转移性和财产性等非经营性收入人均666元，增长160.0%，年均增长12.7%。主要是房屋租金、离退休金和养老金收入的较快增长。

城乡居民消费

城镇居民消费　2011年，城镇居民人均消费支出15170元，是2003年的2.5倍，年均增长12.0%。食品价格上涨带动食品支出增长。2011年，城镇居民人均食品支出为4645元，比2003年增长119.5%，年均增长9.8%。由于食品价格上涨较快，恩格尔系数（食品支出占消费总支出的比重）反弹。2011年，城镇居民恩格尔系数为30.6%，比2003年高6.7个百分点。衣着、设备用品、医疗保健、居住、交通通信和娱乐文教等支出全面增长，2011年，城镇居民人均衣着支出2055元，设备用品及服务支出1006元，医疗保健支出1432元，居住支出1644元，交通通信支出2681元，娱乐教育文化消费支出1390元，与2003年相比，年均分别增长10.9%、9.7%、21.6%、10.1%、23.3%和5.7%。

服务性消费快速增长。2011年，城镇居民文教娱乐、休闲旅游、医疗保健等服务性消费支出人均3223元，比2003年增长182%，年均增长13.8%。在服务性消费中，家政服务支出比2003年增长67.7倍；居住服务支出增长6.2倍，表明家庭服务社会化趋势日益明显。在外饮食支出比2003年增长244%，医疗费支出比2003年增长377%，交通费支出比2003年增长433%，文化娱乐服务支出比2003年增长55.8%。

信息化程度提高。2011年，城镇居民家庭每百户家用电脑拥有量87.5台，比2003年增加62.5台，增长250%，其中每百户接入互联网的家用电脑68.3台，即78.1%的家用电脑接入互联网。手机上网渐成时尚。2011年，城镇居民每百户接入互联网的移动电话29.8部。随着信息化程度的提高，网络消费快速增长，人们足不出户即可享受便捷的网络购物。2011年，城镇居民人均通过互联网购买的商品及服务支出101元。

旅游、健身成为居民消费时尚。随着收入的稳步增长，居民对生活质量的追求也越来越高，外出旅游和健身活动已成为人们工作、学习之余放松身心的一种生活方式。2011年，城镇居民人均旅游花费达249元，比2007年增加156元，增长294%。旅游支出占消费总支出的比重由2007年的0.6%上升到1.6%。其中，参加各类旅行社的团体旅游人均支出172元，比2003年增长4倍；人均健身活动支出17元。

居住条件改善。2011年年末，城镇居民

住房建筑面积人均34.9平方米，比2003年年末增加9.4平方米。房屋产权为商品房的城镇居民家庭占63.5%，比2003年提高58.5个百分点；使用管道燃气的家庭占78.8%，比2003年提高14.8个百分点；使用空调作为取暖设备的家庭占9.6%，比2003年提高3.6个百分点。

农村居民消费

2003年以来，农村居民生活水平得到明显提高，在实行“家电下乡”等扩大内需政策措施刺激下和收入持续增长的保障下，消费与收入同步较快增长。2011年，农村居民人均消费支出6382元，比2003年增加4051元，年均增长13.4%。

食品支出增长 2011年，潍坊农村居民食品支出为2100元，比2003年增长127.5%，平均每年增长10.8%。其中在外饮食258元，年均增长13.3%。

居住条件改善 2011年，农村居民用于居住的支出人均1184元，比2003年增长196.0%，年均增长14.0%。2003年以来，新农村建设带动的农村住房改造，使农村居民的居住条件大为改善。2011年年末，农村居民人均居住面积为36.5平方米，其中70.2%都是钢筋混凝土和砖木结构的住房。

家庭高档耐用品拥有量增多 随着农村居住条件的改善，以及家电下乡、以旧换新等消费政策的刺激，农村居民耐用品普及率继续提高。2011年年末，平均每百户家庭拥有空调、电冰箱和彩色电视机分别为21台、94台和110台，分别比2003年增加17台、60台和19台。农村居民消费需求还日益呈现多样化和层次化，抽油烟机、微波炉等新兴家电在农村居民家庭中的拥有量稳步上升。

新的消费热点 随着居民收入提高，道路交通条件改善，农村居民对出行、交流的要求不断提升，推动了交通通信支出的快速增长。2011年，农村居民人均交通通信费支出1037元，比2003年增长325%，年均增长19.8%。2011年年末，农村居民家庭每百户家用汽车拥有量17辆，比2003年的1辆增长16倍，汽车衣着、设备用品、和医疗保健支出大幅增长，2011年，农村居民人均衣着支出440元，设备用品支出513元，文教娱乐支出565元，与2003年相比分别增长162.0%、423.5%、81.7%，年均分别增长12.8%、23.0%、7.8%。

节日焰火

第二章　就业（创业）

第一节　就　业

2003~2011 年，全市城镇新增就业和转移农村劳动力始终保持在 20 万人以上，城镇登记失业率均控制在 3.8%以内。在受金融危机影响最为严重的 2008 年，全市实现城乡新增就业 24.9 万人，其中城镇就业 13.2 万人、农村劳动力转移就业 11.7 万人，失业率仍然控制在 4%以下，远低于全国和全省平均水平。第二、第三产业就业人员比重提高，成为新增就业的主要渠道。截止到 2011 年年底，第一产业从业人员所占比重低于 40%，第二、三产业均超过 30%。

劳动力市场

2003 年开始，全市对市县两级劳动力市场进行统一规划和建设。2006 年 12 月，位于中心城区新华路北段的山东潍坊人力资源市场正式启用，全市 14 县市区也相继建成新型的人力资源市场。截止到 2011 年年底，全市共建成市级Ⅰ类市场 1 个，县级Ⅰ类市场 8 个、县级Ⅱ类市场 2 个、县级Ⅲ类市场 4 个，形成了以山东潍坊人力资源市场为龙头，各县市区人力资源市场和其他人才市场为补充的市场服务体系，年均举办各类招聘会近千场次。2010 年，按全市机构改革要求，原来的市劳动就业办公室、市人才服务中心和军转干部培训中心进行整合，成立人力资源市场，成为全省首家实现人才市场和人力资源市场整合的市级机构。截止到 2011 年年底，全市 14 个县市区、118 个街道（乡镇），230 多个城市社区、900 多个农村社区建立了基层就业服务机构，基层劳动保障机构总数量达到 1291 个，公共就业服务进一步向基层延伸。推进就业信息化建设，以推广应用“劳动 99 三版”为主线，搭建上下贯通，连接城乡、规范共享的 4 级就业信息服务平台。在市级，重点建设潍坊就业网和潍坊人才网，各县市区普遍开设就业服务网站。市场、平台、网络相互促进、相互补充，公共就业服务体系初步形成。

就业政策

高校毕业生就业　通过实施“三支一扶”计划，一村一名大学生计划、就业见习计划以及特困家庭毕业生就业帮扶活动，拓宽毕业生就业渠道。每年组织大中专毕业生服务业活动、就业创业指导进校园活动，为毕业生就业搭建就业平台，提高高校毕业生就业成功率。2003~2011 年，全市高校毕业生总体就业率高于全省平均水平。

困难群体就业援助 全市通过组织实施“再就业伙伴计划”“再就业扬帆行动”“零就业家庭援助活动”等多项专题活动，建立覆盖城乡的就业援助体系。同时，加大公益性岗位开发力度，规范公益性岗位开发安置工作，2003~2011年，全市共开发社区公益性岗位2.2万个，安置零就业家庭等就业困难人员1.5万人。强化基层服务平台建设，“一开发二登记三调查四服务”的社区基层就业服务模式全面铺开，截止到2011年年底，全市有1个社区被评为“国家级充分就业示范社区”；有19个社区被评为“山东省充分就业星级社区”；有154个社区获得“市级充分就业和谐社区”称号。

农村劳动力转移就业 每年组织开展“春风行动”“迎接返乡农民工就业”“农民工恳谈日”等专项就业服务活动，为农民工转移就业提供全方位的服务。全市劳务输出组织化程度提高，打造了临朐金桥劳务、青州外派劳务等劳务输出品牌，昌乐、临朐、青州3个县市分别被认定为“全国、全省农村劳动力转移就业示范县”和“全省外派劳务基地”。每年集中组织开展整治非法使用农民工专项行动和农民工工资支付专项检查，以维护农民工的合法权益。

第二节 创 业

政策措施

2003年，全市围绕市场准入、场地安排、行政管理、融资渠道等问题，配套出台多项鼓励创业的政策措施。

小额担保贷款 政策惠及面扩大到失业人员、高校毕业生、返乡农民工、复员退伍军人、失地农民、残疾人和灵活就业人员等人群，同时简化办理程序，提高贷款额度，加大财政贴息力度。2003~2011年，全市累计发放小额担保贷款约5.6亿元，扶持8000多人成功创业，带动4.4万人实现就业。

税费优惠政策 依法免收管理类、登记类和证照类等有关行政事业性收费，免除前置审批的各项费用；符合相关条件的，可按国家规定享受现行增值税、营业税、企业所得税、个人所得税等税收优惠政策。

放宽工商登记注册条件 申办个体工商户、个人独资企业、合伙企业、农民专业合作社，不再受注册资（本）金限制。2009年，出台《关于贯彻落实〈山东省加强就业培训提高就业与创业能力五年规划（2009—2013）〉的实施意见（潍劳社〔2009〕14号）》，将创业培训纳入到加强就业培训提高就业与创业能力五年规划培训项目。截至2011年年底，全市共建成规范化创业培训基地9处，形成了以市级培训为龙头，六区联动，辐射八县市的创业培训网络。扩大创业培训范围，将有创业愿望和创业能力的城乡劳动者全部纳入创业培训范围。2003~2011年，全市累计开展创业培训3.8万人，创业成功2.6万人，培训后创业成功率达到67%以上。

实践活动

全市组织参加“山东创业十杰”评选表彰活动，先后推荐60多名选手参加评选，常金香、杨爱君分获2006年的第一届和2011年的第二届“山东创业十杰”称号。2009年，在全市实施千名创业典型孵化计划和信贷助推千名创业者计划，培育、孵化了大量的创业典型，并挖掘整理了100名创业带头人进行了大力宣传。2010年，举办首届潍坊市创业大赛，对10名优胜者进行了表彰，并给予2万~6000元不等的奖金，在全市范围内掀起了全民创业热潮。

第三章　经济结构

第一节　服务业

发展现状

2011年，全市服务业实现增加值达到1221.2亿元，同比增长11%。金融保险、现代物流、科技信息、文化旅游、房地产和商务服务六大产业快速发展，产业结构逐步优化。截止到2011年年底，全市金融机构本外币各项存款余额3748.9亿元，本外币各项贷款余额3001.5亿元；现代物流业实现社会物流总额11862亿元；房地产业稳定有序发展，商品房销售面积1242万平方米，销售额446.6亿元；旅游业增长，旅游总收入315.2亿元。2011年，全市服务业增加值占GDP的比重达到34.5%，对经济增长的贡献率达到40%，拉动GDP增长3.7个百分点。服务业增加值占GDP的比重提高。全市服务业从业人员占全社会从业人员的比重达到30.8%，吸纳社会新增就业人员7万人，占全社会新增就业人员的70%；传统服务业仍是吸纳就业的主渠道。2011年，服务业实现税收170.2亿元，占全部税收的38%。服务业经济效益和发展质量提高，成为地方财政收入的重要支撑。服务业投资完成1433亿元，同比增长25.1%，占全社会固定资产投资比重达到55.1%。重点城区实现服务业增加值938.9亿元，占全市服务业增加值比重的76.9%。重点服务业园区完成营业收入14199.9亿元，缴纳税金总额27.7亿元。重点服务业企业实现营业收入865.9亿元、缴纳税金总额31.2亿元。服务业“四大载体”培育成效显著，集聚示范带动作用增强。

发展规划

任务目标　“十二五”期间，把潍坊市建设成为立足山东半岛、服务山东全省、影响环渤海、面向国际的服务创新基地和特色鲜明的服务业强市。到2015年，中心城区（奎文、潍城、寒亭、坊子、高新区）率先形成以服务经济为主的产业格局，服务业增加值占GDP的比重要达到50%以上，服务业重点城区（青州、诸城、寿光、高密市）服务业增加值占GDP比重达到45%以上。全市服务业增加值达到2800亿元，占GDP比重达到42%，力争达到45%，服务业投资年均增长20%，占全社会固定资产投资的比重达到60%。服务业就业人数占全部从业人员的比重达到35%以上，服务业实现地税收入占全部地税收入的比重达到60%以上。

发展重点 按照“组团协同，错位发展”“三圈联动，梯度推进”的原则，依托现有基础，整合资源，拓展发展新空间，力争通过5年努力，构筑“三十五四”（三个特色带、十个增长点、五个功能区、四个集聚区）的布局合理、协同推进的服务业区域发展格局。进一步明晰中心城区五大板块功能：西部加快发展现代物流、会展，白浪河两岸重点发展高端商务；南部加快发展汽车服务、航空物流；东部加快发展科技信息、服务外包；东南部以峡山水库、潍河为核心，加快发展水生态文化旅游；北部加快发展临港物流和职业教育等特色鲜明的服务业集聚区。

重点发展生产性服务业、生活性服务业、公共服务业、新兴服务业、农村服务业，重点培育一批服务业城区，加快形成以服务经济为主的产业结构，促进全市产业结构调整和经济发展方式转变。

生产性服务业。1.优化金融生态环境，打造潍坊金融品牌，积极有序引进股份制银行，做大做强地方金融机构，规范发展各类新型金融组织和金融业态，提高保险业服务与发展水平，增强金融业综合竞争力，加快建立和完善涵盖银行、保险、证券、担保、期货、典当、小额贷款公司等功能齐全，结构完备，相互补充，协调发展的金融组织体系。加快奎文区、高新区等县市区金融资源集聚区建设步伐，打造金融后台服务中心。加快社会信用体系建设，加强金融风险防控，实施金融人才开发战略，强化金融意识宣传教育。力争到2015年，存贷款增幅、实现利润等主要指标继续保持在全省先进位次，不良贷款率保持较低水平、金融资产质量不断提高，政策支持的力度不减、投入实体经济的资金总量持续增加，新型业态的发展数量、质量继续保持全省领先地位，努力将潍坊打造成为金融创新活跃、“草根”金融发达、特色业务鲜明的金融名市和金融强市。

2.现代物流业。发挥潍坊省级重要物流节点城市和重要物流通道的作用，重点培植骨干物流企业，逐步形成以物流园区、物流中心为依托，以大型物流企业为骨干、以信息化为支撑的现代物流服务体系。鼓励发展第三方、第四方物流，加快物流信息平台建设，推广应用货物自动分拣、可视化与货物跟踪、自动识别和标识、电子结算等物流新技术，提升物流企业的专业化、信息化、社会化和规模化服务水平。重点打造胶济线物流带、滨海临港物流带，壮大诸城、安丘、临朐物流园区。重点建设鲁东物流中心、滨海交通物流园、高密晟绮物流产业园、寿光农产品物流园、青州港天物流园、昌乐半岛物流园、诸城粮食物流园等重大物流项目。

3.科技信息业。发展信息传输、计算机服务和软件业，充分发挥其对经济社会发展的技术支撑作用。加快电信网、广播电视网和互联网等信息基础设施建设，积极创造条件，推动三网融合发展。以科技孵化业、技术贸易服务业、科技风险投资业等为发展重点，实现科技服务业组织网络化、功能社会化和服务产业化，积极推进潍坊软件园、寿光软件园、万声呼叫中心基地、动漫基地等重点园区、项目建设，建设和完善软件、动漫、呼叫中心等公共技术服务平台建设，提升园区承接产业转移、人才聚集、企业入驻的能力，实现软件与信息服务业的聚集发展。推进电子政务、电子商务、企业信息化、农业信息化和社会信息化等建设，打造区域性科技信息服务中心。积极推进物联网产业发展，加快物联网技术在交通运输、食品安全、仓储物流、医疗卫生、教育、农业、生产管理和控制等领域的推广应用，全面提高信息服务的水平和质量。

4.商务服务业。适应社会化分工和产业发展的需要，大力发展中介服务，按照专业化分工、市场化运作的原则，打破地域限制和行业垄断，推动会计和审计等财务类、律师和公证等法律类、信息和咨询等咨询类、代理和经纪等市场交易类中介服务业快速发展。积极推进中介服务行业标准化建设，培育一批本土品牌商务服务业企业，做大做强中介机构联合体——潍坊市现代中介服务业联盟。积极发展会展业，建立会展业管理机制，出台促进和规范会展业发展的管理办法，制定相关扶持政策，打造潍坊市具有影响力的品牌展会，重点把潍坊国际风筝会、寿光国际蔬菜博览会、鲁台会等，培育成国内外具有较大影响的会展品牌。加快推进火车站站南广场、阳光·100、潍坊名嘉城市广场等城市综合体及鲁台经贸中心等重点项目建设。

5.创意产业。重点发展工业设计、动漫游戏研发设计、建筑与规划设计、艺术创作、影视制作等领域，引进知名动漫创意设计制作企业、技术和人才，加快建设动漫基地、西街68创意产业园等创意产业聚集区，推动中动传媒等企业做强做大，打造“创意潍坊”城市品牌。

6.服务外包产业。以培育技术先进型服务业企业为载体，完善服务外包产业园建设，加快服务外包人才引进和培养，创造服务外包产业发展的良好环境，培育和发展壮大服务外包产业，推动现代物流、科技信息、研发设计等领域服务外包上规模上水平。力争到2015年，服务外包成为重要产业，把潍坊建成特色明显、在国内外有一定知名度的服务外包城市。

生活性服务业。1.商贸流通业。加快完善商贸流通网络体系，特别是社区和农村的流通体系，立足改造提升和创新支持本土骨干商贸流通企业做大做强，加快商业结构和业态调整，推进连锁经营、特许经营、电子商务、物流配送等流通方式，向更大范围，更深

风筝放飞

层次发展。推动现代流通方式与电子信息技术结合，提升城市商贸服务功能，加强大型商业设施建设和新型业态引进，完善中央商务区服务功能，打造潍坊商业品牌。培育大型商贸流通企业集团，引导大型流通企业发展总经销、总代理，大力发展连锁经营，培育一批具有整合供应链能力，能够引导市场、指导消费的专业批发企业。加快特色商业街建设，发展夜间消费市场和大众化餐饮。加快农村和社区商业建设，推进“农超”对接和“万村千乡市场工程”。重点抓好五道庙商业街、中凯兴业贸易广场等商贸流通服务设施建设。

2.文化旅游业。加快现代旅游业与文化创意产业渗透融合，推进旅游产业与文化、体育、农业、工业、林业、商业等相关产业和行业的融合发展，整合产业资源，形成协同效应。整合滨水旅游资源，规划建设白浪河生态景观、潍河生态景观、弥河生态景观、滨海休闲娱乐四条旅游特色带。整合生态农业资源、地质景观资源、古青州旅游资源，规划打造三大旅游聚集区。挖掘民俗、宗教、地质、山水、生态农业等文化内涵，规划打造民俗文化、山水文化、宗教文化、地质文化、湿地文化、滨海、乡村、红色、度假休闲、工业十大旅游版块，构建潍坊大旅游格局；挖掘乡村旅游资源，规划开发乡村旅游产品。策划设计滨海休闲、山水湿地、民俗修学、地质探奇、经典农业、宗教文化以及乡村体验“一日游”“二日游”“三日游”精品旅游线路。加快青州云门山生态文化旅游度假区、诸城白垩纪地质公园、滨海国际风筝冲浪基地等重点项目建设。

3.房地产业。推进住宅产业化，加强房地产市场宏观调控，稳定有序发展房地产业。

沿河商业区

扩大保障性住房供给，以解决中低收入者的住房困难为重点，实施土地供应、税收优惠等政策扶持，推进农村住房建设与危房改造，扩大城市廉租住房保障范围，设计建设一批经济小户型住宅，最大限度地解决外来务工和特困人群的住房问题。培育一批具有较强竞争力的大型综合性房地产开发企业和建筑企业，有针对性地引进国外房地产高端设计人才和建筑企业，开发建设一批高端商务楼宇和高端低碳样板住宅小区，提升房地产业发展水平。

4.社区服务业。重点搞好物业、医疗、养老、助残等服务。在中心城区，建设华都颐年园三期、鹤翔美诺养老中心二期等高档老年社区。在县市区建设一批规模较大的社区服务中心和安养中心。加快 12343 家政服务网络中心建设，打造全国家政服务业知名品牌。

5.家庭服务业。建立家庭服务行业标准，规范各种家政经营行为，重点发展家政、家教、维修、护理等服务。鼓励发展家庭教育、心理咨询、母婴护理、家庭医疗、用品配送等特色服务。

6.农村服务业。以公共服务机构为依托，合作组织为基础，龙头企业为骨干，构建覆盖全程、综合配套、便捷高效的农村社会化服务体系。重点构建农村金融服务体系，农业科技服务体系，农村物流服务体系，农村社区服务体系，提高农村服务业自身服务和为一产、二产服务的水平。

公共服务业。1.教育业。完善现代基础教育体系，合理配置公共教育资源，建设覆盖城乡的基本公共教育服务体系，实现全市义务教育均衡发展。到 2015 年，高中阶段教育毛入学率达到 90%。发展中、高等职业教育，探索“中高职”教育一体化办学、集团化发展。推进滨海科教园区建设，打造全省职业教育公共实训与竞赛基地，建设山东半岛高技能人才培养基地和环渤海建设人员培养基地，建设一所国家级海洋经济技师学院，成为全国知名高等职业教育基地。全面提升高等教育质量，加强区域综合性大学建设。到 2015 年，高校在校生达到 12 万人，高等教育毛入学率达到 40%以上。

2.卫生业。继续推进深化医药卫生体制改革和公立医院改革工作，理顺办医体制，实现管办分开，落实独立法人地位，建立高效运转的内部运行机制。引进社会资本办医，形成投资主体多元化，投资方式多样化的医疗服务机构，构建公平竞争、规范有序，全面开放的医疗市场，打造区域性医疗服务中心。建立健全覆盖城乡居民的公共卫生服务体系、医疗服务体系、医疗保障体系和药品供应保障体系四位一体的基本医疗卫生制度。加强公共卫生服务体系建设，增强重大疾病及突发公共卫生事件预测预警和处置能力。加强医疗服务体系建设，构建以社区卫生服务中心为主体的城市社区卫生服务网络，打造“10 分钟”就医圈。加快农村医疗服务体系建设，巩固和提高县级医院为龙头、乡镇卫生院、村卫生室为基础的农村三级医疗卫生服务网络。完成 16 处县市区级医院、130 处乡镇卫生院和 1500 处村卫生室的标准化建设。加强医疗保障体系建设，完善城镇职工基本医疗保险制度，提高新型农村合作医疗保障水平，实现基本医疗保障制度全面覆盖城乡居民。到 2015 年，城镇职工医疗保险实现市级统筹，全市新型农村合作医疗参合率以县、乡镇和户为单位均达到100%。加强药品供应保障体系建设，全面推行国家基本药物制度，“十二五”期间，城乡基层医疗卫生机构全部配备、使用基本药物，实现全覆盖，基本药物全部零差率销售，全部纳入基本医疗保障药品报销目录，提高报销比例。鼓励社会资本投资举办综合医院、专科医院、老年护理院、辅助性医疗机构。以中心城区综合医院为龙头，与基层医疗卫生服务机构通过资产、技术、管理协作等形式，组建4~5家集团化医疗联合体，提高资源利用率。探索推进县乡村纵向技术联合，每个县（市）采取一体化、托管等形式，分别组建2~3家紧密型医疗联合体。建立双向转诊制度，实现“小病在社区、大病到医院、康复回社区”的医疗服务格局。

3.社会保障和社会福利业。坚持广覆盖、保基本、多层次、可持续的指导方针，以社会保险、社会救助、社会福利为基础，以基本养老、基本医疗、最低生活保障制度为重点，加快构建覆盖城乡的社会保障体系。加大公共财政投入，提高社会保障统筹层次和保障水平。整合各种保障资源，简化社会保险关系转移手续，营造统一、开放、有序的大社保格局。深化城镇养老、医疗、失业、工伤、生育五大保险制度改革，扩大新型农村社会养老保险试点范围。进行社会保险政策调整，扩大社会保险覆盖范围。到2015年，企业基本养老保险和城镇基本医疗保险覆盖率均达到95%以上，城镇职工医保和城镇居民医保平均报销比例分别达到80%和60%以上，失业保险、工伤保险和生育保险覆盖率均达到95%以上。构建社会化养老服务体系，完善城乡一体社会救助体系，建立城乡低保标准和农村五保标准自然增长机制。发展壮大社会福利事业和慈善事业，建立健全市、县、乡、村（社区）四级慈善组织，加快建设市社会福利院、儿童福利院和县级社会福利中心。

4.体育业。协调发展群众体育、竞技体育和体育产业。完善全民健身公共服务体系，加强公共体育设施建设、运营和管理，实施市、县城区“10分钟健身圈”和农民体育健身工程，广泛组织开展体育活动，提高城乡居民身体素质。加强各级各类基层体育学校建设，搞好体育后备人才培养和输送。到2015年，全市县级体校达到12所以上，国家体育传统项目学校达到6所、省级40所、市级100所。搞好市、县两级体育场馆建设，完成市体育运动学校在滨海开发区科教创新园区建设；争取每个县市至少建成一个2万座左右的体育场、一个2000~3000座的体育馆，每个区（含市属开发区）至少建成一个2000~3000座的体育馆。优化体育产业发展布局，加强规划引导和政策推动，规范发展体育市场，支持鼓励多种资本成分进入体育产业领域，拓宽体育产业发展资金来源渠道，完善现代体育服务业投资体系。到“十二五”末，全市各级各类体育健身俱乐部争取达到1000家以上，形成一定产业规模。

第二节　新兴产业

2011年，全市新兴产业实现主营业务收入300亿元，利税40亿元，高新技术企业

160家，省级以上企业技术中心、工程研究中心、博士后工作站等研发机构94家，新兴产业技术水平和综合实力居省内前列。

产业规模

新一代信息技术　产业形成优势，中微光电子、歌尔声学、浪潮华光等重点企业快速发展，形成了完整的衬底—外延片—芯片—应用系统半导体照明产业链，电子元器件、软件、智能家电、光通信系统等一批关键技术和产品成为带动产业快速发展的新生力量。歌尔声学、共达电声引领电子元器件产业发展，歌尔声学产品多元化，成为企业发展、运营模式成功的典范。部分产品市场占有率居居世界前列，微型麦克风产品居国际同行业之首，微型扬声器/受话器居国内同行业第二名、国际第四名，蓝牙耳机ODM业务和3D眼镜业务均居世界第一。建成LED半导体照明、电声器件、光电等3个国家特色产业基地，本市被列为“十城万盏”示范城市。

新医药和生物产业　已形成生物育种、玉米深加工、医药产业集群等较为完整的产业链和产业集群，拥有国家创新药物孵化基地、省级生物高技术产业基地，规模优势进一步显现。以诸城市为核心区，以得利斯集团、信得科技、华辰生物等企业为引领，带到动物养殖、肉制品加工、冷链物流等相关产业配套，形成动物育种产业链。以寿光市为核心区，以山东省蔬菜研究中心、中国农业大学蔬菜研究院、华盛农业科学院等企业为引领，带动植物视频医院、农资连锁超市、蔬菜销售体系等相关配套产业，形成设施蔬菜、种子产业链。以高新区为核心区，以沃华医药、富康制药、三维生物为引领，形成医药产业集群。

新材料产业创新　在碳化硅结构陶瓷、氟硅材料、抗冲改性剂等细分领域龙头企业膨胀明显，产品科技含量、市场占有率、工艺技术水平国内领先。

新能源产业　培育壮大孚日光伏、宇骏（潍坊）新能源、宏力空调等重点企业，基本形成硅片—电池片—电池组件—应用系统太阳能光伏产业链。

海洋开发产业　海水综合利用、海洋精细化工等产业发展较快，涌现出一批竞争力较强的行业骨干企业。

高端装备制造业　在重型汽车及发动机、现代农业装备、工程机械设备、环保及检测设备、大型专用机械设备等领域优势明显，拥有潍柴、福田雷沃、山东起重机等创新能力较强的骨干龙头企业和一批具有国际先进水平的拳头产品，总体规模居全国前列。

节能环保产业　加大节能节水、环保产业、循环经济等关键技术、装备、产品的研发力度，初步建立集研发、生产、应用于一体的节能环保产业体系。

创新体系

研究制定印发《潍坊市工程实验室管理暂行办法》和《潍坊市工程研究中心管理暂行办法》，并组织认定了10家市级工程实验室、15家市级工程研究中心。全市共有7家省级工程实验室、96家省级工程技术研究中心、58家省级企业技术中心。拥有11家国家级创新平台，其中：国家地方联合工程实验室2家、国家认定企业技术中心8家、国家工程技术研究中心1家。建成12家省级重点实验室，拥有19家博士后科研工作站、20家院士工作站，建成省级以上孵化器达到4家，其中国家级3家。11人入选国家“千人计划”，20人入选省“泰山学者海外特聘专家”。

产学研合作

加强与中国科学院、中国工程院、清华大学等国内知名科研机构、高校院所的战略合作，分别与中科院、山东信息通信技术研究院共建中科院山东综合技术转化中心潍坊分中心、山东信息通信技术研究院潍坊分院。新组建半导体照明（LED）等4家产业技术创新战略联盟，全市创新联盟发展到24家（国家级1家、省级15家）。推动中美动漫、中日生物医药、中德智能电器控制、中俄内燃机增压技术等4个山东省国际合作研究中心，构建起具有潍坊特色的国际科技合作平台体系。

第三节　城市创新能力

全市坚持“自主创新、重点跨越、支撑发展、引领未来”的方针，以增强自主创新能力、实施高新技术赶超战略为主线，推进创新型城市建设。

2006~2011年，潍坊市连续创建为“全国科技进步先进市”。2007年，被评为“中国优秀创新型城市”。2008年，跨入中国最具创新力城市50强。2009年，荣获“中国最具创新力城市十强奖”；科技部确定潍坊市为山东省唯一国家级“十城万盏”半导体照明应用工程试点城市。2010年，被科技部确定为国家半导体照明工程高新技术产业化基地；“潍坊黄河三角洲”和峡山生态经济发展区被批准为国家可持续发展实验区。

高新技术产业

“十一五”期间，全市实施高新技术赶超战略，先后制定出台《关于增强自主创新能力、建设创新型城市的意见》《鼓励支持高新技术产业加快发展的有关政策规定》《关于推进高新技术产业发展的指导意见》等一系列配套政策。建立高新技术产业发展联席会议制度，推动优势资源和创新要素向高新技术产业集聚，潍坊的高新技术产业发展迅猛。电子信息、生物医药、光机电一体化、新材料和能源环保等高新技术产业蓬勃兴起。组织认定国家备案的高新技术企业230家，占全省总量的1/7。全市高新技术产业产值从“十一五”初的427亿元增加到2011年的2500亿元，5年间增长近5倍，总量由全省第六位上升到第4位；占规模以上工业总产值的比重也由“十一五”初的15.9%增加到32.6%，年均提高6.5个百分点，增幅居全省第一。电子信息、新能源、生物技术、软件信息等新兴产业继续保持高速发展。LED产业已形成完整的产业链，大功率LED路灯应用数量居全国首位。蓝牙耳机等电声器件高端产品占国内市场份额的45%以上。

“十一五”期间，全市实施科技创新引导工程，市委、市政府组织实施的党政领导干部科技进步目标责任制考核的经验做法，被省委组织部、省科技厅在全省推广；在稳定增加科技研发投入的同时，设立10亿元的高新技术产业发展基金，重点支持企业公共研发平台和重大高新技术产业化项目建设，被科技部誉为“自主创新潍坊模式”。潍柴动力建成国家商用汽车动力系统总成工程技术研究中心，成为国家创新型试点企业，实现本市零突破。建成豪迈子午线轮胎模具等省级工程技术研究中心70多家。截至2011年，市级以上工程技术研究中心由“十一五”初的15家，发展到333家，5年间增长了22倍多。寿光蔬菜高科技示范园建成国家级农业科技示范园；潍坊生物医药产业园创建为全省首家中药现代化科技企业孵化器，成为国家综合性新药创制大平台主要成员单位；建成潍坊学院多光子纠缠和操纵实验室等6家省级重点实验室。

组织实施国家、省、市科技计划项目640多项，争取无偿资金7.2亿多元。其中，潍柴动力、北汽福田、盛瑞传动、亚星化学等10个重点项目承担了国家科技支撑和“863”计划；中微光电子、歌尔声学、华特磁电、山东俊富等（36）个项目列入省重大科技专项，每年争取项目、资金均居全省各市首位。全市引进和培育农业新品种1200多个，研究推广新技术840多项；培育重大科技成果1260项，获省级以上科技进步奖119项。潍柴重型商用车电控柴油机开发平台及蓝擎系列柴油机等5项科技成果荣获山东省科技进步一等奖；山东海龙“粘胶短纤维工程系统研究”荣获国家科技进步一等奖；山东同大海岛新材料“超细纤维人造麂皮开发”获国家科技进步二等奖。

科技交流与合作

全市实施人才强市战略，利用国际国内科技资源，与中科院、省科院等知名高校院所开展战略合作，建成省内唯一、全国信息量最大的科技融智公共信息服务平台，产学研联合基地达到118个。组建农业装备和商用汽车与工程机械新能源动力系统两个国家级产业技术创新战略联盟，全市市级以上产业技术创新战略联盟达到10个。潍柴动力和盛瑞传动先后被科技部确定为国际科技合作基地；创建山东蔬菜工程技术研究中心、默锐化学等10个省级院士工作站，数量居全省第2位。每年举办海峡两岸人才与科技成果交流会、光电子产业合作恳谈会、（青岛）潍坊周创新合作洽谈会、潍坊市科技活动周等活动，拓宽企业与高校院所的合作渠道，一批高校、院所的科研成果和高新技术项目在潍落户。

第四节 经济结构调整

经济总量

潍坊市地区生产总值由2006年的1720.9亿元增加到2011年的3541.9亿元，实现翻番，位居全省第四位，人均GDP突破5000美元。2011年，全市财政总收入完成466.8亿元，是2006年财政总收入177亿元的2.6倍。地方财政收入由88.5亿元增加到253.9亿元，增长1.9倍，位居全省第四位。累计完成规模以上固定资产投资9529亿元，年均增长20%。2011年，实现社会消费品零售总额1349.8亿元，年均增长18.6%。金融机构各项存、贷款余额分别达到3748.9亿元、3001.5亿元，是2006年末的2.6倍和2.9倍，增量增幅连续5年保持全省领先水平。城镇居民人均可支配收入达到22508元、农民人均纯收入10409元，分别比2006年增加10662元和4901元。

产业结构

全市加快三次产业优化提升，三次产业比例调整到2011年的10.1:55.4:34.5。

农业现代化水平提升。坚持以安全、优质、高效、品牌为主攻方向，突出抓安全保障、科技带动和品牌培育。粮食总产连续三年超过百亿斤。优质农产品基地发展到约34.67万公顷。拥有优质农产品品牌1604个，其中，第三方认证的有机农产品品牌505个，农业部认证的绿色食品品牌707个，省级认证的无公害农产品品牌392个。销售收入过亿元农业龙头企业发展到167家，过50亿元的3家。畜牧产业链销售收入突破千亿元。农产品质量安全区域化管理经验在全国推广。

工业经济竞争力增强。实施高新技术、战略性新兴产业培植发展工程，围绕新能源、新材料、新医药、新信息和海洋开发等重点领域，推动新兴高端产业链条式组合、园区化布局、集群式发展。全市高新技术企业达328家，高新技术产业产值占规模以上工业总产值的比重达到24.9%。高新区“63513”工程被确定为全省新兴高端产业发展示范工程。实施传统产业改造提升工程，落实十大产业调整振兴规划，加快打造千亿级产业链和国家级特色产业基地，主营业务收入过千亿元产业达到4个，分别是机械行业2397亿元、化工行业2000亿元、纺织行业1403亿元、食品行业1225亿元，过百亿元企业达到12家。累计获省长质量奖6个，拥有驰名商标69件、山东省著名商标318件。

服务业快速发展。坚持扩大总量与提升水平并重，重点推动金融保险、现代物流、科技信息等产业发展壮大，带动服务业快速发展。2011年，服务业增加值达到1221.2亿元，服务业增加值占GDP的比重达到34.5%。金融机构各项存贷款余额分别为3748.9亿元、3001.5亿元，银行业存贷款增量增幅、资产质量和效益保持全省先进水平。年交易额过10亿元的市场达到36个，过百亿元的达到4个。

需求结构

全市加快需求结构升级，增强对经济发展的拉动作用。积极调整优化投资结构，先进制造业、现代服务业、现代农业、文化产业、节能环保、公共服务等领域投资大幅增长。完成固定资产投资2604亿元，增长22.9%。一、二、三产分别完成投资96.8亿元、1058.6亿元、1448.6亿元，分别增长19.1%、20.7%、25.1%，三次产业投资比为3.7:40.7:55.6。

扩大消费需求。把扩大消费作为拉动经济发展的增长点，加快城乡消费网络和设施建设，落实家电、摩托车下乡和家电以旧换新等政策，开展“满意消费惠万家”活动，

提高居民消费能力和消费预期。实现社会消费品零售总额1426亿元，增长17.3%。物价保持总体稳定，居民消费价格涨幅控制在4.4%以内。

加快对外开放。以推进资本、人才、市场、资源和运行规则国际化为目标，保持对外贸易高位运行，截至2011年，完成进出口

总额140.9亿美元，增长19.9%，其中出口103.7亿美元、进口37.3亿美元，分别增长19.2%和21.9%；提升利用外资质量，新批外商投资项目69个，实际到账外资7.2亿美元；“走出去”战略实施保持全省领先，完成对外承包劳务营业额21.6亿美元，增长27.5%；新设立境外企业40家，投资额1.8亿美元，分别增长25%和36.8%。

增强财税金融支撑能力。全市税收完成212.7亿元，增长21.5%，占地方财政收入的83.8%。主体税种累计增收21亿元，占全部增收额的40.7%。金融业成为支柱产业，金融机构各项存、贷款余额分别达到3749亿元和3002亿元，银行业存贷款增量增幅、资产质量和效益保持全省先进水平。

城乡结构

全市坚持城乡一体发展，统筹推进中心城、县城、小城镇和农村社区建设，提升新型城镇化水平。

提升中心城市价值。优化城市规划布局，提升产业层次、功能品质和环境形象。中心城市“五大板块”发展格局，现代化大城市框架基本形成，建成区面积扩大到149平方公里。文化艺术中心、鲁台会展中心、虞河上游综合整治工程、白浪河综合整治二期工程、火车站站南广场、军埠口片区开发建设等项目已开工建设。建成区绿化覆盖率达到40.3%。加快数字化城市管理平台建设，主要道路市政设施、环境卫生、夜景照明等实现24小时在线监测监控。成功创建“中国人居环境奖”。

壮大县域经济实力。引导县域在农业、工业、物流、旅游等方面突出各自优势，加快县域经济差异化、特色化发展，培植特色产业链和产业集群，形成各有强项、各展优势的县域经济发展模式。地方财政收入过20亿元的县市区、开发区达到5个，其中寿光、诸城超过40亿元。

加快发展新型小城镇。突出抓好镇域产业发展，因地制宜建设镇级先进制造业园区、旅游商贸园区和现代农业园区，培育特色主导产业。全市完成镇域产业投资1200亿元，财政总收入过亿元的镇街达到54个。扩权强镇改革试点工作顺利推进，增强了镇域发展活力。推进农村住房建设与危房改造工作，3年累计建设农房38.3万户、改造危房5.4万户，数量位居全省前列。

所有制结构

非公有经济规模发展壮大，所占比重提高，成为该市经济重要组成部分和经济发展重要支柱。2011年，全市非公有经济实现增加值1376.1亿元，对全市经济增长的贡献率达60.9%，拉动全市经济增长8.0个百分点。

公园绿地

2011年，全市非公有经济占GDP的比重为55.2%，比2003年提高11.2个百分点。规模以上非公有工业增加值比重、非公有投资比重以及个体私营贸易业零售市场份额等指标都在60%以上。2011年，全市规模以上国有集体工业实现增加值占全市规模以上工业的比重仅为9.1%；非公有投资占规模以上投资的比重为77.9%；非公有经济实现零售额占市场份额达87.2%。非公有经济成为推进潍坊市经济发展方式转变的重要因素。

第八篇 创建功绩

第一章　先进单位及个人

2012年2月4日，中共潍坊市委、市政府发出通报，决定授予市委宣传部等107个单位“潍坊市中国人居环境奖创建及城市建设先进单位”称号；追授崔学选等4名同志为“潍坊市城市建设功勋”人员；授予赵崇发等65名同志“潍坊市中国人居环境奖创建及城市建设先进个人”称号，记二等功；授予姜义强等97名同志“潍坊市中国人居环境奖创建及城市建设先进个人”称号，记三等功；授予王春燕等172名同志“潍坊市中国人居环境奖创建及城市建设先进个人”称号，给予嘉奖奖励；授予李晓明等18名同志“潍坊市城市建设荣誉奖章”。

潍坊市中国人居环境奖创建及城市建设先进单位

市委宣传部

市监察局

市发改委

市经信委

市教育局

市财政局

市人力资源和社会保障局

市国土资源局

市规划局

市住房和城乡建设局

市城市管理行政执法局

市交通运输局

市水利局

市环保局

市体育局

市人防办

市物价局

市公路局

市民航局

市港航局

市道路运输管理处

市公安局交通警察支队

市公安局治安警察支队

市公安局刑事警察支队

市公安消防支队

市公共行政服务中心

市环境监测中心站

市社会救助管理站

市国有资产经营投资中心

市政府采购中心

市财政投资评审中心

市规划设计研究院

市市政工程建设处

市建筑工程管理处

市建设工程质量安全监督站

市城市建设房屋拆迁办公室
潍坊昌大建设集团有限公司
市工程建设监理有限责任公司
市市政工程设计研究院
市市政工程股份有限公司
市园林管理处
市环境卫生管理处
市市政公用事业管理处
市城市管理监督指挥中心
市路灯管理处
市市政工程养护管理处
市城市节约用水办公室
市燃气供热管理办公室
市水利建筑安装工程处
市世界风筝都纪念广场管理中心
潍坊报业集团
潍坊广播电台
潍坊电视台新闻综合频道
市供电公司配电工区
潍坊港华燃气有限公司
潍坊联合润通水务有限公司
奎文区人民政府
奎文区委宣传部
奎文区东关街道办事处
奎文区潍州路街道办事处
奎文区大虞街道办事处
奎文区广文街道办事处
奎文区梨园街道办事处
奎文区财政局
奎文区住房和城乡建设局
市城市管理行政执法局奎文区分局
市国土资源局奎文区分局
市规划局奎文分局
潍城区城关街道办事处
潍城区南关街道办事处
潍城区北关街道办事处
潍城区西关街道办事处
潍城区教育局
市国土资源局潍城区分局
市规划局潍城分局
潍城区文化广电新闻出版局
市公安局交通警察支队潍城大队
市城市管理行政执法局潍城区分局
市环保局潍城分局
潍城区园林管理处
坊子区人民政府
坊子区委宣传部
市城市管理行政执法局坊子区分局
市规划局坊子分局
坊子区凤凰街道办事处
坊子区坊城街道办事处
坊子区住房和城乡建设局
市城市管理行政执法局寒亭区分局
寒亭区寒亭街道办事处
市公安局交通警察支队寒亭大队
寒亭区住房和城乡建设局
寒亭区财政局
市国土资源局寒亭区分局
市规划局寒亭分局
市环保局寒亭分局
市经济区市政管理局
市经济区北城街道办事处
市经济区公安分局
市高新区建设局
市高新区公安分局
市高新区工商分局

市高新区清池街道办事处
市高新区清池街道办事处
市高新区文化教育局
潍坊高新城市建设投资开发有限公司
市高新区新城街道健康东社区

潍坊市中国人居环境奖创建及城市建设先进个人

潍坊市中国人居环境奖创建及城市建设先进个人并记二等功（65名）

赵崇发　市委副秘书长、办公室主任
于为凯　市政府副秘书长、督查室主任
刘树亮　市国土资源局局长
张恒道　市规划局局长
李广东　市住房和城乡建设局局长
张志勇　市城市管理行政执法局局长
张兆平　市交通运输局局长
王秀禄　市环保局局长
陈　强　市公安局党委副书记、交警支队支队长
王　丙　市国有资产经营投资中心主任
马进礼　市财政局副调研员
谭洪建(女)市规划局副局长
周兆金　市规划局副调研员
杨锡忠　市规划局副调研员
葛继卿　市住房和城乡建设局副局长
张　文　市住房和城乡建设局副局长
周星明　市城市管理行政执法局党委副书记
李志民　市交通运输局党委副书记
刘文东　市公路局副局长
姜在杰　市环保局总工程师
李元春　市政府采购中心主任
马永军　市国有资产经营投资中心副主任
刘东民　市市政工程建设处主任
戴善邦　市园林管理处主任
丁　杰　市环境卫生管理处主任
张　健　市政公用事业管理处主任
唐　伟　市政公用事业管理处党支部书记
陈国斌　市公安局治安支队支队长
郑建波　市公安局交警支队副支队长
崔华东　市人防办总工程师
牟朋飞　市委宣传部宣传科科长
华建平　市财政局办公室主任
刘兴忠　市国土资源局组织人事科科长
石伟洲　市规划管理技术中心主任
高升明　市规划管理技术中心正科级干部
徐维强　市规划局机关服务中心主任
于治伦　市住房和城乡建设局城市建设科科长
张延吉　市城市建设综合开发管理办公室主任
付余新　市住房和城乡建设局房产管理科科长
范晓东　市市政工程建设处正科级干部
王敬贤　市市政工程建设处科员
季书庭　市城市管理行政执法局政策法规科科长
徐春波　市园林管理处建设科副科长
张兴山　市环境监控中心副主任
孙　萍(女)市公安局机关党委专职副书记
杜秀华(女)市人防办规划财务科科长
张成峰　市供电公司生产技术部副主任
冯天韬　奎文区人大常委会党组书记、第一副主任
李顺廷　奎文区政府党组成员、副县级干部
胡君章　奎文区住房和城乡建设局局长
庄胜苓　市城市管理行政执法局奎文区分局局长、执法大队大队长
范俊友　潍城区望留街道办事处主任
谭　军　市规划局潍城分局局长

褚永生　市城市管理行政执法局潍城区分局局长
刘江红(女)市城市管理行政执法局潍城区局副局长
王京城　坊子区政府党组成员、办公室主任
牟正义　市城市管理行政执法局坊子区分局局长
褚学胜　市国土资源局坊子区分局局长
常兴江　市城市管理行政执法局寒亭区分局局长
朱群英(女)寒亭区农业局局长
谭建民　市高新区党工委委员、管委会副主任
钟光文　市高新区建设局局长
程　辉　市高新区党政办公室副调研员，清池街道党委书记、人大工作室主任
孟祥韬　市高新区新城街道党委书记、人大工作室主任
李　斌　市经济区市政管理局局长

潍坊市中国人居环境奖创建及城市建设先进个人并记三等功（97名）

姜义强　市民航局局长
刘庆祥　市港航局局长
曾　国　市政府办公室副调研员
常怀志　市国土资源局副局长
宋继山　市国土资源执法监察支队支队长
李翱修　市监察局执法室副主任
杜天斌　市住房和城乡建设局副局长
张树彬　市住房和城乡建设局副调研员
马　冰　市建筑工程管理处主任
程　勇　市市政工程建设处党支部书记
孙　岩　市道路运输管理处主任
李希斌　市人防办副主任
陈继波　市人防办副主任
肖开冰　潍坊火车站广场开发管理办公室工会主席
殷德辉　市委办公室秘书科科长
张建军　市政府研究室城市调研科科长
刘斌军　市文化体制改革与文化产业发展办公室综合科副科长
李立清　市国土资源局执法监察办公室主任(政策法规科科长)
潘　强　市国土资源局高新区分局局长
王清春　市国土资源局经济区分局局长
张　杰　市规划管理技术中心正科级干部
王继富　市规划管理技术中心副主任
王述波　市规划设计研究院副院长
陈仁忠　市规划设计研究院副院长
丁志军　市规划设计研究院方案室副主任
李自钧　市规划设计研究院方案室工程师
王端民　市规划局坊子分局副局长
孙　涛　市规划局潍城分局副局长
李乐发　市规划局寒亭分局党支部书记
袁训安　市国有资产经营投资中心总会计师、市三河投资经营公司副总经理、财务总监
唐　末　市财政局基本建设科科长
宋传宝　市财政投资评审中心主任
王宗新　市财政局资源储备办公室主任
赵　栋　市政府采购中心副主任
庞效忠　市国有资产经营投资中心投融资部主任
翟文成　市住房和城乡建设局村镇建设科科长
姜　颖　住房和城乡建设局政策法规科科长
侯纪军　市住房和城乡建设局勘察设计科科长
谭晓东　市住房和城乡建设局预售监管科科长
杨宗明　市住房和城乡建设局科技教育科科长
高传民　市建筑工程管理处副主任
张贵森　市城市管理行政执法局办公室主任

韩本军　市城市管理行政执法局公用事业科科长
吴克亚　市城市管理监督指挥中心主任助理
李迎成　市城市管理行政执法局直属一大队队员
陈永祥　市城市管理行政执法局直属二大队大队长
曹金戈　市路灯管理处主任
王世鑫　市市政工程养护管理处主任
李金亭　市城市节约用水办公室主任
戚玉玺　市燃气供热管理办公室副主任
庄志刚　市城市节约用水办公室副主任
李建德　市城市管理监督指挥中心科员
刘　健(女)公共交通总公司副总经理
孙伟华(女)市交通运输局城区客运科科长
刘诗源　市公安消防支队防火处火调科参谋
林国成　市公安局治安支队综合科科员
王友谊　市公安局经侦支队副主任科员
傅国庆　市公安局交警支队设施大队大队长
段炳才　市公安局交警支队政治处副主任
王　琦(女)市环保局规划财务科副科长
冯　伟　市环境监控中心副科级干部
黄　健　市环境监测中心站副站长
张夕强　市发改委固定资产投资科副科长
刘　帅　市经信委电子政务与信息资源科副主任科员
杨　东　市人力资源和社会保障局考核奖惩科科长
彭文刚　市社会救助管理站副站长
季太友　市水资源规划管理处副主任
陈金成　市体育局群体科科长
尹洪增　市公共行政服务中心考核督查科科长
于振江　市供电公司基建部主任
杨　莉(女)市供电公司营销部副主任
蔡国华　奎文经济开发区建设局局长
曹建忠　奎文区北苑街道办事处副主任
丁文清　奎文区北海路商贸经济发展区党工委副书记
武法实　市城市管理行政执法局奎文区分局党委书记
杜鸿强　市城市管理行政执法局奎文区分局副局长、区园林处主任
解鲁新　市城市管理行政执法局奎文区分局副局长、区环卫处主任
徐照辉　潍城区北关街道党工委委员
刘学之　潍城区西关街道办事处副主任
郭德征　潍城区南关街道党工委委员
栾长顺　潍城区城关街道党工委委员
宋廷杰　潍城区环境卫生管理处副主任
高鸿均　市城市管理执法监察总队潍城区大队副大队长
徐仕东　坊子区政府办公室副主任
马志升　城市管理行政执法局坊子区分局副局长
朱松峰　市城市管理行政执法局坊子区分局副科级干部
商永祥　坊子区新闻中心主任
刘好伟　市城市管理执法监察总队寒亭区大队副大队长
臧海景　寒亭区交通运输局副局长
王永成　寒亭区开元街道中小企业创业服务中心主任
任金华　市高新区党工委组织部副部长
王凤举　市高新区建设局局长
高学慧　市城市管理行政执法局高新区分局局长
王建利　市高新区城市建设管理局局长
王　光　市高新区房产管理局局长

王玉强　市经济区规划建设局局长
李奉云(女)市经济区文教卫生局副主任科员

潍坊市中国人居环境奖创建及城市建设先进个人并嘉奖（172名）

王春燕(女)市委督查室查办科科长
韩炳强　市委政研室城市科科长
刘　川　市委宣传部办公室主任
于新启　市委讲师团办公室主任
徐凤徽　市政府督查室副主任
葛汝千　市政府应急管理办公室（总值班室）政务综合科科长
杜晓明　市政府办公室秘书一科副科长
于少波　市政府办公室文秘科副科长
温少波　市土地储备中心副主任
牟秀梅(女)市国土资源局纪委副书记、监察室主任
孙　青(女)市国土资源局规划科科长
姜在亮　市国土资源局耕地保护科科长（征地管理科科长）
李安亭　市国土资源局办公室科员
李洪进　市规划局监督检查科科长
刘永欣(女)市规划管理技术中心正科级干部
张　展(女)市规划管理技术中心正科级干部
张　强　市规划管理技术中心科员
孔令利　市城市规划艺术馆副主任
赵爱国　市规划设计研究院科员
张庆新　市规划设计研究院科员
王克龙　市规划设计研究院科员
杨立国　市勘察测绘研究院副院长
初晓炜　市勘察测绘研究院地理信息室主任
王景山　市勘察测绘研究院控制测量队队长
马继平　白浪河综合整治开发工程指挥部综合部科员
王晓东　白浪河综合整治开发工程指挥部综合部科员
李晓冬　市规划局奎文分局党支部书记
张　洵　市规划局奎文分局党支部副书记
李忠良　市规划局奎文分局城中村改造规划管理办公室副主任
蒋立军　市规划局潍城分局副局长
刘海同　市规划局坊子分局科员
谢洁华(女)市财政局基本建设科副科长
徐晓东　市财政局基本建设科副科长
王爱芳(女)市财政投资评审中心科员
杨明亮　市财政局资源储备办公室科员
董　波　市国有资产经营投资中心投融资部副主任
李　梅(女)市国有资产经营投资中心资产运营部副主任
刘术文　市监察局执法室正科级检查员
王志军　市房产交易中心党总支书记
李　鹏　市住房和城乡建设局办公室主任
王建芹(女)市住房和城乡建设局住房保障科科长
王旭辉　市住房和城乡建设局工程建设科科长
穆春刚　市住房和城乡建设局机关党总支专职副书记
李长军　市建设工程招标投标办公室主任
郑召伟　市墙改节能管理办公室主任
谭树田　市建设工程交易中心主任
徐国强　市物业管理办公室党支部书记
刘爱华　市城市建设档案馆馆长
王国胜　市工程建设标准定额管理办公室主任
刘长起　市住房置业担保有限公司总经理
胡乃峰　市保障性住房建设投资有限公司总

经理

李国全　市市政工程建设处副主任

谭丽君(女)市市政工程建设处工会主席

宋贤德　市建筑工程管理处副主任

张宝忠　市建筑工程管理处副主任

孙学光　市建设工程质量安全监督站副站长

王志强　市建设工程质量安全监督站检测管理科科长

丁士刚　市建筑工程管理处市场管理科科长

丁长年　市园林管理处副主任

姜　斌　市园林管理处虞河景区管理处副主任

任孝云(女)市环境卫生管理处副主任

杨信英(女)市市政公用事业管理处市场监管科科长

周兴福　市城市管理监督指挥中心科员

赵俊强　市城市管理行政执法局直属一大队副大队长

滕少鹏　市城市管理行政执法局直属二大队副大队长

张春生　市路灯管理处维修队队长

王建民　市市政工程养护管理处副主任

朱海燕(女)市城市管理行政执法局党委办公室主任

杜传录　市城市管理行政执法局督查室主任

张志洪　市城市管理行政执法局财务装备科副主任群员

谭迎新(女)市城市管理行政执法局宣教科科长

牟少峰　市城市管理行政执法局执法指导科副主任科员

王志强　市城市管理行政执法局市容市貌科科长

孙　文(女)市城市管理行政执法局排水治污科科员

陈本耀　市城市管理行政执法局市政设施科科员

李　静(女)市城市管理行政执法局园林绿化科副主任科员

周长川　市城市管理行政执法局审批管理科科长

张晓军　市城市管理行政执法局综治办副主任

范升海　市城市节约用水办公室综合计划科科长

张小平　市燃气供热管理办公室副主任

吴　璇(女)市园林管理处人民广场管理处科员

李兴华　市交通运输局科员

郝树建　市道路运输管理处安全技术科副科长

张登俊　市交运集团副总经理

谭英山　市汽车总站站长

王伟国　奎文区交通服务中心主任

张春林　市公安局督察处副主任科员

范　强　市公安局交警支队荣乌高速大队副大队长

左金伟　市公安局治安支队四大队科员

闫萍萍(女)市公安局刑警支队信息中心副主任

郭新强　市公安消防支队昌乐大队代理教导员

庄民昌　市环保局坊子分局科长

王　辉　市环保局奎文分局科长

孙连华　市环保局潍城分局副局长

陈　艳(女)市环保局高新分局科员

王德强　市教育局审计科科长

郭家荣　市物价局副局长

陈　强　市发改委能源交通科科长

单　卫(女)市经信委节能办科长

李乐洲　市人力资源和社会保障局办公室主任科员

葛爱民(女)市统计局综合科科长

黄　可　市文化广电新新闻出版局文化艺术科科长
张国友　市水资源规划管理处收费科科长
张召军　市潍河管理处副主任
尹开田　市体育局办公室副主任
王桂传　市体育局基建办主任
管延羡　市卫生局规划财务科科长
黄美玉(女)市公共行政服务中心审批业务管理科副科长
郭光智　市林场管理办公室主任
刘兆祥　市民政局政权科科长
张良瑞　市档案局馆室业务科科长
王　磊　市人口计生委办公室副主任
谭晓林(女)市总工会宣教部副主任科员
王志杰　市人防办工程科科长
王桂明　潍坊火车站广场开发管理办公室综合科科长
孙光海　市人防办综合科科员
季星强　市世界风筝都纪念广场管理中心科员
李　鹏　市三维空间投资有限公司
于伟平　市地震局副局长
汤永利　市地震局业务科科长
周　华　市老龄办科员
张　波　市工商局人事政工科副科长
刘洪金　潍坊电视台专题片工作室主任
孙雷鸣　市青少年宫主任
刘好杰　市残联办公室主任
徐学栋　市供电公司城区供电部副经理
赵洪远　市供电公司输电工区副主任
郑　国　市供电公司电力设计院设计总工程师
孙晓芳(女)潍坊报业集团潍坊日报专题新闻部常务副主任
宫素玲(女)潍坊广播电台新闻中心记者
邵洪江　奎文区东关街道办事处副科级干部
耿长梅(女)奎文区人社局党委委员、自主择业军转办副主任
安同进　奎文区文明办副主任
顾志武　市城市管理行政执法局奎文区分局副局长
范曙光　奎文区交通运输局党委副书记
李彦武　市城市管理行政执法局奎文区分局执法大队副大队长
裴伟琦　奎文区地震局副科级干部
唐志军　奎文区文化旅游新闻出版局办公室主任
路传新　奎文交警大队二中队中队长
孙晓蕾(女)奎文区教育局科员
张永博　潍城区住房和城乡建设局副局长
王廷钦　潍城区地震局副局长
李华军　市公安局交警支队潍城大队副大队长
任光海　潍城区南关街道办事处西南关社区主任
考尚猛　潍城区西关街道办事处黄家社区主任
田金荣(女)潍城区华都颐园老年服务中心主任
陈玉文　潍城区园林绿化管理处主任
夏学军　市城市管理行政执法局潍城区分局副局长
吕宏志　潍城区乐埠山生态经济发展区科技园主任
吕宏文　潍城经济开发区副主任
徐洪河　坊子区卫生局副局长
姜永海　坊子区交通运输局主任科员
徐振生　坊子区园林处主任
刘书江　市城市管理行政执法局坊子区分局副局长

齐晓玲(女)潍坊市凤凰山高新园区管委会副主任
辛桂贞(女)坊子区荆山生态林场管委会副主任
刘洪军　寒亭区总工会副主席
付　涛　杨家埠旅游开发区纪工委书记
玄晓军　寒亭区民政局社区管理办公室主任
季丽霞(女)寒亭区教育局副局长
马慧丽(女)寒亭区财政局基本建设科科长
王全忠　市高新区党政办公室督查科科长
刘效法　市高新区建设工程质量安全监督站站长
孙兴亮　市高新区建筑工程管理局局长
牟军生　市高新区公用事业管理办公室主任
杨连法　市高新区旧村改造管理办公室主任
李淑美(女)市高新区新城街道人大工作室副主任
李金乐　市高新区文化教育局宣传科科长
李　娜(女)市高新区清池街道办事处环卫所所长
董新明　市经济区市政管理局科员
宋　博　市经济区党政办公室副主任
张镜轩　市经济区工商局河东工商所所长

城市建设荣誉奖章人员名单

李晓明　原市政府市长助理、市城市建设重点项目领导小组办公室主任
王文海　原市政府副秘书长、研究室主任
张庆吉　原市政府副秘书长、市城市建设重点项目领导小组办公室主任
安德仁　原市国土资源局局长
张守喜　市规划局调研员
陈有志　原市勘察测绘研究院院长
王　强　原市勘察测绘研究院党支部书记
王东基　原市规划设计研究院党支部书记
王福亭　原市住房和城乡建设局党委书记
陈永宽　原市建设局调研员
吕传书　市住房和城乡建设局调研员
叶伟忠　原市建筑工程管处党总支书记
刘洪源　原市城市管理行政执法局局长
朱文华　原市城市管理行政执法局副局长
马　志　原市城市管理行政执法局调研员
张必武　原市城市管理行政执法局副局长
郭海林　原市园林局局长
李树平　原市公安局党委书记

城市建设功勋

崔学选简介

崔学选（1955.12~2009.7）男，山东省莱州市人，中共党员，研究生学历。1976~1978年，任掖县尹家联中教师，1978年3月~1981年12月，山东农业大学学习，任团支部书记；1981年12月~1984年7月，山东农业大学助教；1984年7月~1987年9月，潍坊市农委、市委整党办公室工作；1987年9月~1996年12月，市纪委任正科级纪检员、宣教室副主任；1996年12月~2004年2月，历任市建委副主任、市政管理局副局长；2004年2月，任市建设局局长、党委书记；2008年7月，兼任市政府党组成员、市长助理、山东省援川办新县城建设组组长、省援建北川工作指挥部总指挥助理。

他从山东农业大学毕业后，先后从事过大学助教、农业、整党、纪检及建设工作，

其间曾到基层乡镇任职党委书记。多年以来，不论在哪一个工作岗位上，都尽职尽责。特别是担任市建设局局长期间，该局共获得市级以上荣誉称号30余项，本人被评为全市城市建设先进个人、荣记二等功。

在援川工作中，崔带领一线援建人员顽强拼搏，艰苦奋斗，克服重重困难，取得了可喜成绩。得到了胡锦涛、习近平等党和国家领导人及省委、省政府领导的充分肯定。他先后荣获“山东省抗震救灾优秀共产党员”“四川省抗震救灾英雄模范”“山东省优秀共产党员”“全国住房城乡建设系统抗震救灾先进个人”等荣誉称号。

2008年9月，崔学选积劳成疾，病倒在援建一线。2009年7月13日，因病去世，享年54岁。

孙万奎简介

孙万奎（1957.12~2011.8）男，山东省青州市人，中共党员，研究生学历。1975年6月参加工作，2007年1月，担任市市政管理局局长、党委书记，2010年1月起，任市城市管理行政执法局局长、党委书记。

孙任市市政局局长期间，坚持改革创新，在原12319市政服务热线的基础上，建设成潍坊数字化城市管理系统，将公用事业监管纳入数字化城管网络，实现对集中供热的24小时在线监控。建设省内一流的公用事业产品服务质量监测中心，实现生活饮用水等5大类共计305个参数的实验室检测能力，保障市民饮水安全，被市民亲切地誉为“生活后勤部长”。在任期间，组织实施城市旧居住区整治改造，解决“水不畅、路不平、灯不亮、环境差”等民生热点问题，整治改造71个旧居住小区，涉及2613栋居民楼，区域面积748万平方米，有9.79万户，31万居民直接受益；实施“十城万盏”半导体照明应用工程，城区半导体光源路灯达到6.05万盏，占功能性照明的74%，综合节电率达到40%；实施供热计量及节能改造，推广清洁燃料，城区天然气用户达到15.33万户；实施“黄土不露天”和“增绿增色”工程，市区建成区绿化覆盖率、绿地率和人均公共绿地面积分别达到40.1%、38.4%和17.3平方米。

孙先后获得团省委优秀青年工作者、益都县政府记大功、潍坊市政府记三等功、建设部先进工作者、山东省政府记二等功等荣誉称号。

2011年4月10日，孙万奎赴长沙考察城市管理工作期间，突发重病，2011年8月2日，不幸逝世，终年54岁。

王兆江简介

王兆江（1949.8~2008.3）男，山东省奎文区人，中国共产党党员。1972年1月参加工作，历任潍坊市农委办公室秘书、副主任，潍坊市红星公社党委副书记、管委会主任，潍城区河西乡党委书记，潍城区建委主任、党工委书记，奎文区政府副区长，市海洋与水产局副局长，市市政管理局副局长，市市政管理局正县级干部等职。潍坊市第十届、第十一届人民代表大会代表，中共潍坊市第八次代表大会代表。

王参加工作以来，工作扎实，勤奋敬业，事业心、责任感强。在市市政管理局工作期间，负责全市生活垃圾综合处理厂建设工作，新建一大批高档次、高水平的公厕和垃圾转运站，方便了市民的生活，改善了城市容貌环境，为创建国家卫生城市打下坚实基础。在市重点办和市旧改办工作期间，他挑起旧居住区改造的重担，经常牺牲休息日，深入改造一线，使旧居区改造工作取得较大进展。

2008年3月6日，王兆江因公去世，终年59岁。

班志强简介

班志强（1963.7~2009.3）男，山东省临沭县人，中国共产党党员。1981年12月参加工作，1997年11月，任潍坊市建设委员会财务审计科副科长，2001年9月，任市市政管理局计划财务科科长，2004年9月，任市市政管理局副调研员，2005年12月，任市市政管理局副调研员、市市政公用事业处主任，2008年11月，任市市政管理局副局长。

班工作扎实，勤奋敬业，担任市市政管理局计划财务科科长期间，清正廉洁，出色把好资金进出、审计监督等重要关口；任市政公用事业处主任期间，组建12319市政服务热线，仅用17天时间就建成一个大型呼叫中心。为市民解决了大量的市政疑难问题，该热线成为全省城建工作服务名牌。主持创立的“标准+协议+合同”监管新模式，使全市市政公用事业改革走在全国前列。2008年，负责胜利街整体改造工程，带病坚守在施工第一线，使工程顺利提前竣工通车。2009年，担任长松路、北宫街、安顺路绿化工程指挥，靠工地，抓质量，工程进展顺利，按计划完成工期。

2009年3月24日，班志强因公殉职，终年46岁。

第二章　十佳城市建筑

阳光大厦

位于潍坊高新区东风东街与东方路交叉口东南角，是一座集办公、会议、商业服务于一体的现代化、高智能化、综合性的公共建筑。该建筑为双塔集中造型，建筑风格稳重大方，是潍坊市新地标性建筑。阳光大厦主楼共32层，地下2层，地上30层，建筑总高度118.6米；附楼共6层，地下2层，地上4层。主楼与附楼总建筑面积达116803.37平方米。

阳光大厦于2006年7月开工建设，于2011年11月竣工，秉承“绿色、低碳、节能、环保”的建筑理念，应用了智能化、信息化控制系统等新技术、新工艺，科技含量、智能程度较高，获得2011年度国家优质工程银质奖。

潍坊市民健康中心

位于潍坊高新区樱前街以南、宝通街以

北，志远路与惠贤路之间区域，是集医疗、疾病控制、卫生监督、科研、教学、保健、康复7种功能于一体的医疗卫生综合性建筑。2008年3月动工建设，2012年10月竣工。总规划用地79.3公顷，总建筑面积67万平方米，计划投资17亿元，共包括市人民医院新院区、专科专病诊治中心、疾病预防控制中心、血液中心（紧急救援指挥中心）、医学研究院（研发中心）、医学学术交流中心、老年护理中心和体检康复中心等八大功能板块。

健康中心按照“人文、环保、节能、实用、古朴美观”的理念进行规划建设，建筑风格突出自然古典特色和人性化、数字化、智能化设计。各功能板块之间划分清晰合理，资源高度共享。

潍坊奥体公园体育场

位于潍城区北宫西街与安顺路交叉口西北角，总占地面积28.6994万平方米，其中，绿化面积8.9万平方米。总建筑面积7.854万平方米，工程总造价6.6亿元。体育场具备承办国内外重大体育赛事的条件，是第十一届全国运动会女足比赛主场地、8个分会场之一，同时也是济南主会场的备用会场。体育场配备国际一流的足球场草坪、中国田径协会认定的优质塑胶跑道及双显200平方米的全彩色LED显示屏。建设了高品质停车场和完善的贵宾休息室、运动员休息室、教练员休息室、裁判员休息室、医疗站、新闻发布厅、音响灯光控制室和安保指挥室等功能用房。其中，奥体公园主体育场东西宽约360米，南北长约410米，呈椭圆形。内场南北长196.06米，东西宽130.7米。主体育场顶部为半敞开式拱形结构，东西上层钢结构罩篷，罩篷高70米、跨度310米，为相贯节点钢桁架承重体系，悬挂铝镁锰直立锁边金属板罩棚屋面，覆盖面积2.01万平方米。主体育场主拱拱顶曲线柔和舒缓，与人工地面相接，建筑效果轻盈、动感，且可根据气候天气条件，有效调节光、热、风、声音对观众的影响。主体育场为五层钢筋混凝土框架结构，设有主看台1个、辅看台1个和侧看台2个，可同时容纳4.5万名观众。

奥体公园体育场与周边绿化环境相互协调，环境优雅、造型独特、设施先进、功能完备，秉承绿色、节能、生态、环保理念，同时汇集众多时代高新科技。于2008年4月

开工建设，2009年6月正式投入使用。获2010年度国家优质工程银质奖。

潍坊一中校区

位于潍坊高新区宝通东街以北，惠贤路以东，总占地约83.93公顷，总建筑面积22万平方米，总投资4.5亿元。校区由同济大学建设设计院规划设计，重要单体建筑由清华大学建筑设计院设计。校区分为校园绿化区、教学区、学生生活区、体育活动区和素质教育拓展区五部分，包括教学楼、艺术楼、实验楼、信息楼、图书馆、学生公寓、田径场、体育馆等建筑。校区依据林地资源建设了民俗园、地理园、拓展园、自然岛、植物园、百鸟林和百花园等。

潍坊一中校区于2003年4月开始动工建设，一期工程于2005年8月完工，于2007年8月全部竣工。校园整体布局合理，特色鲜明，校区整体设计注重突出水系及绿化特色，既尊重生态环境，又体现文化特色，建筑风格中西结合、古朴典雅，符合现代教育理念和国际品位。

中共潍坊市委党校新校区

位于昌乐县寿阳山以南、桂河以北区域，处于三山环抱之中，南临桂河滨水景观带，环境幽静，景色秀美，交通便利。占地约49.4公顷，总投资5亿元，总建筑面积6.24万平方米。可同时容纳1000人学习、就餐、住宿。建有现代化的教学楼、学术报告厅、图书馆、体育中心、领导干部心理实训室、应急管理案例研讨室、电子阅览室及地下停

潍坊奥体公园体育场

车场等设施，配备先进的数字化教学、办公系统。校区单体建筑一致采用红顶黄墙主色调，与主题绿化和谐搭配，形成独特的景观效果，同时蕴藏着红色教育的深刻寓意。

党校新校区于2008年7月1日开工建设，按照低碳、环保、节能等现代建筑理念，精心设计、精心施工，着力打造绿色校园、低碳校园，历时两年零两个月，2010年9月1日交付使用，9月29日，新校启用典礼隆重举行，新校区正式启用。

潍坊农信大厦·潍坊农信金融服务中心

位于奎文区北宫东街以北、北海路以西，为商住综合建筑。其中，潍坊市农信大厦共33层，包括地下2层、地上31层，地下建筑面积1.243万平方米，地上建筑面积4.22万平方米，总建筑面积5.463万平方米，建筑物总高度106.3米。中心共4层，建筑面积5912平方米。主楼采用CFG复合地基，梁式筏板基础，框支剪力墙结构。内设建筑给排水、消防喷淋、通风空调、建筑电气照明、动力、有线电视、综合布线、安保、监控音响广播等先进的管理系统，该工程设施功能先进，配置齐全。2008年3月开工建设，2010年9月竣工启用。

潍坊学院体育馆

位于潍坊学院东北区域，高新区福寿东街与潍县中路交叉口西南角，是一座多功能综合性体育设施。体育馆设计手法简洁流畅，极富时代气息，是潍坊市城市标志性建筑物之一。体育馆总建筑面积3.49万平方米，高度25米，跨度100米。馆内设有4000平方米的比赛训练馆、1万平方米的地下停车场、5000平方米的健身房和120余间功能性建筑，可容纳近5000名观众。场馆整体实行现代化、智能化控制，配备了先进的消防中控系统、安检系统和覆盖面高达98%的安全视频监控系统。拥有远程灯控系统、专业比赛灯光系统、先进的音响系统、舞台系统、LED全彩大屏幕系统及70吨容量的冷暖空调系统、水暖系统、通风系统。全馆配备通风座椅，比赛及训练场地采用加拿大进口的美国NBA专用枫木地板。2008年2月开工建设，

潍坊学院体育馆

2009 年 4 月竣工交付使用。

白浪绿洲湿地公园竹兰石坊

坐落于国家城市湿地公园、国家 AAAA 级旅游景区——白浪绿洲湿地公园杏坛古韵景区，2008 年年底兴建，2010 年 9 月竣工。

湿地公园为集休闲、观光、商务、会议于一体，融建筑美学与生态湿地景观于一炉的唐式风格庭院建筑群。竹兰石坊总占地面积约 0.87 公顷，总建筑面积 3700 平方米，庭院面积 5000 平方米，配备 16 间高品质客房，6 间包房，2 间会客厅和生态停车场等设施。园景突出园林池水、中式绿化特点，东西各建仿古游廊一条，南侧建有可眺望生态湿地天鹅湖全景的木质露台。竹兰石坊院落古风古韵，与周边优美生态环境完美结合，整体建筑气魄宏伟、严整开朗，色调简洁明快，屋顶舒展平远，门窗朴实无华。

财富广场

位于奎文区胜利东街与北海路交叉口西南角。是一座集商业、家居、餐饮、休闲娱乐、商务等于一体的大型综合型建设工程。财富广场（潍坊银座商城）整体建筑共 7 层，包括地上 5 层，地下 2 层，地下两层层高分别为 5.2 米和 5.5 米，地上楼层高度为 4.5 米，承重柱间距为 9 米×9 米，总建筑面积约 14 万平方米。财富广场（银座商城）于 2005 年 5 月开工建设，2010 年 10 月正式营业，内部建有 18 米的 T 型主街和 5 个大型中庭，空间错落雅致，层次合理清晰，充分结合商业发展需要，塑造全立体、大空间的高端购物环境。

泰华城

位于奎文区东风东街以南，白浪河东岸，是一座集商务办公、居住、餐饮、购物、文化娱乐、健身、停车于一体的多功能集群建筑，为潍坊城市中心的新地标。泰华城总占地面积为约 1.53 公顷，总建筑面积为 16.6 万平方米，总投资 3.2 亿元。泰华城项目于 2005 年 9 月开始动工，2007 年 12 月竣工，主楼共 29 层，地上 27 层，地下 2 层，共包括商业、住宅及步行街卖场等建筑。泰华城建筑空间层次分明，具有浓郁的现代都市特色，注重与周边优美环境协调互应。通过对所属建筑型态、立面的处理及建筑材料的选择来实现泰华城与水系、文化建筑的相融共存。

泰华城

第三章 十佳市政工程

“三河”治理及白浪绿洲湿地公园工程

“三河”，指流经潍坊中心城区的白浪河、虞河、张面河三条河流。自20世纪70年代以来，“三河”周边工业及生活污水乱排、垃圾乱倒现象严重。由于缺乏有效治理，河道受到严重损坏，河水水质污染程度较高，河道断流现象时有发生，局部区段被垃圾填埋。河道内污水横流，两岸杂草丛生、垃圾遍地、蚊蝇滋生，“三河”防洪、泄洪功能基本丧失。极大破坏了城市环境和整体形象，对群众生产生活造成了严重影响。

2004年1月，为改善城市人居环境，提升城市品质档次，增强城市综合竞争力，市委、市政府决定对张面河、虞河、白浪河实施彻底整治。

张面河综合整治工程 东起北海路，西至东风街凤凰桥，于2004年7月21日全线开工建设，8月25日，景观工程结束。工程治理范围西起凤凰桥（原青凌桥），东至北海路，全长3公里。工程整治坚持以人为本的设计理念，充分体现了人文内涵和潍坊历史文化特色，以城市生态绿化林带为滨水景观主要载体，突出小桥流水、都市森林、生态休闲的特色，全线依次为桃源修竹、丽水华庭、生命之轮、百家俊秀、北海秋月等5个景区。

工程主要包括截污系统、绿化景观系统、道路交通系统和夜景照明系统4大系统，陆续完成投资7000多万元。截污系统为沿河建设箱渠，截住两岸污水。绿化景观工程以点、线、面相结合，植物种类合理搭配，力求形成三季有花、四季常青的效果。道路系统，

张面河治理前后对比

以步行为景区主要交通方式，以绿带景观与滨水步道为主流线。新建车道以曲线为主，为次要交通方式。景观照明系统充分利用照明技术和灯光艺术手法，着力营造生动、活跃、大方，充满趣味性的夜景及照明效果。主要建设内容包括河道驳岸修复、箱涵修建、桥头平台包装、河道硬化及防水等工程。修造装修了交通桥7座。建设了涵盖观光路、步行道、自行车道等道路类型的路网体系。铺设各类管线7万米，安装路灯、景观灯、庭院灯、草皮灯、水底灯、射灯等各类灯具4000盏。形成了循环水、浇灌水等水流系统。建造了面积达1万平方米的5个塑石景点。摆设大景石40余块。铺设河底鹅卵石约1.6万吨。栽植大型景观树树近100棵，乔木约2万棵，灌木约9万棵，竹子约10万棵，草皮约12万平方米。

整治工程通过科学调度、昼夜施工，从全线开工到景观完成仅用35天，成功建造了一条城市滨水生态旅游休闲景观长廊，将一条污水横流的臭水沟改造为一条城市景观主轴，为城市增添一道亮丽风景。在未占用一寸耕地的情况下，城市的承载力、竞争力显著增强，城市面貌得到很大改观。创造的“张面河速度”及“张面河精神”，获得市委、市政府的表彰。张面河工程先后获得“山东省人居环境范例奖”“中国人居环境范例奖”。2005年4月8日，中共中央总书记、国家主席胡锦涛视察张面河综合整治工程，给予充分肯定。

虞河综合整治工程 南起胶济铁路，北至济青高速公路，全长12.7公里，总面积达200万平方米，2005年4月开工建设，2006年4月20日竣工并向市民开放。按照“治污蓄水，架桥通路，景观绿化，拆久改丑，以河养河”的总体思路，秉承“让城市拥抱河流”的治理理念，建成“清流碧水风筝城，潍州新貌赛苏州”的沿河景观，打造传承地域历史文化、展示园林城市特色的滨水景观长廊。整治后的虞河景观主要包括：一湖、三瀑、九溪、十二景区、三十六景观，三楼、五阁、七榭、二十四亭、两塔双百景点。从南至北共划分为九龙问源、虞水帆影、石桥漱玉、江山多娇、慧泉金湾、乐道彩虹、康桥水岸、九州方圆、虞河古道、北宫春早、玉清烟晓、踏雪寻梅12个景区，每一个景区由3个主景观组成，共36个主景观，分别展

虞河治理前后对比

北辰亲水台

示潍坊市独特的人文、历史景观。

整个工程以虞河水道为主轴，两岸亲水空间为辅轴，分为治污蓄水、清淤防渗、架桥修路、景观绿化、夜景亮化等系统，修建了院校街、民生街、卧龙街、玉清街、乐川街5座景观桥梁，对桥头、拦河坝等重要节点进行景观环境塑造，美化亮化现有交通干道桥梁11座。构筑带状的绿化游览空间，有机串联起沿河两边社区公共服务设施，将水景、园林与社区生活、文化艺术融为一体，形成珍珠项链式的城市风景带，树立起特色鲜明的城市风貌品牌。

白浪河综合整治工程 南起白浪河水库，北至北外环以北3.8公里，全长30.7公里，总规划控制面积为20平方公里，是潍坊市城建史上迄今为止规模最大，建设区域最广的工程。2007年9月开工建设，工程分为两期，一期工程南起白浪河水库，北至青银高速，全长22.7公里，2007年9月开工建设，2008年9月沿河截污管完工；二期工程为北辰绿洲工程，南起青银高速、北至北外环以北3.8公里，全长8公里。

一期工程。分为基础工程、景观工程和两岸开发3个阶段。基础工程2007年开始建设，陆续完成防洪、清淤、防渗、截污、治污、架桥、修路等整治工程。大规模景观工程建设2008年春天开始，2009年6月，全线景观基本形成。通过绿化和景观建设，将白浪河打造成为风景秀丽、商业云集、人文荟萃的滨水景观带。全线划定“一轴、五片、十二大景区”，景观建设充分体现大气、简约、生态、自然的特色，以深厚的历史文化为主线，充分运用现有的生态资源、景观资源、人文资源，努力把潍坊的历史文化融入全线，着力打造集旅游休闲、商业服务、历史文化于一体的景观之河、商业之河、文化之河。2012年2月，白浪河城区段综合整治工程荣获“2011年山东人居环境范例奖”。

二期工程。北辰绿洲工程2010年11月开始动工建设，按照“北欧风情、城市森林、郊野风光”的理念定位，围绕“生态修复、河道治理”的目标要求，塑造真生态、真自然、自由式、大气磅礴的郊野风光，与南部上游白浪绿洲湿地公园南北呼应，在全线形成“南秀北雄”“南古北今”的景观格局。至2011年年底，工程全线箱涵全面贯通，清淤、水坝、截污、防洪、河道疏浚等顺利完成，路网体系基本形成。工程按照景观特色划分为城市风貌区、水景公园区、原生态湿地保护区 3 个景区。城市风貌区重点打造森林音乐广场、荷润方舟广场、龙舟码头等景观节点；水景公园区主体为水上游览区、两岸林野区，重点建设千米沙滩、万人浴场；北端重点打造核心观景区，规划建设人工岛和零排放低碳生态的标志性建筑；原生态湿地保护区按照“自然优先、生态修复”的原则，打造独具特色的中水生态处理区、生态科普教育基地和江北独具特色的鹭鸟聚集区。通过规划统筹、引领，使北辰公园与城北白浪河中段治理工程、禹王万亩湿地、白浪河滨海新城改造工程连接互动，构筑起串联中心城区与滨海新城的生态大轴线，打造风景秀丽、人文荟萃、商务繁荣的滨水景观带。共栽植乔木 32.85 万棵，灌木 2216 万棵，水生植物 3369 万芽，地被 153.15 万平方米、草花 756 万平方米，路网铺设 10 多万平方米，长度达 2236.3 千米。

白浪河治理前后对比

白浪绿洲湿地公园　位于市区西南区域，南起白浪河水库，北至宝通街，南北长 6.7 公里，东西平均宽度为 1.5 公里，面积 10 余平方公里，是江北最具规模的，集自然景观、人文景观、森林保健功能于一体的城市湿地公园。

公园建设遵循可待续发展理念，突出生态性、艺术性、多样性、社会性，充分体现自然特性、创造充满生态情趣的滨水环境。湿地公园由南至北分为休闲度假区、湿地科普区、人文公园区 3 部分。由白浪跃湖、南溪垂钓、瀚林栖凤、云泽铺晖、柳岸闻莺、杏坛古韵等景观构成，景观区域内建有拾萃园、竹兰石坊、秋水云阁、国学讲堂、蔚然阁、燕处台等特色景点。沿湖河岸线建设了 30 余个亲水观景平台和 40 余座桥梁及 8000 余米的木栈道。大面积种植乔木、水生植物、草坪，打造花岸、绿岸。精心建设景观小品，着力修复文化遗迹，形成集水生植物观赏、生态科普、候鸟栖息、步道游览等旅游项目为主的生态主题园区。

遵循生态低碳、环保节能的原则，最大限度保留原湿地范围内的植物，与新栽植的树森浑然成片。景点建设依河引水、聚水成景、搭配得当、水景相融。湿地核心区坚持“去人工化”的建设原则，步道以木质栈道为主，不使用人工材料，极少数人工建筑均力求达到“虽由人作，宛自天开”的效果。道路交通以电动、人力为主，严禁燃油车辆入内，部分景观道为透水地坪。秉承资源开发利用和生态保护并举的理念，规划了影视拍摄、婚纱摄影、自行车训练、青少年夏令营、艺术创作、环保生态6个基地，拓展湿地多元化业态功能。

湿地公园以良好的生态环境吸引了白鹭、苍鹭、天鹅、野鸡、野鸭、斑鸠、啄木鸟等百余种野生鸟类以及松鼠、水獭等几十种野生动物，仅鹭鸟达万余只在此繁衍生息。先后获得“国家级水利风景区”“国家AAAA级旅游景区”“国家城市湿地公园”“山东省十佳水利风景区”“山东省旅游项目建设创新奖”“60年60项山东省精品建设工程”称号。

北海路改造工程

2011年2月18日，北海路胶济铁路至荣乌高速段拓宽改造工程开工建设，全长33.5公里，总投资4.65亿元，道路工程采用BT方式投资建设，分为南、北两段，按照城市主干道标准进行改造提升，建设内容主要包括道路改造和绿化提升，新增缓行道28万平方米、道路罩面91.6万平方米、排水管道4.5万米、人行道6.2万平方米、绿化面积67万平方米，新植乔木、灌木12.26万株，翻新、安装路灯862盏、投光灯14支。其中，南段胶济铁路至北外环，全长13.2公里，主要对原有主路进行修补和罩面；北段北外环至荣乌高速，全长20.3公里，主要对原有主路进行拓宽改造和绿化提升，道路宽度由26米拓宽到53.2米，增设缓行道和人行道，市政基础设施同步一次到位，同时对沿路的虞河桥、灌溉渠桥、引黄济青渠桥进行拓宽。该工程由潍坊市住房和城乡建设局组织建设，2011年11月22日竣工。道路工程由市政工程设计研究院设计，市市政工程股份有限公司施工，市工程建设监理有限公司等3家企业监理；绿化工程由市园林设计院、同济大学景

北海路（北外环—荣乌高速）拓宽改造工程

观研究所共同完成设计，潍坊青欣绿化公司等6家企业施工，市工程建设监理有限公司等5家企业监理。

工程建设理念先进，特色鲜明。采用BT模式建设的城市道路，即由中标企业融资建设，3年后市财政还本付息。道路工程与周边河道改造工程同步统筹，优先从河道取土保障道路建设。实现原道路工程材料的循环使用，对原有道路牙石、灯杆等进行回收加工利用，在景观工程中充分尊重原有绿化，原有苗木利用率达到70%以上，原有路牙石保留利用率达到65%以上，同时对原有路灯杆进行翻新利用，光源更换为LED节能光源，道路两侧原有池塘被打造成滨水景观带。在牙石安装、渠化岛铺装和停车港湾的设计、施工上精益求精，通过精细化施工提升工程品位，达到良好的外观效果。景观工程充分利用现有地形，规整式、组团式相结合，以高大乔木为基本骨架，中间穿插常绿树组团，以景石、花灌木、宿根花卉等园林要素为前景，充分利用现场水塘做水景，形成多层次、流线型、立体式的景观特色，体现出纵横开阖的空间变化。建成后的北海路气势磅礴，呈现出错落有致、纵横开阖的视觉效果，进一步完善潍坊区域主干路网建设，提高了道路的运输能力和服务水平，成为连接滨海新区与市区的迎宾大道和景观大道。

玄武街改造工程

东起北海路，西至安顺路，全长10.03公里，总投资27665万元，是2009年规模最大、投资最多的道路工程，途经潍坊城区15条重要道路，跨越白浪河、虞河两条河流，成为贯穿城区东、西的主要道路通道及承接中心城区所有雨污水管线的中转站。道路规划红线宽度为60米，绿化控制线宽两侧依次为12米机动车道、3米绿化分隔带、6米非机动车道、1.5米人行道和25米墙基绿化带。道路采用SBS改性沥青混凝土路面，人行道采用镜面樱花红花岗岩路缘石，相交道路路口均设置渠化岛，道路两侧设置港湾式公交停靠站。该工程由市建设局组织建设，2009年4月17日开工建设，同年11月中旬竣工通车，共完成新改建道路40.8万平方米，绿化32.5万平方米，人行道3.7万平方米，安装路灯492盏。道路工程由市政工程设计研究院设计，市政工程有限公司施工，山东经纬工程管理有限公司和市北海市政工程建设监理有限公司负责监理；绿化工程由潍坊宏大园林工程建设有限公司、潍坊艺峰园林工程有限公司、潍坊绿达公路工程有限公司施工，山东经纬工程管理有限公司、市北海市政工程监理有限公司监理。2011年1月17日，玄武街（北海路至安顺路）工程被中国市政工程协会评为“全国市政金杯示范工程”。

玄武街绿化总体思想为打造城北绿色走廊，以绿为主，绿化设计体现简洁、大方、自然。设计注重道路绿化基本功能及绿化本身的自然性、生态性、节约性。全线设置浇灌管道，使用污水处理厂处理后的中水，体现节约生态。工程建设主要特点：1.注重细节。绿化换土彻底到位，牙石铺装平直整齐，各类井盖与道路接口自然平顺，下水井砌筑犹如建房，工程质量显著提升。2.突出创新。新研发的再生树脂井盖，既美观又实用还防盗；量身定做雕花石板，有机衔接渠划岛三

玄武街改造工程

方交叉的人行道，彻底改变以往大小不一、既难看又难干的碎板拼接模式。3.以人为本。道路建设更加注重维护行人和经营者利益，留足人行道空间，沿街商业门店处合理设置上下行坡道；注重保护生态环境，选用价格低、长得快、遮阴好的本土树种，间以点缀绿化美化苗木，将玄武街打造成“行有荫、观有景”的林荫景观大道。玄武建成通车，对衔接城区东西部经济发展，对改善城区北部交通状况，优化北部城区投资环境发挥了巨大的作用，成为市区一条重要的生态、经济长廊。

浞河综合治理工程

2008年5月开始启动，2011年6月竣工。治理工程分为两段，南段南起宝通街，北至青银高速；北段南起东外环北至寒亭运河灌渠，共长9.2公里。浞河工程河床宽度在30~220米之间，共治理水域面积约47万平方米。浞河景观区域建有金、木、水、火、土五大板块，立足本土历史文化及地域特色，对水系及园林建设进行统筹规划，建有人物广场、锦绣花台、渔台春晓、银河滨岸、临水小憩、长堤花柳等39个景点。区域内共栽植各类绿化植物286种，完成绿化面积145万平方米，形成“三季有花、四季常绿”的绿化园林景观风貌。浞河整治充分利用沿岸自然资源，通过河道清淤、河道防渗、疏浚截污、生态护岸、苗木绿化、瀑布再造等手段，实现雨污分流。高水平铺设河道地下管网，对河岸两侧红线内的建筑物和附着物进行拆迁，建设了防洪蓄水构筑物13座、市政桥 3 座、景观桥 5 座。形成高品质景观风貌，有效净化提升浞河水质及区域环境。

世界风筝都纪念广场建设工程

南毗世界风筝博物馆，西傍白浪河，规划面积 5.75 公顷，分地下和地上两部分，地下为人防工事兼购物商场，地上为世界风筝都纪念广场。该广场由市建设局组织实施，2006 年 1 月 6 日开工建设，2006 年 4 月 15 日建成开放，2006 年 7 月 1 日正式移交市人防办管理。

广场规划设计以“风筝文化、民俗文化、人文文化”为主题，坚持以人为本、生态环保，突出文化特色，运用现代园林风格、现代手法以及现代环境设施，建设吉祥大道、鸢标广场、芙蓉树阵、民俗长廊、儿童乐园、植物公园、咏筝栈桥、露天剧场、滨河景区、风博广场等十大景观，使整个广场既有鲜明的历史文化特色，又与现代文明融为一体，打造展示风筝文化与民俗文化、市民休闲娱乐、商业购物消费以及举办大型集会活动的综合性城市广场。广场的规划设计方案、雕塑小品造型等都通过互联网、报纸等媒体进行公示，征求市民群众的意见和建议，提高规划决策的科学性、民主性。

广场景中有景，移步换景，引人入胜。漫步吉祥大道，历届风筝会吉祥物形态各异，栩栩如生。迎宾墙南侧《风筝史话》《情满鸢都》青铜浮雕，既演绎出风筝起源、传承、发展的悠久历史，又表达出世界各国人民放飞风筝、放飞和平的美好心愿；鸢标广场中心高 18 米的主题雕塑被风筝造型的喷泉所环绕，网架结构简洁明快，形成广场的视觉中心和标志性景点；芙蓉树阵树影婆娑，别有情趣；民俗长廊布满剪纸地灯，《朝天锅》《和乐》《杨家埠年画》等民俗铸铜雕塑小品形式新颖，惟妙惟肖，集艺术与观赏于一体，充分体现本地的民间手工艺特色；儿童乐园铺设新型树脂材料风筝地画，《打陀螺》《虎头鞋》《布老虎》《狮子》等儿童情趣铸铜雕塑错落有致，生动逼真，是孩子们尽情玩耍的乐园；植物公园胸径一米以上的天然大皂角树巍然耸立，各种乔木、花灌木点缀其中，郁郁葱葱，花红柳绿；步入咏筝栈桥，观白浪美景，滟波荡漾，沿阶而下，古代吟咏风筝的诗歌与各国赞美风筝的语言映入眼帘，文景一

浞河综合治理前后对比

世界风筝都纪念广场

体，相映成趣；露天剧场为芬兰木铺就的木质阶梯圆形广场，是举行公益活动、群众自发表演的绝佳场所；滨河景区鹅卵石小道弯弯曲曲，垂柳随风飘扬，木栈道、金沙滩为游人休闲购物提供良好的休息观景平台。整个广场精心策划、精雕细刻，布局紧凑、恢弘大气，为城市建设增添新的亮点，提升了城市文化特色，丰富市民精神生活。

安顺广场建设工程

占地约10.7公顷，广场呈三角形，由长松路、北宫西街与安顺路围合而成。2009年3月开工建设，10月份底基本建成。

广场作为奥体中心的重要绿化景观，紧扣奥林匹克更高、更快、更强的精神和绿色生态文化的主题，克服雨季施工、反季节栽植等诸多困难，调运土石方50万立方米，种植乔灌木12万株，规划建成五环雕塑、树阵景观、城市山林和水系叠瀑四大景区，旱溪、花境、峡谷览胜、山林静台、森林鸟啼、中心广场、景观大道等十大景点，充分展现出潍坊特色，有机融汇城市、园林景观和人文文化，成为兼具弘扬奥运精神及宣传城市文化特色的景观和供游人休憩健身的多元化载体。

安顺广场的建成，展现潍坊西部市区的靓丽风采，扮靓城市西大门，对促进西部经济社会的发展有着重要作用。

人民公园改造工程

人民公园始建于1951年，原为以观赏动植物为主、封闭式管理的市级公园。为适应城市发展的要求，进一步提升人民群众的文化生活品质，2004年，市委、市政府决定对人民公园进行改造，本着利用原有生态资源、运用现代造园手法、突出生态性、人本性，突出体现潍坊历史文化底蕴、突出人与自然和谐与融合的改造原则，2005年6月改造工程完成并对外开放。

改造后的人民公园占地13公顷，分3个出入口（南出入口、北出入口、西出入口）、两条景观带（园中溪流景观带、沿河景观带）、两个园中园（中式园与西式园），共11个景区：叠翠、天趣园、明心岛、枫林、流沙、慕容台、云城、听香屋、春之景区、归真园、谊园，成为集休闲、娱乐、健身、观赏等多种功能于一体的开放式公园。

潍坊植物园改扩建工程

植物园前身为九龙山树木园，改扩建工程始于2007年，2009年建成向市民开放，总占地面积约46万平方米，是以观赏游览和科普为主，兼有科研功能的公园。

植物园遵循“科学性、生态性、景观性、人文性”的理念，包括地形、水体、植物、建筑四大造园要素。由观赏树木、水生植物、盆景园–科普馆及岩石园等四大景区组成。观赏树木区规划栽植植物4000余种。按植物的进化系统排列，裸子植物按国内通用的郑万钧系统，被子植物采用克朗奎斯特（美）分类系统。被子植物分为单子叶植物和双子叶植物两个纲，其中双子叶植物分为木兰亚纲、石竹亚纲、金缕梅亚纲、五桠果亚纲、蔷薇亚纲、菊亚纲6个亚纲。根据本地植物分布情况设松柏、木兰、牡丹、杏桃、红果、樱棠、月季、槭树、木犀和竹等10个专类园。水生植物区集浮水、挺水、沉水等各类水生植物，如荷花、睡莲、水生鸢尾、水葱等。岩石园模拟自然界岩石及岩生植物，加之灌木、藤本和草本植物材料，展现山地植物景观。盆景园传承中国盆景的独特艺术，展示盆景独特的艺术魅力。科普馆由科普区和温室组成，揭示植物由低等到高等进化的植物科普奥秘。

开元立交桥

位于寒亭区开元街道辖区，总高度为13.5米，设计为全苜蓿叶型。共设3层，第一层（地面层）是非机动车道及人行道；第二层（中间层）是央赣路南北向直行跨线桥、右转和左转匝道；第三层（顶层）是潍高路东西向直行跨线桥。该项目总体占地规模25.6公顷、新增占地约14.73公顷，主线总长为2.74公里，匝道全长3.76公里，主线设计速度80公里/小时。概算总投资约3.5亿元（不含绿化工程），其中建安费为2.513亿元。于2012年年底竣工，是全市城区道路首座互通式立交，成为潍坊市地标式建筑。

央赣路起点位于滨海经济开发区的潍坊港，终于江苏赣榆市，在境内穿越滨海区、寒亭区、奎文区、坊子区、安丘市、诸城市等县市区，境内全长139.6公里，是全市重要的南北通道。潍高路起点位于寒亭区的G206国道处，终于淄博市的高青县。在境内穿越寒亭区、经济开发区、潍城区、寿光市等县市区，在城区以北段为北外环，全长73公里，是北部区域内东西方向的重要通道。

数字化城市管理工程

数字化城市管理工程是潍坊市城市建设重点工程。全市城市管理工作坚持“管用实用”原则，高起点定位、高标准建设、高效能运行，建成以城市供热、供水、供气、污水处理为主要内容的公用产品质量在线监测监控系统，以GPS监控和市政设施视频监控为主要内容的市政工作状态管理系统，以城市网格化管理为主要内容的市容秩序管理系统和与之相配套的城市管理质量考核评价系统。

市数字化城市管理工程主要特点：1.管用、实用。按照切实提高城市管理水平的原则建设，管用、实用是工程建设的第一大特点。2.先进、规范。系统总体设计按照住建部标准要求，在总结省内外城市数字化城市管理工作经验和教训的基础上进行，技术上采取先进且成熟可靠的形式，系统具有实用性、超前性和可扩展性。3.建设费用低、运行效果好。充分共享现有资源，所有系统总共投资2000万元，大大减少了成本，并收到

开元立交桥施工现场

良好的效果。

参与潍坊市数字化城市管理工程验收的全国和山东省的专家一致认为：潍坊数字化城市管理系统率先利用物联网的手段管理城市公用产品，开创数字化城市管理工作的先河，为全省的数字化城市管理工作闯出新路子，具有很强的示范带动作用。其中，公用产品质量在线监测系统荣获国家专利。

市数字化城市管理系统的建立，使全市城市管理手段更加丰富、机制更加顺畅、责任更加明确、发现更加超前；使城市管理由被动变为主动、由事后变为事前、由突击变为常态，形成城市管理问题闭环处置的监督指挥体系，解决了人民群众普遍关注的热点难点问题，市容市貌显著改善，城市品质大幅提升，为广大人民群众创造出良好的人居环境。到2011年年底，系统共处置各类城市管理案件145万余件，处结率99.1%，满意率99.9%，被省住建厅授予“山东省人居环境范例奖”，并荣获“潍坊市十佳市政工程”荣誉称号，成为山东省数字化城管工程的典范和为民服务的一面旗帜。

第四章　十佳人居社区

潍坊市在中国人居环境奖创建过程中涌现出一批环境优美、设施达标，各类保障工作充分的优秀社区。为表彰先进、激励后进，住房和城乡建设部宣布潍坊市成功创建人居环境奖城市后，由市委、市政府组织开展“十佳社区”评选活动。樱园社区、黄家社区、双羊社区、北苑社区等10个优秀社区荣获区“十佳人居社区”荣誉称号。

樱园社区

樱园社区位于奎文区文化路南端，北起樱前街，南至宝通街，东接前栾社区，西与樱南社区、樱北社区相临。社区始建于1997年，现世纪樱园小区还在建设当中。社区分樱园东区、樱园西区、世纪樱园、景苑小区、宝通花园五个部分，总占地1200余亩，绿化占地面积达30%，总建筑面积65万平方米，入住5900户，总人口近1.7万人。

社区服务中心总建筑面积1400平方米，是集文体活动、文化教育、休闲养老、智障儿童康复训练五大功能版块为主要内容的综合性、现代化的新型社区服务中心。社区综合服务大厅的社会化服务区域包括家政托老服务站、交通安全服务站和法律服务站3个服务窗口，公共服务区域设有计划生育、社区党建、民事调解等8个一站式服务窗口，充分保证为居民提供一站式的高效服务；活动中心包括活动室、棋牌书画室和图书电子阅览室，同时增设捐助接收站、民意诉求室和谈心室、市民学校等服务区域，丰富了居民的社区生活；社区教育中心以樱园幼儿园大班部和方圆教育培训学校为依托，实现了集托幼，家教，课外辅导，舞蹈、声乐和书画培训为一体的综合性教育功能；社区活动中心设有老年人日托休闲健身俱乐部、书画活动室、休息室等适合老年人休闲娱乐的各项服务功能区，真正保证社区老年人“老有所养”。建立社区生活服务中心，依托12343服务平台，为居民提供居家养老、家政便利、生活咨询等服务项目。社区组建以党员志愿者为主，近300人的志愿者服务队，并有由舞蹈、京剧、模特、腰鼓等8支队伍为主的社区艺术团，常年举办书画、摄影、保健、茶艺等培训和百堂公益讲座，先后举办了社区文化艺术节、社区读书节、庆七一红歌会、和谐家庭创建等具有影响力的活动，受到社区居民的好评和欢迎。

社区凭借良好的环境、人性化的服务，荣获众多荣誉称号：2009年，获得全国社区共建共享先进单位、全国防震减灾示范社区、全国和谐社区建设示范社区、山东省节能减排示范社区、山东省地震安全示范社区、奎文区环境卫生管理工作先进单位等荣誉称号；2010年，获得潍坊市奎文区基层党风廉政建设示范点、平安奎文建设先进基层单位、2010年度山东省充分就业星级社区等荣誉称号；2011年，获得山东省十佳社区文化广场、全省城乡消防安全基础建设暨构筑社区消防安全“防火墙”工程先进社区、山东省妇联健身示范站点、潍坊市家庭教育工作先进集体、潍坊市军地平安建设示范社区、山东省充分就业星级社区等荣誉称号。

孙家社区

孙家社区东至文化路、西依虞河风景带、南到卧龙街、北接玉清街，总面积0.76平方公里，共有居民4253户，共有77栋居民楼，居民4253户，10632人。辖区内有10个驻区单位，14个居民区。

社区内有潍坊市育才学校、孙家小学、潍坊市育才学校幼儿园3所学校，居住区内适龄儿童都可以就近入学；有2处社区卫生站，40张床位，16名主治医师，护士10名，居民足不出户就可以得到好的医疗服务；有超市2个，社区卫生服务2处，银行2处，公交线路4条，居民日常服务功能齐全；社区服务中心同步打造“阳光一家亲”服务品牌，打造阳光健身休闲、阳光公共服务、阳光爱心温暖、阳光民主议事、阳光社区文化“五大特色板块”。

社区服务中心内设社区服务大厅、社区警务室、社区卫生服务站股权管理中心、“五老”爱心社、志愿者俱乐部、双拥工作站、社区党校、民主议事厅、体艺空间、翰墨结缘、健身俱乐部等。

社区凭借良好的环境、人性化的服务，获得了众多荣誉称号：2011年，社区被评为国家级“全国城市社会工作示范社区”、潍坊电视台经济生活频道“文明社区行”《步步高升够级大赛》社区对抗赛最佳组织奖，被评为“2010年度房地产开发先进企业”、2011年6月，被中共潍坊市奎文区委评为“先进基层党组织”、被评为“2010年度平安奎文建设先进基层单位”。

虞虹桥社区

虞虹桥社区东起文化路，西至虞河路，南起北乐道街，北至胜利街，总面积0.26平方公里，现有居民楼55座，常住户2980户，10430人。

社区设有服务中心，占地面积1500多平方米。社区周边有胜利东小学、盛世豪庭幼儿园2所学校潍坊市人民医院、潍坊市第二人民医院2处医院，社区学校布局合理，医疗设施齐全。社区内体育设施完善，各小区均配备全民健身器材。社区文化生活丰富，设有老年活动室、图书阅览室、党员电教室、科普室、秧歌队、腰鼓队、健身舞队等，并经常举办庭院演出和各种健身活动，形成了“春有广场舞蹈表演，夏有消夏系列活动、秋有文化艺术节、冬有灯展猜谜”的社区文化特色。社区周边还有银行、邮局、市场、便利店、中介等众多服务行业，居民日常生活、出行便利。社区内各大街小巷环卫人员配备到位、环卫设施配套齐全，小区内物业管理良好。社区先后获得区先进居委会、青年文明社区、先进基层党组织、计划生育先进单位、爱国卫生先进单位、和谐示范社区、省级文明单位等荣誉称号。

社区凭借良好的环境、人性化的服务，获得多项荣誉称号：2009年4月，评选为“省级文明单位”；2010年，被评选为“平安奎文建设先进基层单位”“全国妇联基层组织建设示范社区”“山东省节能减排家庭”；2011年，被评选为“奎文区先进基层党组织”“山东省优秀科普社区”“潍坊市十佳卫生社区”、2006~2010年全区普法依法治理工作先进单位。

黄家社区

黄家社区服务中心位于福寿西街和怡园路交叉口西南角，是黄家城中村改造重点配套项目，总投资900余万元，总建筑面积2400平方米，2010年6月投入运行。

社区以“为民、利民、便民”为宗旨，按照“一厅、四中心”的要求，将党建、民政、计生、综治、劳保、文化、卫生等社区服务全部纳入“一站式”服务窗口，为辖区居民提供“方便、快捷、优质”的服务打造了一个良好的平台。“一厅”即：多功能大厅；“四中心”即：“社区服务、社区卫生、文体活动、党建综治”“四个中心”。投入使用以来，黄家社区凭借良好的环境、人性化的服务，获得了众多荣誉称号。2009年，被评为市级爱国卫生示范村庄和市级“五好”农村社区；2010年，被评为区级公共安全建设先进基层单位；被授予省级卫生先进单位、区级先进基层党组织、2011年，获区级平安建设先进单位、区级扶残助残先进单位，并被大众日报社授予“新农村探访示范村居”。

后姚家坊社区

后姚社区是原后姚家坊村在实施“城中村”改造的基础上建成的新社区，现由后姚小区、盛泉小区、瑞通花园、名仕园四个居民小区组成。居民住宅楼52栋，占地面积10.53万平方米，建筑面积约22.72万平方米住户1541户，4765人，其中党员353名，下辖22个党支部，50个党小组。

社区建有图书阅览室、活动中心；投资48万元，在小区内安装健身器材；成立四点半学校、市民学校；投资120多万元进行社区绿化，投资15.8万元，安装垃圾收集设施，配备22名专职保洁员，对小区内的生活垃圾进行托管，有环卫部门负责集中有偿清运。对小区实行封闭式管理，统一安装防盗门，投资260余万元设立中心监控室，实行24小时全天候监控录像；每个小区配备6名专职保安人员，积极开展群防群治。

社区成立以来，先后获得省级文明社区、省级无传销社区、省级未成年人零犯罪社区、山东省绿化示范村、省科普先进社区、党员网格化管理先进社区、平安山东建设先进社区、市级花园式小区、市级消防平安建设示范社区、城市社区建设示范社区、节能减排示范社区、市级绿色社区、卫生先进社区等各种荣誉称号。

双羊社区

天同双羊新城是一处集节能、环保、智能化于一体的精品社区。小区东临龙山路，西至朝风路，南靠双羊新，北至凤凰大街，处于交通枢纽地带，位于坊子经济、文化、政治中心。小区占地66.21公顷，总建筑面积70万平方米。小区于2006年开工建设，2008年10月，第一期业主入住，先小区总入住户数达1500户，竣工建筑面积16万平方米。

双羊新城居住小区是全市唯一国家康居示范工程，并被财政部授予“国家可再生能源建筑应用示范项目”，2010年5月，顺利通过财政部、建设部的最终验收。小区充分应用了66项新技术、新材料、新工艺，围绕“四节一环保”（即节水、节能、节地、节材和环境保护）的康居理念，倾力打造“两个全国首创，五个全省领先”：开创全国首个联籍式太阳能在多层住宅小区中大规模应用的先例、全国首个住宅小区全部采用地源热泵系统供暖的先例。开创装修领先；外墙保温、中空玻璃塑钢门、进户门保温等一系统列保温材料领先；率先利用太阳能光电转换加热技术；采用有机生化处理技术；高科技智能化管理系统的利用。小区还采用中水处理系统，将生活污水采用ETS生态污水处理系统进行处理，处理后出水水质稳定，能耗低，无需专人维护，用于小区绿化、道路喷洒、景观用水、洗车等，保护水资源。

社区成立以来，积极开展各类公益活动，不断打造人居典范项目，2010年，被评为山东省城市社区建设“示范社区”和全国妇联基层组织建设“示范社区”、全国减灾示范社区、全国城乡消防安全基层建设暨构建社会消防安全“防火墙”工程“先进社区”、2011年，被评为坊子区关心下一代工作“先进单位”“坊子先进基层妇女组织”、法制创建先进社区、市级文明社区。

泰祥社区

泰祥社区东到丰华路，西至友谊路，南到富亭街，北至通亭街，辖区面积约1.6平方公里，辖区有9个单位，居住户数2568户，6590人，于2009年7月6日成立，现有工作人员7人。社区设有社区服务中心，建筑面积1339平方米，设有一站式服务大厅和社区警务室、监控室、便民超市，服务大厅内有社区党建、文化、计划生育、医疗保险、社会保障、老龄、户籍管理、残联等窗口；设有市民学校、科普学校、会议室、档案室、老干部活动室和医疗卫生服务站；文体活动中心内设图书阅览室、乒乓球室、棋牌室、台球室、健身房；室外设有健身场地2处，配备健身器材，文体活动场地2处。供居民跳舞、健身等活动。

社区自成立以来，分别获“寒亭区街道先进单位”“市文明和谐社区”“市巾帼文明岗”“市充分就业和谐社区”“市消防安全防火墙工程先进社区”“寒亭街道标兵奖”“全市就业服务工作先进单位”“市美化绿化十佳社区”“寒亭区先进基层党组织”“省级文明社区”等荣誉称号。

北苑社区

北苑社区西至东方路，东至潍安路，南至北宫东街，北至高速公路，总面积为4平方公里。社区辖区内规模以上的企业有歌尔电子、中微光电子、楼氏电子、娃哈哈、富潍薄膜、凯美食品、苏柯汉等。现有社区工作人员9人，共管辖60个企事业单位，20个小区，其中宏润生活区、金丰名苑、龙泽苑等在建小区5个，城镇居民3400户，1.4万人，社区党员580人。

社区内设有警务室、市民学校、多功能活动室、老年之家、图书室、文体活动室等。社区坚持“以人为本，为民服务”，居委会设有为民服务热线，有为民便民服务项目19项。设有老年协会、计生协会、创业者联谊会、书画协会等15个民间组织，有社区文明志愿者队伍、社区便民服务志愿者队伍、文化志愿者队伍、助残志愿者队伍、巾帼志愿者队伍、平安志愿者队伍、环保志愿者等12支志愿者队伍。

社区成立以来，以打造人居社区为目标，积极开展各类创建活动，2010年，被山东省授予“全国侨务系统五五普法侨法宣传角”和“山东省城市社区建设示范社区”；2011年，被授予“2010年度文明城市创建工作先进单位”“2010年度城乡消防安全体系建设先进单位”，2011年，被潍坊市园林处授予“市级绿化美化十佳社区”称号。

鸢都社区

鸢都社区西起东方路，东至潍安路，北至北宫街，南以东风东街为界，面积近5.5平方公里，现已入住31个居民小区，单位小区14个，商住小区17个，240余座居民楼，1万余户居民，约3万余人。

社区建有社区卫生服务中心、文化中心、图书室、儿童俱乐部、青少年之家、家长学校、文体活动站、人口学校、党员干部学习室以及市民学校。社区文体活动室内有乒乓球室、棋牌室、健身器材室、文艺活动室、图书室，全天免费为社区居民开放。成立“夕阳红合唱队”“艺景嘉园小区舞蹈队”“龙居苑小区羽毛球队”“烟草小区老年门球队”等20余个活动小队，文化活动丰富多彩。社区内有警务室1处，治安良好。建有社区慈善超市，健全扶贫助困动态救助机制，为下岗失业人员、困难家庭、困难人员提供生活保障。定期为居民提供健康检查、知识讲座等活动，为社区居民提供医疗服务。定期开展法律知识讲座、宣传活动，为社区弱势群体提供法律援助。积极做好计划生育各项工作。

社区成立以来，以打造人居社区为目标，积极开展各类创建活动。先后获得“山东省和谐示范社区”“山东省消防平安创建先进社区”“山东省级商业示范社区”“山东省文明和谐社区”“山东省城镇住户基本情况抽样调查工作先进集体”“潍坊市文明和谐社区”“全省妇联基层组织建设示范社区”“潍坊市人口普查先进单位”“潍坊市双十佳先进单位”等荣誉称号。

友谊社区

友谊社区位于新华路与乐川街交汇处北200米路东，社区大楼于2010年建成，占地面积600平方米。辖区内共有17个小区，已入住6500户，入住人口18000余人。

社区内配备小学1所，幼儿园3所，各小区内配备健身器材17套，17个宣传栏和12个道德点评台，社区卫生等医疗服务健全。社区于2011年投入资金10万元，建成了绿色网吧、儿童俱乐部、市民学校、社区志愿者公共文化场所，建筑面积200平方米，解决了辖区内未成年人假期的监管，也为辖区内居民提供了交流场所。社区设有调解委员会，居民和睦相处。社区内设立心理咨询室，解决了辖区内未成年人的心理问题。设立慈善捐助点，奉献爱心，回报社会。社区构建社区—物业公司—业主“三位一体”的管理模式，并且对各小区实行专人负责。社区内60岁以上的无经济收入老人参保率100%，困难住户按月按户得到城市生活最低保障金。

社区成立以来，连续3年评为“区文明单位”，并获“省级平安社区”“省级文明社区”“市绿化美化”十大社区等荣誉称号。

附 录

附录一：

建设部　国家发展和改革委员会
关于表彰第三批“节水型城市”的通报

建城〔2007〕71号

各省、自治区、直辖市、计划单列市建设厅（建委、建设局）、发展改革委、经贸委（经委），重庆市市政管理委员会，海南省、北京市、上海市水务局，新疆生产建设兵团建设局：

根据建设部、国家发展和改革委员会《关于印发〈节水型城市申报与考核办法〉和〈节水型城市考核标准〉的通知（建城〔2006〕140号）》以及《关于组织申报2006年“节水型城市”工作的通知（建办城函〔2006〕377号）》的要求，在有关省、自治区、直辖市建设厅（建委）、发展改革委（计委、经贸委）进行初步考核，专家进行材料评审和现场考核的基础上，建设部、国家发展改革委决定命名银川等11个城市为第三批“节水型城市”，现予以通报表彰。

各地要以科学发展观为指导，按照建设资源节约型和环境友好型社会的要求，全面推进节水型城市建设。已命名的城市要继续加强城市节水工作力度，巩固和发展节水成果，发挥示范作用。其他城市要以受表彰的城市为榜样，对照《节水型城市考核标准》，积极开展节水型城市创建工作，提高城市合理用水水平，增强市民节水意识。各地要通过开展节水型城市创建活动，进一步改善城市水环境，促进水资源可持续开发利用，为构建社会主义和谐社会做出贡献。

附件：第三批“节水型城市”名单

二〇〇七年三月十二日

附件：

第三批“节水型城市”名单

宁夏回族自治区银川市
浙江省宁波市
广西壮族自治区桂林市
河北省廊坊市
山东省潍坊市
山东省日照市
山东省东营市
山东省海阳市
山东省蓬莱市
江苏省张家港市
江苏省昆山市

附录二：

住房和城乡建设部关于命名2009年国家园林城市、县城和城镇的通报

建城〔2010〕16号

各省、自治区住房和城乡建设厅，北京市园林绿化局，上海市绿化和市容管理局，重庆市园林事业管理局，天津市市容和园林管理委员会，新疆生产建设兵团建设局，总后营房部工程局：

根据《关于做好2009年国家园林城市申报有关工作的通知》《国家园林城市申报与评审办法》和《国家园林县城评选办法》等要求，我部对2009年所有申报城市、县城和城镇组织了评审。综合现场考查和评审结果，决定命名重庆市等41个城市为国家园林城市，重庆市荣昌县等31个县城为国家园林县城，江苏省江阴市新桥镇等5个镇为国家园林城镇。

希望被命名的国家园林城市、县城和城镇，认真贯彻党的十七大精神，坚持以科学发展观为指导，全面推动城乡人居生态环境建设，努力构建资源节约、环境友好的社会主义和谐社会，为全面建设小康社会作出新的贡献。

附件：2009年国家园林城市、县城和城镇命名名单

二〇一〇年二月四日

附件：

2009年国家园林城市、县城和城镇命名名单

一、国家园林城市（共41个）

重庆市、河北省承德市、河北省武安市、山西省太原市、山西省潞城市、山西省侯马市、辽宁省铁岭市、辽宁省开原市、江苏省宿迁市、江苏省泰州市、江苏省金坛市、浙江省台州市、浙江省平湖市、浙江省海宁市、安徽省池州市、江西省萍乡市、江西省吉安市、山东省潍坊市、山东省临沂市、山东省泰安市、山东省章丘市、山东省肥城市、河南省三门峡市、河南省安阳市、河南省商丘市、河南省平顶山市、河南省巩义市、湖北省鄂州市、湖南省湘潭市、广东省韶关市、广东省梅州市、广东省汕头市、广西壮族自治区柳州市、四川省遂宁市、云南省昆明市、云南省玉溪市、云南省景洪市、陕西省西安市、宁夏回族自治区青铜峡市、新疆维吾尔自治区哈密市、新疆维吾尔自治区伊宁市。

二、国家园林县城（共 31 个）

重庆市荣昌县、重庆市云阳县、河北省乐亭县、山西省怀仁县、山西省武乡县、辽宁省桓仁满族自治县、吉林省抚松县、江苏省溧水县、江苏省高淳县、江苏省金湖县、浙江省海盐县、安徽省歙县、福建省沙县、江西省吉安县、山东省广饶县、山东省沂源县、山东省平邑县、河南省修武县、河南省夏邑县、河南省桐柏县、四川省金堂县、云南省石林彝族自治县、云南省弥勒县、甘肃省华亭县、陕西省凤翔县、陕西省千阳县、陕西省麟游县、宁夏回族自治区彭阳县、新疆维吾尔自治区新源县、新疆维吾尔自治区沙湾县、新疆维吾尔自治区哈巴河县。

三、国家园林城镇（共 5 个）

江苏省江阴市新桥镇、山东省肥城市石横镇、广东省东莞市塘厦镇、四川省成都市大邑县安仁镇、云南省安宁市青龙镇。

附录三：

国家环境保护总局关于授予潍坊市国家环境保护模范城市称号的决定

环发〔2005〕137号

潍坊市人民政府：

根据你市申请和山东省环境保护局推荐，经国家环境保护模范城市考核组考核、国家环境保护总局公示和审定，现决定授予你市“国家环境保护模范城市”称号。

希望你市坚持全面、协调、可持续的科学发展观，统筹城乡发展、经济社会发展，保持人与自然和谐相处，建设资源节约型、环境友好型社会；坚持高标准，严要求，不断提升城市环境管理水平、切实解决人民群众关心的环境问题，持续改善城市环境质量，发挥好国家环境保护模范城市对周边地区的示范、带动作用，为我国的环境与发展做出更大贡献。

二〇〇五年十一月二十一日

附录四：

全国爱卫会关于命名山东省潍坊市为国家卫生城市的决定

全爱卫发〔2008〕6号

山东省爱卫会：

根据你会推荐，按照《国家卫生城市考核鉴定和监督管理办法》的规定，全国爱卫办先后组织专家对潍坊市创建国家卫生城市工作进行了暗访调研、技术评估、考核鉴定和社会公示。

多年来，潍坊市市委、市政府始终把创建国家卫生城市工作作为促进经济社会发展和保护人民群众健康的重要载体，坚持不懈地开展。各级领导高度重视，各有关部门和单位密切配合，广大群众积极参与，推动了城市基础设施建设，改善了环境卫生面貌，加强了卫生防病工作，增强了群众文明卫生意识，创建国家卫生城市工作取得了显著成绩，整体卫生水平达到了《国家卫生城市标准》的要求。经研究，全国爱卫会决定命名潍坊市为“国家卫生城市”。

希望潍坊市再接再厉，进一步完善城市基础设施，继续广泛深入开展全民健康教育，建立健全长效管理机制，努力做好巩固提高工作，为经济社会发展、构建和谐社会做出新的贡献。

二〇〇八年四月十日

附录五：

山东省住房和城乡建设厅关于推荐潍坊市申报中国人居环境奖的请示

鲁建城字〔2011〕15号

住房城乡建设部：

近年来，潍坊市高度重视中国人居环境奖创建工作，市委、市政府召开了创建工作动员大会，建立健全了创建工作机制；加强城市人居环境建设，水环境整治成效明显；已经获得国家园林城市、国家节水型城市称号，并列入中国人居环境奖预备名录。根据潍坊市政府的申请，按照住房城乡建设部《关于印发〈中国人居环境奖评价指标体系〉（试行）和〈中国人居环境范例奖评选主题及内容〉的通知（建城〔2010〕120号）》等文件要求，我们组织对潍坊市申报中国人居环境奖的情况进行了认真审查。经研究，我厅认为潍坊市已经达到了中国人居环境奖评价指标体系要求，现予以上报，请审查。

特此请示。

二〇一一年四月十八日

附录六：

潍坊市人民政府关于申报中国人居环境奖的函

潍政函〔2011〕15号

省住房和城乡建设厅：

根据住房和城乡建设部创建中国人居环境奖的标准和要求，我市认真开展了自查创建活动，并已经成为“国家节水型城市”“国家园林城市”“国家环保模范城市”“国家卫生城市”。经自查，我市已经达到申报中国人居环境奖的有关标准，特申报中国人居环境奖，请予审核验收并转报住房和城乡建设部。

当否，请函复。

二〇一一年一月二十五日

附件：

潍坊市“中国人居环境奖”申报报告

潍坊市人民政府

一、城市概况

潍坊市位于山东半岛中部，北濒渤海，居半岛城市群中心位置，辖4区、6市、2县，设有国家级高新技术开发区、滨海经济开发区和出口加工区，面积1.61万平方公里，人口870万人。潍坊是全国优质农产品生产加工和出口基地，是山东半岛制造业基地。潍坊是历史文化名城，历朝历代都是重要的区域文化中心和物资集散中心，虞舜、晏婴、郑玄、李清照、王尽美、臧克家等名人皆出自潍坊，范仲淹、苏东坡、郑板桥等曾在此执政理事。潍坊是著名的世界风筝都，拥有潍坊风筝、杨家埠木版年画等9项国家级非物质文化遗产，十笏园、云门山、山旺化石等驰名中外。中心城市已成功创建为中国优秀旅游城市、中国水环境治理优秀范例城市、国家卫生城市、国家环保模范城市、国家园林城市、国家节水型城市和全省文明城市。

二、申报类别

中国人居环境奖。

近年来，潍坊市委、市政府以科学发展观为指导，大力实施城市化战略，牢固树立“环境就是生产力，改善环境就是提高生产力”的理念，以生态市建设和中国人居环境奖创建为抓手，坚持高起点规划、高标准建设、高效能管理，以大投入促进大建设、大改造、大整治、大提升，大力实施绿化、亮化、净化和美化提升工程，扎实推进城乡环境综合整治，城市综合承载力和环境竞争力进一步增强，城市功能进一步完善，居民生活品质、幸福指数明显提高，城市形象全面提升。2007年成功创建山东人居环境奖和中国人居环境奖（水环境治理优秀范例城市），2010年成功创建为国家园林城市，基本达到了申报“中国人居环境奖”的条件。

三、城市人居环境改变过程

（一）过去的城市状况。10年前，潍坊市城市化进程进一步加快，但由于城市规划编制不完善、建设资金投入有限、基础设施不配套，建设标准不高，环境污染日趋严重，公用配套设施相对滞后，城区绿量少，生态环境质量不高，城市人居环境建设明显滞后，尽快提高人居环境质量，成为广大市民群众的强烈愿望和共同要求。

（二）目标与决策的形成。为改善城市生态环境，建设最佳人居环境城市，自2003年以来，潍坊市委、市政府把加快城市化进程作为落实科学发展观、构建社会主义和谐社会的战略举措，坚持生态立市、经济强市、环境促市，确立了建设生态市的目标。不断加快城市环境基础设施建设，深入开展城市环境综合整治，全面实施碧水蓝天计划，大力推进生态环境建设，把生态市建设放到战略位置，努力把潍坊建设成为水更清、地更绿、天更蓝、景更美的生态宜居城市，共筑美好的绿色家园。

（三）实施过程。

一是坚持科学规划，构筑绿色生态城市体系。近年来，潍坊市非常注重生态环境保护，在城市规划中坚持以人为本，因地制宜，努力打造“绿色、生态、宜居”的城市发展体系。2004年，制定出台《生态市建设规划纲要》，确定生态市建设目标。2005年，市委、市政府启动生态市建设“十大重点工程、百个建设项目”，投资164亿元，建设绿色潍坊，打造生态宜居家园。2006年，编制完成《潍坊市城市总体规划（2006—2020）》，确立了城市空间建构“一心、一环、一廊、一轴”的结构模式。对中心城区各类用地分片划区进行了控制性和修建性详规的编制完善，编制完成了城市绿地、水系环境、旅游发展、综合交通、环境卫生、给排水、消防、燃气等专业性规划，为建设资源节约型、环境友好型城市和生态园林城市，科学指导城市生态环境建设、有力控制市域空间发展、有效改善中心城市面貌、营造舒适优美的人居环境提供了强有力的保证。

二是实施三河整治，打造宜商宜居城市。潍坊境内有白浪河、虞河、张面河穿城而过。20世纪七八十年代起，三河污染严重，河道内污水横流、两侧杂草丛生、垃圾遍地，“臭、丑、乱、旧”是3条河流共同的特点。让河流重泛清波，成为市民心中的梦想。潍坊市委、市政府本着对历史、对未来、对人民高度负责的精神，对三河进行了大规模综合整治。全长3公里的张面河，改造于2004年，是三河综合整治的序曲。数千建设者夜以继日、风雨无阻，仅用35天，就把污水横流、垃圾遍地的臭水河，变成了碧水清流、自然环保的生态之河。中央和省、市领导都给予高度评价，并荣获“中国人居环境范例奖”。全长12.7公里、面积200万平方米的虞河整治工程，2005年年初破土动工，2006年

3月竣工。整个工程以河道为主轴，两岸亲水空间为辅轴，桥头拦河坝为节点，进行景观环境塑造，构筑带状绿廊空间。一湖、三瀑、九溪、十二景区、三十六景观，三楼、五阁、七榭、二十四亭、两塔双百景点，展示出潍坊独特的人文、历史景观。白浪河是潍坊的母亲河，整治范围全长22.7公里，是潍坊城建史上投资规模最大、建设区域最广的战略工程，分为基础工程、景观建设、商业开发三个阶段。2007年基础工程率先动工，利用世界银行贷款，陆续完成了防洪、清淤、截污、架桥、修路等基础建设。2008年大规模景观建设全线展开，2009年6月主要景观形成，其中10平方公里的白浪绿洲湿地公园成为江北最大城市生态湿地，2010年5月正式成为国家AAAA级旅游景区。国内著名城市运营专家、清华大学客座教授李忠考察潍坊三河治理后，把这种“以生态为导向的城市发展模式”简称为“EOD模式”。潍坊三河综合整治开发，改变了潍坊的城市气质，重塑了市民的生活方式，引领潍坊旅游经济、会议经济、休闲经济、文化产业等高端服务业的跨越式发展，促进城市人口聚集、产业升级和空间的有序拓展，实现经济社会的内涵式增长，成为潍坊的一张靓丽名片。

三是坚持以绿为主，打造绿色生态家园。近年来，潍坊市牢固树立生态理念，提出“绿色是潍坊的城市本色”，把“绿色”定位为城市发展战略目标，以人为本，以“生态、自然、节约”为绿化理念，不断加大绿化投入，累计绿化投资80亿元。建成了人民公园、植物园、安顺广场、长松城市公园、北海路、宝通街等一大批园林精品，建成人民广场、安顺广场、世界风筝都纪念广场等面积超过5万平方米大型绿地广场7处，建成富华游乐园、金宝乐园等休闲娱乐公园3个，建成街头游园136处，建成城市片林363公顷，城市道路绿化覆盖面积达到1003万平方米，道路绿化普及率、达标率分别达到99%和84.3%。全面实施“绿色潍坊·绿色家园”建设活动，建立栽植认养纪念树基地40多处，建设纪念林1万多亩，植树200多万株，义务植树400多万人次，尽责率达到90%以上。广泛开展花园式单位创建活动，拥有市级花园式单位（小区）726个，省级花园式单位（小区）115个。扎实推进社会绿化，自2006年开始，由市园林部门连续五年开展无偿供苗、送绿进社区等活动，累计为100余单位（小区）、5万余市民无偿供苗15万株，提供服务咨询、技术指导6000余次，社会性绿化蔚然成风，掀起高潮，得到住房和城乡建设部有关领导高度评价，《中国建设报》、人民网等国家级媒体多次进行专题报道，宣传推广潍坊的经验做法。全面增加城市绿量。2007—2009年连续三年组织实施“增绿增色”“黄土不露天”春冬季绿化工程，新增园林绿地1000公顷，新增公共绿地400公顷，栽乔木100万株，是前10年的总和，连续三年绿量以1.5倍速度增长，一举实现了绿量翻番的绿化目标。截至目前，潍坊市区绿化覆盖面积达到5533公顷，绿地面积达到5306公顷，公园绿地面积达到2021公顷，市区建成区绿化覆盖率、绿地率和人均公共绿地面积分别达到40.1%、38.4%和17.3平方米，城市林荫路推广率达到70%以上，均超过国家园林城市标准。2010年2月，潍坊以山东省第一名的优异成绩被住房和城乡建设部正式命名为“国家园林城市”。

四是加强基础设施建设，提升城市服务功能。着力提升中心城市辐射带动能力，加大城建投入力度，规划建设了文化艺术中心、金融中心、健康中心、奥体公园体育场、潍坊学院体育馆、白浪绿洲湿地公园、浞河综合整治工程等一批重大项目。全市累计完成市政基础设施投资272亿元，新改扩建主次干道1200余公里，对胜利街、福寿街、长松路等25条城市主干道分期分批完成了扩建改造，实施了“零缺陷”整治工程，城区道路完好率达98%以上。加快环卫设施建设，建设了市生活垃圾处理场和医疗废物处置中心，垃圾转运站、公厕设施日益完善，市区生活垃圾无害化处理率达到94.7%，全市二级以上医院医疗废物集中处置率达到100%，万人拥有公厕4.2座。中心城区106条道路保洁全部实现市场化招标，道路保洁率达到100%，机械化清扫率达到43.3%。全面推进城乡环卫一体化工作，中心城区各区城乡环卫一体化工作实现全覆盖。建成污水处理厂7座，全部达到满负荷运行，出水水质均达到一级B标准，污水处理能力达到36万吨/日，污水处理率达到92%。建成白浪河水厂，城区日供水能力达到30万立方米，供水管网670公里，累计完成户表改造9万户，用水普及率达99%以上，城市供水水质综合合格率100%。城区天然气用户达到15.33万户，发展管道燃气用户23.24万户。大力推进供热设施建设、节能改造和分户计量工作，建成市政供热管网511公里，总供热能力达到1585吨/小时，集中供热面积2676万平方米，集中供热率达到69.9%。市区公交线路总长达969.9公里，拥有公交车辆1176台，日均客运量达33万人，市区万人拥有公交车辆10.5标台。城市道路照明装置率达到98%以上，城市道路亮灯率达到99%以上。启动以完善小区功能配套、整治背街小巷、绿化净化亮化等为重点的旧居住区改造提升工程，对1995年前建成使用的7.25平方公里的旧居住区进行全面整治，共改造旧居住区51个、背街小巷227条，7万余户、23万居民直接受益，经验在全省推广。

五是坚持节能降耗，实现可持续发展。坚持节约用水，公众节水意识普遍提高，“十一五”期间城区累计节水量达5000多万立方米，年工业用水重复利用量达到3亿多立方米，万元GDP取水量和万元工业增加值取水量下降到16立方米和20立方米，年中水利用量达到1800万立方米，创建了33家省级节水型企业（单位），成功创建国家节水型城市。大力发展绿色照明，积极推进“十城万盏”半导体照明应用工程，中心城区半导体光源达到7.84万盏，占路灯、景观灯总数的92.95%，综合节电率达到40%，城区亮灯率达到99%以上。大力发展新能源，光电子、新能源、新材料、生物医药、节能环保等新兴产业初具规模。严格用水计划管理，积极推广中水利用，加快中水设施建设，全市共建成中水设施17座，城区年再生水及中水回用量达到1800万立方米，33家企业（单位）创建为省级节水型企业（单位）。加大城区大气污染综合治理力度，实施《潍坊市蓝天工程计划》，淘汰取暖小锅炉近千台，积极推广集中供热和清洁燃料，强制淘汰排气污染重、超期服役的机动车辆，取缔了沿街露天烧烤，建成6917平方公里的环境噪声达标区，努力打造资源节约型、环境友好型城市，促进社会经济可持续发展。

六是立足保障和改善民生，促进和谐社会建设。建立以廉租房、货币补贴为主导的住房保障体系，累计发放廉租房货币补贴2607户、1128万元，发放经济适用房货币补贴474户、2187万元。全市物业管理面积达到5800万平方米，覆盖率达80.5%。突出抓好民生工作，连续四年承诺每年为群众办好10件实事，民生支出占财政总支出的比重达到50%。累计实现城镇新增就业56.7万人，转移农村劳动力59.9万人，城镇登记失业率控制在3.17%。城乡社会保障体系进一步完善，社会保险方面，净增155.9万人，城镇居民基本医疗。保险和新型农村社会养老保险试点工作进展顺利，新农合保障水平逐年提高。实施教育惠民工程，全面实现城乡免费义务教育，建立了贫困学生资助救助体系和校园安全长效机制。高中阶段教育基本普及，素质教育处于全国领先水平。职业教育快速发展，职业院校技能竞赛水平居全省前列。高等教育不断拓展提升，高校发展到15所、在校生达到14.9万人。强化卫生公益性质，国家基本药物制度顺利实施，公立医院改革国家联系试点工作全面启动，城乡基层卫生服务体系更加健全，医疗保障能力进一步增强。全民健身公共服务体系不断完善，农村体育设施覆盖率达到79%。人口自然增长率控制在3‰以内，被评为全国人口和计划生育综合改革示范市，连续创建为全国双拥模范城，社会治安综合治理深入推进，食品药品监管工作不断加强，安全生产控制指标全面完成。新闻出版、广播电视、外事侨务、民族宗教、妇女儿童、老龄、残疾人、统计、人防、民兵预备役、地震、气象、海事、档案、史志等工作都取得新进展，全面促进社会和谐发展。

四、取得的成果

至2010年年底，各项指标均已达到或超过“中国人居环境奖”标准，经济建设得到持续、快速、协调发展，全市生产总值由2005年的1461亿元增加到2010年的3091亿元，年均增长14.2%，人均突破5000美元。地方财政收入由70.7亿元增加到202.4亿元，年均增长23.4%。2010年实现社会消费品零售总额1151.1亿元，年均增长18.5%。金融机构各项存、贷款余额分别达到3307.7亿元、2570.8亿元，是2005年年末的2.6倍和3倍。城镇居民人均可支配收入达到19675元，农民人均纯收入8872元，分别比2005年增加9357元和3855元。全市地区生产总值同比增长13.3%，全社会固定资产投资增长22.6%，社会消费品零售总额增长18.6%，地方财政收入增长28.2%，城镇居民人均可支配收入增长13.9%，农民人均纯收入增长15.3%，居民消费价格涨幅为2.6%，社区内生活、卫生、文化、教育等各类设施齐全，社区治安情况良好，广大市民安居乐业，生活质量明显提高。在中国社科院发布的《2009—2010年度全球城市竞争力报告》中，潍坊成为综合竞争力排名上升最快的10个城市之一。

五、项目可持续发展

城市人居环境的有效改善，极大增强了潍坊城市发展能力，推动了社会、经济的持续、健康、稳定发展，将潍坊市经济社会的发展推上了更高的平台，为潍坊市未来的发展打下了更加坚实的基础。城市生态环境的改善，极大提升了潍坊市城市品质，树立了城市形象，增强了潍坊的辐射力和带动力。城市交通路网和市政设施的完善，为经济腾飞和市民生活提供了良好的外部环境，减少了由于交通阻塞导致汽车废气对城市环境的污染。河流综合整治、水污染治理和城市绿化系统、公用基础设施的不断完善，进一步提高了潍坊的生态环境质量。优美的城市环境，已吸引着国、内外大批高素质人才来潍坊定居就业，甚至许多不知名的鸟类也越来越多地栖居潍坊。城市面貌的改善，提高了潍坊的文化品位，丰富了旅游资源，促进了旅游业的发展。潍坊正成为一个令“本地人为之骄傲自豪，令外地人向往的地方”。

六、经验和影响

（一）人居环境建设，必须始终坚持以人为本这一基本原则，以满足人的需要为出发点和落脚点，从提高人的生活素质出发，才能真正体现人民群众的意愿和要求，每一项整治工程和整治措施，都要把大多数群众拥护不拥护、满意不满意作为决策和最终检验成效的唯一标准。

（二）人居环境建设，资金投入是保障和基础，仅凭政府投资远远不够，必须采取多种形式，市场引导，政策扶持，多渠道筹措建设资金，并通过有效市场运营，缩短资金回收、回报周期，形成良性循环。

（三）人居环境建设，既要注重城市新区开发建设，更要切实保护老城旧区改造；既要不断完善基础设施，又要注重加强环境污染治理；既要立足当前，又要着眼长远，做到一步到位，不留缺憾，使城市的规划建设经得起检验，使城市的历史文脉得到延续，塑造城市特色和现代化城市的新形象。

（四）人居环境建设，是一项系统工程，需要长期不懈的努力，必须注重发挥人的作用，提高人的整体素质，提高城市的整体文明水平，把创建活动与群众参与融为一体，长期不懈地开展下去，建立健全法律规章并认真加以贯彻实施，通过道德约束和法律规范，逐步消除不文明行为，才能保证人居环境建设的成果不断巩固、不断提高。

附录七：

潍坊市人民政府办公室关于成立潍坊市中国人居环境奖创建工作领导小组的通知

潍政办发〔2010〕3号

各区人民政府，市属各开发区管委会，市直各部门、各直属事业单位：

为切实加强我市创建中国人居环境奖工作的组织领导，确保我市中国人居环境奖创建工作顺利进行，经市政府研究决定，成立潍坊市中国人居环境奖创建工作领导小组。现将领导小组成员名单公布如下：

组　长：

许立全　市委副书记、市长

常务副组长：

刘　伟　副市长

副组长：

李世光　市政府党组成员，副市级干部

李静波　市政府副秘书长、办公室主任

于为凯　市政府副秘书长、督查室主任

孙万奎　市市政局局长

成　员：

满郭强　市政协副主席、市总工会主席

李传恒　市政协副主席、市经济和信息化委员会主任

赵志远　市政府党组成员、市高新技术产业开发区党工委书记、管委会主任

陈仁杰　市政府党组成员、市发改委主任、潍坊职业学院党委书记

齐延升　市委宣传部副部长

刘效伟　市委政法委副书记、市综治办主任

赵学坤　团市委书记

隋汝文　市公安局政委

盛兆辉　市文化局局长

张国华　市教育局局长

陈本林　市监察局局长

吴海源　市民政局局长

王有亭　市财政局局长

李静波　市人社局局长

刘树亮　市国土局局长

张恒道　市规划局局长

李广东　市建设局局长

张兆平　市交通局局长

赵刚毅　市水利局局长

黄　进　市卫生局局长

杨锡广　市计生委主任

王秀禄　市环保局局长

耿　文　市体育局局长

侯方武　市统计局局长

郑华利　市林业局局长
王永福　市安监局局长
韩国庆　市法制办主任
王玉春　市人防办主任
魏志强　市物价局局长
朱乐凯　市地震局局长
丁利民　市老龄办主任
孙克森　市残联理事长
郭际水　市工商局局长
王保民　市档案局局长
李　辉　奎文区区长
赵伟宏　潍城区区长
马清民　坊子区区长
王培福　寒亭区区长
孟晓雷　潍坊经济开发区党工委书记、管委会主任
贾有余　潍坊滨海经济技术开发区党工委副书记、管委会常务副主任
王　勇　潍坊市峡山生态经济发展区党工委副书记、管委会主任

潍坊市中国人居环境奖创建工作领导小组下设办公室，办公室设在市市政局，孙万奎同志任办公室主任（兼）。

二〇一〇年三月十日

附录八：

潍坊市中国人居环境奖创建工作领导小组关于印发《潍坊市中国人居环境奖创建工作规范》的通知

潍人居创建〔2010〕1号

各区人民政府，市属各开发区管委会，市直有关部门、单位：

《潍坊市中国人居环境奖创建工作规范》已经市创建工作领导小组研究同意，现印发给你们，请认真贯彻执行。

二〇一〇年四月十一日

潍坊市中国人居环境奖创建工作规范

为推动我市中国人居环境奖创建工作顺利开展，依据市政府有关创建工作要求，结合我市实际，制定本规范。

一、明确创建工作职责分工机制

市政府与各区政府、市属各开发区管委会及市直有关部门、单位签订创建工作目标责任书。市创建工作领导小组办公室按照《实施方案》要求，对各项创建任务进行分解，落实到各责任单位。各责任单位要根据《实施方案》和中国人居环境奖测评体系的指标要求，切实承担起属地管理的责任，对各自承担的工作任务制订切实可行的工作方案和年度工作计划，将工作量化细化，抓重点、定目标，采用倒计时工作法，明确阶段任务，层层抓好落实。各责任单位和责任人要深入一线，现场调度指挥，解决具体问题，扎扎实实、一丝不苟的保质保量完成各阶段工作任务。

二、完善创建工作推进机制

市创建工作领导小组负责创建工作重大问题的研究和部署，统一领导全市的创建工作。领导小组办公室按照市委、市政府工作要求，成立市创建工作推进小组，设立责任单位创建工作联络员，组建七区及35家职能部门的创建工作网络，具体组织实施创建工作。设立六个专业组，负责具体创建指标文件资料的调度、审核、筛选及整理。

建立协调会议制度，按照创建工作任务要求定期组织召开协调调度会议，研究、部署创建推进工作。每月召开一次创建工作联络员会议，加强工作联络员业务培训，及时了解掌握各项创建工作动态，安排部署下月工作；每季度召开一次创建工作推进小组会议，听取各责任单位创建工作的进展情况汇报，协调解决创建工作中存在的主要问题。各区、各有关部门要切实把创建工作摆上重要议事日程，尽快成立相应的领导机构和办事机构，对各自承担的工作任务要制订切实可行的工作方案和年度工作计划，各单位主要负责同志要亲自抓、负总责，真正形成市、区、街、居四级联动创建工作推进机制。

三、建立创建工作督查机制

建立中国人居环境奖考核指标监控信息系统，实施目标责任制和责任追究制，把创建工作作为部门单位绩效考核的重要内容。完善定期督查制度，市创建工作领导小组办公室会同市委督查室、市政府督查室对各责任单位创建指标完成情况进行督促检查，督促各责任单位明确目标任务，针对未达标指标和薄弱环节制定完善专项推进措施。对创建工作任务完成好的单位给予通报表彰；对工作不力、严重影响全市创建工作的责任单位进行通报批评，责令限期整改；对工作失职的单位、部门及个人要适用责任追究制度，并将督查考核结果与部门年终绩效考核挂钩。

四、落实政策和资金保障机制

创建中国人居环境奖是一项复杂的系统工程，对于创建工作中的难点重点问题，各级、各有关职能部门要在政策支持和资金投入上给予倾斜，市区两级财政部门要优先安排创建工作经费，切实增加开展各项工作所需的资金投入。在政策上，要优先考虑创建工作的需要予以政策支持；在资金保障上，除政府投入外，通过招商引资、市场化运作等多种途径，多渠道、多层次筹措资金，加大民生保障、生态项目和城市基础设施建设投入力度。

五、建立创建工作情况通报制度

市创建工作领导小组办公室要加强情况调度，建立创建工作信息月报制度，及时反映争创任务的进度。各区政府、市属各开发区管委会及市直有关部门、单位要创造性开展创建工作，及时总结经验，按要求报领导小组办公室。市创建工作领导小组办公室要加强对面上情况的调度和上报情况的整理，定期编发《潍坊市中国人居环境奖创建工作简报》，总结交流创建工作经验，推动面上工作开展。对创建工作中的重大问题要及时编报《潍坊市中国人居环境奖创建工作呈阅件》，报市委、市政府领导决策。

六、建立创建工作宣传工作体系

各级宣传部门要制订《中国人居环境奖创建工作宣传实施方案》，组织开展创建宣传活动，广泛宣传人居环境奖知识和创建活动开展情况。要充分发挥各级媒体作用，在电台、电视台、报社、网络等媒体开辟专栏，突出宣传和推广创建活动中涌现出来的先进典型和经验，真正使创建工作深入人心。新闻媒体要加大城市环境保护宣传和舆论监督力度，建立舆论监督和公众监督机制。宣传和教育部门要组织开展改善人居环境的宣传教育工作，采取多种形式开展公众宣传和普及争创中国人居环境奖各项知识的活动，提高群众对创建工作的认知水平。各区和有关部门要在主要公共场所、人口密集地带设立户外广告宣传牌，动员户外电子屏幕开展创建工作宣传，增强市民的主人翁意识。同时，充分发挥各级工会、共青团和妇联等群团组织的作用，组织开展各种形式的志愿者活动，着力营造人人关心、支持、参与创建工作的良好氛围，提高市民对创建活动的认同感。

七、做好申报材料提报整理工作

申报材料的翔实、完整、高水平是创建工作成功与否的关键环节。市创建工作领导小组办公室牵头负责组织申报综合文字材料，制作图册，汇编重点支撑材料；要组成专业工作组对照每一个定性和定量指标，细化创建项目资料，以翔实的项目资料和数据统计为依据来确定每一个指标的完成情况。各创建责任单位要按照职责分工，提供年度中国人居环境奖支撑材料，包括有关的法规、制度、规定、规范、方案、办法、批复、基础统计明细表、年度相关工作计划方案、简报、总结、印发文件、规划文本及相关影像资料等。要组织专门力量加强对创建基础资料的收集整理、分类归档，按照创建工作进度要求按时提报，并确保资料翔实、完整、系统。

八、做好音像资料制作工作

市创建工作领导小组办公室牵头负责，各有关部门全力配合，组织制作创建申报专题片。要按照高起点谋划、高水平制作的要求，及早介入，预先准备，联系有较强摄制实力的单位（企业）按要求制作申报音像资料。

九、组织开展考察调研活动

对创建工作的重点、难点和关键问题，市创建工作领导小组办公室要会同市委政研室、市政府调研室及有关部门进行专题调研，及时反映创建工作中遇到的问题并提出解决方案，为市委、市政府决策提供科学依据。经常性组织有关人员赴部分省内外中国人居环境奖创建成功城市，加强创建工作交流培训，开展实地考察调研，与有关地市建立密切联系关系，虚心学习外地创建工作好的经验做法，开阔眼界、开拓思路、取长补短，确保创建工作高水平。

十、加强通联工作

加强与国家、省各级联系，及时汇报反映潍坊市中国人居环境奖创建工作情况，争取支持帮助。择时组织人居环境建设高峰论坛，邀请国内外有关领导和专家出谋划策，指导创建工作。

附录九：

潍坊市人民政府办公室 关于印发《潍坊市创建中国人居环境奖实施方案》的通知

潍政办字〔2010〕169号

各区人民政府，市属各开发区管委会，市直有关部门、单位：

《潍坊市创建中国人居环境奖实施方案》已经市政府研究同意，现印发给你们，请认真贯彻执行。

二〇一〇年十一月九日

潍坊市创建中国人居环境奖实施方案

为进一步提高我市城市建设管理水平，努力打造国内最适宜居住的城市环境，尽快成功创建中国人居环境奖，根据建城〔2006〕101号、建城〔2010〕120号等文件精神，制定如下实施方案：

一、指导思想

以贯彻落实科学发展观、构建和谐社会为出发点，坚持政府推动、部门主导、全民参与的原则，以普及生态和谐的人居理念为基础，环境设施完善提升为突破口，以科技进步和经济调整为支撑，全面提高城市人居环境质量，增强城市环境核心竞争力和可持续发展能力，加快建设富裕文明和谐的现代化中心城市，努力打造魅力新潍坊。

二、工作目标

以《中国人居环境奖评价指标体系（试行)》为标准，按照全面启动、分步实施、整体推进、突出特色、确保质量的要求，今年正式启动，争取早日成功创建中国人居环境奖，将潍坊建设成为最具生态魅力、张扬和谐文明、有较强环境竞争力的国内最佳人居环境城市之一。

三、创建范围

潍坊市中心城市建成区范围为本次创建达标范围。

四、创建步骤

主要分四个阶段：

（一）全面启动阶段。成立创建领导小组，组建日常工作机构，开展创建各项前期工作。适时召开创建动员大会，印发创建实施方案，分解任务，落实责任，全面启动创建各项具体工作。

（二）集中攻坚阶段。认真对照创建指标要 求，找出差距和不足，采取针对性措施，全面实施创建工程，集中力量对差距较大指标和薄弱环节专项攻坚，力争年底前全面达标。组织召开一次创建学术论坛，邀请住房和城乡建设部以及中国人居环境奖获奖城市等各级领导、专家来潍，为我市创建工作出谋划策，提出意见和建议。

（三）申报迎查阶段。组织专门力量，高标准完成创建工作报告、技术报告及音像资料等申报材料，按时上报省住房和城乡建设厅及住房和城乡建设部，并按照考核组安排，精心准备基础资料和考核现场，全力做好迎查工作，争取创建中国人居环境奖工作获得成功。

（四）巩固提高阶段。成功创建中国人居环境奖后，立即启动联合国人居环境奖创建工作，进一步提高中心城区人居环境品质和建设水平，为创建国际人居环境奖奠定基础。

五、保障措施

（一）加强组织领导，健全工作机构。市政府成立创建“中国人居环境奖”领导小组，由市长任组长，分管副市长任副组长，各区区长、开发区管委会主任、市直有关部门主要负责人为成员。领导小组办公室设在市市政局，具体负责领导小组日常工作。各级各部门也要成立相应的工作机构，形成市、区、街、居四级联动工作机制，确保创建各项工作扎扎实实向前推进。

（二）明确责任分工，强化监督考核。各责任单位按照“统一组织、分块实施”、“谁主管、谁负责”和属地管理原则，进一步细化任务目标，把指标的提升分解落实到每个项目、每项工程和每件实事，责任落实到人，确保按时限要求达到创建标准。把创建工作列入专项督查，定期调度进展情况。

（三）加大资金投入，实施重点突破。结合《潍坊市城市总体规划》及《国民经济和社会发展“十二五”规划》，抓住当前转方式、调结构、加快基础设施建设的有利时机，全力做好建筑节能、供热计量、污水处理、公交发展等重点项目的资金争取和保障工作，加大城市市政基础设施建设改造力度，确保各项指标尽快达到标准要求。市财政安排专项创建经费，确保创建工作正常有序开展。

（四）结合和谐创建，广泛动员参与。将中国人居环境奖创建工作与文明城市、和谐社区等创建活动紧密结合起来，广泛开展“美化人居环境、倡树文明新风、创建和谐家园”等群众性活动，进一步加大宣传力度，普及人居知识，形成人人动手、改善环境、参与创建的浓厚社会氛围。

附件：创建中国人居环境奖指标任务分解表

附件：

创建中国人居环境奖指标任务分解表

一级指标	二级指标	序号	三级指标及任务	责任单位	备注
A 居住环境	A1 住房与社区	1	住房保障率：≥80%，65%~80%	市建设局，各区政府、开发区管委会	
		2	保障性住房建设计划完成率：100%， ≥90%	市建设局，各区政府、开发区管委会	
		3	社区配套设施建设：社区教育、医疗、体育、文化、便民服务、公厕等各类设施配套齐全	各区政府、开发区管委会	
		4	棚户区、城中村改造：建成区内基本消除棚户区，居民得到妥善安置，实施物业管理。制定城中村改造规划并按规划实施	市规划局、市建设局、市国土局，各区政府、开发区管委会	
	A2 市政基础设施	5	城市公共供水覆盖率： ≥95%	市市政局，各区政府、开发区管委会	
		6	城市供水水质：依据《生活饮用水卫生标准》（GB5479-2006）检测，符合标准	市市政局，各区政府、开发区管委会	
		7	城市燃气普及率（%）： ≥98%	市市政局，各区政府、开发区管委会	
		8	城市生活污水处理：集中处理率高于全国平均值10%；污水收集管网配套；污水处理厂运行负荷率高于全国平均水平；污泥得到有效处置	市市政局，各区政府、开发区管委会	
		9	城市生活垃圾处理：生活垃圾无害化处理率高于全国平均值20%，垃圾处理设施达到无害化等级评定Ⅱ级以上；运行安全；试行垃圾分类	市市政局，各区政府、开发区管委会	
		10	城市排水：城市排水设施按规划建设；建成区推行雨污分流排水体制，雨水系统按《室外排水设计规范》 （GB50014-2006）规定标准高限建设；排水设施有专门管理机构，专项财政资金维护	市建设局、市规划局、市市政局，各区政府、开发区管委会	
		11	互联网用户普及率（户/百人）：≥10	市经信委，各区政府、开发区管委会	

续表

一级指标	二级指标	序号	三级指标及任务	责任单位	备注
A 居住环境	A3 交通出行	12	平均通勤时间：≤30 分钟，30~40 分钟	市交通局，各区政府、开发区管委会	
		13	公共交通出行分担率（%）：≥0.3%	市交通局，各区政府、开发区管委会	
		14	步行、自行车交通系统建设：制订专项规划，并经批准实施，建成较为完善的步行、 自行车系统。步行和自行车出行分担率≥40%	市规划局、市建设局，各区政府、开发区管委会	
	A4 公共服务	15	小学布局合理：分布均匀，服务半径不超过 500 米	市教育局、市规划局，各区政府、开发区管委会	
		16	校园安全：幼儿园、中小学校舍、校园符合安全要求，校园周边治安环境良好，设置完善的警示、限速、禁止鸣笛等交通标志；校园周边无台球、电子游戏机营业点、网吧，无集贸市场、摊点等	市综治办、市教育局，各区政府、开发区管委会	
		17	人均拥有公共体育设施用地面积（平方米）：≥0.15	市体育局，各区政府、开发区管委会	
		18	万人拥有卫生服务中心（站）数量（个）：≥0.3	市卫生局，各区政府、开发区管委会	
		19	万人拥有医院床位数（个）：≥40	市卫生局，各区政府、开发区管委会	
		20	万人拥有公共图书馆图书数量（册）：≥16000	市文化局，各区政府、开发区管委会	
		21	人均拥有公益性文化娱乐设施用地面积（平方米）：人均拥有文化馆、图书馆、博物馆、青少年宫等设施用地面积（指设施已建成投入使用的用地）≥0.8 平方米	市文化局、市规划局、市建设局，各区政府、开发区管委会 B 生态环境	
B 生态环境	B1 城市生态	22	生态环境保护：市区自然地貌、植被、水系、湿地等生态敏感区域得到有效保护，按照生态学原则进行驳岸和水底处理，河道无大规模硬质护坡和衬砌	市市政局，各区政府、开发区管委会	
		23	城市生物多样性：制定《城市生物多样性保护规划》，并完成市域范围的生物物种资源普查	市市政局、市林业局、市环保局，各区政府、开发区管委会	
	B1 城市绿化	24	城市绿化覆盖率（%）： ≥40%	市市政局、市规划局，各区政府、开发区管委会	
		25	城市绿地率（%）： ≥40%，35%~40%	市市政局、市规划局，各区政府、开发区管委会	
		26	城市人均公园绿地面积（m^2）：≥12	市市政局、市规划局，各区政府、开发区管委会	

续表

一级指标	二级指标	序号	三级指标及任务	责任单位	备注
B生态环境	B2城市绿化	27	城市公园绿地服务半径覆盖率（%）： ≥80%	市市政局、市规划局，各区政府、开发区管委会	
		28	城市林荫路推广率（%）： ≥70%	市市政局、市规划局，各区政府、开发区管委会	
	B3环境质量	29	城市空气质量（%）：API≤100 的天数占全年天数比例≥80%； 60%~80%	市环保局、市交通局、市公安局、市建设局、市市政局，各区政府、开发区管委会	
		30	城市地表水环境质量（%）：达标率 100%，且市区内无Ⅳ类以下水体	市环保局，各区政府、开发区管委会	
		31	城市区域噪声平均值（db）：≤60db	市市政局、市环保局，各区政府、开发区管委会	
C社会和谐	C1社会保障	32	社会保险基金征缴率（%）：≥90%	市人社局，各区政府、开发区管委会	
		33	城市最低生活保障：最低生活保障线高于本省同类城市平均水平，实现应保尽保，正常发放	市民政局，各区政府、开发区管委会	
	C2老龄事业	34	优待老年人政策：制定完善的老年人医疗、交通等优惠政策，并得到有效实施	市老龄办、市民政局，各区政府、开发区管委会	
		35	百名老人拥有社会福利床位数（张）：≥2	市民政局、市老龄办，各区政府、开发区管委会	
	C3残废人事业	36	残疾人服务和保障体系：建立完善的残疾人服务和保障体系，并得到有效实施	市残联，各区政府、开发区管委会	
		37	无障碍设施建设：主要道路、公园、公共建筑等公共场所设有无障碍设施，管理、使用情况良好	市市政局、市残联，各区政府、开发区管委会	
	C4外来务工人员保障	38	外来务工人员保障政策：制定完善的外来务工人员保障政策并得到有效实施	市人社局，各区政府、开发区管委	

续表

一级指标	二级指标	序号	三级指标及任务	责任单位	备注
C社会和谐	C5公众参与	39	公众参与规划建设和管理：建立完善的规划、建设、管理等公众参与制度，得到有效实施	市规划局、市建设局、市市政局，各区政府、开发区管委会	
	C6历史文化与城市特色	40	历史文化遗产保存完好：城市文化遗产和历史街区得到有效保护	市文化局、市规划局，各区政府、开发区管委会	
		41	城市风貌特色：景观风貌专项规划经过审批，实施效果良好。城市景观格局清晰，特色明显。新建建筑有地方特色	市规划局、市建设局，各区政府、开发区管委会	
D公共安全	D1城市管理与市政基础设施安全	42	城市管理：数字化城市管理系统建成并运行1年以上，结案率≥90%；城市管理高效有序	市市政局，各区政府、开发区管委会	
		43	城市市政基础设施安全运行：城市地下管网、道路桥梁等市政基础设施档案健全，运行管理制度完善，监管到位，城市安全运行得到保障	市市政局、市建设局，各区政府、开发区管委会	
	D2社会安全	44	道路事故死亡率（人/万台车）：≤10人/万台车	市公安局，各区政府、开发区管委会	
		45	刑事案件发案率（%）：≤5%	市公安局，各区政府、开发区管委会	
	D3预防灾害	46	城市人均避难场所面积（平方米）：≥2	市规划局、市地震局、市人防办、市国土局、市建设局、市市政局，各区政府、开发区管委会	
		47	城市公共消防基础设施完好率（%）：100%	市公安局，各区政府、开发区管委会	
		48	城市防洪排涝：城市防洪排涝设施达到相应设防标准。城市重点地区、交通枢纽地区、地下公共空间等配备完善的汛期排水设施并有效维护	市市政局，各区政府、开发区管委会	

续表

一级指标	二级指标	序号	三级指标及任务	责任单位	备注
	D4 城市应急	49	城市应急系统建设：建立完善的应急指挥系统，制定突发公共事件等地方应急预案，并经过实际演练	市政府办公室，各区政府、开发区管委会	
E 经济发展	E1 收入与消费	50	城市居民人均可支配收入（万元）：≥1.8	市统计局，各区政府、开发区管委会	
		51	恩格尔系数（%）：≤36%	市统计局，各区政府、开发区管委会	
	E2 就业水平	52	城市登记失业率（%）： ≤4.3%	市人社局，各区政府、开发区管委会	
	E3 资金投入	53	城市市政公用设施建设资金投入比重（%）：城市市政公用设施建设固定资产投资占同期全社会固定资产投资比重≥5%	市财政局、市统计局，各区政府、开发区管委会	
	E4 经济结构	54	第三产业增加值占 GDP 比重（%）： ≥55%，40%~55%	市发改委，各区政府、开发区管委会	
F 资源节约	F1 节约能源	55	单位 GDP 能耗（吨标准煤/万元）：≤1.6	市经信委，各区政府、开发区管委会	
		56	节能建筑比例（%）：夏热冬冷地区≥35%	市建设局，各区政府、开发区管委会	
		57	北方采暖地区住宅供热计量收费比例（%）：≥25%	市市政局、市物价局，各区政府、开发区管委会	
		58	可再生能源使用比例（%）：≥15%，10%	市发改委、市经信委，各区政府、开发区管委会	

续表

一级指标	二级指标	序号	三级指标及任务	责任单位	备注
F资源节约	F2节约水资源	59	单位地方生产总值（GDP）取水量（立方米/万元）：≤100	市水利局、市经信委，各区政府、开发区管委会	
		60	城市再生水利用率（%）：≥30%	市市政局，各区政府、开发区管委会	
		61	工业用水重复利用率（%）：≥90%	市经信委，各区政府、开发区管委会	
		62	城市节水规划：编制节水规划并取得明显实施效果	市市政局，各区政府、开发区管委会	
	F3节约土地	63	城市人口密度（人/平方公里）：≥10000	市规划局、市公安局、市计生委、市建设局、市国土局、市统计局，各区政府、开发区管委会	
综合否定项	近2年内发生重大安全、污染、破坏生态环境等事故，造成重大负面影响的城市，实行一票否决				

说明：三级指标及任务中，指标出现两种数值的，住房城乡建设部将根据被考核城市发展水平差异，适当评分

附录十：

中共潍坊市委办公室　潍坊市人民政府办公室关于印发《潍坊市中国人居环境奖创建宣传工作实施方案》的通知

潍办字〔2011〕54号

各区委、人民政府，市属各开发区党工委、管委会，市直有关部门、单位：

《潍坊市中国人居环境奖创建宣传工作实施方案》已经市委、市政府研究同意，现印发给你们，请认真遵照执行。

中共潍坊市委办公室

潍坊市人民政府办公室

2011年1月9日

潍坊市中国人居环境奖创建宣传工作实施方案

为推动我市中国人居环境奖创建工作顺利开展，努力在全社会营造关心、支持和参与创建的浓厚氛围，推动创建任务目标全面完成，特制定如下宣传工作实施方案。

一、指导思想

认真贯彻落实市委、市政府关于中国人居环境奖创建工作的部署要求，坚持以科学发展观为指导，以提升中国人居环境奖的社会知晓率及创建工作支持率和参与率为目标，以推动各级各有关部门创建指标完成为重点，有计划、有组织地开展各类创建宣传活动，为我市成功创建中国人居环境奖提供强大的思想保证和舆论支持。

二、宣传内容

（一）宣传市委、市政府在我市中国人居环境奖创建方面的重大决策部署；

（二）宣传中国人居环境奖创建的重大意义、实施步骤、工作重点和推进措施；

（三）宣传中国人居环境奖的指标体系、评价标准及相关知识；

（四）宣传各级各有关部门在推进中国人居环境奖创建进程中的工作动态、经验做法和典型人物；

（五）及时开展舆论监督，推动创建工作落实。

三、主要任务

责任分工中，列在首位的为牵头部门，

其他为相关责任单位。

（一）媒体宣传

1.设立专栏专题。市属主要新闻媒体（报纸、广播、电视、网站、手机报）要全年不间断地在重要版面、重要时段设立中国人居环境奖创建专栏专题（或与全国文明城市创建一同开设，标注“两城同创”字样），采取新闻、访谈、评论、图片等形式，加大宣传力度，推动创建工作深入开展。（责任单位：市委宣传部、潍坊广播影视集团、潍坊报业集团）

2.播发公益广告。市属主要新闻媒体精心制作和播发一批不同内容和风格的创建公益广告。报纸要在重要版面刊登，电视、广播要在新闻时段前后滚动播发或在节目中插播，网站要在首页发布。（责任单位：市委宣传部、潍坊广播影视集团、潍坊报业集团）

3.举办系列活动。市属主要报纸和网站要根据各自特点，适时开展创建宣传口号有奖征集、知识竞赛、摄影大赛、征文比赛等系列活动，并对活动进程追踪报道。（责任单位：市委宣传部、潍坊报业集团）

4.搞好外宣工作。坚持高起点谋划、高水平运作，组织制作申报专题片和宣传画册。（责任单位：市人居创建办、市委宣传部、潍坊广播影视集团、市摄影家协会）

（二）社会宣传

1.开展大型集中宣传活动。举办中国人居环境奖创建大型集中宣传活动，通过设置宣传横幅、展版，向市民发放宣传单，组织市民签名等形式，面对面宣讲我市创建中国人居环境奖的重大意义，提高创建活动的公众知晓率。（责任单位：市人居创建办、市委宣传部、各创建责任单位）

2.开展户外广告媒体宣传。在城区主干道、主要商业大街、主要广场、主要路口现有户外公益广告、电子显示屏、工地围墙围挡设置宣传标语，为创建工作营造环境、烘托氛围。（责任单位：市交警支队、市住房和城乡建设局、市城市管理行政执法局，各区政府、市属开发区管委会）

3.开辟社区宣传阵地。充分利用社区宣传栏、黑板报、橱窗、电子显示屏等基层宣传阵地，广泛开展人居环境奖创建知识普及活动，增强广大市民的责任感和参与意识，夯实创建工作群众基础。（责任单位：各区政府、市属开发区管委会）

4.利用公共交通媒介宣传。充分利用公共交通宣传媒介，在市内公交车、出租车的适当部位喷涂或张贴创建公益广告或宣传标语，在城区公交候车亭、出租车停车点、城市灯箱设置公益广告或标语，增强宣传效果。（责任单位：市交通运输局）

5.开展学校宣传教育。在市区各学校张贴创建宣传海报，悬挂宣传标语，开展征文、书画比赛和组织志愿者活动等，增强在校师生的创建意识。（责任单位：市教育局）

6.开展工矿企业宣传。结合建筑节能、供热计量、污水处理、公交发展等创建指标，在市属相关重点企业设置中国人居环境奖宣传栏，悬挂宣传标语，营造企业创建氛围。（责任单位：市经信委）

7.开展公共场所宣传。结合公共服务类创建指标，在机关事业单位办公场所以及公共图书馆、文化馆、体育馆、规划馆、博物馆、医院、车站、公园、广场等公共场所悬挂宣传标语，张贴宣传海报，普及创建知识。(责任单位：市文化广电新闻出版局、市体育局、市交通运输局、市城市管理行政执法局等，市、区、街各机关事业单位)

8.利用手机短信和彩铃宣传。充分运用短信和彩铃平台，面向市内通讯用户发送中国人居环境奖创建宣传口号，拓展宣传普及的快捷通道。(责任单位：市移动公司、市联通公司、市电信公司)

四、工作要求

(一) 加强领导，落实责任。各级各有关部门和新闻媒体要把中国人居环境奖创建宣传工作摆上重要日程，成立专门班子，制订专题方案，分解落实责任，周密策划，尽快发动，有序推进，确保宣传的广泛性、深入性和连续性，在全社会形成强大的宣传声势，为创建工作营造良好的社会舆论氛围。

(二) 注重创新，提升实效。各级各有关部门和新闻媒体要进一步开拓思路、创新形式、丰富载体，强化宣传工作实效。要根据不同创建阶段的任务目标，有针对性地开展各类宣传活动。要注重与文明城市、和谐社区等创建活动紧密结合，努力实现资源共享、同步推进。宣传的内容和形式要贴近实际、贴近群众、贴近生活，为群众所喜闻乐见，切实增强宣传效果。

(三) 强化督查，确保落实。要将中国人居环境奖创建宣传工作纳入整个创建工作督查体系，加强督促检查。市人居创建办对各责任单位的宣传发动、知识普及、氛围营造等情况要定期组织进行现场检查并通报，新闻媒体对行动迟缓、措施不力的部门和单位要进行曝光，市委、市政府督查室要把创建宣传工作列入专项督查，定期调度情况，提出改进意见，促进各级各有关部门把创建宣传工作切实抓紧抓好，达到预期效果。

附录十一：

中共潍坊市委办公室　潍坊市人民政府办公室关于印发《潍坊市中国人居环境奖创建工作申报材料分工方案》的通知

潍办字〔2011〕65号

奎文、潍城、坊子、寒亭区委、区政府，市高新区、滨海区、峡山区党工委、管委会，市直有关部门、单位：

《潍坊市中国人居环境奖创建工作申报材料分工方案》已经市委、市政府研究同意，现印发给你们，请结合各自实际，认真抓好贯彻落实，并提出以下工作要求：

一是要提高认识、加强领导。争创中国人居环境奖是市委、市政府贯彻落实科学发展观，推动我市经济社会又好又快发展的一项重大战略决策。当前，我市创建工作任务繁重，时间非常紧迫。各级各部门要进一步提高思想认识，加强组织领导，建立健全创建工作机构，主要领导亲自抓，分管领导靠上抓，一级抓一级，层层抓落实。要进一步明确职责任务，摸清工作现状，对已达标的项目和指标，要研究制定巩固提高的工作措施；对未达标的项目和指标，要制定专项推进措施和进度计划，抓紧开展相关工作，确保各项指标全面达标。

二是要统筹协调、形成合力。各级各部门要进一步增强责任意识和全局观念，按照市人居创建办公室工作安排，积极提供中国人居环境奖创建专题片、图册制作有关素材，在创建工作宣传、经费保障、人员配备等方面提供最大支持，形成市区联动、部门联动、齐抓共管的创建格局，加快推进创建进程。各创建指标牵头单位要主动搞好组织协调，牵头制定相关创建指标的工作方案，认真抓好组织实施。各协办单位要充分发挥职能作用，认真落实市人居创建办公室和各牵头单位的部署要求，推进创建工作顺利开展；各区要对辖区内中国人居环境奖创建工作进行全面调度，健全组织机构，强化组织领导，按照主管部门要求，切实把工作任务、责任目标落实到基层、到街居，落实到具体责任人，全面完成创建任务。同时按照部门部署，逐级提报有关申报材料，做好各项创建指标支撑材料的整理工作。

三是要明确标准、确保质量。要认真对照《潍坊市创建中国人居环境奖申报材料分工方案》有关职责分工，进一步明确标准要求，抓紧整理汇总中国人居环境奖各项基础资料，主要包括指标达标基本情况和反映指标情况的相关支撑材料。每一项创建指标，都要有相应指标解释、计算方法、计算过程、指标文字说明、数据来源，并提供工作台账等相关支撑材料，台账资料包括与指标有关的文件、统计表、规划文本、图片、音像、遥感图等支撑材料，基础材料要求完整、详细、准确、有说服力。同时，要按照中国人居环境奖评价指标体系“城市实践案例”编写导则要求，结合各自工作实际，高水平组织编写完成城市实践案例，全面展现我市人居环境建设工作亮点，为创建工作奠定基础。凡上报的所有材料，要求纸质文件与电子版一并报送，图片一律用电子版报送，音像资料一律用光盘报送。

四是要广泛宣传、营造氛围。要按照《潍坊市中国人居环境奖创建宣传工作实施方案》分工要求，充分借助网络、报刊、电台、电视台、电子屏幕、交通工具等各种信息宣传渠道，通过开设专栏专题、播发公益广告、发放宣传单页、画册、短信等多种形式，全方位开展宣传活动，动员全社会积极支持和参与，使中国人居环境奖创建工作深入人心，营造浓厚的创建氛围。

五是要加强督查、严格奖惩。市人居创建办公室要会同市委督查室、市政府督查室、市监察局、市人社局等单位，加强对全市创建工作各项任务完成情况的督查力度，针对未达标指标和薄弱环节制定完善专项推进措施，及时督促检查，确保各项目标任务高质量、高标准完成。要加大奖惩力度，对在创建工作中做出突出贡献的单位和个人进行表彰奖励；对因主观原因造成丢分失分、影响创建大局的，通报的同时，要严肃追究单位主要负责人和直接责任人的责任。

中共潍坊市委办公室

潍坊市人民政府办公室

2011 年 1 月 12 日

潍坊市创建中国人居环境奖申报材料分工方案

一、奎文区、潍城区、坊子区、寒亭区(含经济开发区)、高新开发区、滨海开发区、峡山生态发展区

（一）按照市委、市政府部署要求，建立完善组织领导体系和创建工作推进机制，强化各项推进措施，全面负责做好本辖区内各项创建指标相关资料的收集整理工作。

（二）组织各有关部门，建立工作台账，按照市各牵头单位要求做好相关指标数据、档案资料、汇报材料及其他支撑材料的整理提供工作。

（三）按照市人居创建办和市牵头单位要求，提报辖区内反映城市人居环境改善的各种图片及音像资料。

（四）根据市牵头单位工作部署，结合《城市实践案例》项目分类和编写要求，积极提报辖区内重点实践案例。

（五）综合否定项：近 2 年内发生重大安全、污染、破坏生态环境等事故，造成重大负面影响的城市，实行一票否决。

二、市直部门、单位

（一）市政府办公室。

指标：城市应急系统建设

指标标准：建立完善的应急指挥系统，制定突发公共事件等地方应急预案，并经过实际演练。

指标解释：指建立完善的城市应急指挥系统，制定突发公共事件等地方应急预案，并经过实际演练。

协办单位：各区政府、开发区管委会

（二）市综治办。

指标：校园安全

指标标准：幼儿园、中小学校舍、校园符合安全要求，校园周边治安环境良好，设置完善的警示、限速、禁止鸣笛等交通标志；校园周边无台球、电子游戏机营业点、网吧，无集贸市场、摊点等。

指标解释：指建成区幼儿园、中小学校舍、校园符合安全要求，校园周边治安环境良好，设置完善的警示、限速、禁止鸣笛等交通标志；校园周边无台球、电子游戏机营业点、网吧，无集贸市场、摊点等。

协办单位：市教育局、市公安局、市工商局、市市政局，各区政府、开发区管委会

（三）市发改委。

1.指标：第三产业增加值占 GDP 比重（%）

指标标准：第三产业增加值占 GDP 比重（%）：≥55%。

指标解释：指商业、金融、保险、旅游、信息、法律和会计审计咨询、居民服务等第三产业的增加值在国内生产总值中所占的比重。

指标计算方法：第三产业增加值占 GDP 比重=第三产业增加值（万元）/国内生产总值（万元）×100%。

协办单位：各区政府、开发区管委会

2.指标：可再生能源使用比例（%）

指标标准：可再生能源使用比例（%）：≥15%。

指标解释：指可再生能源在城市能源结构中所占比例。可再生能源是指风能、太阳能、水能、生物质能、地热能、海洋能等非化石能源。

指标计算方法：可再生能源使用比例=可再生能源使用量（吨标准煤）/城市能源消费总量（吨标准煤）×100%。

协办单位：市经信委，各区政府、开发区管委会

（四）市经信委。

1.指标：互联网用户普及率（户/百人）

指标标准：互联网用户普及率（户/百人）：≥10。

指标解释：指互联网用户占市区人口的比重。其中互联网用户包括无线互联网。

指标计算方法：互联网用户普及率=市区安装使用互联网的户数（户）/市区人口（百人）。

协办单位：各区政府、开发区管委会

2.指标：单位 GDP 能耗（吨标准煤/万元）

指标标准：单位 GDP 能耗（吨标准煤/万元）：≤1.6。

指标解释：指市区单位国内生产总值所消耗的能源。

指标计算方法：单位 GDP 能耗=市区能

耗消耗总量（吨标准煤）/市区国内生产总值(万元)。

协办单位：市统计局，各区政府、开发区管委会

（五）市教育局。

指标：小学布局合理

指标标准：小学分布均匀，服务半径不超过500米。

指标解释：指建成区小学布局合理，分布均匀，服务半径不超过500米。

注：需提供当年遥感影像图示说明

协办单位：市规划局，各区政府、开发区管委会

（六）市公安局。

1.指标：道路事故死亡率（人/万台车）

指标标准：道路事故死亡率（人/万台车）：≤10人/万台车。

指标解释：指市区每年因道路交通事故死亡的人数与机动车保有量之比。

指标计算方法：道路事故死亡率=交通事故死亡人数（人）/机动车保有量（万台车）。

协办单位：各区政府、开发区管委会

2.指标：刑事案件发案率（%）

指标标准：刑事案件发案率（%）：≤5%。

指标解释：指市区每年度依法侦查或确认的符合刑事案件构成标准的案件数占年平均人口百分比。

指标计算方法：参照公安部门计算方法。

协办单位：各区政府、开发区管委会

3.指标：城市公共消防基础设施完好率(%)

指标标准：城市公共消防基础设施完好率（%）：100%。

指标解释：指市区消防站、消防道路、消防水源、消防通信、消防车辆等设施装备结构和功能齐备，达到相应的城市设施建设标准。

指标计算方法：参照公安消防部门计算方法。

协办单位：各区政府、开发区管委会

（七）市民政局

1.指标：社区配套设施建设

指标标准：社区教育、医疗、体育、文化、便民服务、公厕等各类设施配套齐全。

指标解释：指社区教育、医疗、体育、文化、便民服务、公厕等各类设施配套齐全。

协办单位：各区政府、开发区管委会

2.指标：城市最低生活保障

指标标准：最低生活保障线高于本省同类城市平均水平，实现应保尽保，正常发放。

指标解释：指以保障城市居民基本生活为目的，科学、合理地确定最低生活保障标准，对其家庭成员的人均收入低于最低生活保障标准的给予差额补助。实现应保尽保，正常发放。

注：指标说明应注明当年本省同类城市最低生活保障平均值

协办单位：各区政府、开发区管委会

3.指标：百名老人拥有社会福利床位数(张)

指标标准：百名老人拥有社会福利床位数（张）：≥2。

指标解释：指市区每百名60岁以上的高龄人口拥有社会福利机构提供的床位数。其中市区社会福利机构包括市区内农村敬老院。

指标计算方法：百名老人拥有社会福利

床位数二市区社会福利机构养老床位数量（张）/市区60岁以上人口数（百人）。

协办单位：各区政府、开发区管委会

（八）市财政局。

指标：城市市政公用设施建设资金投入比重（%）

指标标准：城市市政公用设施建设固定资产投资占同期全社会固定资产投资比重≥5%。

指标解释：指城市建成区市政公用设施建设固定资产投资占同期全社会固定资产投资的比重。

指标计算方法：城市市政公用设施建设资金投入比重=市政公用设施建设投资完成额（万元）/全社会固定资产投资完成额（万元）×100%。

协办单位：市统计局、市市政局、市交通局，各区政府、开发区管委会

（九）市人社局。

1.指标：社会保险基金征缴率（%）

指标标准：社会保险基金征缴率（%）：≥90%。

指标解释：指参加基本养老保险、失业保险和医疗保险三项保险覆盖总人数占应参保职工人数的比率。

指标计算方法：社会保险基金征缴率=参加全部三项保险的职工人数（万人）/应参保职工人数（万人）×100%。

协办单位：各区政府、开发区管委会

2.指标：外来务工人员保障政策

指标标准：制定完善的外来务工人员保障政策并得到有效实施。

指标解释：指城市按照相关规定为外来务工人员建立完善的住房、教育、就业、医疗、保险、救助等保障政策和服务体系，并得到有效实施。

协办单位：各区政府、开发区管委会

3.指标：城市登记失业率（%）

指标标准：城市登记失业率（%）：≤4.3%。

指标解释：指城镇登记失业人数占城镇从业人数和城镇登记失业人数总和的百分比。

指标计算方法：城镇登记失业率=城镇登记失业人数/(城镇从业人数+城镇登记失业人数）×100%。

协办单位：各区政府、开发区管委会

（十）市规划局。

1.指标：棚户区、城中村改造

指标标准：建成区内基本消除棚户区，居民得到妥善安置，实施物业管理。制定城中村改造规划并按规划实施。

指标解释：指建成区内基本消除棚户区，居民得到妥善安置，实施物业管理。制定城中村改造规划并有效实施。

协办单位：市建设局、市国土局，各区政府、开发区管委会

2.指标：步行、自行车交通系统建设

指标标准：制定专项规划，并经批准实施，建成较为完善的步行、自行车系统。步行和自行车出行分担率≥40%。

指标解释：指编制完成城市步行、自行车交通系统规划，并获相应主管部门批准，严格实施，取得良好效果。步行和自行车出行分担率≥40%。

指标计算方法：步行和自行车出行分担率=步行和自行车出行总人次（万人）/城市出行总人次（万人）×100%。

注：需提供规划审批文件

协办单位：市建设局，各区政府、开发区管委会

3.指标：公众参与规划建设和管理

指标标准：建立完善的规划、建设、管理等公众参与制度，得到有效实施。

指标解释：指城市建立完善的规划、建设、管理等公众参与制度，并得到有效实施。

协办单位：市建设局、市市政局，各区政府、开发区管委会

4.指标：城市风貌特色

指标标准：景观风貌专项规划经过审批，实施效果良好。城市景观格局清晰，特色明显。新建建筑有地方特色。

指标解释：指城市景观风貌专项规划经过审批，实施效果良好。城市自然人文景观具有鲜明特色，城市的标志、节点、示意性要素清晰可辨，给人印象深刻。城市新建建筑要有地方特色。

协办单位：市建设局，各区政府、开发区管委会

5.指标：城市人口密度（人/平方公里）

指标标准：城市人口密度（人/平方公里）：≥10000。

指标解释：指城市建成区每平方公里拥有的人口数量。

指标计算方法：城市人口密度二建成区人口数（人）/建成区面积（平方公里）。

协办单位：市公安局、市计生委、市建设局、市国土局、市统计局，各区政府、开发区管委会

（十一）市建设局。

1.指标：住房保障率

指标标准：住房保障率：　≥80%。

指标解释：指累计实施住房保障户数占累计已申请登记户数的百分比。住房保障包括货币保障和住房实物保障。

住房实物保障包括廉租住房、经济适用住房、公共租赁住房、限价商品住房。

指标计算方法：住房保障率=已保障户数（户）/已申请登记应保障户数（户）×100%。

协办单位：各区政府、开发区管委会

2.指标：保障性住房建设计划完成率

指标标准：保障性住房建设计划完成率：100%。

指标解释：指市区实际新开工保障性住房的套数占计划新开工保障性住房套数的百分比。保障性住房包括廉租住房、经济适用住房、限价房、公共租赁住房。

指标计算方法：保障性住房建设计划完成率=当年实际新开工保障性住房套数（套）/当年计划新开工各类保障性住房套数（套）×100%。

协办单位：各区政府、开发区管委会

3.指标：节能建筑比例（%）

指标标准：夏热冬冷地区≥35%。

指标解释：指建成区内符合节能设计标准的建筑面积占建成区总建筑面积的百分比。

计算方法：节能建筑比例=建成区符合节能建筑标准的建筑面积（平方米）/建成区建筑总面积（平方米）×100%。

协办单位：各区政府、开发区管委会

（十二）市市政局。

1.指标：城市公共供水覆盖率

指标标准：城市公共供水覆盖率：≥95%。

指标解释：指城市建成区公共用水人口

占建成区人口的百分比。公共用水人口指使用城市供水管网供水的用户。

指标计算方法：城市公共供水覆盖率=建成区公共用水人口(万人）/建成区人口（万人）×100%。

协办单位：各区政府、开发区管委会

2.指标：城市供水水质

指标标准：依据《生活饮用水卫生标准)）（GB5479-2006）检测，符合标准。

指标解释：指由卫生防疫部门依据《生活饮用水卫生标准》（GB5479-2006）检测供水水质，符合相关标准。

协办单位：各区政府、开发区管委会

3.指标：城市燃气普及率（%）

指标标准：城市燃气普及率（%）：≥98%。

指标解释：指城市建成区使用煤气、液化气、天然气等用气人口占建成区人口的百分比。

指标计算方法：城市燃气普及率=建成区用气人口（万人）/建成区人口（万人）×100%。

协办单位：各区政府、开发区管委会

4.指标：城市生活污水处理

指标标准：集中处理率高于全国平均值10%；污水收集管网配套；污水处理厂运行负荷率高于全国平均水平；污泥得到有效处置。

指标解释：指城市生活污水集中处理率高于全国平均值10%，污水收集管网配套完善，污水处理厂运行负荷率高于全国平均水平，污泥得到有效处置。城市生活污水集中处理率指城市市区经过城市污水处理厂二级或二级以上处理且达到排放标准的生活污水量占城市生活污水排放总量的百分比。

指标计算方法：城市生活污水集中处理率=城市污水处理厂处理生活污水量（万吨）/城市生活污水排放总量（万吨）×100%。

协办单位：市环保局，各区政府、开发区管委会

5.指标：城市生活垃圾处理

指标标准：生活垃圾无害化处理率高于全国平均值20%，垃圾处理设施达到无害化等级评定Ⅱ级以上；运行安全；试行垃圾分类。

指标解释：指生活垃圾无害化处理率高于全国平均值20%，垃圾处理设施达到无害化等级评定Ⅱ级以上，运行安全。试行垃圾分类，生活垃圾无害化处理率指无害化处理的城市市区生活垃圾数量占市区生活垃圾产生总量的百分比。

指标计算方法：城市生活垃圾无害化处理率=生活垃圾无害化处理量（万吨）/生活垃圾产生总量（万吨）×100%。

协办单位：各区政府、开发区管委会

6.指标：城市排水

指标标准：城市排水设施按规划建设；建成区推行雨污分流排水体制，雨水系统按《室外排水设计规范》（GB50014-2006）规定标准高限建设；排水设施有专门管理机构，专项财政资金维护。

指标解释：指城市排水设施按规划建设；城市建成区推行雨污分流排水体制，雨水系统按《室外排水设计规范》（GB50014-2006）规定标准高限设计、建设。设定专门的排水系统运行管理机构，有专项财政资金维护城市排水系统。

协办单位：市规划局、市建设局，各区政府、开发区管委会

7.指标：生态环境保护

指标标准：市区自然地貌、植被、水系、湿地等生态敏感区域得到有效保护，按照生态学原则进行驳岸和水底处理，河道无大规模硬质护坡和衬砌。

指标解释：指建成区内山、江、河、湖、海等自然生态环境要素连通度及水体沿岸绿化效果较好（水岸绿化率80%），注重自然生态保护，按照生态学原则进行驳岸和水底处理，生态效益和景观效果明显。

协办单位：各区政府、开发区管委会

8.指标：城市生物多样性

指标标准：制定《城市生物多样性保护规划》，并完成市域范围的生物物种资源普查。

指标解释：指对生态系统、生物物种和遗传的多样性的保护。应制定《城市生物多样性保护规划》和实施措施；应完成不小于城市市域范围的生物物种资源普查，并以完成当年为基准年；评价当年超过基准年五年的，应调查统计当年城市市域内代表性鸟类、鱼类和植物物种数量，该数量不应低于基准年相应的物种数量；评价当年未超过基准年五年的，仅评价是否制定《城市生物多样性保护规划》和实施措施、是否完成不小于城市市域范围的生物物种资源普查。市区物种数量≥150（西北、东北地区80种）。

协办单位：市林业局，各区政府、开发区管委会

9.指标：城市绿化覆盖率（%）

指标标准：城市绿化覆盖率（%）：≥40%。

指标解释：指城市建成区的绿化覆盖面积占建成区面积的百分比。绿化覆盖面积是指城市中乔木、灌木、草坪等所有植被的垂直投影面积，乔木树冠下重叠的灌木和草本植物不能重复计算。

指标计算方法：建成区绿化覆盖率=建成区绿化覆盖面积（万平方米）/建成区总面积（万平方米）×100%。

协办单位：市规划局、各区政府、开发区管委会

10.指标：城市绿地率（%）

指标标准：城市绿地率（%）： ≥40%。

指标解释：指建成区内各类绿化用地总面积占建成区总面积的比率。城市绿化用地包括公园绿地、生产绿地、防护绿地和附属绿地。

指标计算方法：建成区绿地率=建成区绿地面积（万平方米）/建成区总面积（万平方米）×100%。

协办单位：市规划局，各区政府、开发区管委会

11.指标：城市人均公园绿地面积（平方米）

指标标准：城市人均公园绿地面积(平方米)：≥12。

指标解释：指城市建成区各类公园绿地的总面积与建成区总人口的比例。公园绿地包括城市综合公园、社区公园、专类公园、带状公园、街旁绿地。

指标计算方法：城市人均公园绿地面积=建成区公园绿地面积（平方米）/建成区总人口（人）。

协办单位：市规划局，各区政府、开发

区管委会

12.指标：城市公园绿地服务半径覆盖率（%）

指标标准：城市公园绿地服务半径覆盖率（%）：≥80%。

指标解释：指面积在5000平方米以上的公园绿地，按照500米的服务半径计算覆盖居住用地的百分比。

指标计算方法：公园绿地服务半径覆盖率=公园绿地服务半径覆盖的居住用地面积/居住用地总面积×100%。

注：需附城市遥感图说明

协办单位：市规划局，各区政府、开发区管委会

13.指标：城市林荫路推广率（%）

指标标准：城市林荫路推广率（%）：≥70%。

指标解释：城市达到林荫路标准的人行道、自行车道长度占人行道、自行车道总长度的百分比。林荫路指绿化覆盖率达到90%以上的人行道、自行车道。

指标计算方法：林荫路推广率=达到林荫路标准的人行道、自行车道长度/人行道、自行车道总长度×100%。

注：需附城市遥感图说明

协办单位：市规划局，各区政府、开发区管委会

14.指标：城市区域噪声平均值（db）

指标标准：城市区域噪声平均值（db）：≤60db。

指标解释：指城市建成区内经认证的环境噪声网格监测的等效声级算术平均值。

指标计算方法：

区域噪声平均值=认证点位监测值之和/认证点位总数×100%。

协办单位：市环保局，各区政府、开发区管委会

15.指标：无障碍设施建设

指标标准：主要道路、公园、公共建筑等公共场所设有无障碍设施，管理、使用情况良好。

指标解释：指城市建成区范围内主要道路、公园、公共建筑等公共场所设有无障碍设施，管理、使用情况良好。

协办单位：市残联，各区政府、开发区管委会

16.指标：城市管理

指标标准：数字化城市管理系统建成并运行1年以上，结案率≥90%；城市管理高效有序。

指标解释：指数字化城市管理系统建成并运行1年以上，结案率≥90%，城市管理高效有序。

协办单位：各区政府、开发区管委会

17.指标：城市市政基础设施安全运行

指标标准：城市地下管网、道路桥梁等市政基础设施档案健全，运行管理制度完善，监管到位，城市安全运行得到保障。

指标解释：指城市地下管网、道路桥梁等市政基础设施档案健全，运行管理制度完善，监管到位，城市安全运行得到保障。

协办单位：市建设局，各区政府、开发区管委会

18.指标：城市防洪排涝

指标标准：城市防洪排涝设施达到相应设防标准。城市重点地区、交通枢纽地区、

地下公共空间等配备完善的汛期排水设施并有效维护。

指标解释：指城市防洪设施达到相应设防标准。城市重点地区、交通枢纽地区、地下公共空间等配备完善的汛期排水设施并得到有效维护。

协办单位：各区政府、开发区管委会

19.指标：北方采暖地区住宅供热计量收费比例（%）

指标标准：北方采暖地区住宅供热计量收费比例（%）：≥ 25%。

指标解释：指建成区实施供热计量收费的住宅建筑面积占集中供热住宅总建筑面积的百分比。

指标计算方法：北方采暖地区住宅供热计量收费比例=实施供热计量收费的住宅建筑面积（平方米）/集中供热住宅总建筑面积（平方米）×100%。

协办单位：市物价局，各区政府、开发区管委会

20.指标：城市再生水利用率（%）

指标标准：城市再生水利用率（%）：≥30%。

指标解释：指城市污水再生利用量与污水排放量的比率。

指标计算方法：城市再生水利用率=城市污水再生利用量/城市污水排放量×100%。

协办单位：各区政府、开发区管委会

21.指标：城市节水规划

指标标准：编制节水规划并取得明显实施效果。

指标解释：指城市节水中长期规划经上级主管部门批准，并得到有效实施，其中包括非常规水资源利用内容。

注：需提供规划审批文件

协办单位：各区政府、开发区管委会

（十三）市交通局。

1.指标：平均通勤时间

指标标准：平均通勤时间：≤30 分钟。

指标解释：指建成区居民单程通勤所花费的时间。

指标计算方法：城市交管部门统计。

协办单位：市公安局，各区政府、开发区管委会

2.指标：公共交通出行分担率（%）

指标标准：公共交通出行分担率（%）：≥30%。

指标解释：指使用公共交通出行的总人次占城市出行总人次的百分比。

指标计算方法：公共交通出行分担率=公共交通出行总人次（万人）/城市出行总人次（万人）×100%。

协办单位：各区政府、开发区管委会

（十四）市水利局。

指标：单位地方生产总值（GDP）取水量（立方米/万元）

指标标准：单位地方生产总值（GDP）取水量（立方米/万元）：≤100。

指标解释：指市区年取水量与市区地方生产总值（GDP）的比值。

指标计算方法：单位地方生产总值（GDP）取水量=市区年取水量（立方米）/年市区地方生产总值（万元）。

协办单位：市经信委，各区政府、开发区管委会

（十五）市文化局。

1.指标：万人拥有公共图书馆图书数量（册）

指标标准：万人拥有公共图书馆图书数量（册）：≥16000。

指标解释：指市区每万人拥有的公共图书馆藏书量，其中公共图书馆图书总藏量指图书馆已编目的古籍、图书、期刊和报纸的合订本、小册子、手稿以及缩微制品、录像带、录音带、光盘等视听文献资料数量总和。

指标计算方法：万人拥有公共图书馆图书数量=公共图书馆藏书数量（册）/市区人口（万人）。

协办单位：各区政府、开发区管委会

2.指标：人均拥有公益性文化娱乐设施用地面积（m^2）

指标标准：人均拥有文化馆、图书馆、博物馆、青少年宫等设施用地面积（指设施已建成投入使用的用地）≥0.8 平方米。

指标解释：指市区每人拥有的公益性文化设施面积。公益性文化设施指按照要求城市必须设置的图书馆、展览馆、博物馆、文化馆等设施。文化设施必须已建成投入使用，并按照相关要求对公众开放。

指标计算方法：人均拥有公益性文化设施用地面积=公益性文化设施用地面积（平方米）/市区人口（人）。

协办单位：市总工会、团市委、市规划局、市建设局，各区政府、开发区管委会

3.指标：历史文化遗产保存完好

指标标准：城市文化遗产和历史街区得到有效保护。

指标解释：指城市文化遗产保护管理制度完善，有效落实文物工作“五纳入”规定；有专门的人员配备和经费投入；文化遗产定期维护，保存完好率≥95%。历史街区得到妥善保护。

协办单位：市规划局，各区政府、开发区管委会

（十六）市卫生局。

1.指标：万人拥有卫生服务中心（站）数量（个）

指标标准：万人拥有卫生服务中心（站）数量（个）：≥0.3。

指标解释：指市区中每万人拥有卫生服务机构的数量。

指标计算方法：万人拥有卫生服务中心（站）数量=市区卫生服务中心（站）数量（个）/市区人口（万人）。

协办单位：各区政府、开发区管委会

2.指标：万人拥有医院床位数（个）

指标标准：万人拥有医院床位数（个）：≥40。

指标解释：指市区每万人拥有的医院床位数，其中医院床位数指各级各类医院的固定实有床位。

指标计算方法：万人拥有医院床位数=市区各类医院床位总数（张）/市区人口（万人）。

协办单位：各区政府、开发区管委会

（十七）市环保局。

1.指标：城市空气质量（%）

指标标准：API≤100 的天数占全年天数比例≥80%。

指标解释：指空气污染指数（API）≤100 的天数占全年天数的比例。空气污染指数（API）为城市建成区内认证监测点位每日环

境空气污染指数。

指标计算方法：空气污染指数（API）≤100的天数所占全年天数的比例=API≤100的天数/全年天数×100%。

协办单位：市交通局、市公安局、市建设局、市市政局，各区政府、开发区管委会

2.指标：城市地表水环境质量（%）

指标标准：达标率100%，且市区内无Ⅳ类以下水体。

指标解释：指城市地表水按照不同功能类别分别符合《地表水环境质量标准》（6B3838-2002）中规定的相应类别的标准，达标率为100%。

指标计算方法：参照环保部门相关的计算方法。

协办单位：各区政府、开发区管委会

3。指标：工业用水重复利用率（%）

指标标准：工业用水重复利用率（%）≥90%。

指标解释：指在一定的计量时间（年）内，生产过程中使用的重复利用水量与总用水量的比值。

指标计算方法：工业用水重复利用率=工业重复用水量（立方米）/工业用水总量（立方米）×100%。

协办单位：市经信委〈重点协办〉、市统计局，各区政府、开发区管委会

（十八）市体育局。

指标：人均拥有公共体育设施用地面积（平方米）

指标标准：人均拥有公共体育设施用地面积（平方米）：≥0.15。

指标解释：指市区每人所拥有的公共体育设施用地面积。公共体育设施用地指城市规划中确定的体育用地，并已建成投入使用。

指标计算方法：人均拥有公共体育设施用地面积=公共体育设施用地（平方米）/市区人口（人）。

协办单位：各区政府、开发区管委会

（十九）市统计局。

1.指标：城市居民人均可支配收入（万元）

指标标准：城市居民人均可支配收入（万元）：≥1.8。

指标解释：指城市居民家庭人均可用于最终消费支出和其他非义务性支出以及储蓄的总和，即居民家庭可以用来自由支配的收入。

指标计算方法：参照城市统计年鉴“城镇居民人均可支配收入”。

协办单位：各区政府、开发区管委会

2.指标：恩格尔系数（%）

指标标准：恩格尔系数（%）：≤36%。

协办单位：各区政府、开发区管委会

指标解释：指城市居民食品支出总额占个人消费支出总额的百分比。

指标计算方法：恩格尔系数=居民食品支出总额（元）/居民消费支出总额（元）×100%。

3.牵头负责创建工作各项统计数据的审核指导和协调调度工作。

（二十）市地震局。

指标：城市人均避难场所面积（平方米）

指标标准：城市人均避难场所面积(平方米)：≥2。

指标解释：指建成区应急避难场所面积与建成区人口之比。应急避难场所指具有一定规模的平坦用地，配套建设了应急救援设

施（设备），或地震后相关设施可以进行相应功能转变，储备应急物资，设置标识，能够接收受灾市民疏散避难，并确保避难市民安全，避免震后次生地质灾害和火灾等危害，以及方便政府开展救灾工作的场所。

指标计算方法：建成区应急避难场所面积=建成区应急避难场所面积（平方米）/建成区人口（人）。

协办单位：市规划局、市人防办、市民政局、市国土局、市建设局、市市政局，各区政府、开发区管委会

（二十一）市老龄办。

指标：优待老年人政策

指标标准：制定完善的老年人医疗、交通等优惠政策，并得到有效实施。

指标解释：指城市按照相关规定制定医疗、交通、社会福利等优待老年人政策，并得到有效实施。

协办单位：各区政府、开发区管委会

（二十二）市残联。

指标：残疾人服务和保障体系

指标标准：建立完善的残疾人服务和保障体系，并得到有效实施。

指标解释：指城市按照相关规定建立完善的残疾人教育、就业、医疗、保险、救助、康复等服务体系和保障制度，并得到有效实施。

协办单位：各区政府、开发区管委会

附录十二：

张新起、许立全同志在全市创建全国文明城市和中国人居环境奖动员大会上的讲话

张新起同志的讲话

（2011年1月14日）

市委、市政府召开创建全国文明城市和中国人居环境奖动员大会，目的是号召全市迅速行动、积极投身创城工作，以志在必得、决战决胜的信心和决心，打好创建全国文明城市攻坚战，积极争创中国人居环境奖，努力实现“双城联创”工作目标，为推动全市更好更快发展创造更加良好的城市环境。

一、思想上要高度重视、认真对待

全国文明城市是集中体现城市文明程度和科学发展水平的最有价值的城市品牌，中国人居环境奖是综合反映城市在改善人居环境方面总体成就的国家最高奖项。当今时代，以文明宜居为标志的新一轮竞争已成为城市发展的主旋律，城市发展不仅要创造和集聚物质财富，更要创造和积累更多的文明成果。开展“双城联创”事关发展全局，事关民生福祉，功在当代、利在长远，既是推动科学发展的强大动力，打造城市形象的良好载体，也是提升市民素质的有效途径，创新社会管理的有力抓手，不仅有利于提高市民的满意度、形成凝聚力，也有利于提升城市的美誉度、增强吸引力，对于提升城市综合实力和核心竞争力，推动经济社会更好更快发展具有重大现实意义，必须坚定不移、紧抓不放，扎实有效地向前推进。

当前和今后一个时期，我们正处于加快转方式调结构、谋求科学发展跨越发展的关键时期。市委十届十一次全体会议明确提出了以科学发展为主题，以加快转变经济发展方式为主线，以富民强市为目标，以创先争优为动力，加快建设富裕文明和谐的现代化强市的总要求，确立了今年“一九五一”的总体部署。全市“两会”科学谋划“十二五”发展蓝图，审议确定了今年的目标任务。落实“十二五”规划，实现开局之年科学发展的新突破，需要全市上下同心同德、团结奋斗，统筹推进经济建设、政治建设、文化建设、社会建设、生态文明建设和大力加强党的建设，全力争取更大更好的发展成果。开展“双城联创”，有利于引导广大干部群众，凝聚各个方面力量，形成创先争优、跨越发展的强大合力，推动各项工作再上新水平。

近年来，市委、市政府高度重视城市品牌战略，在集中精力加快经济发展的同时，

注重加强精神文明建设和生态文明建设，城市功能品质、文化内涵、人居环境得到全面提升，相继获得中国优秀旅游城市、国家环保模范城市、中国人居环境范例奖、国家卫生城市、全国双拥模范城、全国科技进步先进市、全国知识产权示范城市、国家园林城市等荣誉称号，被评为省级文明城市和全国创建文明城市工作先进城市，去年城市公共文明指数、未成年人思想道德建设测评分列全国第6位和第5位，为开展“双城联创”打下了坚实基础。但对照两项创建的标准要求，还存在不少问题和差距，特别是在科教文卫设施建设、生态环境保护、市民文明素质等方面差距较大。现在全国越来越多的城市参与到文明创建中来，省内不少地市都在摩拳擦掌、紧锣密鼓地开展工作，我们面临的竞争压力很大。各级各部门一定要树立全局眼光和战略思维，本着对潍坊发展负责、对人民群众负责的态度，高度重视、认真对待“双城联创”工作，坚定信心，鼓足干劲，全力以赴打好这场硬仗。

二、工作上要抓紧抓细、务求实效

开展“双城联创”要以科学发展观为统领，把让群众幸福和满意作为根本出发点和落脚点，突出重点，力克难点，力争取得实实在在的效果。

一要全力推动经济更好更快发展，增强创建工作的物质基础。经济是城市发展的命脉、城市文明的基础。必须始终坚持以经济建设为中心，促进经济更好更快发展，以发展促创建，以创建促发展。要按照“一九五一”的工作部署，紧紧围绕“九个突破”的重点任务，持续加大重点产业、重点区域、重点领域投入，以好的增量投入调结构、促增长，加快培育科学发展新优势。要坚持以高新技术、新兴产业为引领，加快发展先进制造业、现代服务业、现代农业和文化产业，不断优化产业结构，增强产业竞争力。要抓住“三区”建设特别是蓝色经济区建设上升为国家战略的机遇，更高层次、更高水平地推进滨海开发建设，奋力开创滨海发展的新时代。要全面强化支撑措施，不断优化发展条件，增强经济发展活力。经济建设是一切工作的中心。各项创建工作都要紧紧围绕这个中心找到结合点、选准突破口，各级各部门都要集中力量抓经济、促发展，努力以更好的经济发展成果为“双城联创”奠定物质基础。

二要着力提升市民整体素质，不断提高全社会文明程度。要积极开展社会主义核心价值体系教育实践活动，加强公民思想道德教育，引导广大市民提高文明素养，树立社会主义新风尚。要大力实施市民文明素质提升工程，广泛开展群众性精神文明创建活动，继续深化基层和谐创建和文明创评活动，推动文明教育进学校、进机关、进社区、进企业，普及文明礼仪，规范市民行为，增强全社会文明意识，养成文明行为习惯。要加强城乡志愿者队伍建设，广泛开展志愿服务活动，不断提升志愿服务水平。要大力开展文明市民、道德模范等先模人物评选活动，选树表彰文明典型，强化示范带动作用，形成崇尚先进、践行文明道德的良好风尚。

三要切实加强城市建设管理，进一步树立现代城市文明形象。要大力加强城市基础设施建设，对照创建标准和测评体系进行全面梳理排查，列出项目清单，逐项抓好落实。

要着力搞好城市环境综合整治，抓好绿化、美化、亮化、净化，努力保持整洁的城市面容。要坚持专项整治与长效管理相结合，切实加强城市管理，维护正常的城市秩序。要加强基层社区建设，按照网格化管理要求，完善社区服务设施，强化社区服务功能，为居民提供更加方便快捷的服务。要突出抓好学校、医院、银行等窗口行业的文明形象塑造，提高服务人员文明素质，努力打造文明靓丽的窗口形象。要充分发挥各类服务平台的作用，大力加强公共服务体系和社会保障体系建设，让人民群众切实得到文明城市创建的实惠。

四要加快创新社会管理，着力提高群众的满意度和幸福感。要从解决群众最不满意的问题、感到最不幸福的方面入手，集中解决一批群众反映强烈的突出问题，集中办好一批惠民利民的实事好事，让群众见到实实在在的成效。要从保障最困难群体的利益做起，把政府公共资源向最困难、最无助、最弱势群体倾斜，按轻重缓急统筹安排好民生和社会事业建设，下气力解决好教育、医疗、住房、就业、保障等方面的突出问题。要从做好新形势下的群众工作出发，健全党委领导、政府负责、社会协同、公众参与的社会管理格局，充分发挥市、县、镇、村四级群众工作部门的职能作用，创新体制机制，健全工作网络，增强群众工作实效。

三、领导上要齐抓共管、形成合力

“双城联创”工作是一项覆盖面广、牵涉范围大、关联度高、工作量大的系统工程。各级党委、政府要切实加强领导，精心组织实施。要抓好责任落实。各级各部门要严格落实属地管理责任制和职责部门分工责任制，明确目标，细化任务，把创建目标任务分解到部门、具体到项目、落实到岗位、量化到个人，确保各项目标任务落到实处。要强化督查考核，对措施不力、行动迟缓、贻误工作的，要严肃追究问责。要加强协同配合。各级各部门要牢固树立“创建工作一盘棋”的思想，既各司其职、各负其责，又协同作战、合力攻坚，坚决克服推诿扯皮现象。对属于部门职责范围内的工作，要积极主动地完成；涉及多个部门的工作，牵头单位要主动负责，搞好组织协调，相关单位要全力配合，抓好落实。要强化舆论宣传。采取行之有效、喜闻乐见的形式，多渠道、多层次开展宣传活动，把创建工作的具体要求，传递到广大群众中去，充分调动广大群众参与创建的积极性、创造性。宣传舆论部门要加强宣传引导和舆论监督，加大对创建工作先进典型的宣传力度和不文明行为的曝光力度，努力在全社会营造关注创建、支持创建、参与创建的浓厚氛围。

许立全同志的讲话

（2011 年 1 月 14 日）

成为全国文明城市和中国人居环境奖城市是潍坊人民的夙愿，也是历届市委、市政府不懈奋斗的目标。今天召开这次会议，就是要对我市全国文明城市和中国人居环境奖创建工作进行安排部署，动员全市上下迅速行动起来，以饱满的热情、务实的作风、必胜的信心，全面开创工作新局面，努力实现争创目标。省文明办对我市的精神文明建设和创城工作非常重视和支持。今天，省文明办王红勇主任百忙之中莅临指导，对我市的创建工作提出了重要指导意见，各级各部门一定要认真抓好贯彻落实。下面，我讲三个方面的问题。

一、提高认识，认清形势，切实增强做好创建工作的使命感和紧迫感

全国文明城市是城市整体文明程度和科学发展水平的集中体现，含金量高、综合性强、影响力大，被誉为“城市的奥林匹克金牌”。中国人居环境奖是全国人居环境建设领域的最高奖项。当前，我们正站在“十二五”刚刚开启的历史新起点，在新的发展征程上争创全国文明城市和中国人居环境奖，具有重要的意义。

（一）两城同创是推动我市经济社会更好更快发展的必然选择。当前，我们既具有黄河三角洲高效生态经济区、山东半岛蓝色经济区上升为国家战略等重大机遇，也正面临着全球经济增长放缓、外部竞争更加激烈等严峻挑战，只有按照科学发展的要求，凝聚全社会的力量，抓住机遇、高点定位、迎难而上，才能实现“十二五”更好更快发展。全国文明城市和中国人居环境奖测评内容涵盖了经济、政治、文化、社会、生态方方面面，充分体现了科学发展观的内涵，是我们推动科学发展、加快发展的有力抓手和有效载体。争创全国文明城市和中国人居环境奖，不仅能极大地提升经济发展和社会管理的水平，而且能为加快发展提供强大的精神动力。因此，抓创建就是抓科学发展，创建之路就是加快发展之路，就是富民强市之路。

（二）两城同创是加快城市转型升级的重要举措。争创全国文明城市和中国人居环境奖，实质上是在更高层次、更快水平上推动城市发展。近年来，我市经过持续的大投入、大整治，城市面貌发生了巨大变化，但也存在着城市功能不完善、发展方式粗放、个别区域秩序较乱等问题，城市发展迫切需要转型升级。争创全国文明城市和中国人居环境奖，就是要在科学的城市发展理念指导下，优化资源配置，采取有力措施，全面系统地解决好发展方式转变、城市功能完善、社会管理提升、精神文明建设等问题，把城市转型升级落实到每一项决策和每一项工作之中，落实到城市建设与发展的每一个环节之上，实现城市在新的更高水平上加快发展。

（三）两城同创是实实在在的民生工程。随着经济持续快速发展，人们对精神文化和环境质量的需求也日益增长，人人希望生活在文明优雅、干净有序、健康向上的环境当中。开展全国文明城市和中国人居环境奖创建，就是要从人民群众的根本利益出发，顺应人民群众建设幸福家园、共享美好生活的强烈愿望，通过扎扎实实的创建工作，为群众办一些看得见、摸得着的实事、好事，营造优美舒适的工作生活环境，不断增强市民的安全感、归属感和自豪感，提升广大人民群众的“幸福指数”，充分激发全市人民热爱潍坊、建设潍坊的热情，为推动科学发展提供强大动力。

多年来，我市一直高度重视城市品牌创建工作。经过全市上下坚持不懈地努力，已经成功创建为“中国优秀旅游城市”“国家环保模范城市”“国家节水型城市”“国家卫生城市”“国家园林城市”，被评为“全国创建文明城市工作先进城市”。通过一系列创建活动，城市面貌发生了巨大变化，城市品位得到显著提升，也积累了许多成功经验和做法，为创建全国文明城市和中国人居环境奖打下了坚实的基础。

同时，我们必须清醒地看到，两城同创是用新的更高标准，对我市各方面工作的一次全面检阅，任务非常艰巨。

一是测评内容多、标准高。《全国文明城市测评体系》测评内容包含政务、法治、市场、人文、社会文化、生活、安全、生态和创建活动等9个综合测评项目、57项指标、200余项测评内容。新颁布的《中国人居环境奖评价指标体系》，包括居住环境、生态环境、社会和谐、公共安全、经济发展、资源节约等6大类一级指标、24项二级指标、63项三级指标，还增添了城市实践案例的申报内容。两个测评验收体系涉及内容极其广泛，每一项指标都是硬任务、硬要求。

二是需要解决的问题不少。对照全国文明城市创建目标，我们还存在一些亟待解决的问题。基础设施方面：文化场馆建设、使用还不到位；城市主干道、人行道、公交站台等，存在清洁修补不及时问题；有的盲道、无障碍设施不达标。城市管理方面：有的建筑工地、施工现场管理不规范；一些市场商铺和门店占道经营，私设户外广告，地面脏乱，经营秩序和卫生状况差；个别网吧违规接纳未成年人上网；社区建设还比较薄弱，管理体制不顺畅，基础设施不健全，经费和工作人员配备还存在差距。市民素质方面：市民文明教育培训工作有待进一步强化，乱扔垃圾、乱贴乱画、不让座、不排队、不遵守交通规则等不文明行为还随处可见等。对照中国人居环境奖创建目标，目前我们还有几项指标与创建标准存在差距。

三是竞争十分激烈。全国文明城市创建，共有89个地级市参与评选，竞争10个左右的名额。从省内看，我们与青岛、济南、临沂、威海、淄博、东营、莱芜等7个城市竞争3个以内的名额。青岛前两年分数列副省级城市第1位和第2位，临沂前年和去年测评分数均高于我市，威海、济南、淄博等市都在极力争创。面对这种局面，我们只有奋力向前，不容有丝毫松懈。

四是时间非常紧迫。中央文明办对全国

文明城市的测评一般安排在7月至9月。6月，省里将组织对地级市进行测评，推荐前三名参加全国文明城市评选。从现在算起，我们有效工作时间不足6个月。

因此，各级各部门要切实增强责任感和紧迫感，以志在必得的决心、时不我待的精神状态，迅速行动，扎实工作，确保争创成功。

二、突出重点，集中整改，全力打好创建工作攻坚战

创建工作时间紧、任务重，涉及面广，头绪复杂。因此，在工作指导上，要叫响四句话："万众一心，只争朝夕，高点定位，志在必得！"在工作把握上，要抓住对标达标这个关键。对目前已达标的项目，要在巩固、完善、提高上下功夫，力争在考评验收中取得高分；对未达标的项目，要作为工作重点，逐项制订整改方案，逐项落实整改措施，逐项整改销号，确保在考评验收前全面达标；对少数还没有形成统计数据的指标，有关责任单位要立即展开工作，尽快摸清发展现状，建立统计数据，形成参照标准。在工作摆布上，要突出以下六个重点：

（一）深化城市综合整治。一是进一步美化环境。要搞好城市公共设施普查检修，着力解决公共厕所、无障碍设施、城市道路指示牌、背街小巷等方面存在的问题，确保各种公共设施健全完整、正常使用。要加大城市主干道、广场、公园等公共场所的卫生保洁力度，集中清理乱涂乱画、城市"牛皮癣"。要落实门前"五包"责任制，强化沿街单位业户责任意识，广泛开展爱国卫生运动，整治卫生死角，净化城市环境。二是着力优化秩序。大力推进城市精细化管理，搞好旧城区、背街小巷、居民区、城中村、城市出入口、旅游景点、城乡结合部的综合整治，切实解决"脏乱差"问题。大力开展文明施工整治，提高文明施工水平。积极开展文明交通教育培训，对不文明交通行为进行专项治理，加强公交车、出租车等营运车辆管理，维护良好的交通秩序。切实抓好市区各类市场的综合整治，取缔马路市场，清理占道经营，规范集贸市场运营。三是狠抓污染治理。按照全市环保工作会议部署和市政府印发的两个工作方案要求，全力抓好23条重点河流污染治理和16个片区空气质量改善工作，确保年底前23条河流全部恢复鱼类生长，16个片区空气质量明显改善，这是创建工作的重要内容，也是市政府对全市人民的庄严承诺，必须保证完成任务。这里我特别强调几点：首先是加大环境基础设施建设投入。要结合环保模范城市复核和"十二五"期间所有河流消除劣五类水质的目标要求，抓紧研究制定扩建城区污水处理厂方案，并对现有污水处理厂进行升级改造，同时还要明确，今后所有新建污水处理厂，一律按一级A标准进行建设。其二是加快实施河道生态修复。要全力保质量、赶工期，尽快完成虞河上、下游和白浪河下游整治任务，进一步改善水质，力争早日达到水环境功能区划标准。第三是抓好扬尘污染、工业污染和燃煤污染的防治。扬尘污染防治方面，各县市区都要明确各自施工工地、交通道路、物料堆存场所的污染治理任务，制订实施方案，确定责任部门，狠抓治理措施落实。工业污染治理方面，要重点抓好热电、钢铁、焦化、水泥等行业74家企业除尘脱硫设施的运行监管，确保达标运行，同时加强监督检查，督促53个限期治理污染源按期完成治理任务。燃煤污染防治方面，重点抓集中供热，凡集中供热管网到达区域，一律淘汰取缔10吨以下小型燃煤锅炉；集中供热管网不能到达区域，要坚决淘汰取缔1吨以下的小型燃煤设施，改用气、油、电等清洁能源。

（二）全面提升公共服务水平。一是创新城市管理机制。充分利用城市管理资源和现代信息网络，建立城市综合信息管理、服务和处理平台，提升工作效能。坚持城市管理重心下移，进一步夯实城市创建基层基础工作。以城市社区为依托，创新社会管理机制，健全覆盖基层的安全维稳责任体系和公共服务网络，努力提高社会管理和服务能力。二是强化社会治安管理。进一步健全社会治安防控体系，依法防范和打击各类违法犯罪活动，尤其是对“两抢一盗”等侵财性犯罪和涉黑涉恶犯罪行为，必须严厉打击，绝不手软。近期要开展一次集中整治行动，切实提高群众安全感和满意度。要进一步改进提高政法工作，特别是针对群众满意度测评反映出的实际问题，要制定扎实有效的改进措施，切实做到履职尽责、公正执法、热情服务。三是优化发展环境。充分发挥市长热线和各类公共服务平台作用，深入落实公共服务部门为民服务承诺制，切实提高服务效率，把事关群众利益的事情办实、办好、办出成效。要深化行风评议，着力解决行业管理不规范、服务态度不热情、服务流程不顺畅、服务效率不高和群众不满意的各种问题。四是塑造文明窗口形象。学校、医院、银行、车站、宾馆、邮政、通信、交通、商店、水电暖气等公共服务部门，都要牢固树立“小窗口、大服务”的工作理念，全面推行规范服务，推广文明用语，提高服务人员文明素质，努力打造文明靓丽的窗口形象。

（三）着力提升市民文明素质。城市文明程度和人居环境水平，很大程度上取决于市民素质。提升市民素质，必须从最根本、最基础的环节抓起。一是加强宣传教育。按照有组织、有队伍、有阵地、有活动、有教材、有制度的要求，建好用好市民学校，普及市民文明素质教育。各级各部门要坚持开展文明和谐单位创建活动，与建设学习型党组织有机结合，深入开展读书学习活动，努力提高公务人员素质。各企业要以企业文化建设为重点，加强员工职业道德教育和岗位技能培训，提高员工文明素质，树立企业文明形象。要建立有效的宣传引导机制，大力宣传文明知识和市民行为规范，加大对不文明行为的曝光力度，在全社会形成以遵守行为规范为荣、违反行为规范为耻的良好氛围。二是注重典型带动。广泛开展文明市民、道德模范等各类先模人物评选学习活动，选树表彰一批时代先进典型，强化典型示范带动作用，促进形成崇尚文明、践行道德规范的良好社会风尚。三是强化志愿服务工作。要进一步加大社会志愿服务宣传力度，积极支持鼓励和发展各类社会志愿者服务组织，围绕创建工作任务目标，以倡导文明礼仪、维护公共秩序、提升社会服务、改善城乡环境为重点，广泛开展“讲文明树新风”志愿服务活动。

（四）切实改善未成年人成长环境。全国文明城市测评，未成年人工作是先决条件，测评成绩低于85分的，将失去参评资格。要对照测评体系要求，切实加大专项治理力度，为少年儿童创造良好的成长环境。一是搞好校园周边环境整治。有关责任部门要采取坚决措施，关停校园周边200米范围内的互联网上网服务营业场所、电子游戏经营场所、彩票投注站点和600米范围内的彩票专营场所，确保校园周边无“三无食品”销售，无恐怖、迷信、低俗、色情的玩具、文具和出版物销售。要加强中小学生交通安全教育，在临街中小学、幼儿园附近，设置完善交通标志标线和其他交通安全设施，在学校、幼儿园、托儿所开展消防安全检查和隐患集中检查，加强校园安全保卫工作，切实维护校园安全。二是开展网吧、互联网整治。严厉查处网吧接纳未成年人、未实行实名登记等违法违规行为，坚决打击取缔“黑网吧”。要持续开展整治互联网低俗之风专项行动，加大对传播低俗信息的打击力度，全面清除淫秽色情等低俗不良信息，彻底清理各类非法网站。三是开展荧屏声频、出版物市场整治。严格实行广播影视节目播出审查制度，杜绝不利于青少年健康成长的节目进入我市荧屏声频。要集中开展“扫黄打非”专项行动，确保无妨害未成年人身心健康出版物生产销售。

（五）进一步加强社区建设和管理。无论全国文明城市还是中国人居环境奖的创建，基础都在社区。创建工作中，各县市区、各街办要把加强社区建设和管理作为重中之重，逐一摸清各社区在创建工作中存在的问题，指导制定整改规划，尽快组织实施。要加大人财物力投入，全面做好社区硬化、绿化、美化、亮化、净化等方面的工作。要按照社区网格化管理的要求，完善社区服务功能，加强社区服务设施建设，搭建社区服务综合平台，大力推进社区服务业发展，为居民提供便捷的生活服务。要强化社区创建工作力量，充实社区工作者队伍，大力推动社区志愿服务队伍建设和志愿服务活动开展，提升市民自我管理社区的能力和水平。要积极有序推进“城中村”改造，加强物业管理、出租屋管理和流动人口服务管理，把社区建设成为管理有序、服务完善、文明祥和的社会生活共同体。

（六）大力提升乡村文明水平。加大城乡统筹力度，深入开展城乡共建活动，积极创建城乡一体文明城市。要按照《关于加强新形势下农村精神文明建设的意见》，着重围绕“村容村貌、村风民俗、道德规范、生活方式、平安建设、文化惠民”六个方面，广泛开展实施“乡村文明行动”。要大力推进文明村镇创建，深化文明户、文明一条街、文明中心村、文明生态村等群众性精神文明创建活动。要广泛开展群众文化活动，积极发展乡村特色文化，丰富广大农民精神文化生活。要加快乡村少年宫、农村文化广场、文化活动室建设，强化农村思想文化阵地功能。这里要强调一下城乡环卫一体化问题，这既是两个创建的重要内容，也是今年《政府工作报告》承诺为群众办好的10件实事之一。从当前情况来看，除个别县市外，整体进度不容乐观，各级各部门必须高度重视。下一步工作中，要加强城乡环卫基础设施建设，健全城乡环卫管理机构，完善环卫投入保障机制，尽快建立完善“村（居）保洁收集、乡镇（街道）中转、区域集中处理”的城乡垃圾治理体系，从根本上治理农村“脏乱差”问题。今年年底前，中心城市各区和经济条件较好的县市要全部实现城乡环卫一体化管理，其他县市要确保建成一处无害化垃圾处理场，确保80%以上的行政村实现生活垃圾“日日清”和无害化集中处理。

三、加强领导，落实责任，确保创建工作顺利开展

两城同创是一项艰巨复杂的系统工程，是对一个城市动员组织能力的大评比、大检阅。实现创城工作奋斗目标，必须凝聚各方力量，构建各级各部门通力合作、全体市民积极参与的大创城格局。

一要强化组织领导。近年来我市创城工作的实践证明，创建成效如何，关键在于领导力度和组织化程度。各级各部门一定要把思想和行动统一到市委、市政府的决策部署上来，把创城工作摆在更加突出的位置，列入重要议事日程。为加强对创城工作的领导，市里调整加强了创建全国文明城市工作领导小组，新成立了创建中国人居环境奖领导小组。各级各有关部门要健全完善相应组织机构，确保“一把手”亲自抓，分管领导靠上抓，具体事项有人抓。

二要明确责任分工。创城工作千头万绪，必须建立分工明确、责任到人的目标责任体系。各级各部门要严格按照《潍坊市创建文明城市工作责任制》和《潍坊市创建中国人居环境奖实施方案》，落实责任分工，认真组织实施。要制订切实可行的工作方案，建立工作台账，细化目标任务，明确责任人和完成时限，有计划、有步骤地推进工作落实。各领导小组成员单位是主力军，要牢固树立全市“一盘棋”思想，做到既各尽其职、各负其责，又协同作战、合力攻坚。中心城市各区是创城工作的主战场，要积极履行属地责任，勇挑创城重担。其他县市也要在城区、镇街、社区、乡村广泛开展文明创建活动，加快推进城乡文明一体化进程。

三要严格考核奖惩。创建全国文明城市和中国人居环境奖是今年的两项重点工作，要纳入综合考核，对在创建工作中作出突出贡献的部门、单位和个人予以重奖重用。要对各区、各部门创建工作实行动态考核，考核成绩在新闻媒体进行通报。要建立健全督查制度，通过加大督查力度，了解情况、总结经验、发现问题、落实整改措施，促进创建工作不断推向深入。两个创建工作办公室要发挥好职能作用，市委、市政府两个督查室要加强跟踪督查，在加强明察的同时，开展必要的暗访，督促各项目标任务高质量、高标准地完成。要加大责任追究力度，对因主观原因造成丢分失分、影响创建大局的，要严肃追究单位主要负责人和直接责任人的责任。

同志们，创建全国文明城市和中国人居环境奖，事关全市经济社会发展大局，事关全市人民切身利益，使命光荣、任务艰巨。现在，创建工作目标任务已经十分明确，各级各部门要以志在必得的信心和决心，真抓实干、狠抓落实，确保圆满实现创城目标！

附录十三：

潍坊市人民政府关于印发城市建设重点工程管理办法的通知

潍政发〔2009〕34号

各县市区人民政府，市属各开发区管委会，市直有关部门、单位：

《潍坊市城市建设重点工程管理办法》已经市政府同意，现予印发，请结合各自实际，认真贯彻实施。

二〇〇九年八月二十八日

潍坊市城市建设重点工程管理办法

第一章 总 则

第一条 为进一步加强城市建设重点工程的管理，严格程序，规范运作，提高资金使用效益，保障重点工程建设的顺利进行，根据有关法律、法规、规章和政策规定，结合我市实际，制定本办法。

第二条 本办法适用于市区范围内市政府投资的城市建设重点工程项目（以下简称重点工程）。

第三条 本办法所称重点工程包括城市基础设施工程项目和社会公益性工程项目。

城市基础设施工程项目是指城市道路、公共交通、桥涵、供水、排水、燃气、热力、绿化、环卫、污水处理、垃圾处理、防洪和地下公共设施等市政公用设施项目。

社会公益性工程项目是指广场、公园绿地、文化、教育、卫生、体育设施等满足社会公共需求的项目。

第四条 潍坊市城市建设重点项目领导小组是市政府设立的城市建设重点项目领导机构，负责重点工程建设的组织领导。领导小组下设办公室（以下简称市城建重点办），办公室设在市政府办公室，具体负责重点工程的组织、协调、调度安排和监督检查等工作。

市发改、财政、国土资源、规划、建设、市政管理、城管执法、房产、交通、公路、环保、人防、卫生、公安、供电、通信等有关部门和单位按照各自职责，配合做好重点工程建设的相关工作。

第五条 重点工程建设实行工程建设责任部门负责制。市政府根据工作需要确定重点工程建设项目责任部门，由重点工程建设责任部门具体负责重点工程项目的组织实施。

第六条 重点工程建设应当依法按照基本建设程序组织实施。

第七条 对重点工程建设优良工程项目，市城建重点办将会同有关部门审查后给予表彰；对承担该项目的设计、施工、监理单位，在重点工程招标时给予适当加分或在同等条件下优先选择。

第二章 计划审批

第八条 市城建重点办负责统筹协调组织制定重点工程建设年度计划。

第九条 重点工程建设年度计划的制定按以下程序进行：

（一）市城建重点办向起草部门下达制定重点工程年度建设计划通知；

（二）起草部门在广泛征求各区（管委会）和市直有关部门重点工程年度建设计划建议的基础上，根据城市规划和市委、市政府近期城市建设要求，经现场勘测、分析论证，汇总提出重点工程年度计划草案；

（三）重点工程年度计划草案提交市城市建设重点项目领导小组研究；在提交研究之前，市城建重点办应当组织审查，进一步征求各有关方面意见，作出必要调整，形成送审稿并附审查报告，对重要的不同意见应当在审查报告中予以说明；

（四）提交市政府常务会议研究审议；

（五）提交市委常委（扩大）会议或市级领导班子联席会议决策；

（六）决策通过后以市政府或市城市建设重点项目领导小组文件下达重点工程年度计划。

第十条 重点工程年度计划一经确定，应严格按计划组织实施。根据城市发展需要，确需变更或追加的工程项目及投资，应当报市政府批准。

第十一条 根据重点工程年度计划，重点工程建设责任部门应当到市发改部门按程序办理项目审批手续。

市发改部门应当简化程序，提高效率，及时审批，确保重点工程按时开工建设。

第三章 勘测设计

第十二条 重点工程应当坚持先勘测、后设计、再施工的原则。

第十三条 工程勘测、设计应当按以下程序进行：

（一）重点工程建设责任部门向市城建重点办提报勘测、设计申请。

（二）申请批准后，重点工程建设责任部门委托勘测、设计单位进行工程项目的勘测和设计。

（三）市规划部门应同时下达规划设计条件（如道路工程需提供工程范围、断面形式和控制点坐标等）。

（四）确定规划设计方案。需进行专家评审论证的由重点工程建设责任部门会同财政部门按有关程序组织。

（五）进行施工图审查。施工图应当依法送交具有相应资质的施工图审查机构进行审查，施工图未经审查合格的不得使用。

（六）编制工程预算。

第十四条 工程勘测、设计单位应当按政府采购程序招标确定。通过其他方式确定的，应当由工程建设责任部门和市财政部门共同提出意见，报市政府审批。对非经以上方式确定的勘测、设计单位，所发生的相关费用市财政不予认可。

第十五条　工程建设责任部门负责组织设计单位编制工程预算。工程预算应当按程序送市财政部门审核，审核结果作为政府采购时的拦标价依据。

第十六条　设计单位应当积极配合建设工程施工，施工过程中应到现场做好技术指导及跟踪服务工作。

设计单位对设计成果或设计方案负责，独立承担相应的法律和经济责任。

第四章　政府采购

第十七条　市政府采购中心是重点工程采购活动的责任主体，具体负责组织政府采购工作。

因特殊情况不实行政府采购的，应当由重点工程建设责任部门会同市财政部门提出意见，报市政府批准后实施。

市政府采购中心应于工程开标前3日内邀请市城建重点办、财政局、监察局、检察院派员到开标现场进行监督。

第十八条　重点工程政府采购应当按以下程序进行：

（一）工程建设责任部门向市城建重点办提出重点工程建设采购立项申请；

（二）申请批准后，工程建设责任部门向市政府采购中心提交书面采购委托书，并附有关设计文件；

（三）市政府采购中心接到委托书后，应当按《潍坊市城建项目政府采购管理暂行办法》的相关规定，发布政府采购信息、确定政府采购代理机构、编制招标文件、现场答疑、并组织开标、评标定标和签订工程合同。

第十九条　重点工程政府采购原则上实行公开招标。实行公开招标方式不能满足建设需要的，可以按照《政府采购法》的规定，采用邀请招标、竞争性谈判、单一来源采购、询价等其他采购方式。采用公开招标之外的其他采购方式的，应当由重点工程建设责任部门会同市财政部门提出意见，报市政府批准后实施。

第二十条　中标单位确定后，市政府采购中心要及时公布中标结果，并报送市城建重点办备存。

第二十一条　工程项目发包人、招标人和中标人应当在中标通知书发出之日起30日内签订书面合同。

第二十二条　政府采购代理机构的确定应当本着公开竞争的原则按有关程序择优选定。

市财政、建设、监察部门要加强对政府采购代理机构的监督检查，一经发现政府采购代理机构有违法违规或不完全履行职责行为，市城建重点办及有关部门将视情节予以处理，直至取消重点工程政府采购代理资格。

第五章　施工管理

第二十三条　原则上每一重点工程项目设立一个指挥部。以工程建设责任部门为主，其他有关部门、单位和区（管委会）参与组建，具体负责拆迁排障协调、工程组织实施、各方关系协调、确保安全质量进度等工作。各工程建设指挥部组成人员由市城建重点办发文公布。

指挥部应当协调并督促参建各方依法及时办理项目立项、规划许可、施工图审查、质量监督、施工许可、竣工验收、备案及工程交接等手续。

第二十四条 重点工程实行工程质量监督管理制度。工程建设责任部门应当在工程开工之前，按照有关规定办理工程质量监督手续。工程质量监督管理部门应当积极予以支持配合。

第二十五条 勘测、设计、施工、监理单位应当按照《建设工程质量管理条例》的规定建立严格的质量保证体系，并分别对勘测、设计、施工、监理质量负责。

第二十六条 重点工程建设要按规范要求确保安全施工和文明施工。施工单位应当按照国家相关规定和合同约定，采取切实可行的安全文明施工措施。未采取安全文明施工措施造成不良影响的，由工程指挥部责令其立即整改并可给予严厉处罚。对超过限定期限拒不整改的，工程指挥部可直接组织其他单位进行整改，所需费用报经市城建重点办批准后，由市财政部门从原施工单位工程款中支付，并按所需费用给予原施工单位2~5倍的罚款。

第二十七条 重点工程建设实行财政专管员制度。根据《潍坊市市级城建专项资金管理暂行办法》的规定，市财政部门向各重点工程派驻现场财政专管员，独立行使对重点工程的财政监督职责，全过程参与工程量的计量、材料价格的认定、工程变更确认以及竣工验收等工作。

重点工程项目工程量计量实行四方会签制度。由工程建设责任部门、财政专管员、监理工程师及施工技术人员四方现场对发生的工程量共同进行计量后，现场签字认可。任何一方无故不到场，则视为认可其他三方的签证。

第二十八条 重点工程建设项目应当严格按照设计方案所确定的建设规模、标准等组织实施。因特殊情况确需改变建设规模、标准以及调整项目概算的，应当由工程设计单位出具设计变更单，经工程建设责任部门和市财政部门核签后实施。对超过合同价款10%的变更或追加，应当由工程建设责任部门会同市财政部门共同提出意见，报市政府审批，否则市财政不予拨付工程价款。

第二十九条 重点工程项目实施过程中，工程建设责任部门应当组织重点工程各参与单位建立严格的质量保证体系，并督促落实各环节质量控制内容和目标；重点工程各参建单位不得以任何理由，要求设计、施工单位在项目施工作业中，违反有关法律、法规和工程质量、安全标准，降低工程质量。

第三十条 重点工程建设实行工程质量终身负责制。依法应当由建设责任部门、勘测、设计、施工、监理等单位的法定代表人及相关责任人承担的工程质量责任，不因有关当事人工作单位或职务变动、退休或退职等原因而免除。

第三十一条 重点工程建设实行设计、施工、专用设备制造等建设监理制度。监理单位受工程建设责任部门的委托，按照有关法律、法规、技术标准规定和合同约定，开展监理工作并承担相应的责任。工程建设责任部门及市财政部门应当按照《潍坊市政府投资重点城建项目监理单位绩效考核管理暂行办法》规定，加强对监理单位的监督检查。

第三十二条　建立重点工程统计上报制度。各工程建设责任部门要按市城建重点办的要求及时报告重点工程建设进展情况。

第三十三条　建立重点工程施工检查评比通报制度。市城建重点办不定期组织对在建重点工程质量、进度、安全进行检查，采取听汇报、看现场、当场打分的办法进行。检查评比结果以适当形式通报。

对检查中发现的问题，由市城建重点办责令责任部门、施工单位、监理单位限期整改并对其进行处罚，同时，由市政府采购中心将其记入相关单位信用记录。

第三十四条　市区各级公安机关应当加强对重点工程建设施工现场、仓库等部位的治安和消防监督管理，并依法查处阻挠和破坏重点工程建设的违法犯罪行为。

第六章　竣工验收

第三十五条　重点工程项目实行竣工验收制度。竣工验收由工程建设责任部门负责组织。

第三十六条　重点工程完工后，经过各单项工程（包括采购材料）验收，工程实体质量、施工技术资料、安全生产管理资料等符合规范标准要求后，方可组织验收。对基本符合竣工验收条件，仅局部或零星工程、少数非关键性设备因特殊原因未按要求全部建成，但不影响正常使用的重点工程，可同时办理竣工验收手续。

第三十七条　竣工验收应按以下程序进行：

（一）工程建设责任部门向市城建重点办提报验收申请；

（二）申请批准后，由工程建设责任部门按程序组织财政、勘测、设计、施工、监理等单位组成综合验收小组进行验收。工程质量监督部门和市城建重点办派员对验收过程进行监督；

（三）竣工验收采取听汇报、查资料、看现场及对工程实体进行实测实量的方式进行；

（四）验收小组成员要对验收结果进行会签。

第三十八条　对规模较小且简单的工程项目，可一次性进行验收；对规模较大且复杂的工程项目，可分标段、分项进行验收；对因拆迁排障等特殊原因造成工程未全部按时竣工的，可视情况先行对已完成的部分进行验收。

第三十九条　工程建设责任部门应当自工程竣工验收合格之日起15日内，将工程竣工验收报告等相关资料报工程质量监督部门备案。工程建设责任部门应在3个月内将一套完整的工程竣工档案移交市城建档案馆。

第四十条　施工单位应在工程验收合格之日起28日内向工程建设指挥部报送完整的竣工结算报告和结算资料，经审核合格，工程建设责任部门应当在5日内，向市财政部门报送竣工决算材料，并配合市财政部门做好决算评审工作。

第四十一条　市财政部门在接到工程项目决算资料后，应当在30日内出具工程项目评审报告；对工艺复杂、体量较大的工程可适当延长评审时间。

第七章　工程交接

第四十二条　重点工程按合同要求养护期满，应当及时进行工程交接。

第四十三条　工程交接时应当按以下程序进行：

（一）工程建设责任部门向市城建重点办提出工程交接申请；

（二）申请批准后，由市政府确定的接收管理部门负责组织验收小组进行交接验收，交接验收小组应当包括建设、财政、勘测、设计、施工、监理等单位及有关技术人员，市城建重点办和监察机关派员对交接过程进行监督；

（三）交接验收采取听汇报、查资料和看现场的方式进行。交接验收小组负责审查工程建设的各个环节，并对工程建设的总体情况作出全面评价。对存在的问题，提出具体解决意见，限期完成整改。

第四十四条　交接验收工作结束后，交接验收小组要向市城建重点办写出交接验收报告。工程建设责任部门与接收管理部门应本着尊重现实、实事求是的原则进行交接，遇有特殊情况可提出处理意见报市政府。

第四十五条　工程保修期满后，原则上应当通过政府采购确定养护企业，实行合同管理。合同期满后，需重新采购养护企业。

第八章　征地拆迁

第四十六条　重点工程实行属地拆迁原则。各区政府（管委会）负责具体组织本辖区内影响工程实施的各类建筑物、构筑物和地面附着物等拆迁排障工作。原则上先拆迁、后建设。

第四十七条　拆迁要严格按照有关法律、法规、规章和《潍坊市城市基础设施和社会公益性项目房屋拆迁管理办法》的相关规定执行。

第四十八条　重点工程建设中涉及需要更新或迁移路灯、变压器、交通设施、人行道板、路缘石、绿化苗木等材料设备的，按《潍坊市城建项目废旧材料设备管理暂行办法》规定执行。能够重新利用的由迁移责任单位提出处理意见，报市城建重点办和财政部门审查备忘。

第四十九条　拆迁评估应当严格坚持客观、公正、合法的原则，任何单位和个人不得非法干预拆迁评估工作过程和评估结果。市拆迁行政主管部门、财政部门依法对评估工作进行指导和监督。

对拆迁人或被拆迁人申请进行复估或技术鉴定的，市拆迁行政主管部门和财政部门要适度控制，并按程序依法组织。

第五十条　市建设、财政、房管部门要加强对拆迁评估机构的管理。拆迁评估机构名录公布前，市拆迁行政主管部门应当充分征求市财政、房管部门的意见，并报市城建重点办批准。公布的拆迁评估机构名录有效期限为一年，期满后，按程序重新公布。各相关部门、单位及个人有权对拆迁评估机构违法违规行为向市城建重点办和有关部门举报。

第五十一条 拆迁完成后，由市建设部门、市财政部门和拆迁人共同组织验收。验收合格后，向市城建重点办写出验收报告。验收不合格的，市财政不予拨付拆迁委托费。

拆迁后的垃圾清运原则上由拆迁责任单位负责随拆迁一并完成。对拆除无残值或无任何使用价值的建筑物和构筑物垃圾，经市财政部门、工程建设责任部门和拆迁单位共同确认并提出意见报市城建重点办批准后，可以由市财政据实评审，另行支付垃圾清运费。

第九章 资金支付

第五十二条 重点工程资金一律实行财政集中支付。资金的拨付程序按《潍坊市市级城建专项资金管理暂行办法》的规定执行。

第五十三条 工程建设责任部门接到企业拨付资金的申请并进行审查后，由市财政按程序拨付。

第五十四条 勘测、设计单位完成相关工作，经工程建设责任部门和市财政部门核实并出具证明材料后，向市政府提出费用支付申请，经批准后市财政方可支付。有合同约定的，按合同约定执行。

第十章 监督检查

第五十五条 市监察部门要严格按照市政府《关于加强全市重点工程建设监督检查工作的意见》的相关规定，严厉查处重点工程建设中各类违法违规行为。

第五十六条 建立重点工程建设违法违规行为举报制度。市城建重点办设立举报投诉电话，受理各有关方面和社会各界对重点工程建设过程中违法违规行为的投诉。对接到的投诉要即时立案，报请市政府领导批准后，由市城建重点办会同监察等有关部门进行查处。

第五十七条 与重点工程相关的建设、勘测、设计、施工、监理、采购、供货及中介机构等有关费用，应当接受市审计部门的审计监督和检查。

第五十八条 重点工程参建单位违反国家规定，降低工程质量标准，造成重大安全事故，构成犯罪的，对相关责任人员依法追究刑事责任；尚不构成犯罪的，依法给予行政处分；相关责任人因调动工作、退休等原因离开原工作单位后，发现有在重点工程建设过程中违反国家有关建设工程质量管理规定，造成重大工程质量事故的，仍依法追究有关法律责任。

第五十九条 工程参建单位及其工作人员违反本办法规定，在工程建设管理中有下列行为之一的，依法给予行政处分；构成犯罪的，依法移交司法机关追究刑事责任：

（一）违法干预重点工程政府采购的；

（二）收受、索取重点工程建设勘测、设计、施工、监理、材料供应等单位财物或者谋取其他非法利益的；.

（三）截留、挪用、克扣重点工程建设征地拆迁、安置补偿资金的；

（四）拒绝、借故拖延办理依法应当办理的重点工程建设项目手续，对重点工程建设或建设各方乱收费、乱罚款或乱摊派的；

（五）参与、组织、操纵、纵容对重点工程建设的敲诈、阻工行为的；

（六）参与、组织虚报工程量，骗取城建资金的；

（七）其他严重损害重点工程建设的行为。

第十一章　附则

第六十条　本办法所称市区是指奎文区、潍城区、坊子区、寒亭区及市属各开发区。

第六十一条　本办法由市城市建设重点项目领导小组办公室负责解释。

第六十二条　本办法自发布之日起施行。此前市政府及市直有关部门发布的文件与本办法不相一致的，以本办法为准。

附录十四：

中共潍坊市委办公室　潍坊市人民政府办公室 关于印发《〈潍坊人居环境志〉编纂工作方案》的通知

潍办字〔2012〕51号

市直有关部门、单位：

《〈潍坊人居环境志〉编纂工作方案》已经市委、市政府同意，现印发给你们，请按照要求认真做好相关工作。

中共潍坊市委办公室
潍坊市人民政府办公室
2012年8月24日

《潍坊人居环境志》编纂工作方案

一、指导思想

以邓小平理论和“三个代表”重要思想为指导，深入贯彻落实科学发展观，按照国务院《地方志工作条例》和《山东省地方史志工作条例》规定，坚持存真求实的原则，系统、准确地记述我市在加强城市规划建设管理、改善人居环境方面取得的重要成就，全面展示“中国人居环境奖”的创建过程，系统总结经验，弘扬争创精神，进一步激发全市人民热爱潍坊、建设家乡的热情，不断提升城市价值和带动力，为全市经济社会更高水平更高质量发展提供有力支持。

二、总体设计

《人居环境志》共分为11部分，分别是概述、大事记、城市品牌、组织领导、居住环境、生态环境、社会环境、公共安全环境、经济发展、创建功绩、附录。全志以图文结合方式，实行全彩版印刷，大16开本，计划成书60余万字，并配套出版电子光盘版，计划2013年4月出版发行。

（一）记述时间断限

自2003年我市创建“中国人居环境奖”活动启动开始，至2011年12月创建成功结束。部分内容适当上溯或下延。

（二）记述方式

全志主要采取文字记述的方式，配以随文图片。除概述、大事记、图片、创建功绩、附录外，其余一律按章、节、目分级编次记述，各章的层次结构根据具体情况安排。

（三）记述内容

概述。主要从总体、全局的角度，概括式记述对“中国人居环境奖”创建工作。

大事记。按时间顺序，一事一条，记述“中国人居环境奖”创建中发生的大事、要事。

图片。采取集中编排和分散插图相结合，直观、形象地再现“中国人居环境奖”的创建过程。

附录。主要收录与创建有关的、有重大社会和文献价值的法规、文件、报道、艺文等原始文献。

其余的内容分设8篇。

城市品牌篇：国家园林城市、国家卫生城市、国家节水型城市、国家环保模范城市、中国优秀旅游城市、中国人居环境奖。

组织领导篇：领导机构、工作运行机制、创建人居环境奖工作机制。

居住环境篇：住房与社区、市政基础设施、城市交通。

生态环境篇：城市生态、城市绿化、环境保护、节能减排。

社会环境篇：公共服务设施建设、社会保障事业、教育惠民政策、公共卫生事业、老龄事业、残疾人事业、外来务工人员保障工作、公众参与、城市文化。

公共安全环境篇：城市基础设施安全、社会安全、灾害预防、城市应急。

经济发展篇：收入与消费、就业水平、资金投入、经济结构。

创建功绩篇：模范先进人物、十佳城市建筑、十佳市政工程、重点工程、十佳人居社区。

三、质量要求

坚持质量第一，打造精品志书，做到观点正确，体例严谨，内容全面，特色鲜明，记述准确，资料翔实，文风端正，表述通顺，印制规范。

（一）入志资料具有全面性、系统性、权威性

资料要素要丰富生动。人、事、物，时间、地点、事件等要素齐全，能反映争创“中国人居环境奖”活动开展、实施、发展和完成的全过程。

入志资料要全面系统。资料来源可以包括报纸、期刊、档案、文件、工作总结、技术资料、会议纪要、图书、图片集、文物、口碑、音像、调查报告、实地调查等。

入志资料要真实准确。注重选用第一手资料和原始资料，引用数据全面、客观、准确，确保资料所述的时间、地点、人物、事实、数据等信息准确无误；不出现有歧义的资料。

（二）体例、内容符合“志”的编纂要求

体例科学、规范。述、记、志、传、图、表、录等体裁运用得当，以志为主。

述而不论。坚持述而不论，寓观点于记述之中，述体中的必要议论适度、不空泛。

记述方法得体。记述人物以事系人，人随事出，名称、事实前后一致；内容记述尽量避免重复交叉；采用规范的语体文，语言严谨、朴实、简洁、流畅；文字、数字、标点等均按国家图书颁布的统一标准规范书写；图、照、表注重典型性、资料性，要素齐全，主题明确，制作规范。

（三）篇目设置科学合理

分为篇、章、节、目4个层次，篇目设置分类合理、结构严谨、层次分明、归属得当、排列有序。

四、进度安排

编纂工作分为三个阶段，于2013年4月全面完成。具体进度安排如下：

（一）2012年8月，成立《潍坊人居环境志》编委会；调研草拟《潍坊人居环境志篇目》，召开篇目研究座谈会；召开《潍坊人居环境志》编委会成员会议；印发《潍坊人居环境志编纂工作方案》，明确编纂任务，全面启动实施。

（二）2012年9月至10月，市地方史志办公室同各承编单位对接，征集编写资料；10月底，各供稿单位按任务分工要求，完成供稿工作及《潍坊人居环境志》初稿的编写任务。

（三）2012年11月至2013年4月，完成《潍坊人居环境志》初稿的修改工作，形成编纂评议稿，报《潍坊人居环境志》编委会评议、审查，修改后形成送审稿，报编委会审定。

总纂定稿后，由《潍坊人居环境志》编委会报市政府批准，交付印刷、出版。

五、组织领导

为加强对《潍坊人居环境志》的编纂工作的组织领导，成立《潍坊人居环境志》编纂委员会，由市委书记任名誉主任、市长任第一主任，分管副市长任主任，市直有关部门主要负责人为成员。编委会办公室设在市地方史志办，主要负责《潍坊人居环境志》编纂工作的统筹规划、组织协调、调研培训、督促指导、审核把关以及总纂、终审、出版等工作。为便于协调，成立编写工作领导小组，由市直有关部门负责人参加，具体负责组织本系统、单位的编写工作。

《潍坊人居环境志》篇目分工，由市委宣传部、市委政法委、潍坊日报社、市残联、市发改委、市经信委、市教育局、市民政局、市财政局、市人力资源和社会保障局、市国土资源局、市规划局、市住房和城乡建设局、市城市管理行政执法局、市交通运输局、市水利局、市商务局、市文化广电新闻出版局、市卫生局、市环保局、市体育局、市统计局、市林业局、市旅游局、市人防办、市地震局、市老龄办、市气象局等部门、单位分别承担。

六、经费保障

《潍坊人居环境志》编委会及办公室所涉及的日常办公、调研、聘请专家、培训人员、志稿评审验收、志书出版等经费，由市财政解决。

附件：《潍坊人居环境志》篇目分工

附件：

《潍坊人居环境志》篇目分工

凡例（市地方史志办）

序（市委书记或市长作序，市地方史志办拟稿）

彩图（有关单位供稿，市地方史志办汇总）

概述（市城市管理行政执法局）

大事记（有关单位供稿，市地方史志办汇总）

第一篇　城市品牌

第一章　国家园林城市（市城市管理行政执法局）

第二章　国家卫生城市（市卫生局）

第三章　国家节水型城市（市城市管理行政执法局）

第四章　国家环保模范城市（市环保局）

第五章　中国优秀旅游城市（市旅游局）

第六章　中国人居环境奖（市城市管理行政执法局）

第二篇　组织领导（市重大项目办）

第一章　领导机构

第一节　城市建设重点项目领导小组

第二节　中心城区建设工作委员会

第三节　中心城区“五大板块”党工委

第四节　中国人居环境奖创建工作领导小组

第二章　工作运行机制

第一节　建章立制

第二节　横向协调工作体制

第三节　纵向协调工作机制

第四节　“建设-交接-管理”长效机制

第五节　城市建设投融资及管理体系

第六节　“一线工作法”

第三章　创建中国人居环境奖工作机制

第一节　职责分工

第二节　工作推进机制

第三节　工作督查

第四节　资金保障

第五节　宣传工作体系

第六节　申报材料提报整理

第三篇　居住环境

第一章　住房与社区

第一节　改善居住环境（市住房和城乡建设局）

第二节　住房保障体系（市住房和城乡建设局）

第三节　建设科技（市住房和城乡建设局）

第四节　社区建设（市民政局）

第五节　物业管理（市住房和城乡建设局）

第六节　旧城区、旧居住区改造，城中村改造（市规划局、市城市管理行政执法局）

第七节　村镇建设（市住房和城乡建设局）

第二章　市政基础设施

第一节　资金投入（市财政局）

第二节　城市供水（市城市管理行政执法局）

第三节　城市燃气（市城市管理行政执法局）

第四节　城市供暖（市城市管理行政执法局）

第五节　城市生活污水处理（市城市管理行政执法局、市环保局）

第六节　城市生活垃圾处理（市城市管理行政执法局、市环保局）

第七节　城市排水（市城市管理行政执法局）

第八节　城市地下空间建设与管理（市人防办）

第九节　市政设施重点工程（市住房和城乡建设局、市城市管理行政执法局、市规划局）

第三章　城市交通

第一节　城市交通路网建设（市规划局、市交通运输局、市公路局、市住房和城乡建设局）

第二节　交通秩序管理（市公安局）

第三节　城市公共交通事业（市交通运输局）

第四节　城市步行、自行车交通系统（市规划局）

第四篇　生态环境

第一章　城市生态

第一节　保护生态资源（市城市管理行政执法局）

第二节　保护生物多样性（市城市管理行政执法局、市林业局）

第三节　生态市建设规划（市规划局、市环保局）

第四节　中心城市生态圈建设工程（市环保局）

第五节　水环境治理（市规划局、市水利局）

第六节　水源地保护生态建设（市环保局、市水利局）

第七节　人工湿地（市规划局）

第二章　城市绿化

第一节　城市绿化规划（市规划局）

第二节　城市道路绿化（市城市管理行政执法局）

第三节　城市公园绿地（市城市管理行政执法局）

第四节　城市广场绿地（市城市管理行政执法局）

第五节　园林绿化管护工作（市城市管理行政执法局）

第六节　“绿色家园”建设活动（市城市管理行政执法局）

第七节　古树名木保护（市城市管理行政执法局）

第八节　重点绿化工程（市城市管理行政执法局）

第三章　环境保护（市环保局）

第一节　污染防治

第二节　城市环境质量监管

第三节　环境安全防护体系建设

第四节　环境质量

第四章　节能减排

第一节　新能源应用（市发改委、市

经信委）

第二节　建筑节能（市住房和城乡建设局）

第三节　城市照明节能（市城市管理行政执法局）

第四节　供热计量改革（市城市管理行政执法局）

第五节　绿色交通（市交通运输局）

第六节　节约水资源（市城市管理行政执法局、市水利局）

第七节　节约土地资源（市国土资源局）

第五篇　社会环境

第一章　公共服务设施建设

第一节　公共体育设施（市体育局）

第二节　公共卫生服务设施（市卫生局）

第三节　公益性文化设施（市文化广电新闻出版局、市住房和城乡建设局）

第二章　社会保障事业

第一节　社会保险事业（市人力资源和社会保障局）

第二节　城市最低生活保障（市民政局）

第三章　教育惠民政策

第一节　免费义务教育（市教育局）

第二节　贫困学生资助体系（市教育局）

第三节　中小学校布局合理（市教育局、市规划局）

第四节　校园安全（市委政法委、市教育局）

第四章　公共卫生事业（市卫生局）

第一节　基层卫生服务体系建设

第二节　公立医院改革

第三节　基本药物改革试点工作

第四节　社区卫生服务工作

第五章　老龄事业

第一节　城乡社会保险和医疗保障（市人力资源和社会保障局）

第二节　养老服务机构建设（市民政局）

第三节　优待老年人政策（市老龄办）

第六章　残疾人事业

第一节　残疾人服务与保障体系建设（市残联）

第二节　城市无障碍设施建设（市城市管理行政执法局、市规划局、市住房和城乡建设局）

第七章　外来务工人员保障工作（市人力资源和社会保障局）

第一节　就业政策

第二节　社会保险

第三节　外来务工人员维权

第八章　公众参与

第一节　公众参与城市规划（市规划局）

第二节　公众参与城市建设（市住房和城乡建设局）

第三节　公众参与城市管理（市城市管理行政执法局）

第四节　市民整体素质提升（市文明办）

第五节　群众性精神文明创建活动（市文明办）

第九章　城市文化（市文化广电新闻出版局）

第一节　历史文化名城

第二节　公共文化服务体系建设

第三节　文化体制改革先进市

第四节　城市文化品牌

第五节　历史文物古迹保护

第六节　文化惠民活动

第六篇　公共安全环境

第一章　城市基础设施安全

第一节　数字化城市管理工程（市城市管理行政执法局）

第二节　城市地下管网管理（市住房和城乡建设局、市城市管理行政执法局）

第三节　道路桥梁（市住房和城乡建设局、市城市管理行政执法局）第四节　市政基础设施档案管理（市住房和城乡建设局、市城市管理行政执法局、市规划局）

第二章　社会安全

第一节　“平安潍坊”建设（市委政法委）

第二节　交通安全管理（市公安局）

第三节　刑事案件（市公安局）

第三章　预防灾害

第一节　城市公共消防（市公安局）

第二节　城市避难场所（市地震局、市人防办）

第三节　城市防灾减灾（市民政局、市气象局、市地震局、市人防办）

第四章　城市应急（市政府应急办）

第一节　城市应急系统建设

第二节　突发公共事件应急预案与指挥系统建设

第七篇　经济发展

第一章　收入与消费

第一节　居民收入（市统计局、市人力资源和社会保障局）

第二节　居民消费（市统计局、市商务局）

第二章　就业水平（市人力资源和社会保障局）

第三章　资金投入（市财政局）

第一节　公共设施资金投入

第二节　公共设施固定资产投入

第四章　经济结构（市发改委）

第一节　服务业发展

第二节　新兴产业发展

第三节　城市创新能力

第四节　经济结构调整

第八篇　创建功绩（市重大项目办）

第一章　模范先进人物

第二章　十佳城市建筑

1.阳光大厦

2.潍坊市民健康中心

3.潍坊奥体中心体育场

4.潍坊一中校区

5.中共潍坊市委党校新校区

6.潍坊农信大厦与潍坊农信金融服务中心

7.潍坊学院体育馆

8.白浪绿洲湿地公园兰竹石坊

9.财富广场

10.泰华城

第三章　十佳市政工程

1.三河治理及白浪绿洲湿地公园工程

2.北海路改造工程

3.玄武街改造工程

4.浞河综合治理工程

5.风筝广场建设工程

6.安顺广场建设工程

7.人民公园改造工程

8.潍坊植物园改扩建工程

《潍坊人居环境志》撰稿人

(按姓氏笔画排列)

马志刚	王中海	王好田	王德强	田来军	田明清
邢　斌	刘先谨	刘斌军	刘　斌	刘　静	任清泉
汤春健	许　翔	孙光海	苏传温	杜　峻	李成春
李　伟	李志鹏	李树军	李洪勤	李洪斌	李美霞
李健正	李　鹏	杨月好	杨　波	张风刚	张　通
张　健	张志国	张君亮	陈永宽	武际同	季书庭
周　燕	逄希滨	娄术健	秦健杨	耿　红	徐永海
徐国柱	凌晓峰	高克勤	郭小刚	黄　可	宿希龙
蒋金杰	雷　军				

《潍坊人居环境志》摄影作者

(按姓氏笔画排列)

王文生	尹兴宾	冯建国	刘　晗	刘　斌	刘占清
刘存河	刘雨东	杜　峻	李　君	李育正	李琳琳
张玉波	张兆谦	张景国	陈　伟	陈　强	陈永杰
陈建伟	胡晓坤	栾信海	郭从顺	颜培胜	颜培菊

编后记

《潍坊人居环境志》（简称《人居志》）是在中共潍坊市委领导下，由市政府主持编修的一部专业性地方志书。2012年4月，市政府成立《人居志》编纂委员会，副市长夏芳晨任主任，市直有关部门负责同志任成员。编委会办公室设在市史志办公室，具体负责《人居志》组织协调和总纂出版工作。7月13日，市政府组织召开编委会成员会议，安排部署编纂任务，8月，市委、市政府印发《〈潍坊人居环境志〉编纂工作方案》，明确要求和任务分工，编纂工作全面启动。

编纂工作分为两个阶段。第一阶段从2012年7月开始，先后制订《人居志》编纂实施方案，拟定篇目，明确编写要求及任务分工，举办编写人员培训班等，各有关部门、单位开始资料的收集整理及编写工作。

第二阶段从2012年11月开始，组织力量对各部门、各单位收集整理的资料及编写的稿件进行编辑加工，将近百万字的材料凝成60余万字的书稿。2013年4月，编印完成《〈人居志〉征求意见稿》，分送市委、市人大、市政府、市政协领导以及《人居志》各供稿单位，广泛征求修改意见。5月，编委会组织召开第二次成员会议，会后，根据会议精神，对志稿进行进一步修改、完善。10月，编印完成《〈人居志〉送审稿》，报编委会审定。11月，送方志出版社审稿，经过初审、复审、终审三审把关，方志出版社同意该志书正式出版。

《人居志》的编纂得到了市委、市政府的高度重视和社会各界的大力支持和帮助。副市长夏芳晨多次过问志书的编写工作，亲自审定稿件；市政协副主席刘伟、原副市长黄潍连也对该志编写提出一些建议和意见，并亲自修改志稿；市政府副秘书长于为凯经常调度工作进展情况，协调解决编纂中的具体问题。各有关部门、单位按照市委、市政府的要求，为《人居志》编纂搜集、提供图文资料，积极供稿，付出了大量的心血和汗水，不少部门、单位的主要负责同志经常过问编纂工作情况，亲自审阅志稿。全体编纂人员本着对历史负责、为现实服务、替未来着想的态度，在时间紧、任务重的情况下，扎实苦干，一丝不苟，始终保持高昂的工作热情和精益求精的工作态度，为《人居志》的编纂做出了应有贡献。《人居志》的编纂出版，是市委、市政府正确领导的结果，是全市各级领导和供稿人员全力支持、共同努力的结晶。在《人居志》出版之际，谨向为该志的编纂付出心血的各位领导、专家和社会各界人士表示衷心的感谢！

在该志编纂过程中，还有一些撰稿人员或摄影作者在名单中有所遗漏，他们都默默地为志书的编写做了大量有意义的工作，在此一并致谢。

《人居志》的编纂虽数易其稿，但因时间仓促，水平有限，书中难免出现一些瑕疵纰漏，望广大读者不吝赐教，以资借鉴。

《潍坊人居环境志》编纂委员会办公室

2014 年 3 月